곤충 생리학 개론

Introduction to Insect Physiology

김용균 지음

홍릉과학출판사

서문

성장하면서 모양을 바꾸는 변태는 곤충의 여러 생리적 현상 가운데 가장 흥미를 끌게 한다. 외골격을 가진 생명체로서 몸 크기를 증가시키는 데에는 한계를 가질 수밖에 없고 이에 따라 주기적으로 겉껍질을 벗는 탈피는 이들의 생존에 필수적이다. 그러나 이러한 탈피를 언제 진행해야 하는 지는 몸 전체의 생리적 상태를 고려하여 종합적으로 판단해야 하는데 이러한 결정이 이뤄지면 몸의 모든 부위가 일률적으로 반응하게 된다. 이러한 전체적 조율을 위해서는 호르몬의 신호가 필요하였다. 일련의 호르몬은 미리 프로그램된 고정 행동양식과 연결되어 복잡하지만 조화로운 탈피행동을 보이게 된다. 그러나 이러한 탈피도 미리 설정된 임계크기에 이르면 몸의 모양을 완전히 바꾸는 변태로 이어지게 된다. 예를 들어, 유충에서 번데기로 성장하는 변태의 경우 기존의 탈피는 연속적 유충 형질의 발현을 거듭하면서 진행되어 왔다면 번데기로 탈피인 용화는 기존에 발현되지 않았던 새로운 유전자의 발현을 야기시켜야 한다. 급속도로 발전하고 있는 분자생물학 기술은 기존 곤충생리학의 연구 접근을 보다 근본적 생명현상 탐구로 이끌어 왔다. 따라서 변태에 관한 유전자의 발현 조절을 이제 우리는 보다 정확히 이해하고 있다.

곤충의 다양한 생리 현상을 다루는 곤충생리학은 영국의 V.B. Wigglesworth에 의해 진행된 곤충의 내부 형태를 기초하여 변태를 설명하는 단계에서 분자생물학 기술을 이용하여 다양한 생리 현상에서 이를 조절하는 핵심 유전자 발현 및 이에 관한 내분비 조절로 이어졌다. 과거에는 내부 형태를 기반으로 이들 구조의 존재 유무 또는 돌연변이를 바탕으로 기관과 조직의 생리적 기능을 탐구하여 내분비기관을 비롯한 다양한 생리기관이 밝혀졌다. 이후 전자현미경 기술의 발달로 감각 생리를 기반으로 신경생리학의 발전이 이어졌다. 그러나 분자생물학에 바탕을 둔 곤충 게놈 정보는 기존에 생리현상에서 유전자 기능을 탐구하는 연구 방식에서 생물정보학을 기초로 거꾸로 유전자에서 생리기능을 탐구하도록 연구 접근의 변화를 가져오게 하였다.

다양한 곤충생리학 책자가 국내외에서 발간되었다. 특히 V.B. Wigglesworth의 The Principles of Insect Physiology와 R.F. Chapman의 The Insect - Structure and Function은 가장 널

리 읽혀진 곤충생리학의 교본이 되어왔다. 이후 여러 책자들이 쓰여졌으나 그 중 가장 눈에 띄는 교재는 M.J. Klowden의 Physiological Systems in Insects 이다. 이 책자는 국내외 여러 대학에서 곤충생리학 강의 교재로 사용되어 왔다. 이는 방대한 곤충생리학 원리를 간략하게 기술하였고 또한 최근의 분자생물학 정보를 가미하여 과거에 곤충생리학이 형태 기반의 기능 연구라면 이 책자에서는 유전자 기반의 생리 기능에 중점을 두려하였다. 국내에서도 서울대학교 부경생 교수가 지은 "곤충생리학"을 기반으로 "곤충호르몬과 생리학"이 이어져 저술되었다, 그리고 이들 교재는 학부 및 대학원 학생들의 강의 교재로 국내에서 이용되었다.

본 책자는 학부 곤충생리학 강의 교재를 목표로 기술하였다. 특별히 M.J. Klowden의 제3판 곤충생리학 교재를 기준으로 최근 연구 결과들의 원리만 축약하여 기술하였다. 전체 12 장으로 구성되고 한 학기 분량의 15주 강의에 맞추어 1~2 주에 한 장씩 강의되도록 정리하였다. 제1장은 곤충의 내분비 원리를 소개하였다. 이러한 이유는 모든 생리현상에서 호르몬이 관여하기에 먼저 호르몬의 특성을 익히게 하여 이후에 나오는 여러 생리현상에서 호르몬의 작용과 연계하게 하였다. 제2장에서 제4장까지는 발육과 생식 생리를 다뤘다. 내분비 원리에 기초하여 이들 생리현상을 이해하게 하였다. 제5장은 곤충의 행동생리를 다뤘다. 특별히 다양한 곤충의 행동이 미리 프로그램된 고정양식으로 유전자와 행동의 기능적 연계성에 설명하는 데 목표를 두었다. 제6장은 곤충 체내에서 일어나는 대사과정을 다뤘다. 다양한 생화학적 과정 가운데 특별히 곤충에서 일어나는 특징적인 대사 과정을 집중적으로 기술하였다. 제7장에서 제9장까지는 순환계, 배설계 및 호흡계를 차례로 기술하였다. 곤충의 내부 생리의 기본적 과정이고 이들의 기본 원리 및 다양한 곤충의 서식지 환경에 따라 적응하는 모습을 다뤘다. 특별히 제7장에서는 최근 곤충 생리학에서 가장 많이 다뤄지고 있는 곤충 면역 작용을 비교적 폭 넓게 다뤘다. 제10장에서 제12장까지는 근육, 신경 및 통신계에 대해서 기술하였다. 특별히 제10장과 제11장은 정보의 분량이 다른 장들에 비해 많아 좀 더 많은 강의 시간을 배정할 필요가 있다.

본 책자를 기술하는 데 많은 도움을 여러 분들의 도움이 있었다. 먼저 안동대학교 Linc+ 전문서적 저술 사업의 경제적 지원에 감사드립니다. 홍릉과학출판사의 김기용 이사님의 출판 권유에 고마움을 전합니다. 그리고 본 책자의 그림을 완성하는 데 기초 작업을 하여준 안동대학교 송영임과 홍릉과학출판사의 박찬혁 과장님께 고마움을 전합니다.

2018년 2월

저자

차례

제 1 장

곤충 호르몬

Insect Hormone

호르몬은 그리스 어원으로 "나는 흥분한다"라는 의미를 담고 있다. 즉, 호르몬은 자극을 전달하는 신호물질이다. 특히 체내에서 세포와 세포 및 조직과 조직의 상호 조절 신호를 담은 화학물질이다. 반면에 동물체의 경우 서로 다른 조직 사이에 신호전달은 신경자극으로도 가능하다. 그러나 신경자극에 비해 전달 속도는 느리지만 체내 여러 표적세포들을 대상으로 하나의 신호물질로 몸의 전체를 특정한 방향으로 상호 조절하는 데에는 호르몬이 더욱 효과적이고 경제적이다.

호르몬은 전달 방식에서 크게 세 가지로 구분될 수 있다. 자기분비(autocrine) 방식으로 분비한 세포가 자신에게 영향을 주는 경우이다. 이는 분비한 물질에 대해서 자신이 수용체를 가짐으로 분비량에 대한 되먹임 조절이 가능하도록 한 신호전달 방식이다. 둘째로 이웃분비(paracrine) 방식으로 호르몬이 세포 간 체액으로 분비되어 이웃한 세포에 영향을 주는 방식이다. 예를 들어, 신경연접에서 전연접(presynapse)과 후연접(postsynapse) 사이에 화학신호인 신경전달물질이 이에 해당한다. 셋째로 진정한 의미의 내분비(endocrine) 방식으로 혈액순환계로 분비되어 몸 전체를 타고 호르몬이 전달되는 방식이다. 곤충의 탈피와 변태를 조절하는 유약호르몬과 엑다이손은 이러한 내분비 방식으로 온 몸으로 신호를 전달하게 된다.

세포와 세포 사이에 신호를 전달한다는 정의에 따라 신경전달물질(neurotransmitter) 및 신경조절물질(neuromodulator)도 광의의 호르몬 범주에 속한다(**그림 1.1**). 그러나 대부분의 호르몬은 신경에서 분비되는 신경호르몬(neurohormone)과 내분비샘(endocrine gland)에서 분비되는 내분비호르몬(endocrine hormone)을 칭하게 된다.

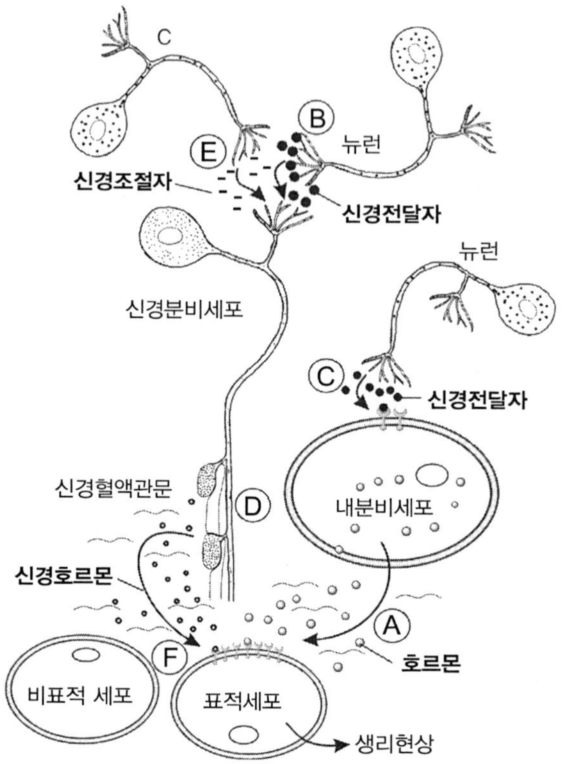

그림 1.1 **다양한 내분비 신호 종류.** 원본그림(Klowden, 2013) 및 사본인가

1 곤충 호르몬 합성 장소 및 종류

곤충의 호르몬이 생성되는 장소는 신경계, 생식계 및 호르몬샘을 포함하게 된다. 신경계는 대뇌를 비롯한 식도하신경절 및 기타 복면신경삭을 포함한다. 호르몬샘으로 카디아체(corpora cardiaca), 알라타체(corpora allata), 외기관지샘(epitracheal gland) 및 전흉샘(prothoracic gland)을 포함한다. 더불어 소화관, 난소 및 정소도 호르몬을 생성하는 기관으로 작용한다.

화학적으로 곤충의 호르몬은 크게 네 종류로 나눌 수 있다. 첫째로 스테로이드(steroid) 호르몬이다. 이들 범주에 속하는 호르몬이 엑다이손(ecdysone)이다. 이 엑다이손은 전형적 스테로이드 구조를 지니고 있는 호르몬으로 전흉샘에서 합성되고 분비된다. 유약호르몬은 세스퀴터펜(sesquiterpene) 계통으로 스테로이드계 호르몬 작용기작을 띠기에 이 범주에 속하게 된다. 둘째로 펩타이드(peptide) 호르몬으로 주로 신경계에서 합성되어 분비된다. 대뇌에서 합성되어 분비되는 인슐린유사펩타이드(insulin-like peptide: ILP)가 이 범주에 속한다. 또한 대뇌에서 생성되어 카디아체를 통해 혈강으로 분비되는 전흉샘촉진호르몬(prothoracicotropic hormone: PTTH)도 펩타이드성 호르몬이다. 따라서 다양한 신경호르몬이 이 범주에 속하게 된다. 셋째로 아미노산 유도체로서 모노아민류(monoamines)가 있으며, 여러 신경세포에서 생성하여 분비하는 옥토파민(octopamine) 및 세로토닌(serotonin)이 이 범주에 들어가게 된다. 넷째로 지방산 유도체인 아이코사노이드류(eicosanoids)가 있으며 프로스타글란딘(prostaglandin) 및 류코트리엔(leukotrien) 등이 속하게 된다.

2 곤충 호르몬의 신호전달

특정 호르몬의 표적세포에 존재하는 수용체의 종류에 따라 크게 두 종류의 호르몬 신호전달로 대별한다(그림 1.2). 하나는 세포막 수용체(membrane receptor)를 이용하는 호르몬으로서 펩타이드성, 모노아민류 및 아이코사노이드 호르몬의 경우이다. 이들 호르몬들의 극성 화학적 성질로 세포 내로 침투가 어려워 세포막 수용체에 결합하게 되고, 이 수용체는 세포

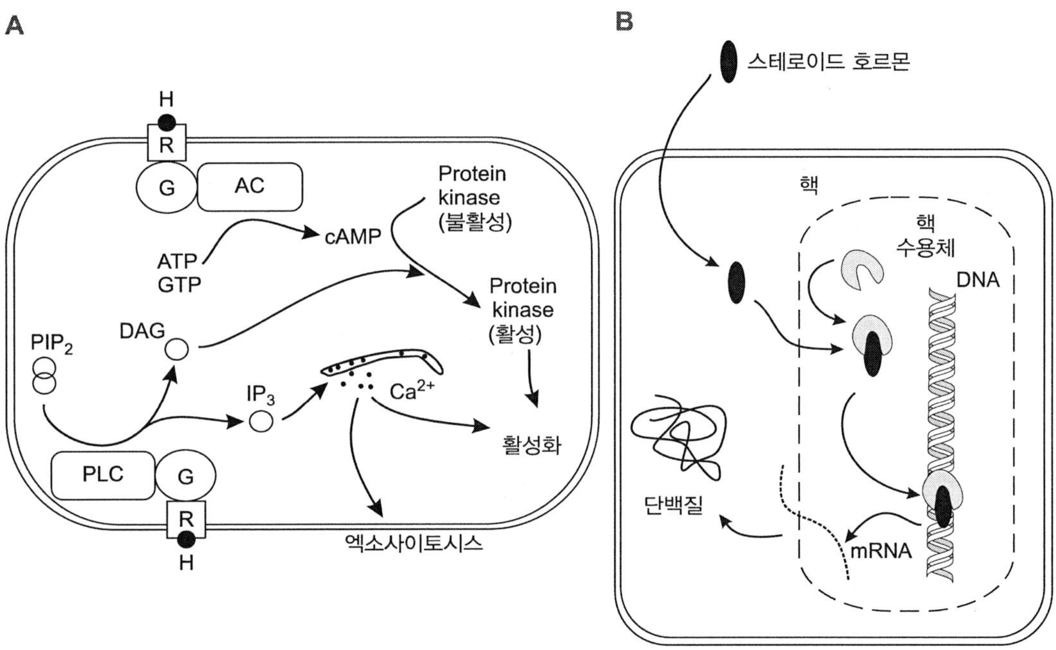

그림 1.2 **표적세포에서 호르몬 신호전달과정.** (A) 펩타이드 호르몬 신호전달 (B) 스테로이드 호르몬 신호전달. 원본그림(Klowden, 2013) 및 사본인가

내 이차전달자(secondary messenger)를 이용하여 호르몬의 신호를 세포내로 전달하게 된다. 이들 이차전달자는 칼슘 또는 cAMP를 포함하게 된다. 특별히 G 단백질에 연결된 수용체의 경우는 소형 G 단백질(small G protein)의 종류에 따라 이러한 이차전달자의 종류가 결정된다. 이차전달자는 세포 내 특정 단백질인산화효소(protein kinase)를 활성화시킨다. 이들 인산화효소는 다시 표적 효소의 인산화를 촉진하게 된다. 인산화된 효소는 자체적으로 생화학 반응을 촉매하여 생리 현상을 변경하거나 또는 MAP kinase와 같이 다시 핵 내로 신호를 전달하여 유전자 발현을 조절하게 된다.

둘째로 핵수용체(nuclear receptor)를 이용하는 신호전달 방식이다. 스테로이드 호르몬에 속한 엑다이손과 유약호르몬의 신호전달 방식이다. 즉, 이들 지질성 호르몬은 생체막을 지나 세포내로 들어가게 된다. 이때 세포질에 있는 핵수용체와 결합하여 핵 내로 이동하게 된다. 핵 내에서는 표적 유전자 부위에 결합하여 특정 유전자의 발현을 조절하게 된다. 이 핵수용체는 크게 세 부분으로 구성된다. 아미노 말단에 활성화부위(activation domain: AD)와 DNA 결합부위(DNA-binding domain: DBD) 그리고 카르복시 말단 영역에 리간드 결합부위(ligand-binding domain: LBD)로 이어진다. 이 LBD에 호르몬이 결합하게 되면 DBD가 활성화되어 특정 유전자의 프로모터 영역에 존재하는 호르몬 반응부위(hormone response element)에 결합하게 된다. 이때 AD가 여러 전사인자들과 결합반응을 통하여 유전자의 발현을 조절하게 된다.

3 전흉샘촉진호르몬과 카디아체

누에의 경우 PTTH는 224개 아미노산 길이의 전구물질로 대뇌에서 합성된다. 이 전구물질은 단백질이 번역된 후 변형과정을 통해 109개 단위체로 만들어지고, 이들은 다시 이황화결합으로 동형이량체(homodimer)로 완성된다. 이렇게 합성된 PTTH는 혈액뇌관문(neurohemal organ) 구조를 지닌 카디아체에서 혈강으로 분비된다.

카디아체는 크게 저장부위와 분비샘부위를 갖고 있다(그림 1.3). 저장부위는 신경계에서 뻗어 나온 신경이 만나는 지점으로 대뇌의 중앙신경분비세포(median neurosecretory cell)에서 축삭돌기가 카디아체로 연결된 NCC I(nervi corpora cardiaca I)과 측면신경분비세포(lateral neurosecretory cell)에서 뻗어 나온 NCC II(nervi corpora cardiaca II) 그리고 식도하신경절(suboesophageal ganglion)에서 뻗어 나온 NCC III(nervi corpora cardiaca III)가 연결된다. 이들 저장부위에 있던 PTTH는 분비부위로 오게 되고 이 부위는 등핏줄의 대동맥 부위에 인접하여 PTTH를 혈관으로 방출하면 몸 전체로 순환할 수 있게 된다. 카디아체는

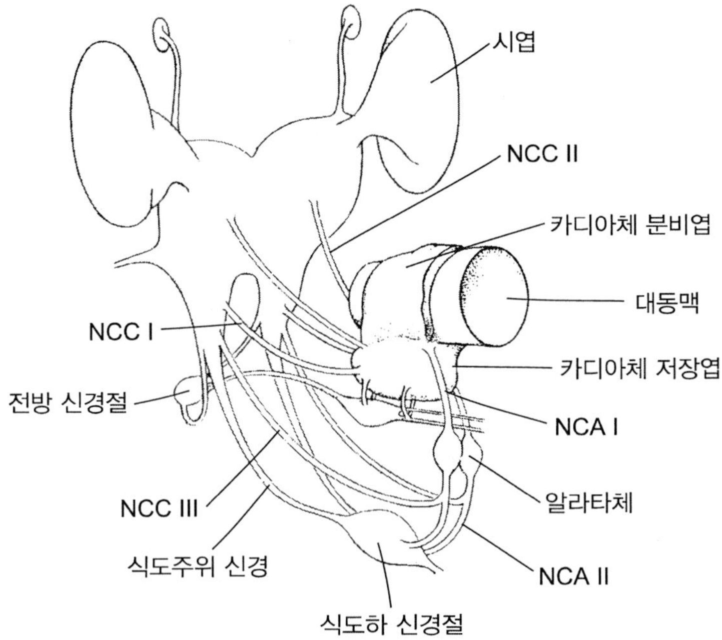

그림 1.3 뇌와 카디아체와 신경연결. 뇌의 중앙부와 측면부에서 각각 NCC I과 NCC II가 저장엽으로 연결되고 식도하신경절에서 뻗어 나온 NCC III도 연결된다. 원본그림(Klowden, 2013) 및 사본인가

PTTH 뿐만 아니라 신경계에서 합성된 호르몬들이 혈관으로 방출될 수 있는 장소이다.

PTTH의 분비는 환경 조건 및 생체 상태에 따라 조절된다. 예를 들어, 흡혈성노린재(*Rhodnius prolixus*)는 흡혈하여 중장이 포만감을 가지는 신장수용기의 신호가 대뇌로 전달되면 이 신호가 카디아체로 이어져 PTTH를 방출하게 되고, 이에 따라 전흉샘은 탈피호르몬인 엑다이손을 분비하면서 탈피하게 된다. 박각시나방류(*Manduca sexta*)의 경우 일장의 조건에 따라 하루 중 일정한 시각에 PTTH를 분비하여 탈피의 일주기리듬성을 주게 된다.

PTTH의 신호전달과정은 세포막 수용체를 이용하는 방식을 따르게 된다. 현재 PTTH의 수용체로서 척추동물에서 Torso 수용체가 관여하는 것으로 알려지고 있다. 이 GPCR(G protein-coupled receptor) 수용체는 세포내 칼슘 농도를 올려주고 이에 따라 이 칼슘농도에 의존적인 아데닐레이트 사이클레이즈(adenylate cyclase)가 활성화되어 cAMP의 농도를 올려주면 protein kinase A가 활성화되고 이에 따라 70 kDa 크기의 S6 kinase가 인산화되어 활성화되고 다시 라이보좀의 S6 단백질의 인산화를 촉진하면 전흉샘에서 단백질 합성 능력이 증가된다. 특히 엑다이손 생합성에 관여하는 효소 단백질의 발현량을 증가시키게 하여 이 호르몬의 생합성이 촉진되게 된다.

4 전흉샘과 엑다이손

전흉샘(prothoracic gland)은 PTTH의 자극에 따라 엑다이손(ecdysone)을 합성한다. 전흉샘은 배자 발생기 동안 외배엽세포에서 분화된다. 나비목 유충의 전흉에 존재하는 대형 기관지 위에 X형의 사슬모양으로 연결된 구조이다(그림 1.4). 고러나 고등파리류 유충에서는 알라타체, 카디아체와 융합된 고리샘(ring gland) 구조를 띠게 된다. 전흉샘에는 식도하신경절에서 유래한 한 쌍의 신경이 연결된다. 때로는 전흉 및 중흉신경절에서 나온 추가적 신경도 연결된다. 그러나 이러한 신경 연결에도 불구하고 전흉샘 활성은 일차적으로 내분비 신호에 의존한다.

전흉샘은 탈피 관련호르몬을 생성하고 분비하기에 유시류 성충의 경우는 이 샘이 필요하지 않다. 반면에 무시류 곤충은 성충 시기에도 지속적으로 탈피하기에 전흉샘이 성충 시기에도 존재한다. 따라서 유시류 최종 약충 또는 번데기 기간에 성충으로 변태 과정을 밟으면서 이 호르몬샘 세포들의 세포자연치사(apoptosis) 과정을 유도하게 된다. 이러한 과정에 필요한 내분비 신호가 바로 변태 신호로서 유약호르몬 없이 엑다이손만 노출되는 환경이다.

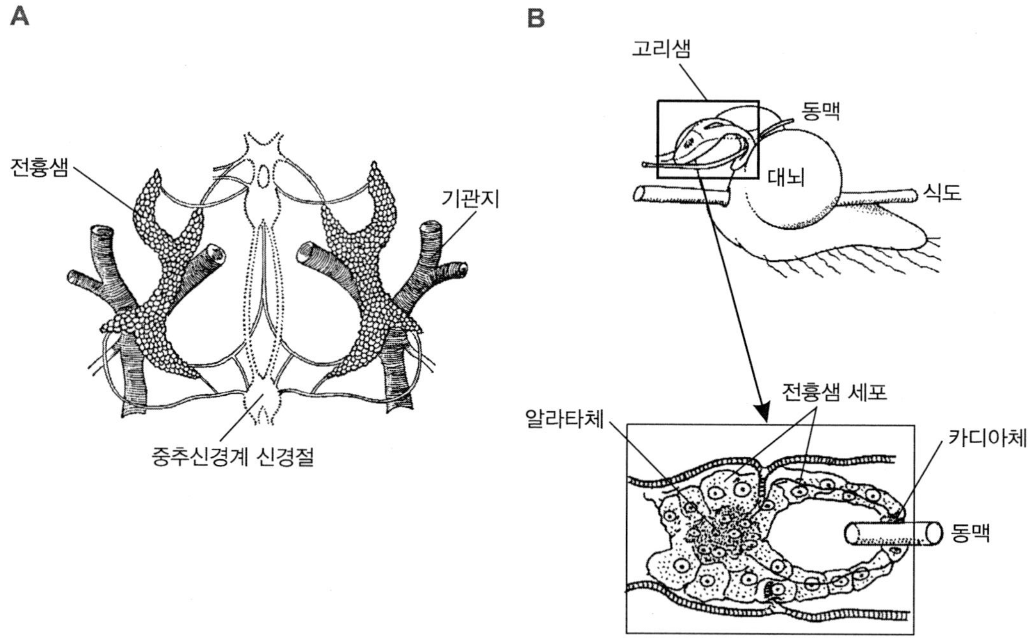

그림 1.4 **전흉샘 구조.** (A) 나비목 유충의 일반적 전흉샘 구조. 원본 그림(Klowden, 2013) 및 사본 인가 (B) 고등파리류 유충의 고리샘(ring gland). 원본 그림(Wigglesworth, 1984) 및 사본 인가

다양한 곤충류에서 발견되는 엑다이손 유사체는 약 70종류가 되고 여기에 식물체 유래 엑다이손 유사체를 포함하면 약 300종류가 보고되고 있다(그림 1.5). 이들을 통칭하여 우리는 엑디스테로이드(ecdysteroid)로 부르게 된다. 특히 많은 곤충에서 활성화된 엑다이손은 20-hydroxyecdysone(20E)으로서 β-엑다이손이다. 이 물질의 전구물질은 α-엑다이손으로 β-엑다이손에 비해 20번 위치에 수산기가 없는 상태이다. 반면에 일부 식식성 곤충에서는 20E 보다는 24번 탄소에 탄소 하나가 더 추가된 Makisterone A가 보편적이다. 이는 식물체에서 유래된 식물성 스테로이드에 포함된 추가 탄소를 제거하지 않았기 때문이다.

엑다이손의 생합성 과정을 살펴보면 콜레스테롤이 이 과정의 전구물질이다(그림 1.6). 이는 곤충이 콜레스테롤을 합성할 수 없기에 이 물질이 엑다이손 생합성의 최초의 전구물질이 된다. 일반적으로 콜레스테롤의 처음부터 새로운(*de novo*) 합성과정은 3개의 아세테이트(acetate)가 중합하여 만든 메발로네이트(mevalonate)로 시작하여 isopentenyl pyrophosphate(IPP)와 이 이성체인 dimethylallyl pyrophosphate(DMAP)의 연결로 farnesoic pyrophosphate(FPP)가 만들어지고, 2개 FPP가 연결되어 선형 구조의 geranyl pyrophosphate를 이루게 된다. 이후 스쿨렌산화효소(squalene oxidase)에 의해 콜레스테롤과 같은 고리구조의

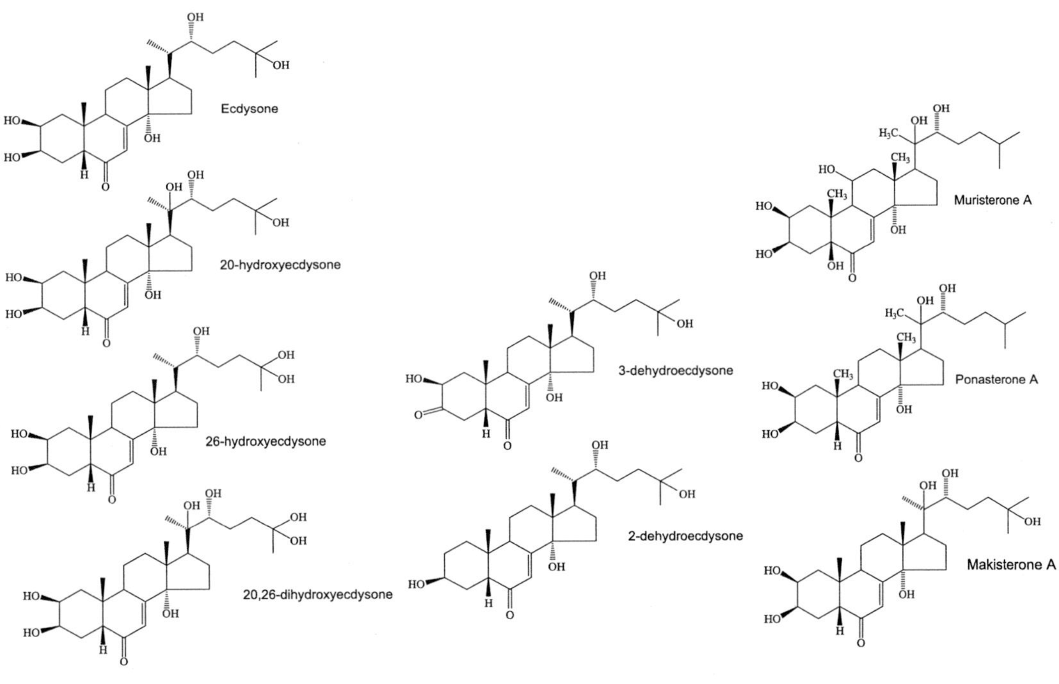

그림 1.5 엑디스테로이드(ecdysteroid). 원본그림(Klowden, 2013) 및 사본인가

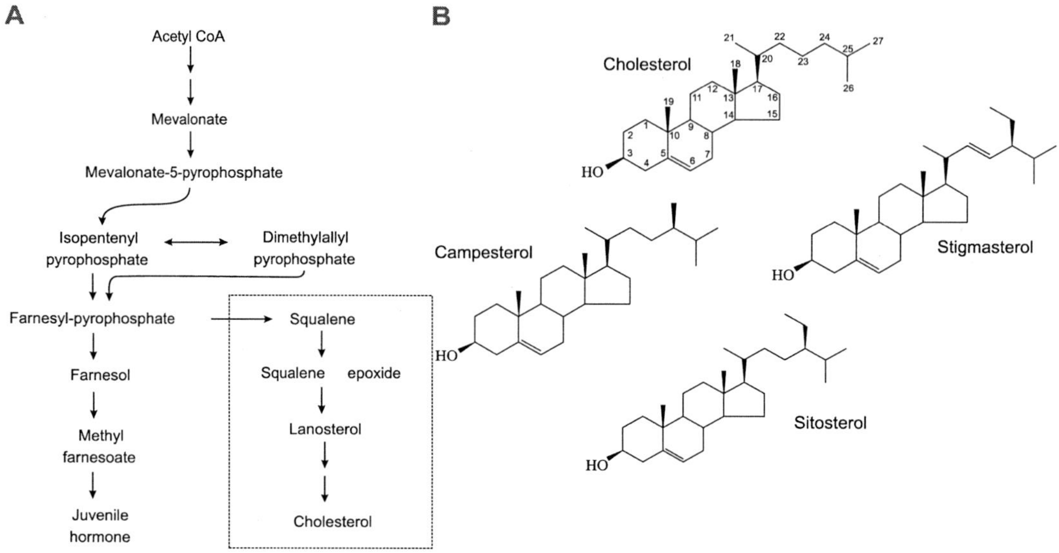

그림 1.6 엑다이손 생합성 전구체. (A) 콜레스테롤 생합성 경로. 네모 상자에 표기된 과정은 곤충에서 일어나지 않는다. (B) 곤충류에 따라 엑다이손 생합성 전구체 다양성. 원본그림(Klowden, 2013) 및 사본 인가

스퀄렌(squalene)을 형성하게 된다. 그런데 곤충은 이 스퀄렌산화효소가 없어 콜레스테롤 형성이 불가능하기 때문에 엑디스테로이드 호르몬을 합성하기 위해서는 먹이로부터 콜레스테롤 성분을 얻어야 한다. 콜레스테롤은 동물체에 풍부하기에 식물체를 섭식하는 식식성 곤충의 경우는 식물스테롤(phytosterol)에서 이들 스테롤을 얻게 된다. 특히 식물체에 있는 캠페스테롤(campesterol), 시토스테롤(sitosterol) 및 스티그마스테롤(stigmasterol)이 이 콜레스테롤 전구물질을 만드는 데 이용된다. 즉, 이들 식물스테롤에 있는 24번 위치에 있는 추가 탄소를 제거하는 탈알킬화(dealkylation) 과정을 먼저 시작하게 된다. 이후 형성된 콜레스테롤은 산화효소인 *neverland* 유전자 산물에 의해 7-hydroxycholesterol로 전환된다. 이후의 2,22,25-trideoxyecdysone까지의 합성과정을 이뤄야 하는 데 이 과정은 아직 밝혀지지 않은 블랙박스로 남아 있다. 이후 Halloween 유전자(*phm*, *dib*, *sad*, *shd*) 발현체인 산화효소들의 일련 과정으로 최종적으로 20E가 합성된다(**그림 1.7**).

엑다이손 생합성 조절은 신경과 호르몬의 영향으로 이뤄진다(**그림 1.8**). 주로 호르몬에 의한 체액성 면역 조절로서 PTTH가 직접적으로 전흉샘의 세포막에 존재하는 수용체를 통해 엑다이손 생합성에 관여하는 효소들의 발현을 촉진시키면서 이뤄지게 된다. 여기에 ILP가 관여하여 전흉샘의 세포 크기를 성장시키게 된다. 즉, ILP에 의해 세포의 성장능력을 확보하여

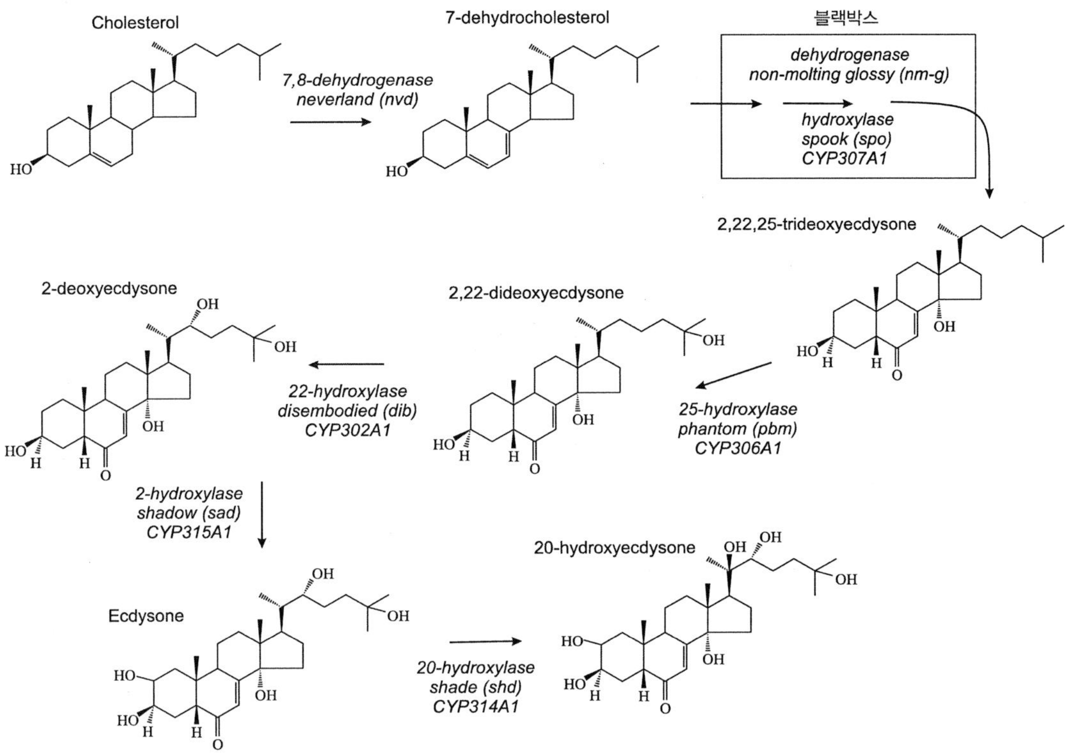

그림 1.7 콜레스테롤로 부터 엑다이손 생합성과정. 원본그림(Klowden, 2013) 및 사본인가

주면 이때 PTTH에 의해 합성 촉진이 유발되어 20E와 같은 생리 활성 호르몬이 다량으로 생합성 되어 방출되게 된다. 한편 신경호르몬류인 FMRFamide-related peptide(FaRP)는 식도하 신경절에서 축삭돌기를 타고 직접적으로 전흉샘의 엑다이손 생합성 능력을 억제시킨다. 또한 대뇌에서도 근육수축억제자(myosuppressin)가 분비되어 전흉샘의 기능을 억제하게 된다. 또한 과도한 엑다이손의 생합성을 억제하기 위한 되먹임 작용으로 후장에서 MIP/PTSP(myoinhibitory peptide/prothoracicostatic peptide)의 분비를 통해 영향을 주게 된다.

엑다이손의 분해는 크게 네 가지 과정으로 이뤄진다. 하나는 인산과 결합체를 만드는 방식이다. 이는 주로 누에에서 이뤄지는 방식으로 활성이 있는 20E를 인산과 결합하면 불활성화된다. 이러한 인산 결합형태의 20E를 난황형성과정 동안 어미가 알로 전달하여 주면 배자 발생과정을 통해 인산 분해 효소가 활성화되고 여기서 분리된 20E는 배자발육을 촉진하여 유충으로 부화하게 된다. 이와 유사하게 메뚜기류에서는 20E를 지방산과 결합시켜 알에 축적시키면, 배자 발육과정 동안 지방산이 영양원으로 사용되면서 수차례의 배자탈피를 유도하게

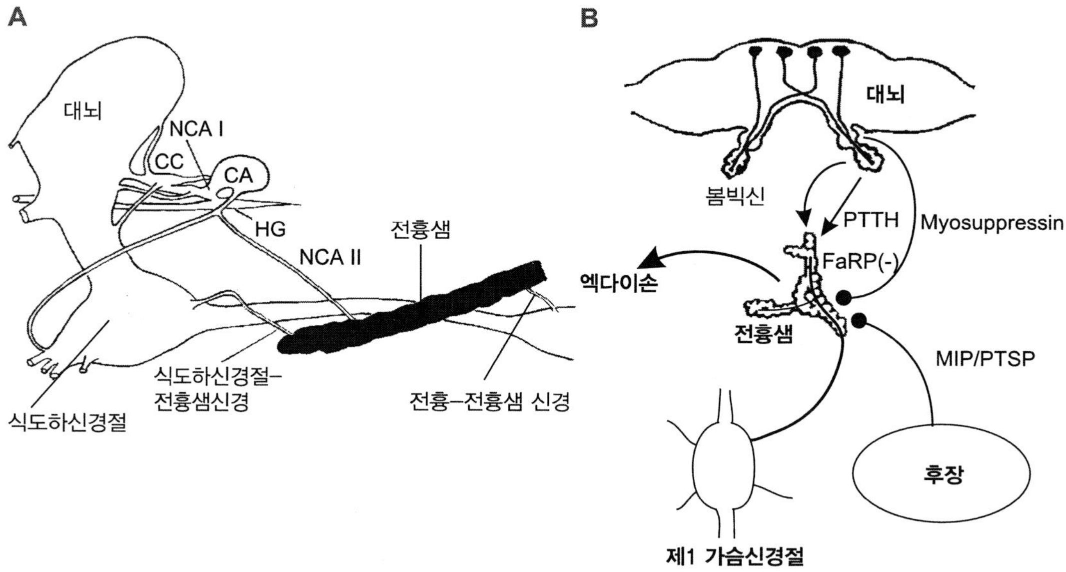

그림 1.8 **전흉샘의 엑다이손 생합성 조절.** (A) 전흉샘에 미치는 신경 지배. 원본그림(Beaulaton, 1990) 및 사본인가 (B) 전흉샘 활성 조절 내분비 신호. 원본인가(Truman, 2006) 및 사본인가

된다. 그러나 근본적 분해 과정은 분해 효소에 의존하게 되는 데 단일산화효소인 CYP18A1은 20E를 20E-acid로 전환시켜 불활성화를 유도하게 된다. 또한 엑다이손 산화효소(ecdysone oxidase)는 20E를 3-epi(3α)-ecdysteroid로 전환하여 불활성화를 유도하게 된다.

표적세포에서 엑다이손의 신호전달과정은 핵수용체의 신호전달 방식을 따르게 된다. 전흉샘에서 분비된 20E는 혈림프를 타고 표적세포로 오게 된다. 이 호르몬의 비극성은 표적세포 내부로 침입하게 되고 여기에 있는 핵수용체인 EcR(ecdysone receptor)과 결합한다. 이때 리간드가 밝혀져 있지 않은 또 다른 핵 수용체인 USP(ultraspiracle)가 와서 20E-EcR과 결합하여 이형이량체(heterodimer) 핵수용체 복합체를 이루게 된다. 이 복합체는 핵내로 이동하여 EcR이 결합하는 DNA 부위인 EcRE(ecdysone response element)에 결합하여 해당 유전자의 발현을 유도 또는 억제하게 된다.

일찍이 20E의 유전자 활성 조절은 파리목 곤충인 깔따구의 침샘 세포의 거대염색체(giant chromosome)로부터 알려져 있다. 즉, 침샘세포에 20E를 처리하면 일정 부위의 DNA 위치에서 부풀음(puffing)이 일어난다. 이러한 부풀음은 전사과정이 이 부위에서 일어나는 것으로 이 장소에서 유전자의 발현이 일어난다는 것을 의미한다. 즉, 20E라는 스테로이드 호르몬이 표적세포의 유전자 발현을 직접적으로 조절한다는 것을 최초로 관찰하게 하였다. 그러나 이 초기 부풀음(early puffing)은 일정 시간 이후 다른 부위에서 후기 부풀음(late puffing)으로 이어졌다. 흥미로운 사실은 진핵생명체의 단백질 번역 억제자인 사이클로헥시마이드(cycloheximide)를 처리하여도 이 초기 부풀음의 형성을 억제할 수 없었다. 그러나 이 약제는 후기 부풀음을 억제시켰다. 이러한 사실은 초기 부풀음은 단백질 발현에 의존하지 않고 일어나지만 후기 부풀음은 다른 전사인자들의 단백질 발현이 요구된다는 것을 의미하였다. 이를 정리하여 1974년 Ashburner는 초파리의 침샘세포를 대상으로 엑디스테로이드 유전자발현 조절 모델을 제시하였다(그림 1.9). 이 모델에 의하면 20E에 의해 초기 부풀음이 이뤄지고 이때 이 유전자 산물로 E75, BR, E74 및 E93의 전사인자를 생산하게 된다. 이때 20E는 후기 부풀음을 억제하게 된다. 따라서 오로지 초기 부풀음만 일어난다. 초기 부풀음의 유전자 산물들은 다시 후기 부풀음을 유도하게 된다. 이때 전사인자인 HR3, HR4, H38 및 E78을 만들게 된다. 이들은 궁극적으로 생리변화 유전자들의 발현을 유도하여 궁극적으로 탈피 및 변태 현상을 나타나게 한다.

엑다이손이 곤충의 변태 현상과 관련되어 어떻게 특정 발육 형태의 유전자들의 발현을 유

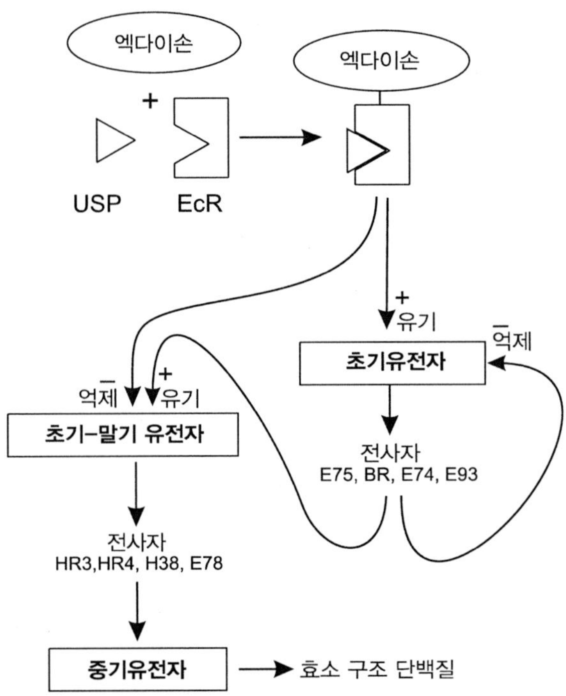

그림 1.9 엑다이손 유전자 활성 조절 과정. 원본인가(Klowden, 2013) 및 사본인가

도하는 지에 대한 궁금증을 갖게 하였다. 이에 대한 부분적 설명으로 초파리의 경우, 엑다이손의 핵 수용체인 EcR은 세 가지의 이성체(EcR-B1, EcR-B2, EcR-A)들을 가지고 있다. EcR-B1은 유충 형질을 발현하는 세포에서 발현된다. 따라서 변태과정동안 EcR-B1을 발현하는 세포는 퇴화된다. 그러나 EcR-B2는 성충원기 세포에서 발현된다. 즉, EcR-B2를 발현하는 세포는 변태과정에 분화가 일어나게 된다. EcR-A는 성충 세포에서 발현되는 이성체이다. 또한 USP의 경우도 최소한 두 가지 이성체를 가지고 있어 EcR과 USP의 상호 이성체간의 조합은 상이한 유전자에 대한 발현 조절 능력을 가지게 된다. 이는 EcR 단백질의 아미노 말단에 위치하 활상화부위가 이성체 사이에 큰 차이를 보여 다른 전사인자와의 상호관계에 특수성을 주어 유전자의 활성 조절에 차등성을 줄 수 있다.

5 유약호르몬과 알라타체

유약호르몬(juvenile hormone: JH)은 영국의 곤충 생리학자인 Wigglethworth에 의해 최초로 명명되었다. 그는 최종 유충에 어린 유충을 연결하여 혈림프가 통하게 하는 parabiosis 처리를 한 결과 최종유충은 다시 유충탈피를 거듭한다는 것을 관찰하였다. 다시 활성화된 알라타체를 최종 유충에 이식한 결과 유사한 결과를 얻어 이 알라타체에서 지속적으로 유충상태를 만드는 호르몬이 존재한다는 사실을 밝히고 이를 "미성숙유도"의 의미를 담은 "juvenile" 호르몬으로 명명하게 되었다.

유약호르몬의 화학적 동정은 이후 1967년 Röller 연구실에서 이뤄졌으며 탄소수 18개의 세스퀴터펜(sesquiterpene)으로 밝혀졌다. 이후 현재까지 곤충의 체내에서 생리 기작을 갖는 JH는 총 7종(JH 0, JH I, 4-methyl JH I, JH II, JH III, JH III bis epoxide 및 JH III bis skipped epoxide)이 밝혀졌다(그림 1.10). 대부분의 곤충은 JH III를 유약호르몬으로 이용하고 있다. 반면에 JH 0, JH I, 4-methyl JH I, JH II은 나비목에서만 발견된 유약호르몬이고, JH bis epoxide는 고등파리류 그리고 JH III bis skipped epoxide는 노린재류의 유약호르몬으로 알려지고 있다. 식물체에도 이러한 JH 유사물질이 있어 이를 식물 유약호르몬 유사체(phytojuvenoids)로 부르고 있다. 예를 들어, 캐나다 발삼전나무(*Abies balsamea*)에서 유래된 주바비온(juvabione)은 노린재류에게 유약호르몬 효과를 발휘하였다.

유약호르몬의 생합성은 콜레스테롤 생합성과정과 유사하여 세 개의 아세테이트(acetate)를 연결하여 메발로네이트(mevalonate)까지 합성하는 과정은 동일하나, 여기에서 기본 터펜(terpene) 단위체의 구성이 isopentenyl pyrophosphate(IPP), dimethylallyl pyrophosphate (DMAP), ethylmethylallyl pyrophosphate(EMAP), homoisopentenyl pyrophosphate(HIPP)

JH 0
JH I
4-methyl JH I
JH II
JH III
JH III bisepoxide
JH III skipped bisepoxide
JH III acid

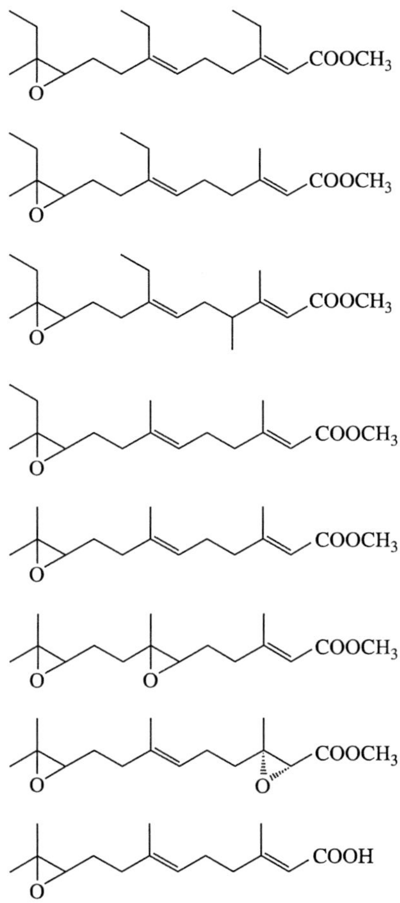

그림 1.10 **유약호르몬(juvenile hormone: JH) 다양성.** 원본인가(Klowden, 2013) 및 사본인가

의 4종류로 분지된다(그림 1.11). 이후 이들 단위체들을 세 개를 연결하여 서로 다른 JH를 합성하게 된다. 예를 들어, JH III는 DMAP 한 개와 IPP 두 개를 연결하여 합성된다. 반면에 JH I은 IPP 한 개와 EMAP 한 개 그리고 HIPP 한 개를 연결하여 생합성하게 된다. 이렇게 형성된 기본 골격은 말단에 메칠기과 에폭시기를 첨가하면서 완성된다. 여기서 에폭시기를 첨가할 때에는 단일산화효소인 CYP15A1을 이용하고, 메칠기 첨가는 JHAMT(JH acid methyl transferase)를 이용하게 된다.

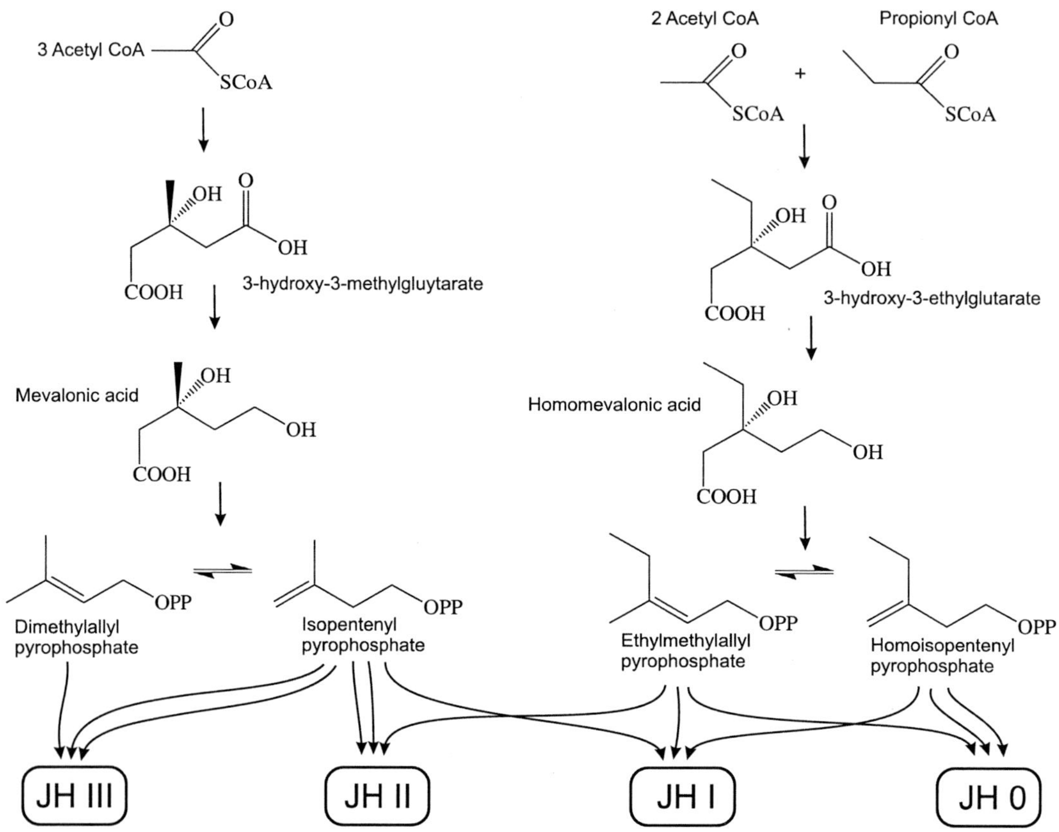

그림 1.11 유약호르몬 생합성과정. 원본인가(Klowden, 2013) 및 사본인가

유약호르몬의 생합성은 알라카체에서 이뤄지며(**그림 1.12**) 이 생합성 활성 조절은 주로 신경호르몬 신호로 조절되게 된다. 대뇌에서 합성되어 분비되는 알라토트로핀(allatotropin: AT)은 알라타체의 JH 생합성 활성을 증가시키는 반면에 알라토스타틴(allatostatin: AST)은 반대로 억제하는 신호로 작용한다(**그림 1.13**). 박각시나방에서 발견된 Manse-AT는 13개 길이의 펩타이드이고 이 곤충의 알라타체 기관배양 조건에서 배양액에 첨가하면 알라타체에서 JH I, JH II 및 JH III가 생산되어 분비된다. 동일한 Manse-AT를 벌목 및 파리목 곤충의 알라타체에 처리하여도 동일한 JH 합성 촉진 효과가 나타났다. 그러나 Manse-AT은 알라타체 활성 촉진 이외에 소화관 운동, 중장 이온전달, 심장박동 및 말피기관 분비 능력 등을 촉진하는 기능도 갖고 있다. 실제로 AT의 수용체가 이들 기관의 세포에서 발견되었다. 흥미로운 사실은 AT가 유약호르몬을 가지고 있지 않은 무척추동물에서도 발견되어 AT의 알라타체 활성화는 이 호르몬의 근육 축진 기능에 부차적으로 진화된 기능으로 간주되고 있다. 알라토스타틴은 현

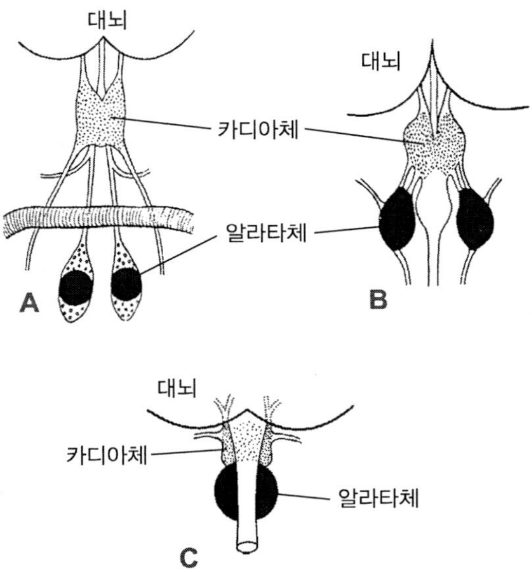

그림 1.12 알라타체와 대뇌 연결. (A) 모기 (B) 바퀴 (C) 노린재. 원본그림(Klowden, 2013) 및 사본인가

재까지 150종류 이상이 나방, 파리 및 바퀴에서 발견되었다. 이들은 3개의 유전자군(A, B, C)으로 분류되어 A군은 주로 바퀴에서 유래된 알라토스타틴을 포함하고, B군은 귀뚜라미류에서 나타나는 것 그리고 C군은 박각시나방(*M. sexta*)에서 발견된 것으로 구성된다. 이들은 서로 구조에 큰 차이를 보이고 있어 상호 교차 활성은 나타내 않는다. 알라토스타틴도 알라타

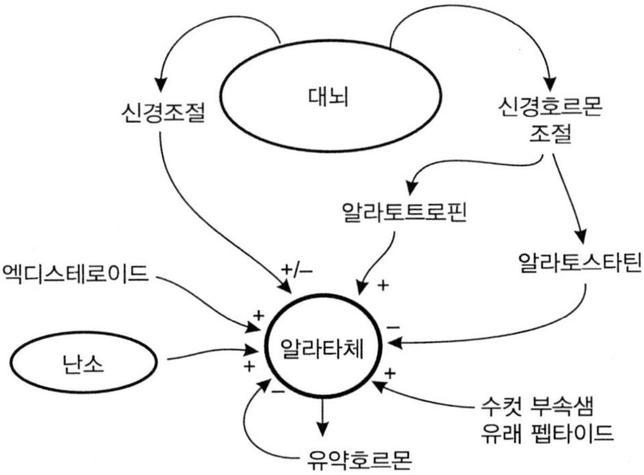

그림 1.13 알라타체 생합성 활성을 조절하는 내분비 신호. 원본그림(Klowden, 2013) 및 사본인가

체 활성 조절 이외에 근육수축조절 기능을 가져 알라토트로핀과 마찬가지로 알라토스타틴의 알라타체 활성 조절은 부수적으로 진화된 것으로 간주하고 있다.

유약호르몬은 비극성물질로서 혈림프를 타고 순환될 때 운반체의 도움을 받아야 한다. 또한 유약호르몬의 말단의 메틸기와 결합하는 데 이용된 에스테르 결합은 혈림프 중에 존재하는 여러 종류의 에스터레이즈 효소의 표적이 될 수 있다. 따라서 유약호르몬 운반단백질은 이러한 보호 기능도 포함되어야 하는데 일반적으로 총칭하여 JH 결합단백질(JH-binding protein: JHBP)로 부르게 된다. JHBP는 크게 세 종류로 나뉜다. 소형으로 높은 친화력을 보이는 JHBP로서 단일 폴리펩타이드로 구성된 단백질로 단일 부위에서 JH와 결합하면서 3차 구조를 바꾸어 JH를 일반 에스터레이즈의 공격으로 부터 보호한다. 두 번째는 지질운송단백질인 리포포린(lipophorin)으로 최소 두 개의 단위체로 구성된 복합 단백질로 JH와는 여러 부위에서 높은 친화도로 결합하게 된다. 셋째로 6개의 단위체로 구성된 헥사머린(hexamerin)으로 여러 부위에서 JH와 결합을 할 수 있다.

유약호르몬의 분해는 유약호르몬의 에폭시(epoxy)기와 에스테르 결합의 두 부위를 공략하는 두 종류의 분해 효소가 관여한다(그림 1.14). 즉, JH epoxide hydrolase(JHEH)가 에폭시기를 공략하여 에폭시기에 물 분자를 넣어 두 개의 diol을 만들어 궁극적으로 JH diol이 되어 유약호르몬 기능을 잃게 하고 체외로 배출하는 형태이다. JHEH는 주로 세포 내에 존재하며 세포내 JH를 분해하는 역할을 담당한다. 또 다른 형태는 JH 에스터레이즈(JH esterase: JHE)로서 세포 밖 혈림프에서 작용하는 분해효소로서 JH 말단의 에스테르 결합을 가수분해하여 메틸기를 잃게 하고 JH acid로 전환시키는 효소이다. 곤충의 변태 과정에 최종령 초기에 유약호르몬의 혈중 농도가 거의 전무한 상태로 내려가야 하는 데, 이때 알라카체의 JH 생합성 활성이 멈추고 더불어 JHE 활성 증가로 혈림프에 잔존하는 JH를 제거해야 한다. 만약 JHE의 활성이 올라가지 않으면 이 곤충은 변태 신호를 갖지 못해 다시 유충 탈피를 진행하게 된다. 이를 증명하기 위해 CRISPR/Cas9의 유전자가위 기술을 이용하여 누에 배자의 JHE 유전자를 제거한 결과 혈중 JHE의 활성이 낮아지고, 유충의 발육기간이 길어졌다. 반대로 JHE의 과다 발현은 유약호르몬의 양을 줄여 어린 유충이 번데기로 발육하게 하는 조기변태를 유발할 수 있다. 실제로 누에의 경우 piggybac이라는 전이인자를 이용하여 JHE 유전자에 높은 발현을 유도하는 프로모터를 결합하여 배자에 형질전환시킨 결과 5령 이후에 번데기로 진행되어야 할 누에가 3령에서 번데기로 발육하는 조기변태를 유발했다.

표적세포에서 유약호르몬의 신호전달 과정은 핵 수용체를 이용한 전달 방식을 따르게 된다. 유약호르몬의 수용체는 Met(methoprene-tolerant) 단백질이다. Met은 basic helix-loop-helix(bHLH) 구조를 지닌 전사인자로서 자신을 포함한 여러 핵 수용체와 이량체를 만들어

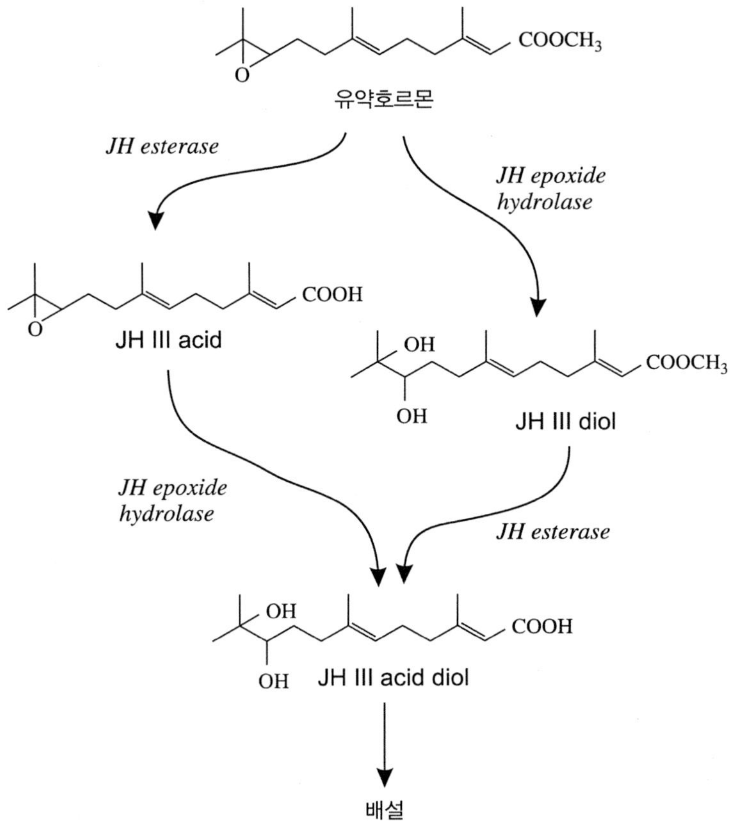

그림 1.14 유약호르몬 분해 과정. 원본그림(Klowden, 2013) 및 사본인가

핵내로 침입한다. 이들 가운데는 FISC(Ftz-F1 interacting steroid receptor coactivator)와 SRC(steroid receptor coactivator)를 포함한다. JH와 결합된 이들 이량체는 핵내로 들어가 JHRE(JH response element)에 결합하고 대상 유전자의 전사 활성을 조절하게 된다(그림 1.15). 특별히 JH 수용체는 Kr-h1(Krüppel homolog 1)의 유전자의 발현을 촉진하고 이 유전자 산물은 번데기로 변태를 억제하고 유충의 형질을 유지하게 하는 유전자들의 발현을 유도한다. 특히 BR(Broad complex) 전사인자가 Kr-h1의 억제 대상인 데, 이는 BR이 번데기로의 변태를 유발하는 데 중추적 역할을 담당하기 때문이다. 그러나 종령기에 JHE 활성 증가로 혈중 JH 농도가 없어지면서 Kr-h1의 발현이 낮아지고 이에 따라 BR 유전자 발현이 일어나게 되면 유충에서 번데기로의 변태 관련 유전자들의 발현이 일어나게 된다.

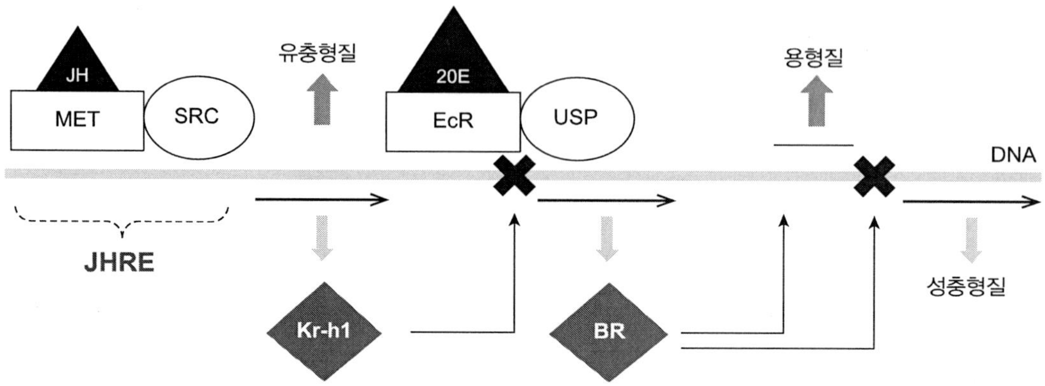

그림 1.15 **유약호르몬(JH) 유전자 활성 조절 기작.** JH는 핵수용체인 MET(methoprene-tolerant)와 결합하고 활성화되면 SRC(steroid receptor coactivator)와 결합하여 이형이량체를 형성한다. 이 이량체는 핵 내로 들어가 JH 결합 DNA 영역인 JHRE(JH responsive element)와 결합하여 유충기 형질을 결정하는 Kr-h1을 발현시킨다. Kr-h1은 엑다이손에 의한 변태 신호를 억제하여 전사인자 BR(Broad complex) 발현을 억제하게 된다. 그러나 변태 기간 동안 Kr-h1의 발현이 억제되면 BR의 발현이 일어나고 이는 번데기로 변태를 유도하게 된다. 그러나 BR은 성충으로 조기변태를 억제한다.

제 2 장

체벽계

Integumentary System

체벽(integument)은 인체와 비교하여 곤충의 피부에 해당되지만 죽은 세포로 이뤄진 인체의 피부와는 달리 살아있는 세포가 다양한 생리적 기능을 담당하는 중요한 생체 기관이다. 특히 몸집이 작은 소형동물로서 곤충이 갖는 취약점을 이상적으로 보완하는 구조로서 체벽은 생존에 유리한 장치를 제공한다. 소형 동물로서 갖는 불리한 점은 몸의 부피에 비교하여 상대적으로 넓은 표면적을 갖기 때문에 외부로 체내 수분 손실이 클 수 있는 데 표피층에 존재하는 지질층 보호막은 이를 억제하는 필수적 방어 장치를 제공하게 된다. 여기에 경화된 외골격은 내골격에 비해 상대적으로 몸의 강도를 높여 주어 소형동물이 다양한 환경에서 몸을 지탱하는 데 보다 유리하게 만들어 준다. 다양한 병원 미생물이 존재하는 환경에 처한 곤충은 견고한 표피층의 도움으로 면역의 일차 방어선으로 기능을 수행하게 한다. 몸의 가장 밖을 구성하는 체벽은 곤충의 체 표면을 이루어 체색 및 체향을 발산하는 기능을 담당한다. 이는 개체 간 통신의 수단이 될 수 있어 교미 또는 천적으로 부터 회피에 이용될 수 있다. 다양한 기능을 가진 체벽에 대해서 본 장에서는 구조와 기능을 중심으로 작동원리를 살펴본다.

1 체벽 구조와 기능

체벽은 크게 세 부분으로 구성된다(그림 2.1). 이들은 몸의 외부로부터 표피층(cuticle), 표피세포(epidermis) 그리고 기저막(basement membrane)의 차례로 이뤄진다. 즉, 기저막 아래는 곤충이 개방혈관계이기에 바로 혈림프와 맞닿게 된다.

1.1 표피층 구조와 기능

표피층은 외부와 접해있고 몸 전체를 보호하는 비세포성 구조이다. 이 표피층은 다시 크게 두 부분으로 나뉘어 외표피층(epicuticle)과 원표피층(procuticle)으로 세분된다. 몸의 제일 밖에 위치한 외표피층은 얇은 두께를 가지고 있지만 다시 네 층으로 세분되어 몸 밖으로부터 안으로 들어가면서 시멘트층(cement layer), 왁스층(wax layer), 외피(envelope), 내피(inner epicuticle)로 구성된다. 시멘트층은 몸 표면의 성질을 결정하는 외표피층으로 주로 왁스층을 보호하는 기능을 담당한다. 시멘트층을 이루는 구성 물질은 표피세포의 일종인 피부샘(dermal gland)에서 분비된다. 왁스층은 약 50~60개의 탄소를 가진 긴 포화탄화수소 사슬의 분자들이 병렬로 채워진 외표피층으로 곤충의 수분증발을 억제하는 기능을 담당하게 된다. 이 왁스는 비교적 높은 융점(약 50℃ 이상)을 가지고 있어 곤충이 처한 환경 온도에서 자체의 물리적 구조를 지니면서 수분 보호막의 기능을 담당하게 된다. 외피는 탈피 과정 중 가장 먼저 생성되는 표피층 구조이며 모든 외배엽 기원 표피층에서 가지고 있는 외표피층 구조이다. 심지어 기관소지의 경우 공기전달을 용이하게 하기 위해 다른 표피층의 구조는 축소 또는 소실되어 있지만 외피는 지니게 된다. 탈피 과정 중에 낡은 표피층을 소화할 때 외피는 몸쪽에 있는 새로운 표피층을 소화액으로부터 보호하는 기능도 담당한다. 또한 탈피 직후 신축성이 있는 외피는 이 층의 팽창된 표면적만큼 곤충은 부피 성장을 이룰 수 있다. 따라서 새롭게 탈피한 곤충은 이 외피가 접혀있지만 성장을 통해 이 층이 펴지고, 완전히 펴지게 되면 성장의 한계를 이루기 때문에 다시 탈피를 이루어 다음 단계의 보다 넓은 외피를 지니게 된다.

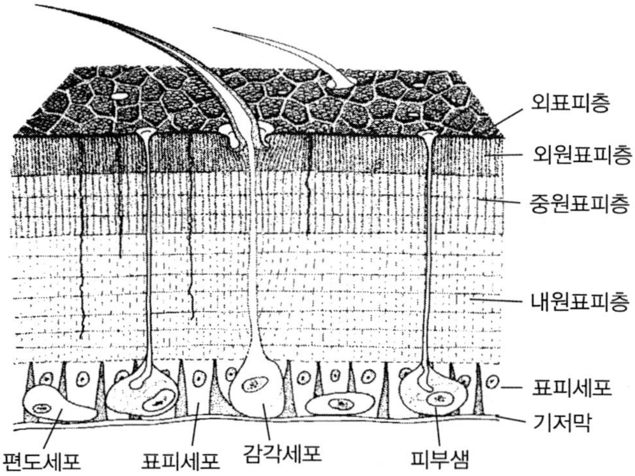

그림 2.1 **체벽 구조.** 원본그림(Hackman, 1971) 및 사본인가

내피는 원표피층과 경계를 이루고 있으며, 경화반응을 통해 물리적 견고성을 지니나 키틴을 함유하지 않아 원표피층과 구분된다.

원표피층은 표피층의 약 70~80%를 이루는 영역으로 표피층의 전체적 강도를 결정하게 된다. 즉, 경화반응이 일어나는 외원표피층(exocuticle)과 경화반응이 일어나지 않는 내원표피층(endocuticle)이 존재하면 이들의 상대적 부피에 따라 전체 표피층의 강도가 결정된다. 예를 들어, 딱정벌레 몸 표면처럼 딱딱한 표피층을 이루는 부분은 대부분이 외원표피층을 가지나, 체절 사이의 연한 체벽은 대부분 내원표피층을 가지게 된다. 대표적인 연한 부위의 표피층으로 탈피선(ecdysial line)이 있는 체벽 부위로서 외원표피층의 분화가 거의 없어 탈피과정 중에 내원표피층을 소화시키는 경우 얇은 외표피층만 남아 쉽게 내부 압력을 통해 붕괴되어 허물벗기가 가능하게 한다.

1.2 표피세포층 구조와 기능

표피층 아래 표피세포(epidermis)는 단일 세포층을 이루게 된다. 이들 세포 사이에는 밀착세포연결구조(septate junction)가 존재하여 표피세포들을 연결하고 공간연접(gap junction)을 통해 이들 세포 사이에 소형물질의 이동이 가능하게 하여 세포들 사이에 상호간 정보 교환이 가능하다. 표피세포의 주 기능은 표피층을 이루는 물질을 생성하여 분비한다. 표피세포는 표피층의 주성분인 단백질과 키틴(chitin)을 합성하여 분비하여 주게 된다. 또한 외표피층의 주성분 가운데 하나인 왁스를 생합성하여 공관(pore canal)을 통해 왁스층으로 보내게 된다. 이 공관은 표피세포의 세포질 신장에 의해 이뤄졌으며 나선형으로 뻗어 나와 왁스층 바로 아래까지 발달된다. 많은 공관 개수가 바퀴류에서 관찰되는 데 약 200개의 공관이 각 표피세포에서 나와 표피세포 mm^2 당 약 1.2백만 개의 공관 밀도를 발달시키게 된다.

일부 표피세포는 변형을 이루어 외부의 환경 변화를 감지할 수 있는 감각기(sensorium)를 이루어 감각세포가 존재한다. 또한 일부는 피부샘을 이루어 외표피층의 시멘트층을 이루는 물질을 분비한다. 이 피부샘에서는 페로몬성분을 생합성하여 몸 표면으로 보내어 화학 통신이 가능하게 한다. 다배체를 이루는 표피세포는 비교적 크기가 큰 세포인 편도세포(oenocyte)로 분화하여 외표피층을 이루는 지질 성분의 생합성 및 분비 기능을 담당하고 있다. 일부 편도세포는 엑다이손(ecdysone) 호르몬을 분비하기도 한다.

1.3 기저막 구조와 기능

기저막(basement membrane)은 체벽의 가장 아래 있는 구조로서 혈강과 표피세포를 나누는 경계면이다. 중성 점액성 다당류로 구성된 비세포성 막 구조이다. 혈구세포 가운데 부정형 혈구가 기저막 성분을 합성하여 분비하는 것으로 알려지고 있다. 그러나 외부 상처를 통해 기저막이 붕괴되는 경우 면역반응의 일종인 혈액응고반응과 더불어 상처치유가 일어나게 되고 최종적으로 다시 부정형혈구에 의해 손상된 기저막이 복구된다. 따라서 기저막의 존재 유무는 면역반응의 유기 및 종료와 관련된다.

2 표피층의 화학 조성

비세포성 구조인 표피층은 각 구조와 기능에 상응한 화합물을 포함하고 있다. 즉, 외표피층은 단백질과 지질로 구성되어 있어 지질이 갖는 소수성의 성질로 수분손실을 억제하는 보호막으로 작용하게 된다. 반면에 원표피층은 단백질과 키틴(chitin)으로 구성되어 있어 섬유상의 키틴이 갖는 구조적 성질에 따라 표피층의 구조를 이루는 데 중요한 역할을 담당하게 된다.

2.1 키틴

키틴은 다당류의 일종으로 N-acetylglucosamine(NAG)의 단위체로 구성되며, 표피층의 건조 체중 가운데 10~45%를 차지하는 주요 체벽 성분이다. 키틴은 NAG 단위체가 $\beta[1 \rightarrow 4]$ 글라이코시딕(glycosydic) 결합을 통해 연결된 선상의 폴리머이다(그림 2.2). 여러 개의 선상의 키틴 분자가 분자 사이에 서로 수소결합을 통해 하나의 미세섬유(microfiril)를 구성하게 된다. 이들 미세섬유는 내부 키틴 분자의 배열 방식에 따라 α, β, γ로 나뉘며, 이 가운데 상호 키틴 분자가 역평행으로 연결된 α 키틴이 대부분의 표피층에서 발견된다. 키틴 분자가 동일한 방향으로 연결된 β와 γ 키틴은 일부 종의 번데기 체벽에서 나타나는 성분이다. 미세섬유는 다시 서로 평행하게 달리면서 평면 구조의 박막층(lamella)을 형성하게 된다. 곤충의 성장에 따라 체벽이 두꺼워지는 이유는 박막층이 수직으로 쌓이면서 표피층의 두께 성장을 통해 가능하게 된다. 이때 이웃하는 박막층 사이에는 키틴 미세섬유의 배열 방향을 틀어지게 하여 표피층의 수직 강도를 높이게 한다.

키틴의 생합성은 크게 3가지 단계에서 이뤄진다. 첫째로 주요 혈당인 트레할로오즈(trehalose)가 단당류인 포도당으로 분리되고 이 포도당이 해당과정을 통해 fructose-6-phosphate를 이룬다. 둘째로 아민기(NH_2)와 아세틸기(CH_3CO)를 첨가하는 반응이 뒤따르면서 키틴의 단위체인 NAG을 만들게 된다. 최종적으로 키틴합성효소(chitin synthase)가 UDP(uracil

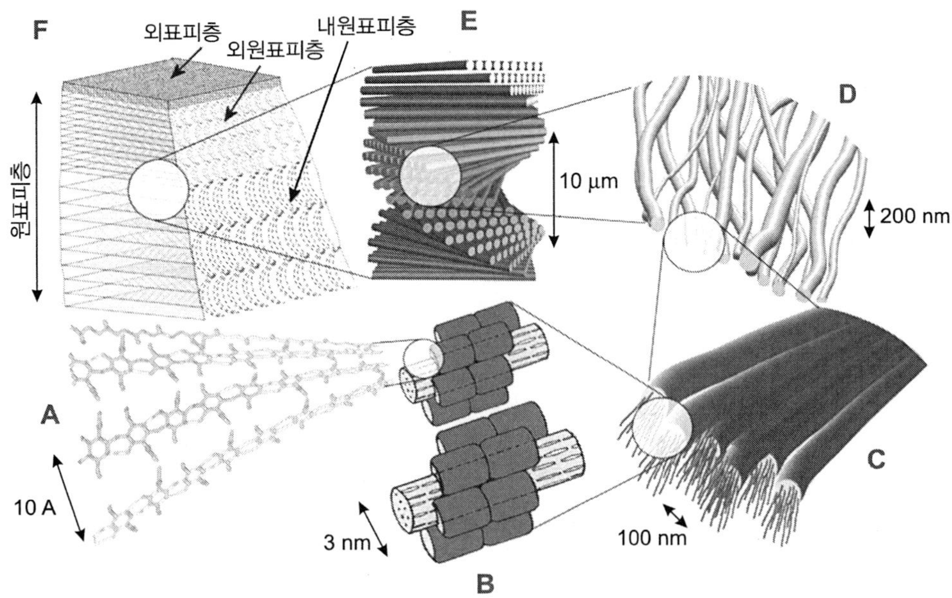

그림 2.2 표피층 구성성분. (A) 다당체 키틴 분자구조 (B) 키틴 필라멘트(3 nm) (C) 키틴 미세섬유(100 nm) (D) 미세섬유 사이 거리 (E) 키틴 박막층 (F) 표피층 박막층 배열. 원본그림(Klowden, 2013) 및 사본 인가

diphosphate)의 도움으로 NAG 단위체를 결합으로 연결하는 단계이다.

2.2 단백질

표피층의 50% 이상은 단백질로 구성된다. 주로 원표피층에 존재하나 외표피층에도 주요 성분으로 포함된다. 표피층을 이루는 다양한 단백질은 CP(cuticle protein) 유전자 군을 이루게 된다. 이 가운데 비교적 잘 알려진 CP가 CPR 단백질군으로서 아미노산 서열 가운데 Rebers-Riddiford(RR) 공통서열을 지니고 있다. RR 서열은 35개의 아미노산으로 구성되고 키틴 결합부위로 알려지고 있다. CPR은 다시 RR-1과 RR-2의 단백질류를 포함하는 데 RR-1은 주로 연한 표피층에서 발견되는 단백질인 반면, RR-2는 경화된 표피층에서 발견되는 단백질류이다.

레실린(resilin) 단백질이 곤충의 날개 기부, 다리 관절 또는 탄력성을 요구하는 가슴 체벽 부위의 표피층에서 발견되는 주요 체벽 단백질이다. 이 단백질은 이중 타이로신(tyrosine) 또는 삼중 타이로신에서 비롯된 코일 형태의 이차 구조가 탄력성을 부가하여 약 97%의 에너지 전환효율을 갖는 거의 고무와 같은 성질을 지닌다. 날개 운동의 경우 날개올림 동안 레실린 단백질에 축적된 에너지가 이 단백질의 탄력성에 힘입어 날개를 내릴 때 방출되어 날개 근육의 활동을 돕게 된다. 여러 탄력성이 있는 단백질이 동물계에 있지만, 레질린은 절지동물에서만 보고되고 있다.

표피세포가 만드는 단백질은 분비 방향에 따라 분류된다. 예를 들어, 표피세포에서 합성된 단백질이 표피층으로 분비되는 경우는 Class C, 혈림프로 방출되는 Class H, 두 군데 모두로 이용되는 경우 Class BD로 분류된다. 반면에 Class T는 혈강에서 합성되어 표피세포를 지나 표피층에 축적되는 경우이다.

3 탈피

외골격의 표피층은 성장의 제약을 주는 구조물이다. 따라서 다음 단계의 크기 성장을 위해서 낡은 표피층을 벗고 새로운 표피층을 생성해야하는 탈피(molting)과정을 밟게 된다(그림 2.3). 탈피의 시작은 몸의 크기 변화로부터 야기된다. 흡혈성 노린재(*Rhodnius prolixus*)의 경우는 흡혈 이후 중장의 포만감이 신장수용기를 통해 뇌로 전달되면 탈피호르몬인 엑다이온(20E)이 분비되어 탈피를 시작하게 된다. 반면에 많은 곤충은 자신의 몸 크기를 측정할 수 있는 데 탈피를 위한 임계 크기에 도달하면 20E의 분비를 야기시키게 된다. 곤충이 어떻게 자신의 몸 크기를 측정하는 지는 분명하지 않지만, 각 세포의 산소부족량과 관련이 있는 것으로 판단된다. 곤충은 몸의 각 세포에 산소 전달을 기관지를 통해 공기중 산소를 직접 세포까지 전달하게 된다. 세포 분열을 통해 몸의 크기가 증가하면서 이러한 산소 공급은 충분하지 않게 된다. 이러한 산소부족량이 임계치에 이르면 곤충은 자신의 임계크기 성장을 느끼게 되고, 탈피 과정을 야기시킬 수 있다. 예를 들어, 산소분압이 높은 지역에서는 이러한 탈피의 과정이 느리게 진행되어 비교적 큰 곤충이 형성된다. 이는 높은 산소 분압으로 몸의 각 세포에 산소를 제공하는 데 산소부족량을 덜 느끼게 되어 일어나는 것으로 해석될 수 있다.

임계크기에 다다른 곤충은 뇌로부터 PTTH를 생성하여 카디아체로부터 혈림프로 방출되게 된다. 이때 PTTH의 방출은 하루 중 일정한 시각에 일어나는 일주기리듬성을 갖는다. 혈림프로 방출된 PTTH는 전흉샘을 촉진하여 20E를 방출하게 된다. 혈림프에 높아진 20E의 함량은 표피세포로 하여금 표피층을 분리하는 표피층분리(apolysis)를 야기시킨다. 이를 통해 표피층과 표피세포 사이에 허물공간(exuvial space)을 만들게 된다. 이 허물공간으로 불활성 상태의 소화효소로 구성된 탈피젤(molting gel)이 분비된다. 더불어 표피세포 위로는 새로운 외피(envelope)가 형성된다. 외피 밑으로는 새로운 원표피층이 형성되는 데 이 새로운 원표피층은 니코프(knickkopf) 단백질을 함유하고 있어 이 단백질이 향후 활성화된 탈피소화액의 효

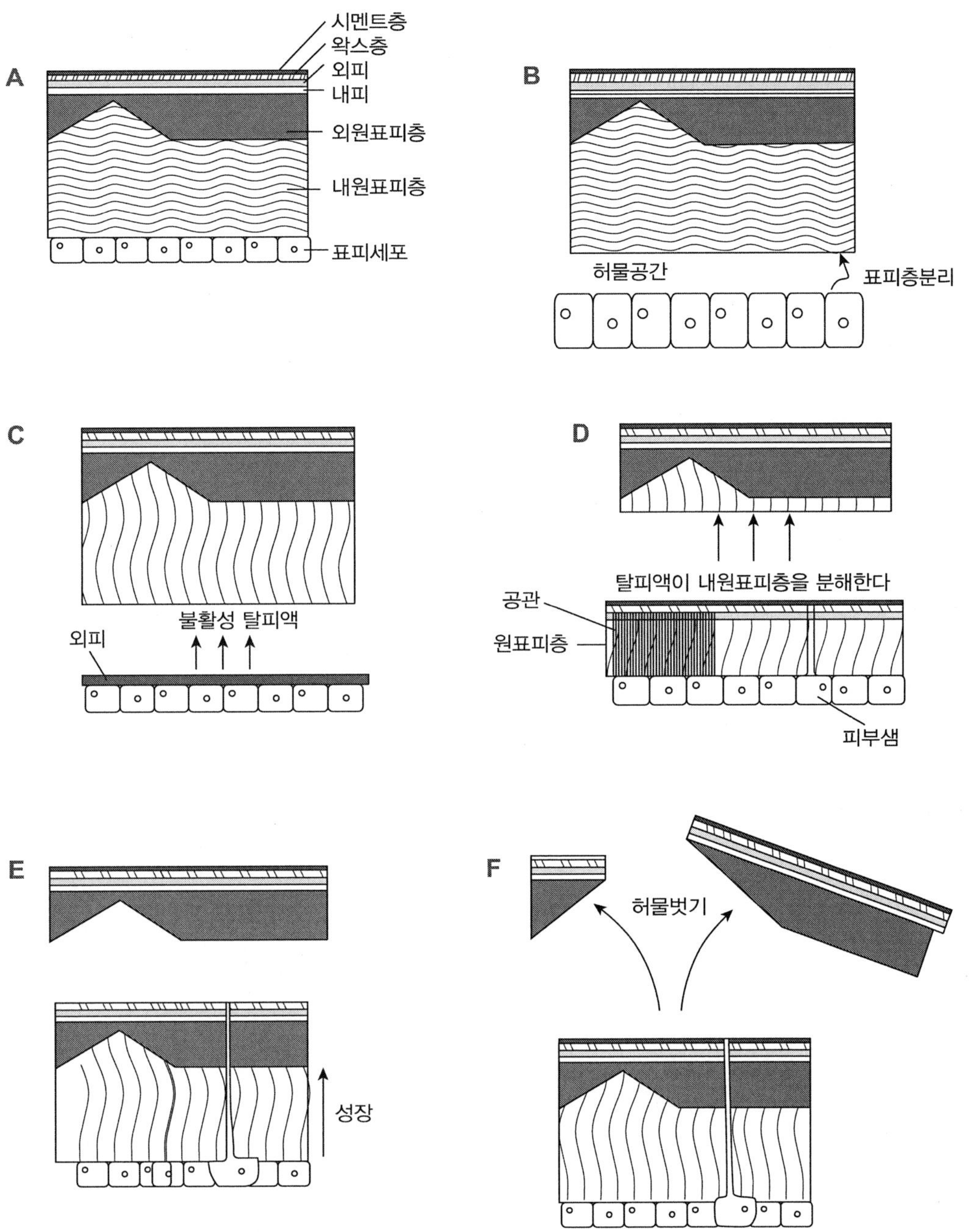

그림 2.3 탈피과정. (A) 탈피직전 (B) 표피층분리 (C) 탈피젤 분비 (D) 표피층 소화 및 재흡수 (E) 새로운 표피층 생성 (F) 허물벗기. 원본그림(Klowden, 2007) 및 사본인가

소 활성을 억제하여 새로운 표피층을 보호하는 역할을 담당한다. 이후 탈피젤에 함유된 소화액(proteinase와 chitinase 함유)의 활성화가 일어나고 활성화된 소화효소는 낡은 내원표피층을 분해하고 표피세포로 재흡수하게 한다. 다시 20E 혈림프 농도가 내려가면 새로운 표피층의 생성이 가속화되어 원표피층은 물론이고 내피와 왁스층을 생성하게 된다. 이 과정동안 20E의 농도는 거의 없어지면서 허물벗기 단계로 옮겨진다.

허물벗기 단계는 먼저 뇌로 부터 코라조닌(corazonin) 호르몬이 분비되어 외기관지샘(epitracheal gland)의 잉카세포(Inka cell)로 하여금 허물벗기유기호르몬(ecdysis-triggering hormone: ETH)을 분비하게 하여 허물벗기 전행동인 몸돌림 행동을 유발한다(그림 2.4). 이 몸돌림 행동은 낡은 표피층이 새로운 표피층으로 부터 완전히 분리되게 도와준다. ETH는 또한 뇌에 영향을 주어 허물벗기호르몬(eclosion hormone: EH)을 분비하게 한다. 이 호르몬의 분비도 일주기리듬성을 가지고 있다. 다시 EH는 복면신경삭에서 CCAP(crustacean cardio-accelerating peptide) 호르몬을 분비하게 된다. 이 CCAP 호르몬은 허물벗기 전행동을 억제하고 허물벗기 행동(ecdysis behavior)을 유발하여 몸을 앞으로 진전시키는 연동행동을 유발하여 낡은 표피층으로 부터 새로운 표피층을 가진 개체가 빠져나오게 한다. 이러한 과정을 통해 허물벗기(ecdysis)가 일어나고 다시 뇌와 복면신경삭에서 경화호르몬이 분비되어 새로운 표피층의 경화반응이 일어나게 한다.

탈피과정을 통해 살펴보면 새로운 다음 단계의 발육은 표피층분리로부터 시작된다는 것을 알 수 있다. 그러나 겉에서 관찰되는 다음 단계는 허물벗기로부터 구분이 된다. 이러한 차이

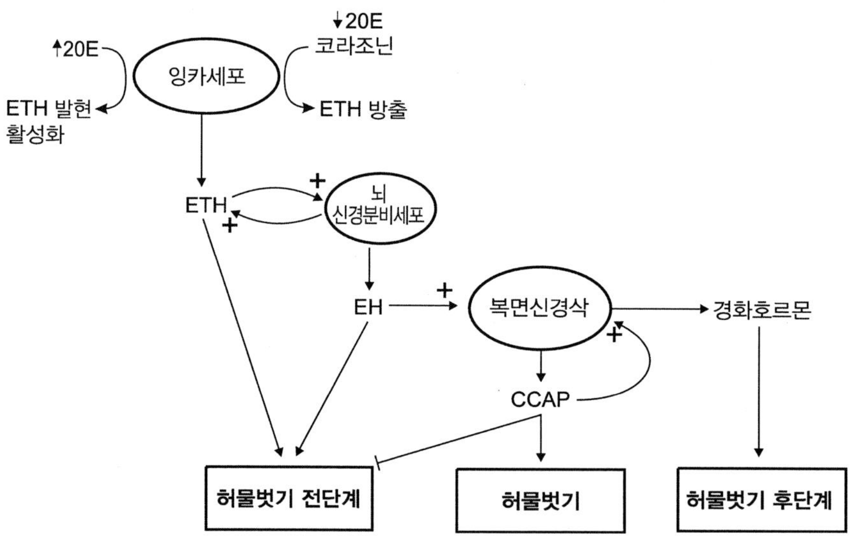

그림 2.4 **탈피과정에 관여하는 내분비 신호.** 원본그림(Klowden, 2013) 및 사본인가

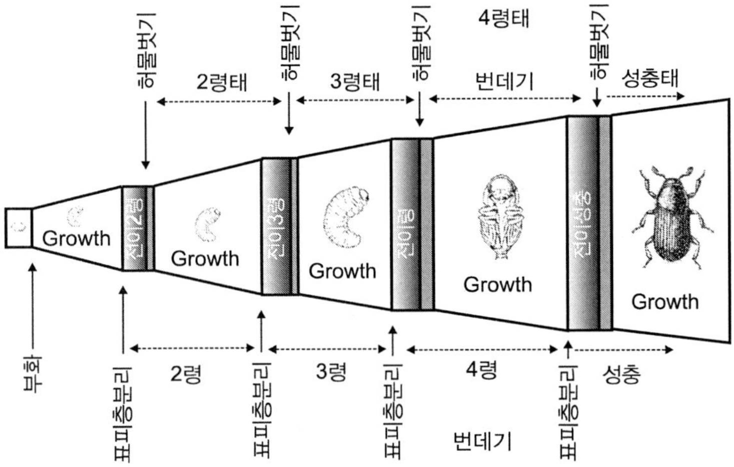

그림 2.5 **곤충의 발육단계.** 표피층분리를 기준으로 유충령(instar)이 구분되고, 허물벗기를 기준으로 발육태(stadium)가 구분된다. 반면에 표피층분리과 허물벗기 사이의 발육태를 전이발육태(pharate)라 한다. 원본그림(Klowden, 2013) 및 사본인가

를 나타내기 위해 전이발육단계(pharate)를 설정하였다(그림 2.5). 예를 들어, 알속에서 성장하여 부화하기 직전의 유충을 전이1령(pharate 1st instar), 그리고 전이2령(pharate 2nd instar), ..., 전이용(pharate pupa), 전이성충(pharate adult)의 순으로 전이발육 단계가 진행된다. 표피층분리를 통해 유충령(instar)이 구분된다. 반면에 허물벗기를 통해서는 겉에서 구분되는 단계로서 발육태(stadium)라 하였다. 따라서 3령(3rd instar)은 전이3령에서 3령태의 일부분(다음 단계 표피층 분리)까지를 포함한다. 반면에 3령태(3rd stadium)는 전이3령 이후 허물을 벗은 후부터 전이4령까지를 포함하게 된다.

4 경화반응

4.1 퀴논 생합성과정

탈피 후 새로운 표피층은 외골격의 기능을 담당하기 위해 외원표피층의 강도를 높이는 경화반응(sclerotization) 및 빛의 흡수를 최대한으로 하기 위한 암화반응(tanning)이 진행된다(그림 2.6). 이러한 반응은 타이로신(tyrosine) 아미노산이 일련의 과정을 거쳐 퀴논(quinone) 물질로 변경되어 일어나게 된다. 이 일련의 반응은 먼저 타이로신이 DOPA(dihydroxyphenylalanine)로 전환되면서 일어난다. 이 과정은 tyrosine hydroxylase 효소의 촉매로 이뤄진

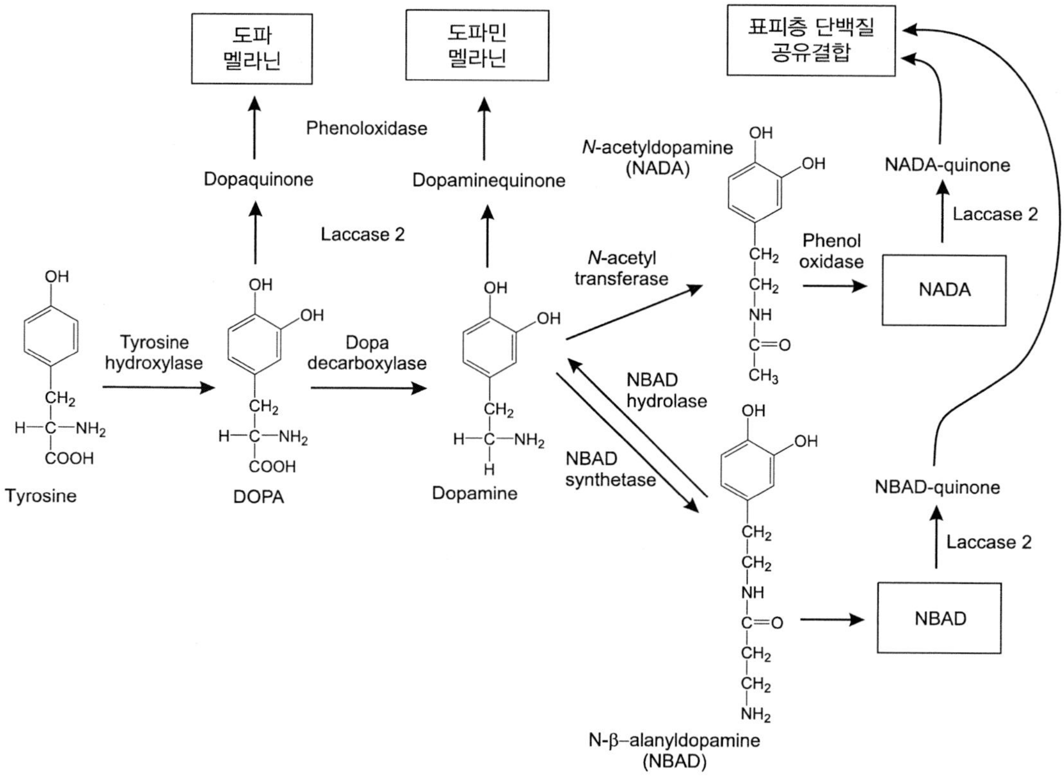

그림 2.6 **표피층 경화반응.** 원본그림(Klowden, 2013) 및 사본인가

다. DOPA는 다시 dopa decarboxylase(DDC)의 촉매반응으로 도파민(dopamine)을 형성하게 된다. 이 도파민에 R 사슬을 연장시키는 두 종류의 반응이 일어나게 된다. 한 방향은 아세틸기를 전달하는 반응으로 아세틸CoA에서 아세틸을 도파민의 아미노기로 전달하여 *N*-acetyldopamine(NADA)를 형성하는 반응이다. 또 다른 방향은 도파민에 β-alanine을 전달하여 *N*-β-alaninedopamine(NBAD)를 형성하는 과정이다. 이들 두 카테콜아민(catecholamine)은 페놀옥시데이즈(phenoloxidase)의 촉매반응을 통해 각각의 퀴논물질로 전환된다. 이때 NADA와 NBAD는 페놀(*o*-phenol) 형태에서 퀴논(*o*-quinone) 구조로 전환된다.

표피층에서 형성된 퀴논물질은 주변의 단백질 분자들을 공유결합으로 상호 연결시킨다. 이때 퀴논물질의 페놀 고리에 두 단백질을 연결시키면 이를 퀴논 경화반응(quinone sclerotization)으로 부른다. 반면에 이 단백질들을 타이로신 골격의 β 탄소에 연결하면 이를 β 경화반응(β sclerotization)으로 부르게 된다. 두 과정 모두에서 단백질의 NH_2기 또는 SH기가 퀴논과 연결되는 데 관여하게 된다.

4.2 내분비 영향

경화반응을 시작하는 신호는 20E의 함량 감소이다. 이때 MHR4와 βFTZ-F1의 전사인자들이 발현되고 이들은 도파민 합성에 필수적인 DDC 유전자 발현을 유기하게 된다. 또한 20E 감소 신호는 탈피행동을 유발하고, 탈피 이후 뇌와 복면신경삭에서 합성되는 신경호르몬인 경화호르몬(bursicon)을 분비하게 한다. 이 호르몬은 표피세포를 자극하여 혈림프 가운데 타이로신과 여러 카테콜아민의 흡수를 촉진시키게 된다. 또한 경화호르몬은 경화반응 이외에도 새로운 표피층의 유연성을 증가시켜 곤충의 부피 성장을 도와주게 된다. 또한 갓 우화한 성충이 날개를 펼 때에도 촉진자로서 관여하게 된다.

경화호르몬은 서로 다른 두 개의 폴리펩타이드로 구성된 이형이량체(heterodimer)이다. 각각은 서로 다른 유전자좌위(*pbur, bur*)에서 발현되고 약 30 kDa의 크기를 갖으며 두 개의 이황화결합이 매듭모양으로 연결된 구조를 지니게 된다. 경화호르몬의 수용체는 *rickets* 라는 유전자의 산물에서 비롯된다.

5 곤충의 성장

곤충의 성장은 연속적 성장 패턴과 불연속적 성장 패턴을 모두 보이고 있다. 체중 증가와 같이 연속적으로 증가하는 성장 패턴과 두폭과 같은 길이 성장은 곤충이 갖는 외골격의 특징으로 불연속적 계단형 성장 패턴을 보이게 된다. 이러한 성장을 이루는 데 곤충은 크게 두 가지 외부 요인이 결정적이다. 하나는 성장에 필요한 온도이고 다른 하나는 영양분의 섭취이다.

5.1 곤충의 성장과 온도

변온동물(poikilothermy)로서 곤충은 몸의 체온이 주변 온도에 따라 변화하게 된다. 체내에서 일어나는 화학반응은 온도에 따라 반응 속도가 달라질 수 있기 때문에 일정한 온도 이상에서만 성장에 필수적인 생화학 반응이 효과적으로 일어날 수 있다. 온도와 성장에 대한 관계는 발육영점온도(lower threshold temperature) 개념에서 쉽게 이해될 수 있다. 이 이상의 온도에서는 발육에 유효한 온도로서 일도(day degree: DD)로 규정하고, 누적 일도(cumulative day degree)에 따라 발육의 정도가 결정되게 된다. 이 누적 온도를 유효적산온도라 칭하게 된다. 예를 들어, 발육영점온도가 10℃인 곤충의 경우 25℃에서 사육하였을 때 알에서 성충까지 30일이 경과되었을 경우 유효적산온도가 450 DD가 된다. 이 450 DD는 이 곤충에서는 발육에 필요한 온도상수로 간주된다. 따라서 이 곤충을 30℃에서 사육하면 450 DD를 채우는 데 불과 15일이면 가능하다는 것이고 이 온도에서 알에서 성충까지의 발육기간을 추정할 수 있게 된다.

5.2 인슐린 신호

발육이 허용되는 온도 조건에서 영양분의 공급은 발육에 필수적이다. 또한 영양분의 신호가 몸 전체의 발육을 도모하기 위해서는 발육을 알리는 내분비 신호가 필수적이다. 먹이 섭취를 통해 체내로 들어온 영양분 신호는 혈림프를 타고 뇌에게 전달된다. 뇌의 뇌간부(pars intercerebralis)에 위치한 IPC(insulin-producing cell)에서 인슐린유사펩타이드(insulin-like peptide)의 합성과 분비가 이뤄진다. 척추동물에서 혈당 조절과 성장에 필수적 내분비 인자인 인슐린은 곤충에서도 유사하게 작용하게 된다. 혈림프로 분비된 ILP는 표적세포의 세포막 수용체인 InR(insulin receptor)를 자극하면 세포내의 phosphatidylinositol-3-kinase(PI3k)를 활성화하여 PIP2(phosphatidylinositol-4,5-bisphosphate)를 PIP3(phosphatidylinositol-3,4,5-trisphosphate)로 전환시킨다(그림 2.7). 이에 따라 Ser-Thr 단백질 인산화효소인 Akt를 활성

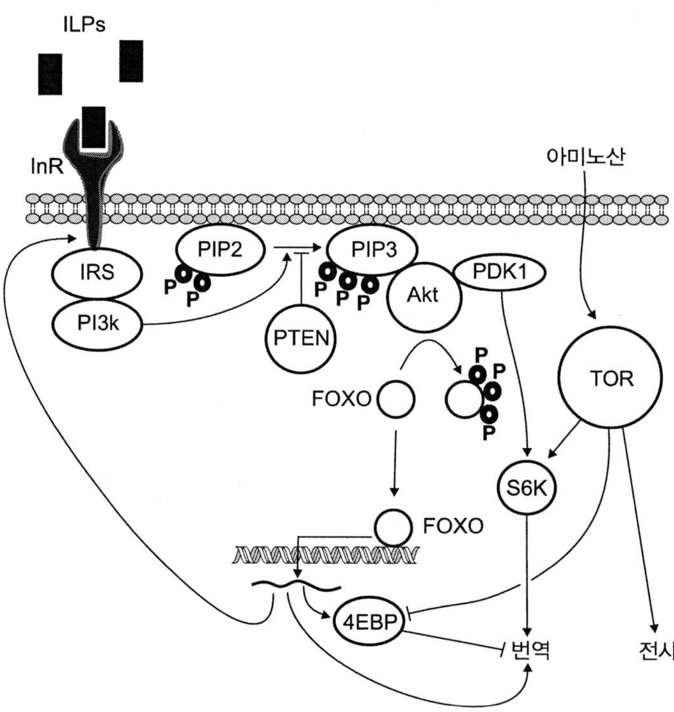

그림 2.7 **인슐린 신호.** 원본그림(Klowden, 2013) 및 사본인가

화하고 활성화된 Akt는 S3K를 활성화한다. S3K는 라이보좀 단백질의 일종인 S3 단백질을 활성화하여 단백질 합성을 촉진시켜 세포성장을 유도하게 된다. 또한 활성화된 Akt는 FOXO (fork-head box O)를 인산화하여 핵내로 이동을 억제한다. 탈인산화된 FOXO는 핵내에서 세포성장을 억제하고 InR의 합성을 촉진하는 역할을 담당하고 있다. 또한 PTEN(phosphatase and tensin homolog)은 PIP3를 PIP2로 되돌리는 역할을 하여 전체적 인슐린 신호의 음성조절에 관여하게 된다. 이러한 인슐린 신호와 유사하게 영양분 가운데 아미노산의 일정한 수준은 세포에 직접적으로 영향을 줄 수 있다. 즉 일정 수준의 아미노산은 세포내 TOR(target of rapamycin) 신호를 활성화한다. TOR은 S6K를 활성화함과 동시에 4EBP(eIF4E-binding protein)를 불활성화하여 이 단백질이 결합하고 있는 eIF4E를 풀어주어 단백질 합성에 관여하게 한다. eIF4E는 진핵생명체의 단백질 합성 초기인자로서 mRNA의 5'CAP 구조를 인식하여 43S 초기 단백질 합성 복합체를 이루는데 도움을 준다.

곤충의 인슐린신호는 다른 성장 신호인 엑다이손 및 유약호르몬과 상호 관계성을 갖는다. 엑다이손이 분비되어 탈피 및 변태를 진행하는 경우 세포 성장은 멈추게 되는 데 이때 엑다이손은 인슐린신호과정 가운데 FOXO의 탈인산화를 촉진하여 핵 내로 이동하게 한다. 핵 내에 도달한 FOXO는 세포성장에 관여하는 유전자의 발현을 억제하게 된다. 또한 PTEN을 활성화하여 인슐린신호를 음성적으로 조절하게 한다. 반면에 인슐린과 유약호르몬은 서로 보완적 관계를 이루고 있다. 예를 들어, 수컷 사슴벌레의 경우 큰턱의 비대성장이 일종의 무기로서 다른 수컷들과 경쟁에서 우위를 나타내게 하는 데 영양분 공급과 더불어 유충기 때 높은 유약호르몬 농도가 필수적이다. 이때 인슐린신호는 알라타체의 유약호르몬 합성과 분비를 촉진시키는 알라토트로핀을 분비하는 신경세포 수를 증가시키는 것으로 나타났다. 즉, ILP가 뇌에 영향을 주어 알라토트로핀의 분비를 촉진시키고, 이는 유약호르몬의 합성 증가를 유도하여 큰턱의 비대성장을 초래하였다고 볼 수 있다.

6 곤충의 변태

몸의 형태를 바꾸는 변태(metamorphosis)는 올챙이에서 개구리로 변하는 과정에서 볼 수 있고 이러한 발육 변태가 많은 곤충에서 나타난다(그림 2.8). 특히 유시류 성충의 경우 날개를 가지고 있어 미성숙 시기와 큰 차이를 보이게 된다. 이러한 변태과정은 다양한 곤충에서 크게 세 가지로 구분된다.

첫째로 무변태류(ametabola) 곤충으로 좀목(Thysanura) 및 돌좀목(Archeognatha)의 곤충이 여기에 해당된다. 전체 약 8,000종의 곤충이 여기에 속하게 된다. 알로부터 부화된 약충

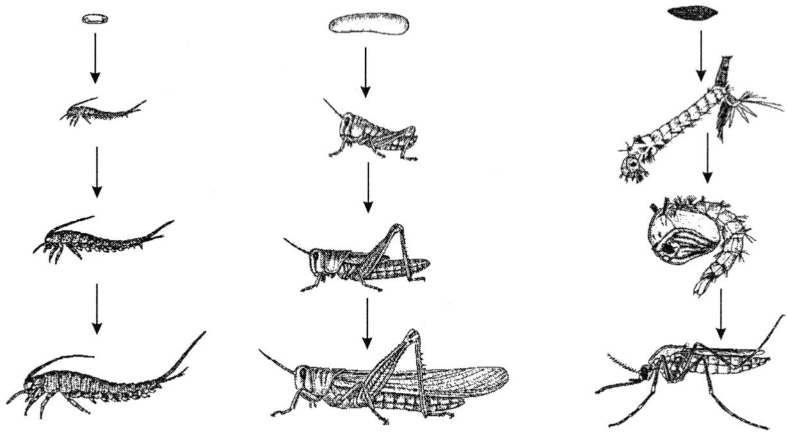

그림 2.8 **변태의 종류.** 원본그림(Klowden, 2013) 및 사본인가

(nymph)은 날개 없는 성충으로 발달된다. 약충과 성충의 모습은 생식기의 발달 유무 이외에는 큰 차이를 보이지 않게 된다.

둘째로 불완전변태류(hemimetabola) 곤충으로 약 100,000종의 곤충이 이 부류에 속한다. 발육단계는 무변태류와 유사하나 성충이 완전한 날개를 가짐으로 차이를 나타낸다. 그러나 약충기 때 외부로부터 날개의 발달을 볼 수 있는 외시류(exopterygote)의 특징을 지니게 된다.

셋째로 완전변태류(holometabola) 곤충은 약 770,000종의 곤충이 속하면 전체 곤충 가운데 약 88%를 차지하게 된다. 알에서 부화한 미성숙 개체를 유충(larva)이라 부르며 이후 번데기(pupa) 발육단계를 거쳐 날개를 가진 성충으로 발달하게 된다. 특히 유충 시기에는 날개의 발달을 외부에서 볼 수 없는 내시류(endopterygote)의 특징을 지니게 된다. 즉, 번데기 시기에 이르러 비로소 이러한 날개의 발달이 몸 밖으로 돌출되어 일어나게 된다. 유충과 성충은 형태뿐만 아니라 생태적 습성도 달라 동일한 먹이를 놓고 약충과 성충이 세대간 경쟁이 있는 불완전변태류에 비해 이러한 경쟁이 없어 종족 번식이라는 면에서 생존에 보다 유리할 수 있다.

추가적으로 일부 기생곤충류에서는 완전변태류이면서 유충 시기에 이형(heteromorph)을 보이면서 과변태(hypermetabola) 현상을 나타내기도 한다. 즉, 유충 시기에 서로 다른 서식지에 처하면서 몸의 형태를 바꾸게 되는 데 부채벌레목(Strepsiptera) 곤충의 경우 1령 유충은 감염태 시기의 모습을 보이나 일단 기주 몸 안으로 들어가면 유충 다리를 잃고 몸 표면에 기주로부터 영양분을 흡수하기 위해 돌기 구조가 발달시키게 된다.

6.1 유충의 기원

완전변태 곤충의 출현은 불완전변태 곤충에 비해 형태적 차이를 보이는 유충과 번데기의 차이점에 관심을 두었다. 과거에 여러 학자가 완전변태류의 유충 발육단계가 불완전변태류의 약충과 동일선상에서 간주하였고 완전변태류의 특징적 발육단계가 번데기로서 유충과 성충의 전이단계로 간주하였다. 그러나 초창기의 과학자인 Berlese(1913)가 알 내에 존재하는 난황물질의 상대적 양을 비교하여 완전변태류의 유충을 배자발육기의 일종으로 간주하였다. 또한 불완전변태의 약충을 프랑스어로 번데기를 의미하는 nymph로 부르게 되었다.

최근 Truman과 Riddiford 연구자들은 다시 Berlese의 개념을 유약호르몬 및 변태에 관여하는 전사인자인 Broad Complex(BR) 발현시기를 바탕으로 무시류와 불완전변태류의 배자발육시기에 나타나는 전약충(pronymph)이 유충의 원시적 모습이라는 새로운 개념을 제안하였다(그림 2.9). 즉 전약충 시기와 유충은 공통적으로 높은 유약호르몬이 분비되는 시기로서 불완전변태에서 완전변태로 진화하는 과정 가운데 유약호르몬의 분비를 배자발육 후기부터 시작하게 하여 완전변태류의 진화를 가능하게 하였다는 것이다. 또한 BR은 성충 조직 분화를 막고 번데기로 변태를 추진하는 전사인자인데 이 유전자의 발현이 완전변태류에서는 최종령에서 비롯되고 번데기 발육 초기까지 이어지는 데, 무변태류 또는 불완전변태류에서는 알과 초기 약충시기에 발현되어 약충이 완전변태류의 번데기와 유사한 발육 시기라는 것으로 뒷받침하여 주었다.

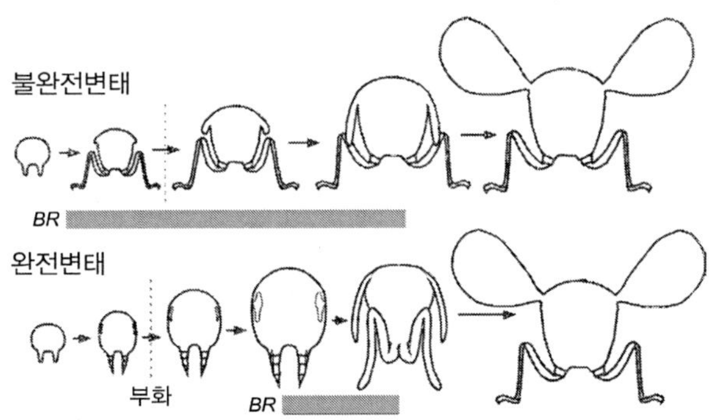

그림 2.9 Broad-complex(BR) 유전자 발현과 용화 과정. 원본그림(Erezyilmaz 등, 2006) 및 사본인가

6.2 변태 유기 내분비 신호

성장을 통해 임계 몸 크기에 이르면 약충 또는 유충은 탈피하고 또 다음 단계의 성장을 도모하게 된다. 그러나 일정한 크기에 이르면 불완전변태류의 경우 약충은 성충, 완전변태류의 경우 유충은 번데기로 변태하게 된다. 박각시나방류(*Manduca sexta*)에서 보듯 최종령에 이르러 두 폭의 크기가 최소 5 mm에 이르게 되면 다음 탈피는 번데기로의 변태과정을 밟게 된다. 그러나 영양분의 부족 등의 원인으로 이 보다 작게 되면 변태 과정을 밟지 않고 다시 유충 탈피를 진행하게 된다.

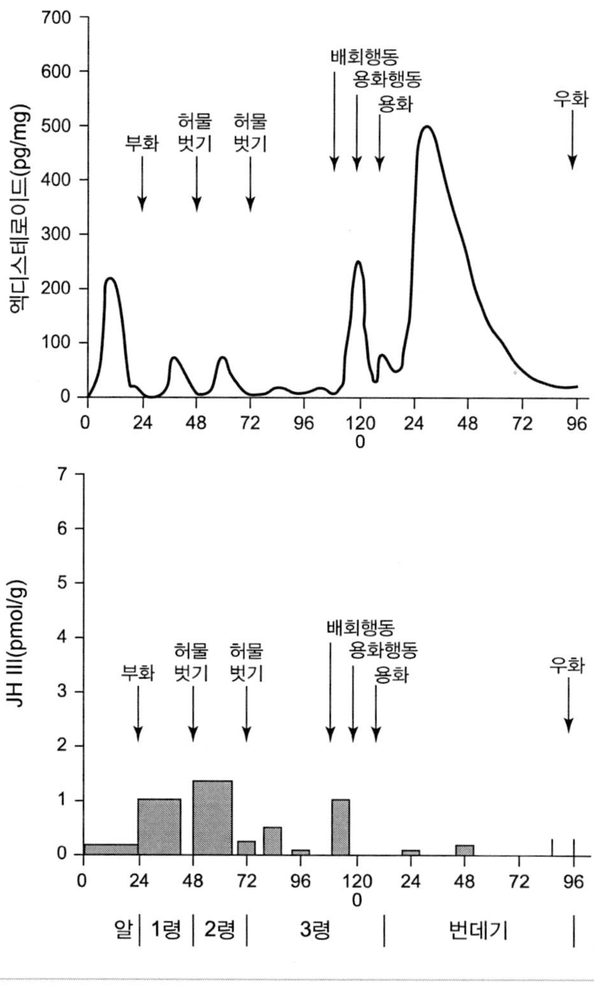

그림 2.10 미성숙기 초파리 체내 유약호르몬과 엑디스테로이드 호르몬 함량 변화. 원본그림(Riddiford, 1993) 및 사본인가

변태를 위한 임계크기에 이르면 유약호르몬의 혈림프 함량이 감소하게 된다(그림 2.10). 유충기간 동안 높게 유지된 유약호르몬은 임계 크기에 이르면서 알라타체에서 생합성을 중단하여 혈림프로 이 호르몬의 새로운 공급이 없어지게 된다. 아울러 혈림프에서는 유약호르몬의 분해 효소인 JH 에스터레이즈(JH esterase)의 활성이 높아지면서 잔존하고 있던 유약호르몬을 제거하게 된다. 이때 유충은 그동안 경험하여 보지 못했던 유약호르몬의 부재가 체내에 유지되게 된다. 그 동안 높게 유지되어온 유약호르몬은 뇌의 PTTH 합성과 분비를 억제하고, 전흉샘에서 엑다이손의 분비를 억제하였는데 유약호르몬 부재 환경은 이들의 합성과 분비가 가능하게 한다. 또한 여러 성충아기관(imaginal disc)의 분화가 유약호르몬 부재 조건에서 유기된다. 따라서 혈림프 내에 유약호르몬의 부재가 변태를 알리는 내분비신호가 된다.

유약호르몬은 표적세포에서 핵수용체인 Met 수용체와 결합하면서 핵내의 유충의 상태를 유지하려는 신호(status quo)를 촉진시킨다. 특히 전사인자인 Kr-h1(Krüppel-homolog 1)을 발현시키는데 Kr-h1은 유충의 형질을 지니게 하는 다양한 유전자들의 발현을 촉진한다. 반면에 변태에 관련된 BR 전사인자의 발현을 억제하게 된다. 반면에 유약호르몬 농도가 낮아지면 Kr-h1의 발현은 억제되고 BR의 발현이 촉진된다. BR은 번데기 발육을 촉진하는 유전자들의 발현을 야기시킨다.

6.3 성충원기 및 분화

변태 과정 동안 유충에서 성충으로 조직 분화는 크게 두 가지로 이뤄진다. 하나는 성충원기(imaginal disc)의 분화이다. 또 다른 하나는 기존의 유충 조직의 재분화에 의해 성충 조직으로 재구성되는 방법이다.

유충 시기에 추후 성충 조직으로 분화되는 기관과 조직은 성충원기와 성충아조직(imaginal histoblast)으로 존재하게 된다(그림 2.11). 이들 사이에 차이점은 성충 상피조직들의 모임체의 크기에 있어 비교적 크고 견고한 결합체를 성충원기 그렇지 않으면 성충아조직으로 구별하여 부르게 된다. 예를 들어, 초파리의 경우 성충 머리와 가슴은 20개의 성충원기에서 비롯되고, 복부는 1개의 성충원기와 약 50개의 성충아조직에서 비롯된다. 성충원기는 배자발육시기에 표피세포의 함몰성장 또는 외배엽의 두께 성장에서 비롯된다. 이후 유충 기간 동안 유약호르몬의 자극에 의해 표피세포의 분열 및 성장으로 성숙된 성충원기로 발달된다. 발달된 성충원기를 보면 유충 체벽 내부로 발달된 줄기 구조에 위지막(peripodial membrane)으로 둘러싸인 주머니 모양을 띠게 된다(그림 2.12). 변태 신호를 겪으며 번데기로 발달하게 되면 성충원기는 몸 표면으로 돌출되어 발달된다. 이때 성충원기의 세포들은 성충 기관으로 발달하기 위해 조직 분화과정이 일어나게 된다.

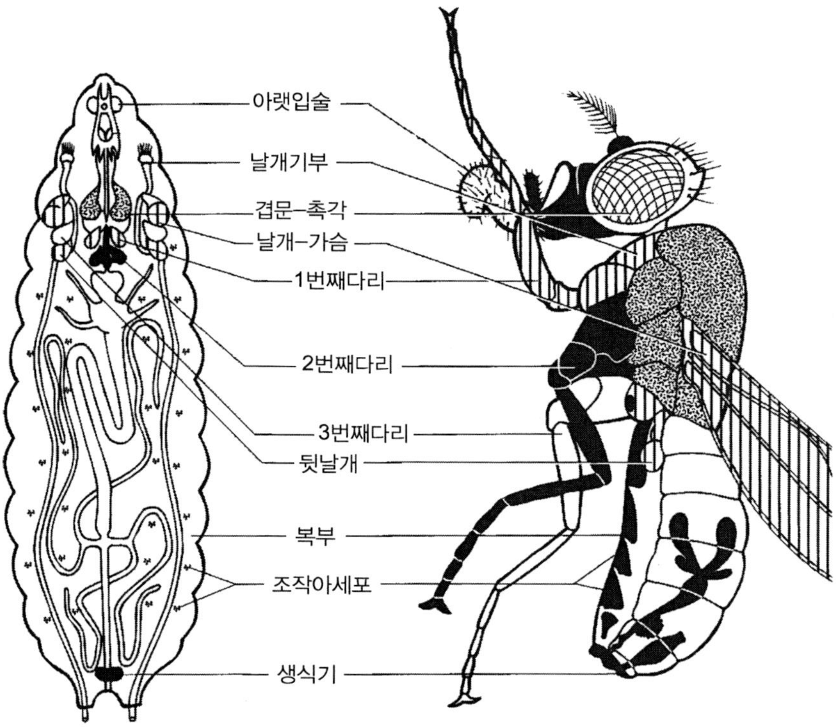

그림 2.11 초파리의 유충에 존재하는 성충원기와 성충의 상응 기관. 원본그림(Nothiger, 1972) 및 사본인가

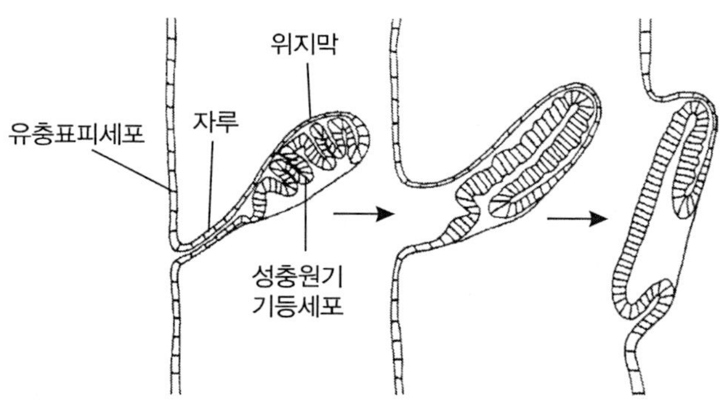

그림 2.12 성충원기의 분화 과정. 원본그림(Klowden, 2013) 및 사본인가

성충원기와 더불어 기존에 존재하는 유충 조직의 재구성이 여러 성충 조직과 기관을 형성하게 된다. 먼저 전흉샘은 유약호르몬의 부재로 세포자연치사(programmed cell death) 과정을 통해 퇴화된다. 이와 유사하게 침샘(salivary gland)도 퇴화하게 된다. 반면에 소화관의 경우는 새로운 성충 소화관이 형성되면서 유충 소화관을 대체하게 된다. 지방체의 경우도 유충과 성충의 구조는 다르게 분화된다.

제 3 장

배자발육

Embryogenesis

수정된 알은 단세포로서 세포분열을 통해 다세포 생명체로 발육된다. 모든 분열된 세포는 동일한 유전정보를 지니게 되지만, 유전자 발현 조절에 따라 여러 세포, 조직 그리고 기관으로 발달된다. 이러한 세포들의 형태적 차이 및 기능의 다양성을 유도하는 과정을 분화(differentiation)라 한다. 그러나 이러한 세포 분화가 일어나기 전에 각 세포들의 발육 운명이 미리 결정되게 된다. 이 과정은 겉으로 눈에 띠는 단계는 아니지만, 상이한 전사인자의 발현, 염색사 리모델링 등으로 유기된다. 이러한 세포의 특정 방향으로 분화 설정과정을 결정(determination)이라 한다. 그러므로 모든 세포는 형태적 차이를 볼 수 없던 결정단계를 지나 겉으로 모양 차이를 나타내게 되는 분화 과정으로 이어지게 된다. 결정과 분화가 알 발육 과정에서 일어나고 또한 부화 이후 발육 시기 동안에도 지속된다. 따라서 한 개체의 발생(ontogeny)은 배자발육과정(embryogenesis)과 후배자발육과정(postembryogenesis)을 모두 포함한다. 본 장에서는 배자발육과정을 다루고자 한다.

1 곤충 알 구조

곤충의 알은 단세포의 난모세포(oocyte)와 배자가 발육할 수 있는 물리적 환경을 유지하기 위한 외부에 알껍질 구조를 지니게 된다(그림 3.1). 난모세포는 핵과 세포질로 이루고 있으며 세포질에는 비교적 큰 난황을 지니고 있게 된다. 알껍질은 가장 외부에 난각(chorion)을 가지며 이는 알 전체의 물리적 보호층을 이루고, 내부의 왁스층 및 난황막(vitelline membrane)

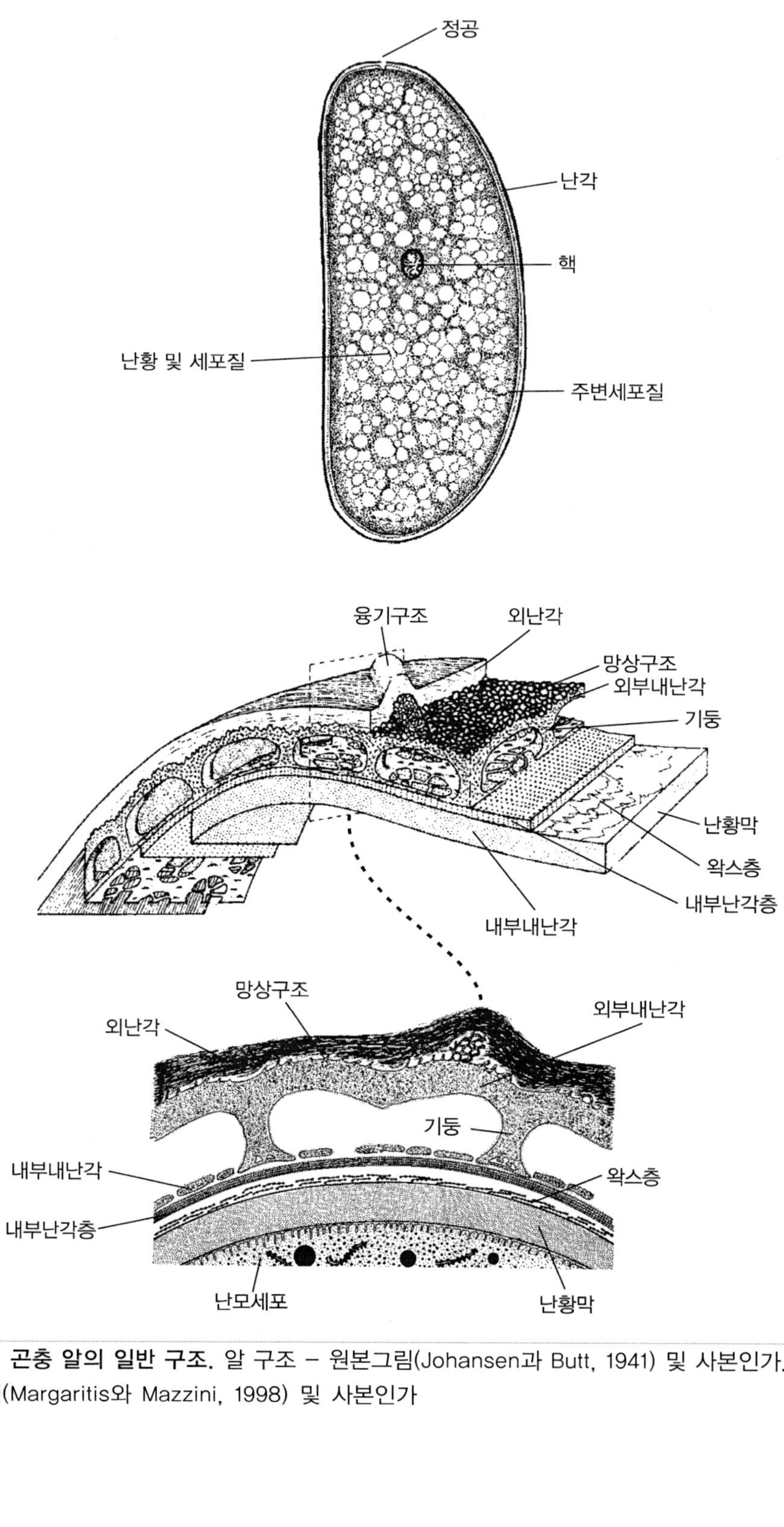

그림 3.1 **곤충 알의 일반 구조.** 알 구조 – 원본그림(Johansen과 Butt, 1941) 및 사본인가. 난각 구조 – 원본그림(Margaritis와 Mazzini, 1998) 및 사본인가

은 난모세포의 기능을 유지하게 하여 준다. 난각은 크게 외난각(exochorion)과 내난각(endochorion)으로 구성된다. 내난각은 다시 외부내난각(outer endochorion)과 내부내난각(inner endochorion)으로 구성된다. 내부 내난각 안으로는 왁스층을 지니며 이하로 난모세포를 둘러싸는 난황막이 존재한다. 난각은 외부와 연결되는 통로도 형성하여 수정할 때 정자의 통로가 되는 정공(micropyle)이 존재하고, 공기 교환이 이뤄지는 기공(aeropyle)을 갖게 한다.

난각은 난각형성과정(choriogenesis)을 통해 이뤄지며, 이는 난소소관에서 난모세포 안으로 난황축적이 종료되는 시점에서 난모세포를 둘러싸는 난포세포층(follicular epithelium)이 담당하게 된다. 초파리의 경우 하나의 난모세포에 약 10,000개의 난포세포가 존재한다. 이 난포세포에서 난각단백질을 생성하여 분비하면서 난각을 형성한다. 즉, 난모세포 외부로 난황막, 왁스층 및 난각의 순으로 난포세포가 알껍질을 만들게 된다. 이때 일시에 많은 알껍질 단백질의 생성을 요구하기에 초파리의 경우는 관련 유전자의 내복제(endoreplication)가 일어나거나 또는 누에의 경우는 게놈 상에 다수의 유전자 복제본을 지니게 된다. 이후 난각형성과정이 진행되면서 차례로 난각단백질이 발현되게 된다. 난각단백질은 알표면에 축적되면서 서로 이황화결합으로 연결되어 경도를 높이게 된다.

2 배자발육

2.1 형태형성인자 작용기작

난모세포는 수정하기 전에 제1감수분열 중기 단계에 있다. 그러나 정자가 난모세포로 들어오면서 나머지 감수분열을 마무리하고 반수체의 핵인 정자와 결합하여 수정체를 이루게 된다. 이러한 결과로 접합체(syngamy) 형태의 단세포 난모세포를 이루게 된다. 이후 세포분열을 통해 개체로 발육하는 전체 과정을 배자발육이라 일컫게 된다. 여기서 분열된 세포들이 난모세포 내부의 위치에 따라 몸의 여러 기관 및 부위로 분화되어 발육하게 된다. 이러한 배자과정 중에 각 세포들의 분화과정은 난모세포 내부에 형태형성인자(morphogen)의 차등적 분포에 기인되어 이뤄지게 된다. 이 형태형성인자는 두 가지 기원을 갖는다. 하나의 부류는 어미로 부터 유래되는 형태형성인자들이고 다른 한 부류는 배자에서 기원되는 형태형성인자들이다. 이에 관한 연구가 노랑초파리(*Drosophila melanogaster*)를 중심으로 이뤄졌기에 초파리 발생 유전자들을 중심으로 설명된다.

2.1.1 어미 유래 형태형성인자에 의한 배자발생 축

어미로부터 유래되는 인자는 난모세포가 난소소관에 존재할 때 난모세포에서 기인된 mRNA를 일컫는다. 즉, 배자의 머리 부분이 될 난모세포의 앞부분은 어미로부터 기인된 *bicoid*와 *hunchback* 유전자들의 mRNA가 많이 분포하고 뒷부분에는 *caudal*과 *nanos* 유전자들의 mRNA가 높게 분포한다(그림 3.2). 여기서 *hunchback* 유전자 발현 산물은 배자 앞부분의 형태 형성을 도모하는 반면 *caudal* 유전자 산물은 배자 뒷부분 발생을 지령하게 된다. 따라서 난모세포 앞부위에서 주로 발현되는 *bicoid* 유전자 발현산물은 *hunchback* 발현을 촉진시키나, *caudal* 유전자의 발현을 억제하게 된다. 이를 통해 배자의 앞-뒤의 분화 방향성을 갖게 된다.

이러한 차등적 분포는 난모세포의 핵 이동과 이에 따른 난포세포의 분화와 관련성이 있다. 난모세포 핵이 후방 쪽으로 움직이면서 어미 유래 mRNA를 번역하여 Gurken 단백질을 만들고 다시 이 단백질은 난모세포에서 난포세포로 확산되어 나가 난포세포의 *torpedo* 유전자의 발현을 도모하여 Gurken의 수용체를 형성하면서 이 부위의 난포세포가 후방이라는 것을 지령하게 된다(그림 3.3). 이를 통해 난모세포 세포질에는 세포골격의 방향성을 갖고 *bicoid*와 *oskar* 유전자의 mRNA가 전방 및 후방으로 따라 움직이면서 비균등 분포를 형성하게 된다. 다시 난모세포 핵이 전방 등쪽으로 이동하면서 난포세포를 분화시키고 난모세포 내부에는 *kekkon* 유전자의 mRNA가 윗쪽에 축적되고 반면에 아랫쪽은 *pipe* 유전자의 mRNA가 풍부하게 자리 잡아 위-아래의 분화 방향성을 주게 된다.

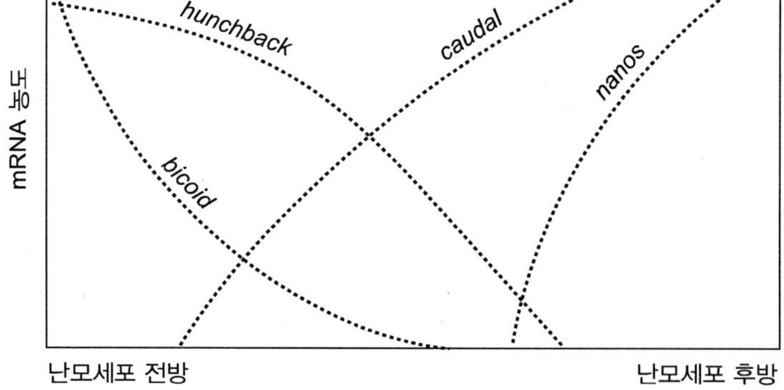

그림 3.2 **알 내부 어미 유래 형태 형성인자 구배.** 원본 그림(Klowden, 2013) 및 사본인가

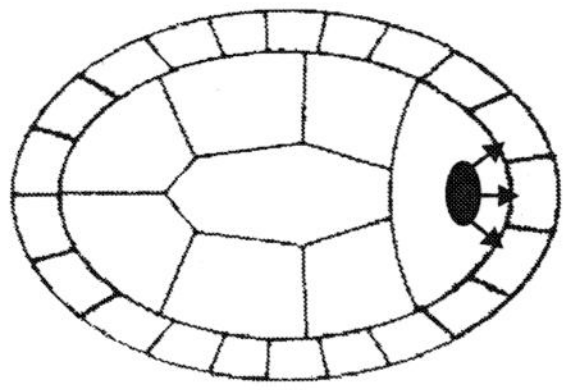

핵에 위치한 Gurken 신호가 후방 난포세포에게 전달된다. Gurken은 topedo 수용체 단백질에 부착되어 이곳의 난포세포가 후방 위치가 되도록 유기시킨다.

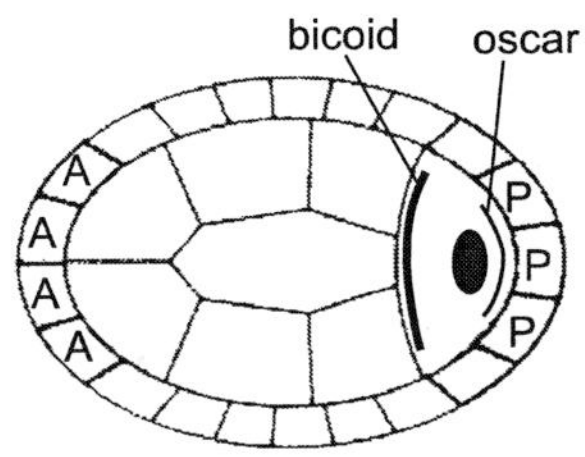

후방 난포세포는 다시 난모세포로 신호를 보내 세포골격 구조의 방향성을 지령한다. 이를 통해 *oscar*와 *bicoid* mRNA들이 각 말단에 위치하게 된다. 이를 통해 전방(A)와 후방(P) 발육이 완성된다.

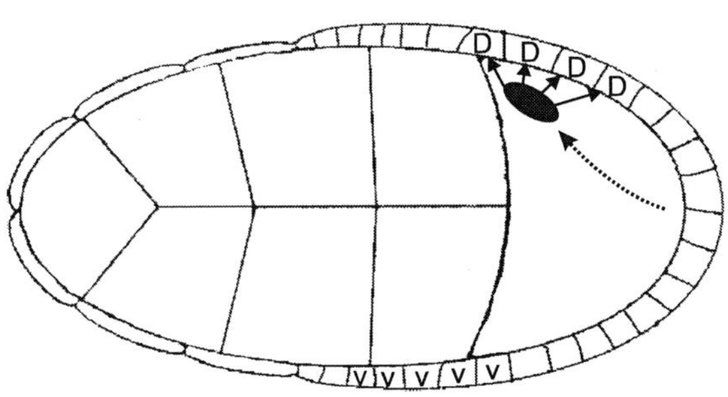

세포골격의 재분극화는 난모세포 핵으로 하여금 전방 윗쪽 세포질로 이동하게 한다. 핵으로부터 Gurken 신호는 이곳에 있는 난포세포로 하여금 윗쪽(D)을 설정하는 *kekkon* 유전자를 발현시키게 한다. 아랫면 세포들은 Gurken을 받아들이지 않아 아랫쪽(V)을 설정하는 *pipe* 유전자를 발현시키게 된다.

그림 3.3 **형태형성인자의 차등적 분포 과정 및 배자의 앞뒤 및 상하 발생 분화축 형성.** 원본 그림(Klowden, 2013) 및 사본인가

2.1.2 배자 유래 형태형성인자에 위한 배자발생 축

어미 유래 형태형성인자들이 배자의 발생 축을 결정하여 주었다면, 자라나는 배자로 부터는 이에 대해서 각 몸마디의 발생 분화과정을 도모하게 된다. 이러한 배자 유래 형태형성인자들의 작용은 크게 세 단계로 이뤄진다(그림 3.4).

먼저, 앞-뒤 축을 따라 Gap 유전자 산물들에 의한 큰 규모의 몸마디 설정이 이뤄진다. 따라서 Gap 유전자들의 돌연변이는 일부 몸마디의 형태 형성이 일어나지 않은 발생 오류 틈을 유발하게 된다. 이에 속한 유전자는 *hunchback*, *giant*, *Krüppel* 그리고 *knirps* 유전자들을 포함한다. 이들 유전자들은 모두 전사인자를 암호하고 있고, 이들 전사인자에 의해 몸의 큰 몸마디 구획이 이뤄진다.

Gap 유전자들에 의해 형성된 큰 규모의 몸마디는 Pair-rule 유전자들의 발현을 촉진하게 된다. 이들 Pair-rule 유전자의 발현은 14개의 유사체절(parasegment)을 발생시킨다. 이 유사

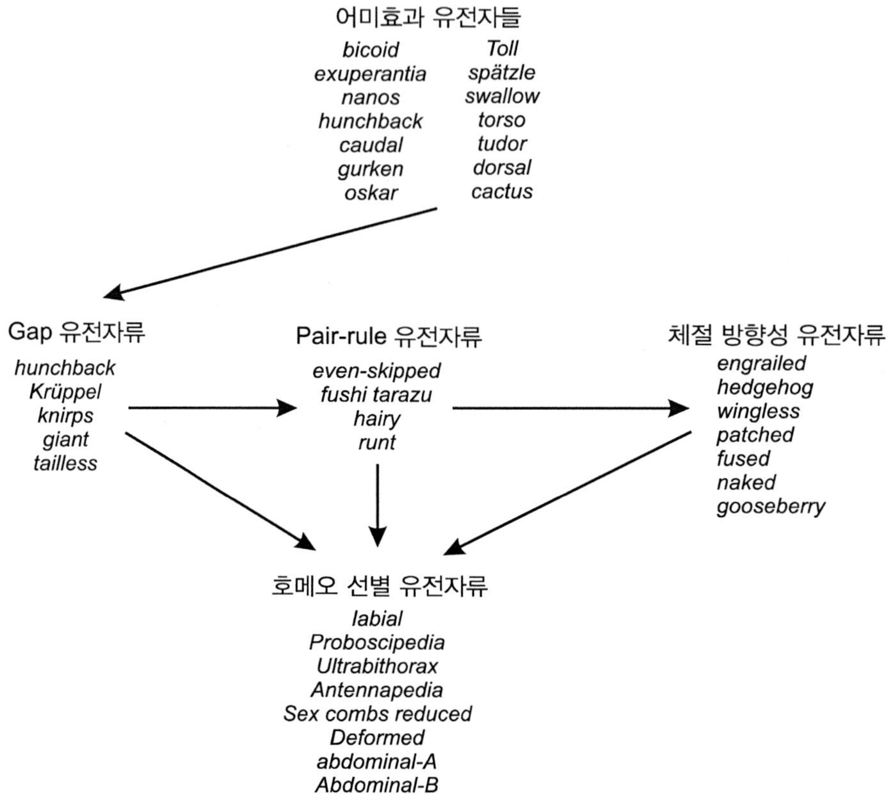

그림 3.4 **초파리 배자 발생관련 전사인자 유전자들.** 원본 그림(Klowden, 2013) 및 사본인가

체절은 본래 체절과 일치하지 않아 앞체절의 일부분과 뒷체절 일부분을 포함하게 된다. 홀수번째의 유사체절 분화를 유도하는 *even-skipped* 유전자와 짝수번째 유사체절 분화를 유도하는 *fushi tarazu* 유전자들이 pair-rule 유전자군에 포함된다. 이 각 유사체절은 독립적으로 발생과정을 겪게 된다.

다시 Pair-rule 유전자들은 각 유사체절에서 체절방향성(segment polarity) 유전자군을 활성화시킨다. 특히 유사체절 앞부위에 *engrailed* 유전자를 발현시켜 각 체절의 경계 역할을 하여 독립적 체절 분화를 유발하게 한다. 유사체절이 진정한 체절로 발달함에 따라 *engrailed* 유전자에 의해 설정된 경계를 유충 체절의 뒷부분 경계가 된다. 여기에 *wingless, cubitus interruptusD* 그리고 *hedgehog* 유전자들이 각 체절 경계를 설정하는 데 도움을 주게 된다.

2.1.3 혹스(Hox)유전자 발현에 의한 배자 분화

배자에서 유래된 형태형성 유전자에 의해 형성된 몸마디는 이제 각 마디의 구조를 특징적으로 발달시키게 되는 호메오유전자(homeotic gene) 일명 혹스(Hox)유전자들에 의해 이뤄진다. 이 호메오 유전자의 이름은 바로 이 유전자의 돌연변이가 몸 발달의 항상성(homeostasis)을 교란시킨다하여 명명되었다. 이 혹스유전자들은 전사인자로서 180 bp 길이의 공통염기서열인 호메오박스(homeobox)를 갖는 것이 특징이다. 이 호메오박스는 DNA에 결합하여 유전자발현을 조절하게 하게 된다. 이 혹스유전자들은 몸의 각 체절의 특징적 배자 발육 분화를 지령하게 된다. 초파리 경우 3번째 염색체에 혹스유전자들이 차례로 배열하게 된다. 즉, 두 개의 혹스유전자군인 Antennapedia(ANT-C)와 bithorax(BX-C)가 3'에서 5' 방향으로 배열된다. 이들 유전자군에 속한 개별 혹스유전자들은 몸의 축 방향으로 배열된다(그림 3.5). 따라서 이들 혹스유전자의 돌연변이는 기형 몸을 만들게 된다. 예를 들어, 가슴 3번째 몸마디의 발달을 도모하는 혹스유전자인 *Ultrabithorax* 유전자의 돌연변이는 초파리의 뒷날개를 발달

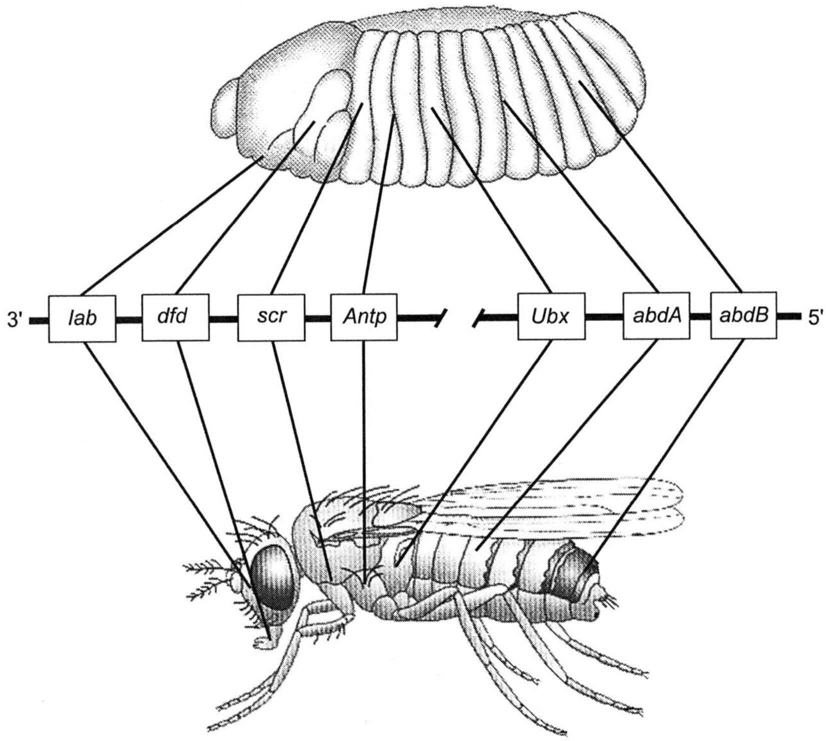

그림 3.5 **초파리 혹스유전자 배열과 몸마디 방향축 사이의 상관성.** 원본 그림(Klowden, 2013) 및 사본인가

시켜 2쌍의 날개를 갖는 파리를 만들게 된다. 즉, 혹스유전자들은 배자의 축을 이루고 마디를 결정하는 유전자들과 상호 관계를 이루면서 각 몸마디 구조를 이루게 된다. 예를 들어, 몸 앞부위를 결정하는 Gap 유전자들인 *hunchback*과 *Krüppel* 유전자들은 머리와 가슴에서 배 마디를 결정하는 혹스유전자인 *abdominal-A* 또는 *abdominal-B* 유전자 발현을 억제한다.

2.2 배자발육과정

배자 발육은 정자와 난자가 결합되는 수정(fertilization) 단계로 부터 진행된다. 수정을 위해 난모세포는 감수분열을 마쳐야 한다. 정자가 들어오기 전에 난모세포는 제1 감수분열 중기에 있다. 정자가 난모세포로 들어오면 이때 나머지 감수분열을 마치게 된다. 결국 4개의 반수체 핵이 형성되는 데 이 가운데 3개는 극체(polar body)로 되고 나머지 하나가 난자 핵으로 작용하여 정자 핵과 결합하게 된다. 일부 단성생식(parthenogenesis) 개체의 경우 난모세포 핵이 극체의 핵과 융합하여 배수체를 형성하기도 한다. 수정된 접합체는 이후 핵분열을 진행하게 된다.

2.2.1 핵분열

핵분열(cleavage)은 핵과 핵 주변의 세포질을 나누는 과정으로 진행된다(그림 3.6). 곤충 알은 척추동물에 비해 많은 난황을 가지고 있는 것이 특징이다. 따라서 알세포 전체를 균등히 분할하는 전할(total cleavage 또는 holoblastic cleavage) 보다는 난황 부분을 비껴난 세포질을 중심으로 표할 또는 부분할(superficial cleavage 또는 meroblastic cleavage)의 형태로 진행된다. 그러나 톡톡이목의 곤충과 일부 내부 기생봉의 알은 전할이 가능하다.

2.2.2 포배엽

핵분열을 통해 분열된 핵은 알세포 주변으로 이동하면서 포배엽(blastoderm)을 만들게 된다(그림 3.6). 주변으로 이동된 분열핵은 지속적으로 분열을 진행한다. 여기서 분열핵들은 이들 사이에 세포막 경계가 없는 다핵질 포배엽(syncytial blastoderm)을 이루게 된다. 그러나 핵분열이 지속되면서 알 주변에 분열핵 세포가 차게 되면 이들 사이에 세포막 경계를 이루면서 세포성 포배엽(cellular blastoderm)을 형성한다. 그러나 일부 분열핵은 알세포 중앙에 남아 난황을 소화하는 난황핵(vitellophage)으로 역할을 담당하게 된다. 이들 난황핵은 향후 중장을 형성하는 모체가 된다. 또한 분열 초기에 소수의 분열핵은 알의 후방 쪽으로 자리하면서 극세포(pole cell)를 이루게 된다. 이들은 향후 생식기관의 줄기세포로 작용하여 중배엽

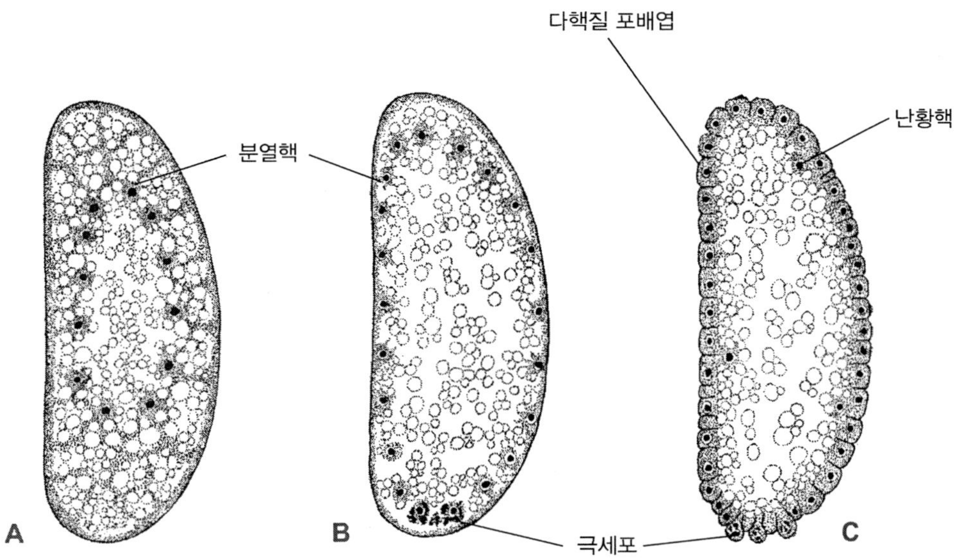

그림 3.6 **핵분열 및 포배엽 형성.** (A) 분열핵 (B) 다핵질 포배엽 (C) 세포성 포배엽. 원본그림 (Johansen과 Butt, 1941) 및 사본인가

기원의 세포들과 함께 내부 생식기관을 이루게 된다.

2.2.3 배대 형성

세포성 포배엽의 일부가 세포 크기의 상대적 신장을 보이면서 배대(germ band)를 형성하게 된다(그림 3.7). 나머지 포배엽 세포들은 배자외막(extra-embryonic ectoderm)을 이루게 된다. 곤충 배대의 모양은 크게 두 종류로 구분된다. 초파리와 같이 영양실형 난소소관(meroistic ovariole)을 갖는 곤충류는 긴 배대(long germ-band)를 형성하지만 메뚜기류와 같이 무영양실형 난소소관을 갖는 곤충류는 짧은 배대(short germ-band)를 만들게 된다. 긴 배대의 경유는 배대에 유충원기(embryo)의 모든 체절이 낭배기 초기에 형성된다. 반면에 짧은 배대의 경우는 몸의 앞부분 체절만 이뤄지고 나머지는 후기에 형성되어 진다.

2.2.4 낭배기

배대는 다시 중앙 부위에서 안으로 함입하여 성장하면서 중배엽(mesoderm)을 만들고 그 아래는 외배엽(ectoderm)을 만들게 된다(그림 3.8). 난황이 많은 곤충의 경우 배대 세포들의 함입 성장이 물리적으로 힘들어 외부 주변 배대 세포들이 중앙쪽으로 성장하면서 중앙에 위

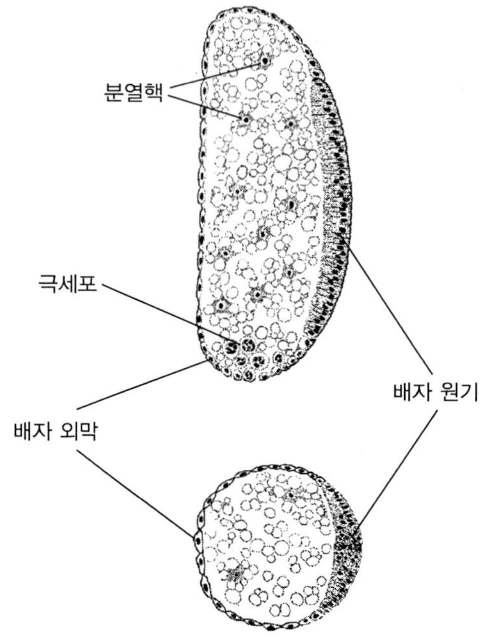

그림 3.7 **배대형성.** 아래 위 그림은 가로 및 세포 단면도. 원본그림(Johansen과 Butt, 1941) 및 사본 인가

치한 배대 세포들이 위쪽으로 밀려 성장하면서 안쪽은 중배엽, 바깥쪽은 외배엽으로 각각 분화하게 된다. 이 과정을 낭배기(gastrulation)라 칭하며 서로 다른 배엽에서 상이한 기관이 분화된다. 이때 유전자 *heartless*의 발현물은 중배엽 세포를 안쪽으로 함입하여 성장하도록 하는 데 역할을 담당한다. 그리고 이들 세포에서 *twist*와 *snail* 유전자가 발현되어 이들 세포가 중배성을 결정하여 주게 된다. 한편 핵분열 때 세포질 중앙에 남아 난황을 소화하는 역할을 맡고 있던 난황핵이 내배엽(endoderm)을 이루게 된다.

낭배기 형성 시기에 외부로는 배대의 체절화가 형태형성유전자들(morphogens)에 의해 진행된다. 전체적으로 구기를 이루는 3마디, 가슴부위를 이루는 3마디 그리고 복부 8마리를 합하여 14개 유사마디(parasegment)로 체절화가 이뤄진다. 이러한 체절화는 Gap 유전자가 먼저 큰 부위로 배대를 나누어주면, 이후 발현되는 형태형성유전자인 Pair-rule 유전자들에 의해 14개 유사마디를 이루고 최종적으로 체절방향성(segment polarity) 유전자에 의해 유사마디가 본래의 마디로 자리이동하면서 체절화가 진행된다. 이후 각 몸마디는 혹스유전자들이 각 몸마디의 특수한 형태형성유전자들과 상호 유전자 발현관계 속에 조직 분화를 유발하게 된다.

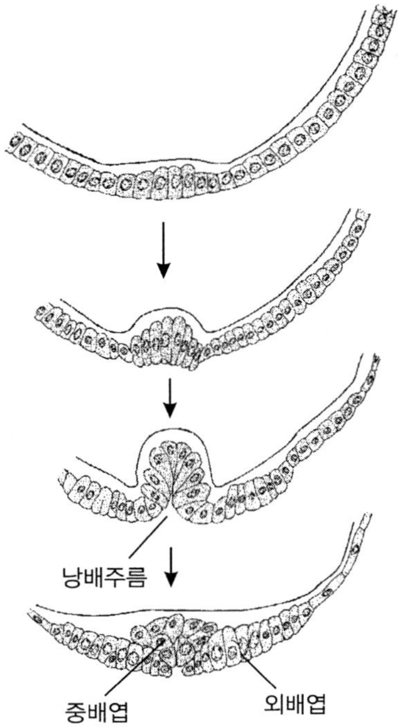

그림 3.8 **낭배기 및 배엽 설정.** 원본그림(Klowden, 2013) 및 사본인가

2.2.5 배자운동

배엽설정이 끝난 배대는 배자외막과 독립적으로 자신의 표피층인 양막(amnion)을 만들게 된다. 이는 배대 양쪽 끝의 외배엽성 세포가 아래로 그리고 중앙 쪽으로 성장하면서 만들어지는 데 궁극적으로 배자외막과 분리된다. 이때 분리된 배자외막을 장막(serosa)라 부르게 된다(그림 3.9). 배자외막에서 분리된 배대는 이제 난모세포 내부에서 움직임을 통해 난황을 배자원기 내부로 함입시게 한다. 이러한 배자활동을 배자운동(blastokinesis)이라 부른다.

2.2.6 배자 기관 분화

낭배기를 거치며 설정된 3개의 배엽을 중심으로 곤충의 각 기관과 조직이 형성된다. 먼저 외배엽으로 부터 표피층을 갖는 조직 및 기관이 형성된다. 우선 곤충의 피부에 해당하는 체벽이 여기에 해당되고, 기관지(trachea), 신경계 그리고 소화관의 전장과 후장이 외배엽에서 비롯된다.

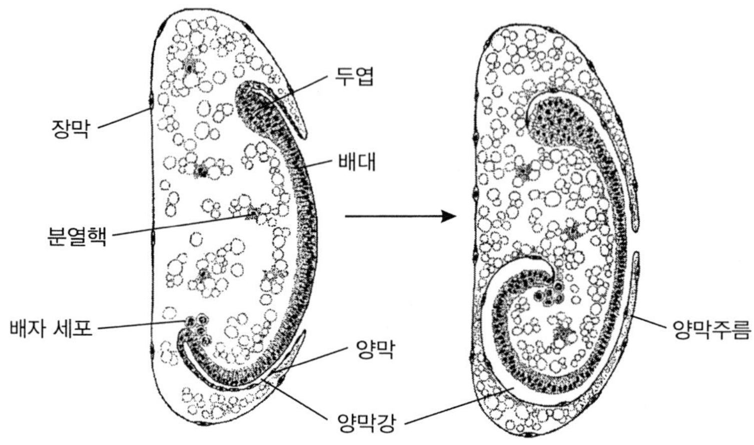

그림 3.9 **배자운동과 배자외막 형성.** 원본그림(Johansen과 Butt, 1941) 및 사본인가

전장과 후장의 경우 입과 항문에 해당되는 부분에서 함입성장(invagination)으로 형성된다 (그림 3.10). 이때 알세포 중앙에 자리하던 난황핵이 내배엽을 이루면서 중장원기를 이루고 전장원기(stomodaeum) 말단과 후장원기(proctodaeum) 선단에서 함입성장을 통해 세 부위

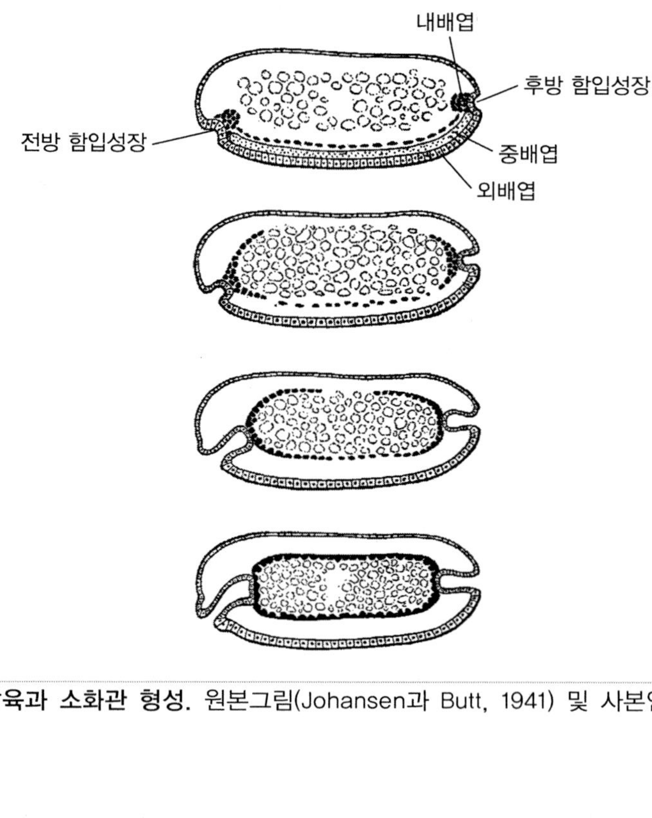

그림 3.10 **배자발육과 소화관 형성.** 원본그림(Johansen과 Butt, 1941) 및 사본인가

가 모두 연결되면 비로서 소화관을 이루게 된다. 이때 내장중배엽 기원의 세포들이 성장을 통해 배열을 이루면서 앞의 중장 성장을 도모하게 된다. 여러 혹스유전자들이 소화관 분화를 유발한다. 예를 들어, 침샘 분화의 경우는 *Sex combs reduced*, *extradenticle* 그리고 *homothorax* 발현체가 관여한다. 중장의 맹낭(ceca) 또는 전위(proventriculus)의 분화에는 *Sex combs reduced*, *Ultrathorax*, *Antennapedia* 그리고 *abdominal-A* 발현체가 관여한다. 후장의 분화는 유문, 회장 및 직장으로 이어지는 데 이때 *drumstick bowl*, *lines* 등의 전사인자 유전자들이 관여하게 된다. 말피기관을 분화시키기 위해 먼저 *walrus*와 *Krüppel* 유전자의 발현에 의해 중장과 후장 사이에 돌기를 형성하고 *hedgehog*와 *wingless* 유전자 발현 및 신호전달과정을 통해 말피기관 신장이 이뤄진다.

신경계는 약 30개의 외배엽 세포가 신경기원유전자(proneural gene)의 발현에 따라 신경아세포(neuroblast)를 분화시키고, 이들 세포가 성장과 분열을 통해 배대 복부 중심을 따라 신경고랑(neural groove) 및 신경이랑(neural ridge)을 형성한다(그림 3.11). 이들을 중심으로 각 몸마디에서 신경절모세포(ganglion mother cell)가 생성되고 여기서 뉴런(neuron)과 신경교세포(glia)가 발달되면서 중추신경계가 형성된다. 배자발육 후기에는 30개의 신경아세포 가운데 3개의 세포만 남기고 대부분은 세포자연치사과정을 통해 없어진다. 이 3개의 신경아세포가 유충 말기에 다시 재분화하여 100개의 신경아세포를 만들면 성충 중추신경계 형성을 도모하게 된다. 따라서 번데기 기간 동안 성충 조직 분화가 끝나면 모든 성충아세포는 소멸된

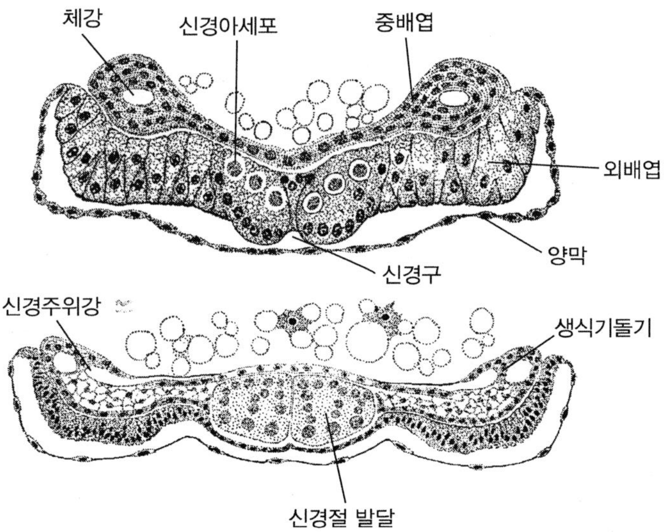

그림 3.11 배자발육과 신경계 형성. 원본그림(Johansen과 Butt, 1941) 및 사본인가

다. 유충 신경계와 성충신경계의 분화 결정은 신경아세포에서 상이한 전사인자 이성체를 만들면서 이뤄지는 데 이 전사인자가 바로 변태를 주도하는 Broad complex(BR)로서 이 유전자의 Z3 이성체가 발현되면 유충 형태의 신경분화를 유도하지만, Z1과 Z4의 이성체가 발현되면 성충신경계를 분화시키게 된다. 몸의 앞 3마디의 신경아세포는 전대뇌, 중대뇌 및 후대뇌를 형성한다. 이들 마디 다음으로 식도하신경절 및 가슴/복부 신경절을 만들게 된다.

겹눈은 외배엽 유래 성충원기(imaginal disc)에서 분화된다. 이 조직세포는 눈을 형성하는 형태형성유전자로서 척추동물의 Pax-6와 유사한 *eyeless*와 *twin of eyeless* 유전자를 발현하게 된다.

기관지는 10개 몸마디 양쪽에서 각각 외배엽성 세포 약 90개가 함입성장을 통해 형성된다. 여기에 *trachealess* 유전자 발현물이 관여한다. 이때 기관지의 성장을 도모하는 성장인자 Branchless 단백질이 기관지 말단의 Breathless 수용체에 신호를 주면서 기관지의 추가 성장을 이루게 한다.

중배엽은 다시 체성중배엽(somatic mesoderm)과 내장중배엽(splanchic mesoderm)으로 나뉜다(그림 3.12). 체성중배엽에서는 골격근(skeletal muscle)이 비롯되고, 내장중배엽은 내장근(visceral muscle)이 형성된다. 이러한 분화는 Twist 전사인자의 농도에 따라 결정되어 이 전사인자가 많이 발현되는 체성중배엽 세포는 골격근을 발달시키지만, 이 농도가 낮은 내장중배엽에서는 내장근 또는 심장근을 만들게 된다. 외배엽에 근접한 체성중배엽 세포에서 지방체가 분화된다. 또한 두 중배엽이 인접한 곳에서 심장아세포(cardioblast)가 분화되어 심

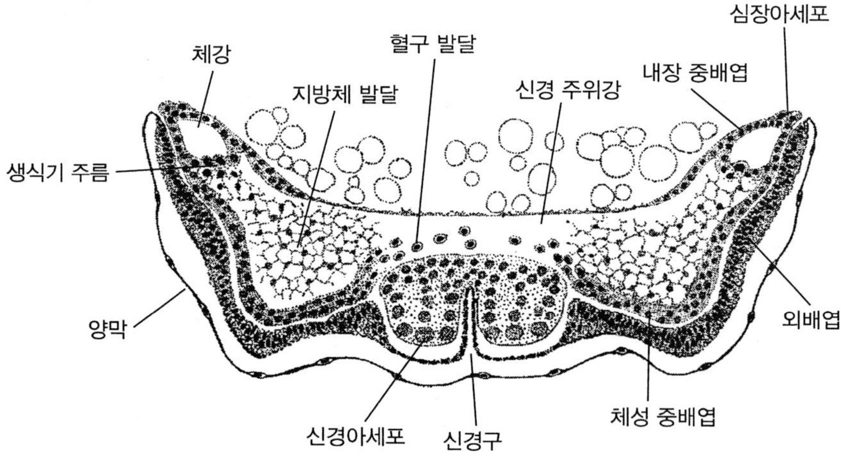

그림 3.12 중배엽성 조직 발달. 원본그림(Johansen과 Butt, 1941) 및 사본인가

장을 형성하게 된다. 중배엽은 또한 생식기돌기(genital ridge) 만들어 극세포에서 유래된 생식세포를 내부에 감싸면서 생식기관을 만들게 된다. 생식세포가 있는 부위는 암컷의 경우 난소소관의 생식실(germarium)로, 수컷의 경우는 정포(follicle)로 각각 분화된다. 배대를 중심으로 중배엽 중앙복부가 서로 분리되면서 일부 세포들이 혈구세포로 분화된다. 여기에 체성 중배엽은 다시 혈강(hemocoel)을 만들게 된다.

3 성결정

기본적으로 곤충의 성결정(sex determination)도 성염색체에 의해 결정된다. 즉, 초파리의 경우 X 염색체 수에 따라 암수가 결정되어 XX이면 암컷, XY이면 수컷으로 결정된다. 지중해과실파리의 경우는 Y 염색체에 의해 결정되어 XXY의 성염색체 핵형을 갖는 경우 초파리는 암컷으로 분화되나 지중해과실파리는 수컷으로 분화된다. 그러나 바퀴, 귀뚜라미 그리고 메뚜기류에서는 Y 염색체가 없어서 성염색체가 X이면 수컷, XX이면 암컷이 된다. 이와는 반대로 나비목 및 날도래목 곤충류는 동일한 성염색체(ZZ)는 수컷, 상이한 염색체(ZW)이거나 한쪽(ZO)만 있으면 암컷이 된다. 벌목 곤충의 경우는 핵형 전체가 반수체이면 수컷, 이배체는 암컷으로 분화된다. 따라서 수정된 알은 암컷, 미수정난은 수컷이 된다.

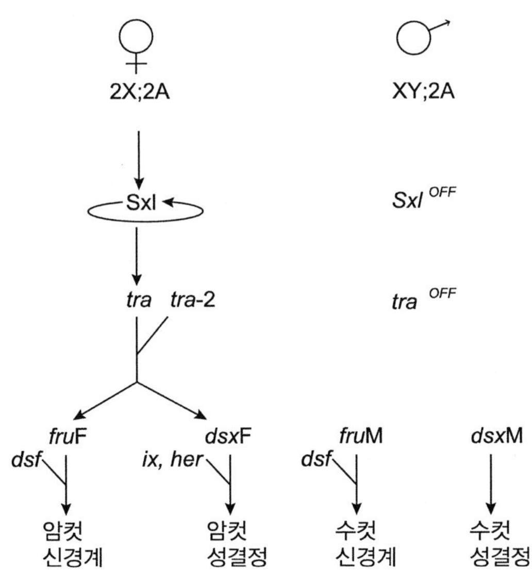

그림 3.13 초파리 성결정 및 성적 분화

초파리는 X 염색체에 SisA, Scute 및 Runt 전사인자를 지니고 있으면 이들이 체염색체의 *Sex-lethal* (*Sxl*) 유전자 발현을 유도한다(**그림 3.13**). Sxl 단백질은 *transformer* (*tra*) 유전자의 발현을 유도하고 다시 Tra 단백질은 암수 형태를 결정하는 *doublesex* (*Dsx*) 유전자와 암수 성적행동을 결정하는 *fruitless* (*Fru*) 유전자의 발현을 지시한다.

제 4 장

생식계

Reproductive System

고생대에 출현한 곤충이 지구상에서 현재까지 번성할 수 있는 이유 가운데 하나는 이들의 높은 생식력에 있다. 먼저 양성생식은 물론이고 다양한 단성생식 방법은 지구상 다양한 서식지에서 곤충이 생명력을 유지하게 한다. 또한 높은 번식 능력은 높은 사망률에도 불구하고 이들의 생명력을 유지하는 데 필수적 요인으로 작용하여 왔다. 예를 들어, 여왕봉 꿀벌의 경우 5년의 수명을 지니며, 생식기간 동안 하루에 2,000개의 알을 낳을 수 있다. 특별히 여왕흰개미의 경우는 15~50년의 수명을 지니며 하루에 6,000개의 알을 낳을 수 있다. 동부 아프리카에서 서식하는 흰개미의 경우는 매 2초 마다 산란하여 43,000개의 알을 하루에 생산할 수 있다. 초파리는 약 10주간의 생식기간 동안 암컷 자신의 체중에 30배에 달하는 알을 생산하게 된다. 모기의 경우 산란 수는 비록 125개에 불과하지만, 알에서 성충까지 불과 10일이 소요되는 짧은 생활사를 보이게 된다. 이론적으로 봄에 출현한 모기가 6개월 동안 사망하지 않고 지속적으로 번식하게 된다면 2×10^{34}마리의 모기가 만들어지는 데 이를 체중으로 환산하면 5×10^{31} g으로 인류 전체의 체중에 수십억 배에 달하게 된다. 여러 생물적 및 비생물적 밀도조절 환경요인에 의해 곤충이 이렇게 많은 수로 생존할 수 없지만 환경조건에 따라 폭발적 증가의 잠재력은 지니게 된다. 서부 터키에서는 이동성메뚜기의 대발생이 종종 일어나서 3개월간 약 1,000,000 kg을 포획하였다고 보고하고 있다. 따라서 돌발 대발생 해충은 곤충이 근본적으로 갖고 있는 높은 생식력의 속성에 기인한다고 볼 수 있다.

암수의 생식기관은 기본적으로 동일한 발생틀에서 발달된다. 배자발육 초기에 분화된 극세포(pole cell)를 중심으로 중배엽성 세포들이 모여 1쌍의 내부 생식기관을 이루게 된다. 이들은 다시 중배엽 및 외배엽 세포들이 모여 공통관의 형태를 이루며 생식기관을 완성하게 된다. 여기에는 여러 호르몬 및 전사인자가 관여하여 생리 및 환경요인 변화에 조율하며 생식기관 분화를 이루게 한다.

1 암컷 생식기관

암컷 생식기관은 외부 산란관(ovipositor)과 내부 생식기관으로 구성된다. 외부 산란관은 복부 8번째 및 9번째 복부 아랫판이 변형되어 형성되었다(그림 4.1). 즉, 산란관 기부는 복부 아랫판이 변형되어 산란판편기부(valvifer)를 만들고 이로부터 돌출성장된 산란판편(valvula)들이 모여져 산란관을 이루게 된다. 산란관 내부는 수란관(oviduct)과 연결되어 알이 내려가는 통로에 해당된다.

1.1 내부 생식기관 구조

내부 생식기관은 난소(ovary), 측수란관(lateral oviduct), 공통수란관(common oviduct)으로 구성된다(그림 4.2). 난소와 측수란관은 체성중배엽 세포에서 기원되지만, 공통수란관은 외배엽 세포들로 형성된다. 난소 말단부위는 현수대(suspensory ligament)가 발달하여 난소를 복부 체벽에 연결하여 부피 성장을 하는 난소의 모습을 체강에 유지시켜준다.

난소는 여러 개의 난소소관을 가질 수 있다. 난소소관이 모여지는 기부는 난소받침(ovarian calyx)을 형성하게 된다. 따라서 각 난소는 여러 개의 난소소관 전체를 모으는 피낭

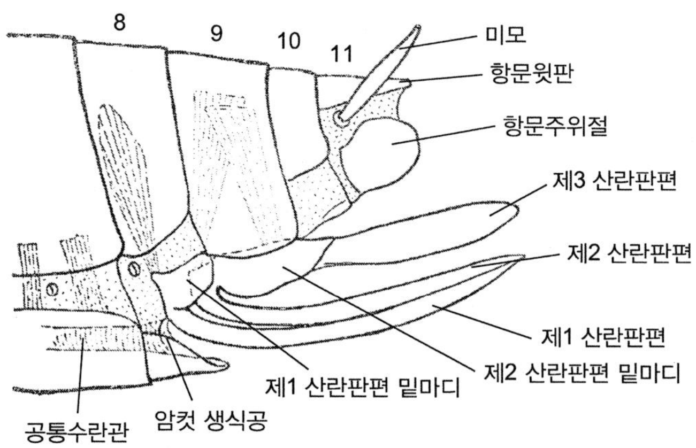

그림 4.1 **암컷 외부 생식기 구조.** 원본그림(Snodgras, 1935) 및 사본인가

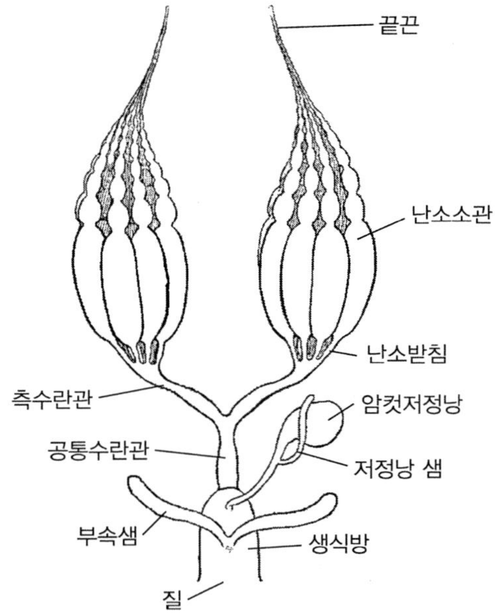

그림 4.2 암컷 내부 생식기 구조. 원본그림(Snodgras, 1935) 및 사본인가

체(tunica propria)를 끝끈(terminal filament)에서 난소받침까지 형성하여 일정한 난소 모양을 띠게 한다(그림 4.3). 난소소관에는 일련의 난모세포가 자리하여 말단으로부터 측수란관으로 이동하면서 발달하는 난모세포를 관찰하게 된다. 각 난소에 존재하는 난소소관의 개수는 종에 따라 다양하다. 여왕봉 꿀벌의 경우 1,000개 이상의 난소소관을 갖게 된다. 이러한 난소소관의 개수는 유전적으로 결정되어 있으나 일부 곤충의 경우는 가변적이어서 유충 시기에 영양분의 섭취 정도에 따라 달라진다. 검정파리목(Calliphoridae) 일부 종의 경우 유충의 영양분 섭취에 따라 성충의 난소소관의 개수는 51~165개까지 다양하였다. 많은 곤충이 일반적으로 4~10개의 난소소관을 갖는다.

난소소관은 난모세포형성과정(oogenesis)이 일어나는 생식실(germarium)과 난황형성과정(vitellogenesis)과 난각형성과정(choriogenesis)이 일어나는 난황실(vitellarium)로 나뉜다. 생식실에서 분화된 난포세포와 난모세포는 난포(follicle)를 구성하게 된다. 즉, 난황실은 일련의 난포가 배열되어 있는 곳이다. 또 난소소관은 난황실에서 영양물질(RNA, 단백질, 라이보좀)을 난모세포로 전달하는 방식에 따라 전체난(panoitic) 난소소관과 부분난(meroistic) 난소소관으로 나뉜다(그림 4.4). 전체난 난소소관에서는 생식실에 난원세포(oogonia), 1차 난모세포 및 중배엽성 미분화 난포세포 조직이 존재한다. 난포세포가 난모세포를 둘러싸고 난모세포의 영양분을 공급한다. 이 부류에는 돌좀목, 좀목, 잠자리목, 메뚜기목, 강도래목 및 흰개미

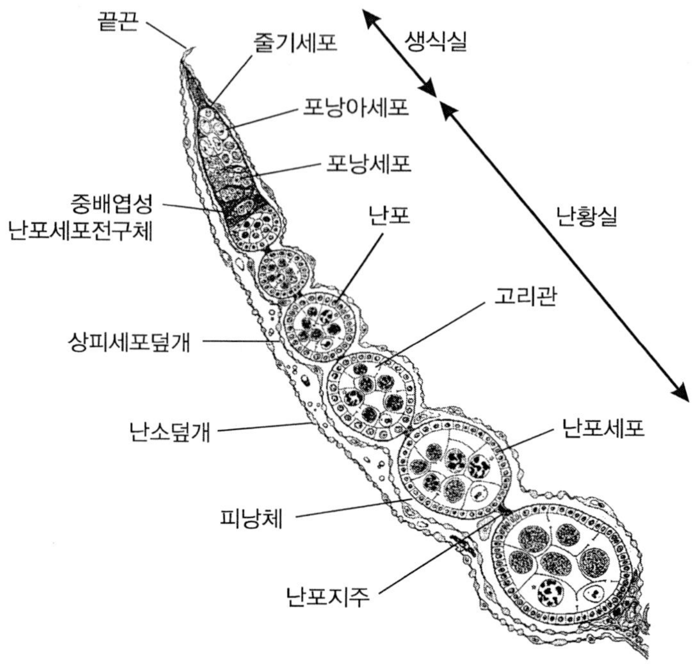

그림 4.3 **난소소관 구조.** 난모세포의 분화가 생식실에 존재하는 줄기세포에서 시작하여 난황실에서 크기 성장을 한 후 말단 부위에서 난각을 형성하기 까지 일련의 과정을 거치게 된다. 원본그림(Koch 등, 1967) 및 사본인가

목 등 원시 곤충류가 포함된다. 반면에 부분난 난소소관의 생식실에는 난원세포, 1차 난모세포, 중배엽성 미분화 난포세포 조직은 물론이고 영양세포(nurse cell 또는 trophocyte)가 추가로 포함된다. 이 영양실형 난소소관은 다시 끝영양실(telotrophic) 난소소관과 다영양실(polytrophic) 난소소관으로 나뉜다. 끝영양실에서는 영양세포가 생식실에 남아 있고 성장하여 내려오는 난모세포로 영양줄(nutritive cord)을 통해 영양물질을 제공하게 된다. 이 부류에 하루살이목, 노린재목 및 일부 딱정벌레목 곤충이 포함된다. 많은 완전변태류 곤충은 다영양실 난소소관 구조를 지닌다. 분열된 난모세포가 완전히 분리되지 않고 세포질이 고리관으로 연결된 포낭세포(cystocyte)로 존재하며 이 가운데 한 세포는 난모세포로 발달되고 나머지는 영양세포로 발달된다. 따라서 각 난포(follicle)는 난포세포층 내부에 전방으로 영양세포 그리고 후방으로 난모세포가 자리하게 된다. 영양세포는 난모세포에 영양분을 공급하기 위해 내복제(endoreplication)를 통해 rRNA에 해당하는 일부 유전자의 증폭(1,024~2,048배 배수체)이 일어난다. 전체난에서 부분난으로 진화되었고, 부분난에서는 다영양실에서 끝영양실 형태로 진화되어 온 것으로 추정된다. 가장 진화된 모습의 네 번째 난소소관은 끝영양실에서 영양실이

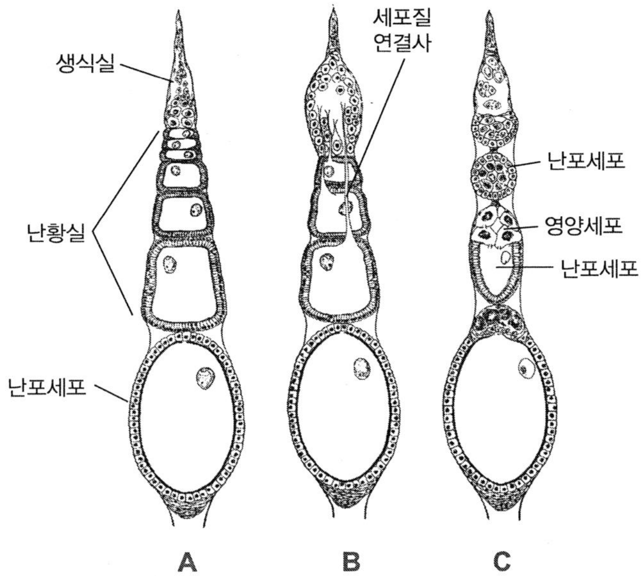

그림 4.4 세 가지 유형의 곤충 난소소관. (A) 전체난형(panoistic). 영양공급은 난포세포로 비롯된다. (B) 끝영양실형(telotrophic). 영양세포에서 세포질 연결사를 통해 성장하는 난모세포에 영양분을 공급한다. (C) 다영양실형(polytrophic). 영양세포가 난포세포 내로 들어와서 직접 난모세포에 영양분 공급을 진행한다. 원본그림(Schwalm, 1988) 및 사본인가

퇴화하면서 나타난 신전체난(neopanoistic) 난소소관으로 포낭세포 전체가 난모세포 또는 영양세포로 성장하는 형태이다. 이 신전체난 난소소관은 낫발이목, 총채벌레목, 밑들이목 그리고 벼룩목의 곤충에서 나타난다.

난소와 산란관 이외에 내부생식기관은 표피층의 피부샘이 변형되어 암컷 부속샘(accessory gland) 또는 아교샘(collateral gland)을 포함한다. 따라서 부속샘에서 나오는 시멘트 물질이 산란된 알을 산란장소에 부착시켜주는 역할을 담당하게 한다. 일부 태생(viviparity)을 보이는 곤충류(*Diploptera* 바퀴, *Glossina* 파리)는 부속샘에서 영양물질을 분비하여 성장하는 유충에 먹이 분비샘으로 작용하게 된다. 단단한 알껍질(ootheca)을 만드는 곤충류(바퀴, 사마귀)의 경우 부속샘은 이 알껍질을 형성하는 단백질을 분비하기도 한다.

많은 암컷 곤충은 1회 교미 후 많은 정자를 암컷저정낭(spermatheca)에 보관한다. 이후 산란할 때 저장된 정자를 수란관으로 흘려보내면서 수정이 이뤄지게 한다. 따라서 수란관과 암컷저정낭 사이를 연결하는 암컷저정낭 도관(spermathecal duct)에는 다량의 글리코겐 영양분이 존재하여 이동하는 정자의 에너지원으로 작용하게 한다. 또 비교적 장시간 동안 정자를 암컷저정낭에 보관하게 된다. 예를 들어, 여왕봉 꿀벌의 경우 약 6백만 개의 정자를 7년 동안

저장할 수 있다. 오랜 기간 정자를 저장하기 위해서는 저장 기간 동안 영양분 제공은 물론이고 정자의 생존 능력을 높여 주기 위해 저정낭 내부로 항산화효소를 분비하게 된다. 저장된 정자를 분비하기 위해서는 암컷저정낭을 수축해야 하는 데, 이는 복부말단신경절(terminal abdominal ganglion)에서 뻗어 나온 말초신경계의 지배를 받게 된다. 역으로 교미 후 교미낭에서 저정낭으로 정자의 이동 과정에도 이 신경계의 지배를 받은 일련의 근육 수축 활동에 따라 정자가 이동하게 된다.

난태생을 보이는 일부 곤충은 공통수란관의 말단 부위가 크게 발달하면서 생식실(genital chamber)을 만들어 알을 부화시키는 장소로 이용하기도 한다. 정자주머니(spermatophore)를 만들어 정자를 전달하는 수컷의 경우에 암컷 내부에 교미낭(bursa copulatrix)을 가지게 된다. 이 교미낭은 또 다른 형태의 생식실로서 내부에 이빨구조를 지녀 정자주머니를 깨뜨려 정자를 누출시키고, 이들이 다시 암컷저정낭으로 이동하여 장기간 저장하게 한다.

1.2 난모세포 형성과정(oogenesis)

난소소관 말단에 위치한 생식실(germarium)에는 배자발생 초기에 포배엽을 형성하기 직전에 일부 분열핵이 극세포(pole cell)를 이루면서 다른 세포들의 분열과 독립적으로 생식세포의 정체성을 유지하게 된다. 이 극세포에서 기원된 배아줄기세포(germline stem cell: GSC)가 말단필라멘트세포(terminal filament cell), 모자세포(cap cell) 그리고 호위줄기세포(escort stem cell)로 둘러싸이게 된다(그림 4.5). 배아줄기세포는 특징적으로 α-와 β-스펙트린

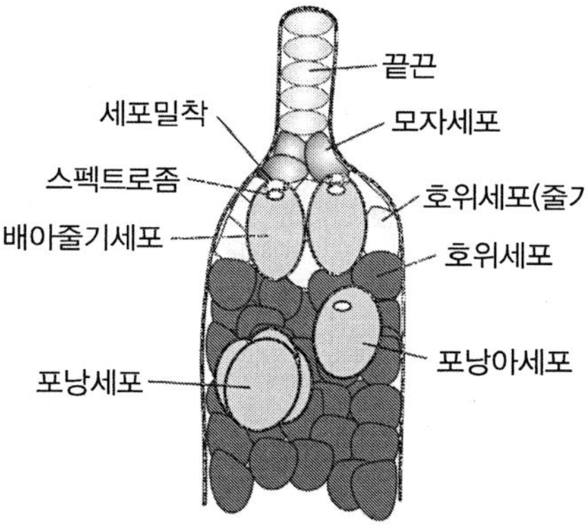

그림 4.5 난소소관 생식실에서 일어나는 난모세포 줄기세포 분화과정. 배아줄기세포가 모자세포에 세포밀착 구조로 연결되어 분열된 세포만 포낭아세포로 분화된다. 포낭아세포는 4회 체세포분열하여 16개의 포낭세포를 만들고, 이 가운데 15개는 영양세포로 분화되고 나머지 하나가 난모세포로 발달된다. 원본 그림(Klowden, 2013) 및 사본인가

(spectrin) 및 앤키린(ankyrin) 단백질로 구성된 스펙트로좀(spectrosome)의 세포소기관을 갖고 있다. 또 E-캐드헤린(E-cadherin) 단백질로 구성된 세포밀착(adherens junction) 구조로 모자세포에 연결된다. 세포분열을 통해 딸세포가 16개의 세포로 다시 분열하여 포낭세포(cystocyte)를 이루고 보호줄기세포에 둘러싸이게 된다(그림 4.6). 이때 스텍트로좀은 분열시 방추사를 잡고 16개의 딸세포를 모두 연결시켜 세포복합체 또는 합체(fusome)를 이룬다. 이

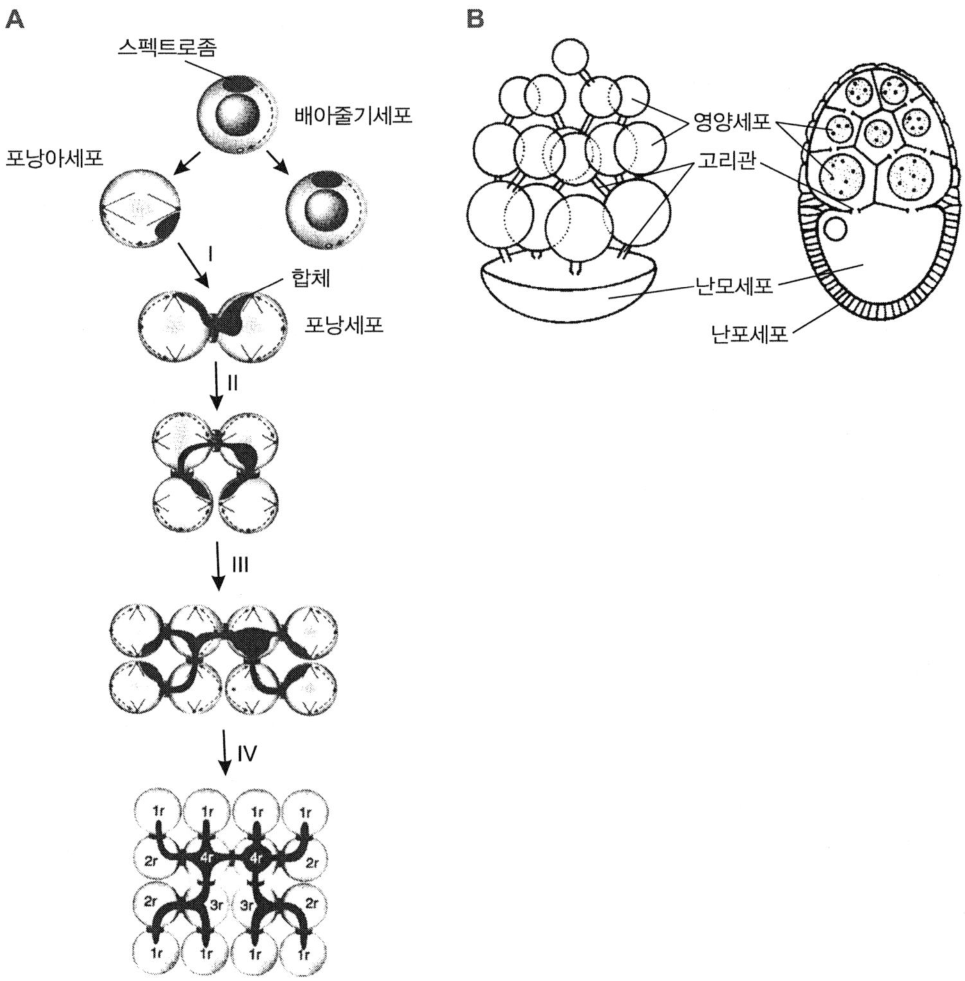

그림 4.6 **난모세포 분화과정.** (A) 줄기세포에서 분화된 포낭세포가 세포분열 후 서로의 세포를 고리관으로 연결한 합체를 이룬다. 이들의 연결 고리관 수에 따라 1개(1r)에서 네 개(4r)까지 존재한다. 두 개의 4r 세포 가운데 한쪽이 난모세포로 분화된다. 나머지 15개 세포는 영양세포로 분화된다. (B) 난모세포 형성과정을 마친 후 분화된 난모세포, 영양세포 그리고 난포세포의 상호 배치 모식도. 원본그림(De Loof, 1983) 및 사본인가

들 사이에는 세포질 연락 구조인 고리관(ring canal)을 이룬다. 고리관의 개수는 이들 16개의 포낭세포들이 1개(1r)에서 4개(4r)까지 다양하다. 이들 가운데 4개의 고리관을 갖는 포낭세포는 2개이며 이 가운데 하나가 난모세포로 분화된다. 여기에 호위줄기세포는 난포세포로 분화되어 난모세포를 둘러싸는 난포(follicle)를 형성하게 되고 난황실로 진입하게 된다.

여러 내분비 및 유전자 발현이 난모세포의 분화를 촉진시켜 난모세포 형성과정을 촉진하지만, 또한 이들 과정을 억제하여 및 초파리의 경우 영양상태를 대변하는 인슐린 신호가 이들 난모세포의 세포분열 및 분화를 촉진한다. 반면에 모자세포에서는 *decapentaplegic* (*dpp*) 유전자가 발현되어 이 세포에 결합된 배아줄기세포의 분화를 막아 생식실에 배아줄기세포의 밀도를 유지한다. 이 유전자의 발현 산물은 배아줄기세포의 분화를 유도하는 *bad of marbles* (*bam*) 유전자의 발현을 억제하여 줄기세포의 과분화를 억제하게 된다.

1.3 난황축적과정(vitellogenesis)

난황소전구체는 난모세포 밖에서 생합성되며 곤충의 종류에 따라 크게 비텔로제닌(vitellogenin)과 난황폴리펩타이드(yolk polypeptide)로 구분된다. 이 난황소전구체가 난모세포 내부로 축적되면 결정체의 비텔린(vitellin)과 난황(yolk)으로 각각 축적된다. 대부분의 곤충은 비텔로제닌을 난황소전구체로 난황소를 비텔린으로 이루게 되나, 고등 파리류의 경우에는 난황폴리펩타이드를 난황소전구체 그리고 난황으로 난황소로 갖게 된다. 이들 두 종류의 난황소전구체는 분자 크기에서 차이를 보인다. 비텔로제닌의 경우는 기타 척추동물의 비텔로제닌과 유사하게 약 400~600 kDa 크기의 거대 분자를 이룬다. 모기류의 비텔로제닌 생성 과정을 살펴보면 약 6.5 kb 크기의 mRNA가 224 kDa 크기의 비텔로제닌 전전구체(pre-pro vitellogenin)로 번역되면 조면소포체에서 이를 인산화의 번역후과정을 진행하여 250 kDa의 비텔로제닌 전구체(pro vitellogenin)를 만들게 된다. 이후 62 kDa과 190 kDa으로 나뉘어진 후 골지체에서 올리고당을 첨가한 후 각각 66 kDa과 200 kDa 크기가 된다. 이들이 혈액으로 분비될 경우 서로 복합체를 이루면서 380 kDa의 완성된 비텔로제닌을 만들게 된다. 난황폴리펩타이드의 경우는 분자량이 크게 작아 약 45 kDa 크기로 여러 개 존재하게 된다. 초파리의 경우 3개의 난황폴리펩타이드(YP1, YP1, YP3)가 있으며 각각의 유전자는 X 염색체에 존재한다.

난황소전구체는 주로 지방체에서 생합성되어 혈림프로 방출되고 궁극적으로 난모세포에 들어가 축적된다. 혈림프에서 난모세포로 난황소전구체가 들어가기 위해서는 난모세포를 둘러싸고 있는 난포세포를 지나야 한다. 이때 유약호르몬이 관여하게 된다. 유약호르몬은 난포세포막에 존재하는 유약호르몬의 수용체에 결합하면 세포막에 존재하는 Na^+-K^+ ATPase를 활성화하게 된다. 이 이온 펌프는 세포내 물을 세포 밖으로 보내면서 세포 전체의 크기를 축소시켜 난포세포들 사이에 틈을 만들게 된다. 이 과정을 난포세포개방화(follicle cell patency)라 한다. 이 난포세포 개방화를 통해 혈림프에 존재하는 난황소전구체가 난모세포막에 다다르게 된다(그림 4.7). 난모세포막에는 비텔로제닌에 대한 특이적 수용체(vitellogenin receptor: VgR)가 존재하여 비텔로제닌과 결합한 후 수용체 매개 엔도사이토시스(receptor-mediated endocytosis) 과정을 통해 난모세포 안으로 들어간다. 엔도사이토시스 소낭은 다시 라이소좀과 결합하여 수용체와 비텔로제닌 사이의 결합을 분리시키고 수용체를 지닌 소낭은 다시 세포막으로 재순환되게 하고, 비텔로제닌은 서로 결합하여 비텔린으로 저장된다.

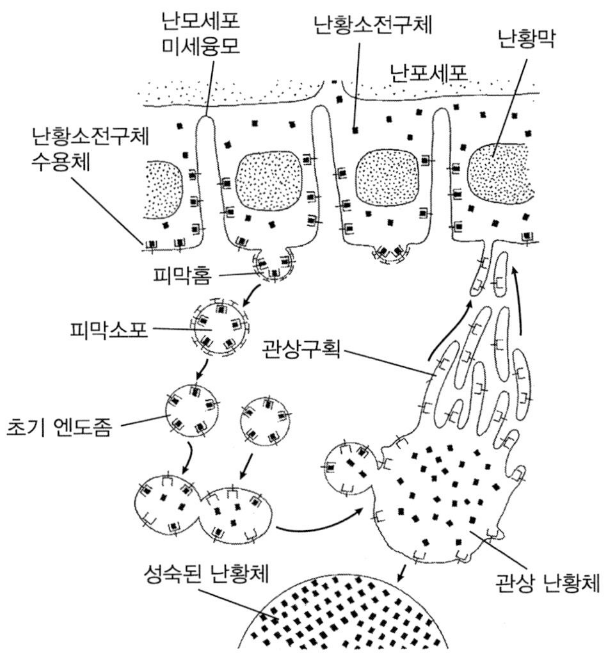

그림 4.7 성장하는 난모세포에 난황소전구체의 축적과정. 유약호르몬에 의해 난포세포 개방화가 이뤄지면 난모세포를 둘러싸는 난포세포들 사이에 틈이 생긴다. 이 틈을 이용하여 혈림프에 있던 난황소전구체가 난모세포막에 접근이 가능하여 진다. 난모세포 생체막에는 난황소전구체에 대한 특이적 수용체를 갖는다. 수용체 매개 엔도사이토시스 과정을 통해 난모세포 안으로 들어온 난황소전구체는 엔도좀을 형성하고 궁극적으로 이들 엔도좀들의 융합에 의해 난황소의 축적이 이뤄진다. 원본그림(Snigirevskaya 등, 1997) 및 사본인가

1.4 난각형성과정(choriogenesis)

난황축적과정을 통해 난모세포에 난황소 축적이 끝마치게 되면 난포세포는 난모세포를 감싸는 난황막을 분비한다. 이후 난포세포는 난각을 형성하게 된다. 따라서 난각의 형태는 난포세포에 의해 결정된다. 난각 형성이 종료되면 난포세포는 퇴화된다. 비로소 이때 알이 형성된다.

1.5 알형성과정과 내분비

알을 형성하는 과정에서 크게 세 가지 내분비 신호가 관여하게 된다. 우선 인슐린신호는 난포(난포세포 및 난모세포)의 크기 성장과 관련이 있다. 섭취하는 먹이에 따라 영양신호는 뇌의 중앙분비신경세포에서 ILP를 분비하게 하다. 이 ILP는 난포에 존재하는 ILP 수용체인 InR(insulin receptor)를 자극하게 되고 세포성장을 도모하게 된다. 예를 들어, 인슐린신호 과정 중에 하나인 insulin receptor substrate(IRS)의 초파리 유전자인 *chico*에 돌연변이를 일으키면 다른 생식 호르몬인 JH와 엑다이손이 분비되어도 알을 형성하지 못하게 된다.

유약호르몬은 중요한 생식선자극호르몬이다. 유약호르몬은 지방체에 자극하여 비텔로제닌의 합성을 직접 또는 간접적으로 유도한다. 이때 유약호르몬은 지방체 세포의 조면소포체의 발달을 도모하거나 또는 다배체를 만들어 합성능력을 함양시키는 기능을 갖는다. 또한 유약호르몬은 난포세포에 영향을 주어 개방화를 촉진하여 난황축적과정을 도와주게 된다.

엑다이손은 여러 곤충의 지방체에서 직접 난황소전구체의 합성을 유도하는 것으로 알려지고 있다. 모기류에서는 흡혈 이후 20E 호르몬이 분비되고 난황형성과정을 촉진하기 위한 다양한 전사인자와 표적 유전자의 발현을 유도하게 된다(그림 4.8). 분비된 20E는 세포막을 통과하여 세포내에 있는 특이적 핵수용체에 결합하고 이에 따라 또 다른 핵수용체인 USP와 이형이량체를 형성하게 되면 핵 안으로 이동하게 된다. 한편 20E가 존재하지 않으면 USP는 AHR38 단백질과 결합하여 EcR과의 결합력을 잃게 된다. 핵 안으로 이동된 EcR은 난황소전구체 유전자의 프로모터에 엑다이손 수용체 결합부위(ecdysone response element: EcRE)에 결합하여 이 유전자의 전사를 촉진시키게 된다. 또한 EcR/USP 이량체에 반응하여 초기에 발현되는 전사인자인 E74, E75 및 Broad-Complex가 이 비텔로제닌 유전자 발현을 더욱 촉진시켜주게 된다. 한편 난모세포에 난황축적이 완성되어 난황형성과정이 종료되려면 음성조절과정으로 Seven-up 단백질이 USP와 결합하여 20E와의 결합을 막아 난황소전구체 유전자발현을 억제한다.

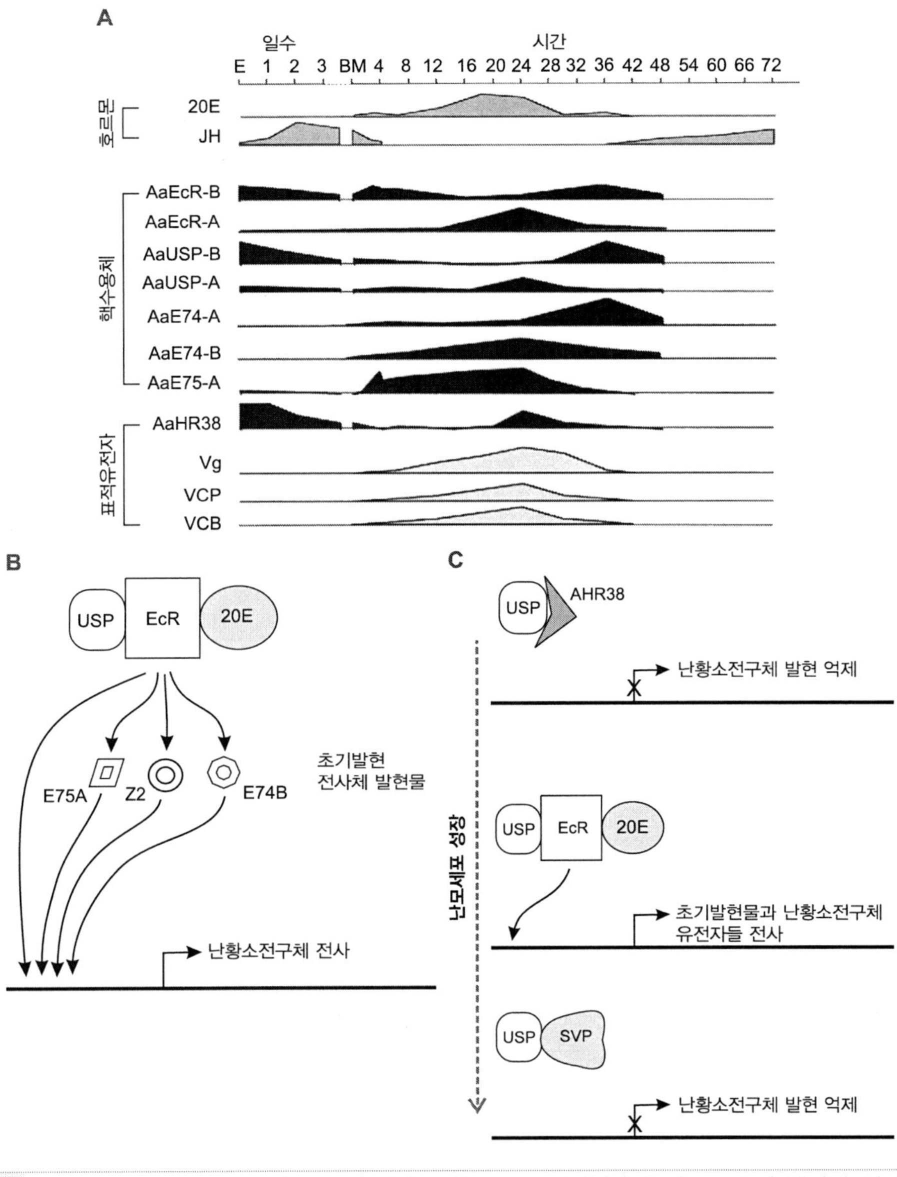

그림 4.8 호르몬과 난황형성과정(모기류). (A) 성충으로 우화 후(E) 유약호르몬의 분비가 일어나고 지방체로 하여금 단백질합성을 위한 세포 분화를 유도한다. 흡혈(BM) 후 20E가 분비된다. 이 호르몬의 영향으로 핵수용체(EcR, USP)는 물론이고 전사인자(E74, E75)의 발현이 유도된다. 이후 난황에 구성 성분인 난황소전구체(Vg), carboxypeptidase(VCP), cathepsin B(VCB)의 표적 단백질 유전자 발현이 뒤따르게 된다. 원본그림(Raikhel 등, 2002) 및 사본인가. (B) 난황소전구체 유전자 발현에 EcR 자신은 물론이고 이 핵수용체에 의해 발현된 다른 전사인자들이 프로모터에 붙어 난황소전구체 유전자의 발현을 촉진시키게 된다. (C) 난황소전구체 유전자 발현의 음성 조절. 20E가 분비되기 전에 USP는 AHR38 단백질과 결합하여 EcR과의 기능적 결합을 억제하게 된다. 그러나 20E가 분비되면서 USP는 EcR과 결합하게 된다. 그러나 난황형성이 종료되면 다시 USP는 seven-up(SVP)과 결합하여 다시 EcR과의 기능적 결합이 해체된다. 원본그림(Klowden, 2013) 및 사본인가

1.6 배란과 산란

알형성이 종료되고 난포세포가 퇴화한 경우 성숙된 알은 난소소관에서 측수란관으로 이동하게 되는 데 이를 배란(ovulation)이라 한다. 이는 난소소관과 수란관의 근육 수축을 촉진시키는 마이오트로핀(myotropin)의 신호와 관련이 있다. 예를 들어, 흡혈성노린재(*Rhodnius prolixus*)의 경우 교미하여 암컷저정낭에 정자와 부속샘물질이 차게 될 경우 중추신경계로부터 FMRFamide와 유사한 마이오트로핀의 분비가 일어나고 배란이 시작된다.

배란을 통해 알이 공통수란관으로 지나는 경우 다시 암컷저정낭(spermatheca)의 수축이 일어나고 이 저정낭에 보관된 정자가 공통수란관으로 방출되어 배란된 알의 정공을 통해 들어가면 수정(fertilization)이 일어나게 된다. 풀무치류(*Locusta*)의 경우 암컷저정낭을 수축하는 근육이 두 군데 위치하여 수란관으로부터 먼 쪽에 위치한 근육이 먼저 수축하여 정자를 공통수란관 쪽으로 밀어내면, 배란된 알이 암컷저정낭 입구 쪽으로 가까이 오게 될 때 나머

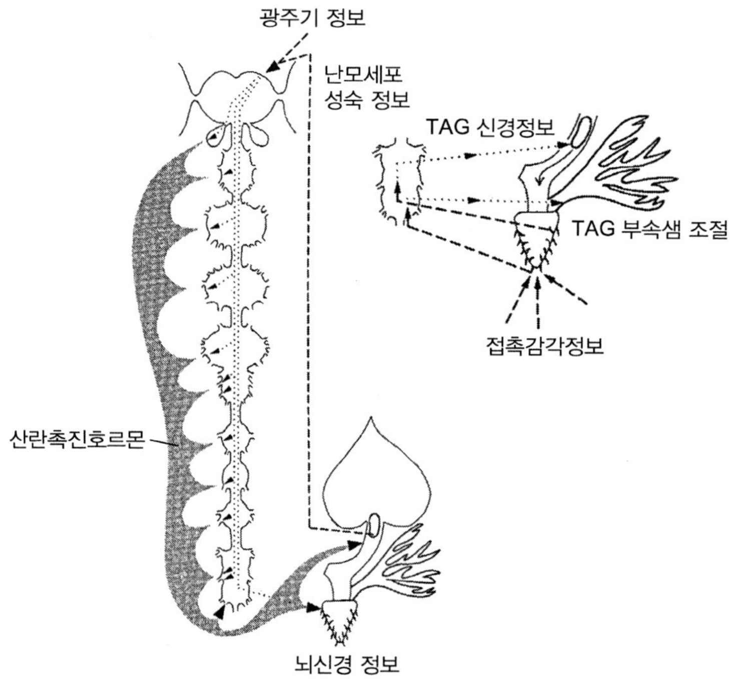

그림 4.9 **산란 행동에 관여하는 신경 및 내분비 신호조절(바퀴류).** 성숙된 알이 배란 및 수정되어 산란관 근처로 밀려 내려오게 되면 산란행동을 준비하게 된다. 이때 광주기 인식을 통해 하루 중 일정한 시기에 산란을 하려는 행동을 준비한다. 또한 산란관 말단에 위치한 감각 정보는 산란 장소의 적합성을 탐지하여 알려주게 된다. 이러한 모든 신경 정보는 모두 종합되어 복부말단신경절(terminal abdominal ganglion: TAG)에서 산란관의 수축을 유도하는 신경호르몬이 분비되고 이 호르몬의 영향으로 산란관이 수축을 유도하고 궁극적으로 알이 산란된다. 원본그림(Mesnier, 1984) 및 사본인가

지 근육을 수축하여 정자가 알과 접촉하게 하여 수정이 일어나게 한다. 이 과정에도 FMR-Famide와 유사한 myotropin이 관여하게 된다.

수정된 알은 산란관을 통해 몸 밖으로 산란(oviposition)된다. 암컷의 산란은 몸의 생리적 상태뿐만 아니라 외부 환경을 종합하여 이뤄지게 된다. 예를 들어, 바퀴류(*Spodromantis lineola*)의 경우 이른 아침에 산란을 하게 되는 데 이때 어미는 광주기와 알발육 상태를 파악하게 된 후 산란촉진호르몬을 분비한다(그림 4.9). 이후 산란관의 산란판편(valvula) 끝에 존재하는 접촉감각기가 산란 장소의 적절성을 탐지하고, 자극 신호를 복부말단신경절(terminal abdominal ganglion: TAG)로 보낸다. TAG는 다시 산란관에서 알의 이동과 부속샘의 분비를 조절하면서 산란과정을 조절하게 된다.

2 수컷 생식기관

수컷 외부생식기관은 복부 9번째 마디의 아랫판이 변형되어 음경(aedeagus)을 형성하게 한다(그림 4.10). 음경 내부에는 내부생식기관의 일부로서 사정관(ejaculatory duct)이 존재

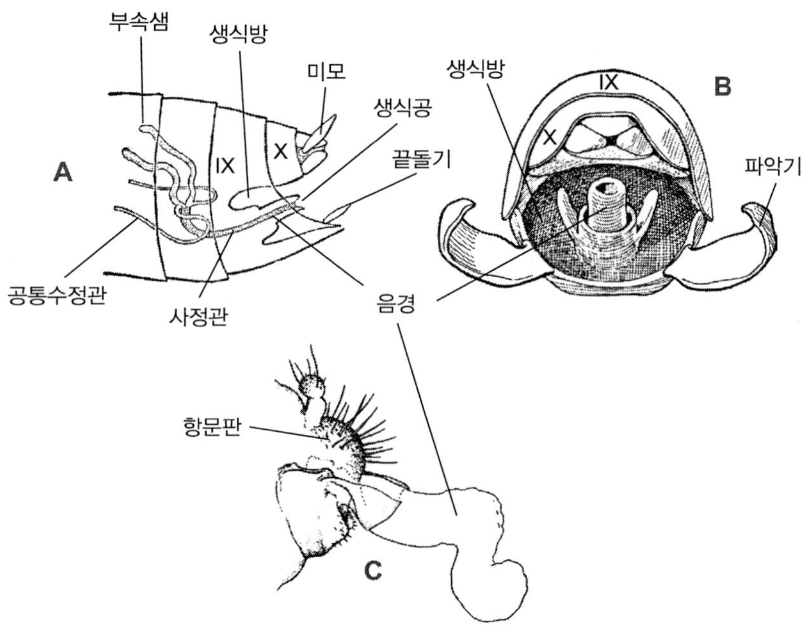

그림 4.10 수컷 외부 생식기 구조. (A) 복부 측면 구조. 9번째 마디 아랫면에서 유래된 외부 생식기의 분화 모습. (B) 복부 말단의 후면 모습. 음경을 둘러싸는 파악기의 구조. (C) 돌출된 음경 측면 모습. 원본 그림(Snodgrass, 1935) 및 사본인가

한다. 따라서 음경은 교미할 때 암컷 교미낭으로 정자를 이동시키는 통로가 된다. 다시 10번째 복부 마디에서는 파악기(clasper)가 돌출되어 교미할 때 암컷을 붙잡는 역할을 수행하게 된다.

2.1 내부 생식기관 구조

정자를 형성하는 정소(testis)는 내부에 여러 개의 정소소관(tubular follicle)이 존재하며 정소소관에서 빠져나온 정자는 측수정관(vas efferens)을 지나 공통수정관(vas deferens)으로 모이게 된다(그림 4.11). 다시 공통수정관을 따라 내려온 정자는 수컷저정낭(seminal vesicle)에 축적된다. 여기서 다시 사정관(ejaculatory duct)으로 정자가 옮겨지면 근처의 부속샘(accessory gland)에서 정액물질이 분비되면서 혼합된 정액이 다시 사정관을 타고 음경을 지나 교미 동안 암컷 교미낭으로 이동하게 된다.

정소 내부는 정소소관을 둘러싸는 정포상피세포(follicular epithelium)와 정소 전체를 둘러싸는 정소덮개(peritoneal sheath)로 구성된다. 각 정소에 정소소관의 개수는 무시류의 경우 1개에서 메뚜기목에서 약 100개 이상 그리고 벌목에서는 300개 이상으로 다양하다.

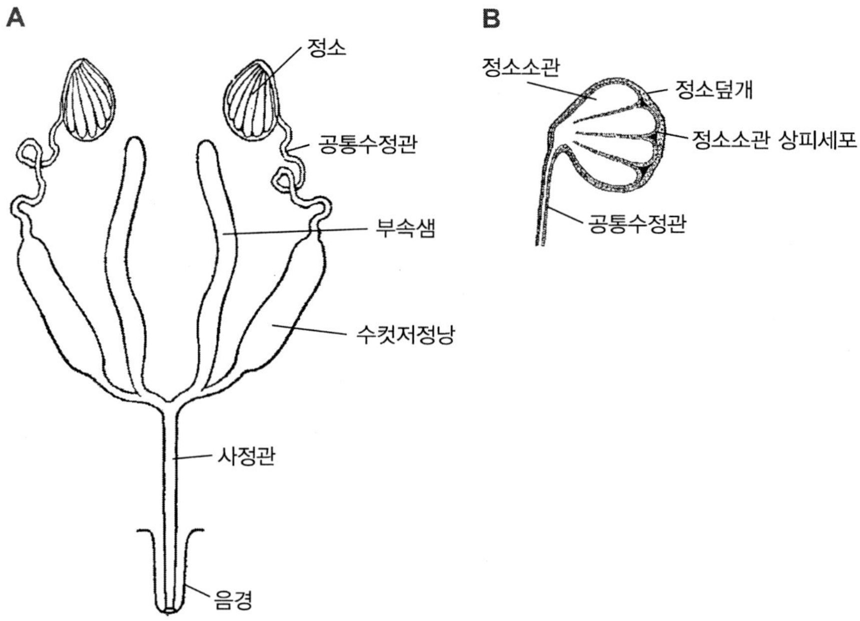

그림 4.11 수컷 내부 생식기 구조. (A) 전체 구조 (B) 정소 내부 구조. 원본그림(Snodgrass, 1935) 및 사본인가

부속샘(accessory gland)은 일반적으로 1쌍이 존재하며 수정관 또는 사정관과 연결된다. 부속샘은 정자를 운반하는 매체인 정액(seminal fluid)을 생산하는 기능에서 중복 교미를 방지하는 교미마개(mating plug) 및 정자주머니(spermatophore) 생산 등의 다양한 기능을 수행하게 된다. 또한 부속샘에서 생산하는 펩타이드류는 암컷의 추가 교미 행동을 억제하게 하거나 또는 영양분으로 이용되기도 한다. 일부 부속샘물질은 암컷으로 하여금 산란을 촉진하는 신호물질로도 이용된다. 오랜 기간 정자를 보관하는 꿀벌의 여왕봉 경우 수벌이 부속샘에서 항생펩타이드를 분비하여 미생물로부터 암컷저정낭의 부패를 방지하여 준다. 부속샘은 또한 JH acid(불활성)를 JH(활성)를 전환시켜주는 기능을 담당하여 암컷의 알 형성을 촉진시켜 준다.

2.2 정자형성과정

각 정소소관의 말단은 정자형성을 위한 줄기세포를 가지고 있다(그림 4.12). 이 영역에서는 크게 두 가지 줄기세포가 자리하는 데 하나는 배아줄기세포(germline stem cell)이고 다른 하나는 체성포낭줄기세포(somatic cyst stem cell)이다. 배아줄기세포는 체세포분열을 통해 정원아세포(gonialblast)로 분화되며, 체성 포낭줄기세포는 정원아세포를 둘러싸는 포낭세포를 형성하게 된다. 정원아세포가 포낭세포에 둘러싸이면 정포낭(follicular cyst)이라 칭하며, 4회 체세포 분열을 통해 16개의 정원세포(spermatogonia)를 만들게 된다. 정원세포는 다시 2~3회 체세포 분열을 통해 정모세포(spermacyst)를 만든다. 정모세포는 감수분열을 통해 정세포(spermatid)를 형성한다. 정세포는 정자분화과정(spermiogenesis)을 통해 정자세포(spermatozoa)를 만들게 된다.

정자분화과정은 원형의 세포 모양의 정세포를 편모(flagella)를 통해 운동성이 있는 정자세포로 형태 변화를 겪는 과정이다. 크게 머리와 꼬리 부분의 분화가 일어난다. 머리에서는 골지체가 분화된 첨체(acrosome)를 형성하여 애크로신(acrosin)이라는 트립신 유사 가수분해효소가 자리하여 수정할 때 난황막 및 난모세포 막을 분해하게 된다(그림 4.13). 첨체 뒤로 반수체 핵이 자리 잡는다. 편모 구조의 꼬리 부분은 액소넴(axoneme)이라는 골격을 이루는데, 이는 핵 바로 아래에 위치했던 중심립에서 유래된 미소관(microtubule)에서 비롯된다. 이 미소관은 쌍을 이루며 중앙에 2쌍, 외곽에 9쌍의 배열(9+2)을 이루게 되는 데 대부분의 진화된 곤충은 중앙과 외곽 사이에 다시 9쌍이 추가된 9+9+2의 미소관 배열을 갖는다. 미소관은 이량체의 튜불린(tubulin)과 여기서 뻗어 나온 팔 모양의 다이네인(dynein)의 두 종류 단백질로 구성된다. 여기서 다이네인은 이들 튜불린들 사이에 연결 다리 구조를 지니면서 서로 미

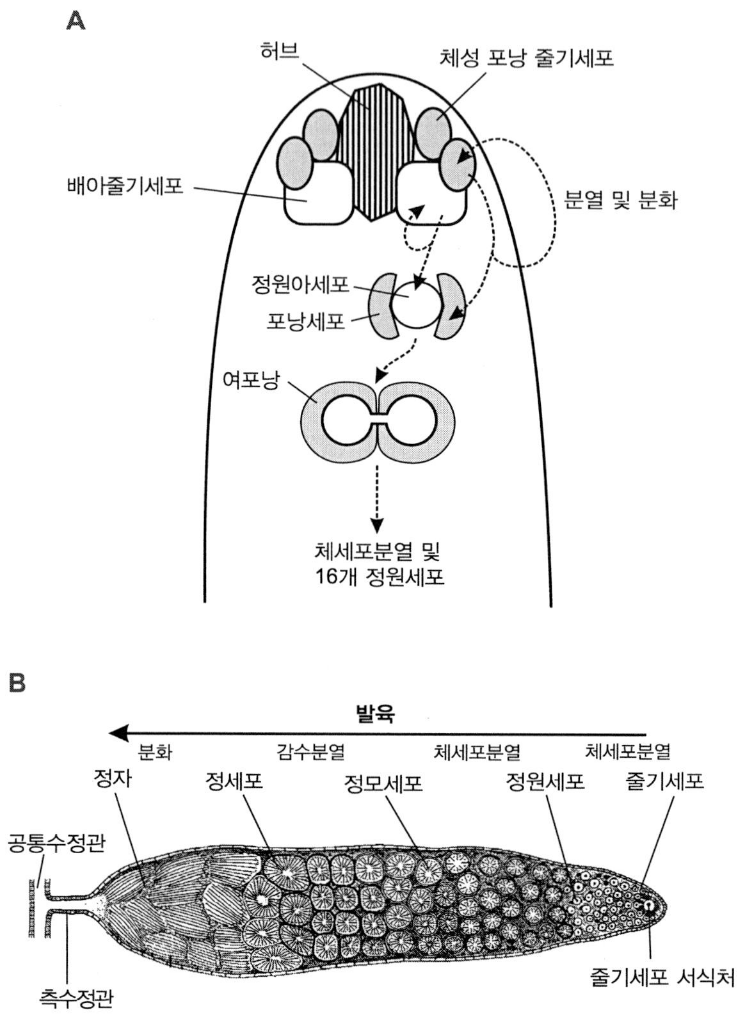

그림 4.12 정자형성과정. (A) 정소소관 말단. 배아줄기세포가 정원세포로 분화하는 과정 (B) 정소소관 단면도. 정원세포가 정자로 분화하는 과정. 원본그림(Klowden, 2013) 및 사본인가

끌리는 움직임을 유발하게 된다. 즉, 다이네인 팔 활동에 의해 튜불린 미소관의 상호 미끌림은 편모의 굽힘을 유발하고 궁극적으로 편모 전체 운동을 야기시키게 된다. 액소넴을 따라 원형 모양으로 융합된 미토콘드리아가 양파껍질 모양으로 둘러싸게 되는 데 이를 네벤컨(Nebenkern)이라 부르게 된다. 따라서 이 네벤컨은 액소넴에 ATP를 공급하여 정자의 편모 운동을 유발시키게 한다.

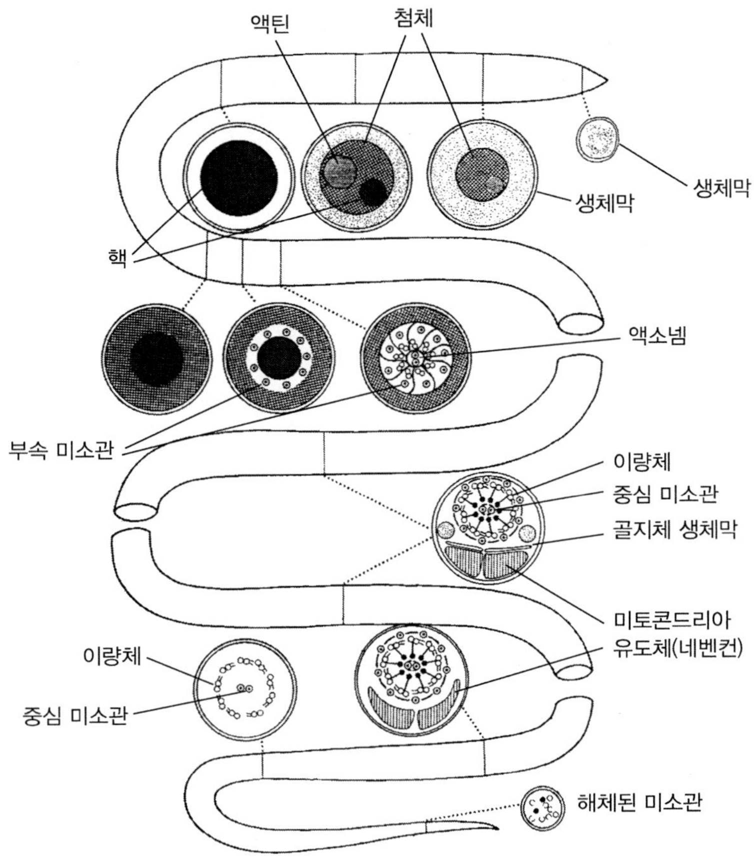

그림 4.13 정자 부위별 세부 구조 모형. 원본그림(Baccetti, 1998) 및 사본인가

정자의 꼬리 길이는 곤충 마다 다양하다. 예를 들어, 노랑초파리(*Drosophila melanogaster*)의 경우는 1.6~2 mm 길이를 나타내가, 유사한 초파리류(*D. bifurca*)의 경우는 58 mm 이상의 길이로 알려진 동물의 정자 꼬리 길이 가운데 가장 긴 것으로 알려지고 있다. 같은 종이라 하더라도 정자의 길이에 다형을 나타내는 경우가 있다. 초파리류(*D. subobscura*)의 경우 69~430 μm의 변이를 나타내고 있다. 비교적 꼬리가 긴 정자를 형성하는 개체가 비교적 느리게 성적 성숙을 보이게 된다. 한 개체에서 정자 꼬리 길이의 다양은 정자분화과정 중 인근의 정세포(spermatid) 사이에 미소관 교차에 기인된 것으로 추정된다.

나비목 곤충 가운데 비교적 덜 진화된 종들은 유핵정자(eupyrene)와 무핵정자(apyrene)를 모두 형성한다(**그림 4.14**). 교미 후에 알과 성공적 수정을 일으키는 것은 유핵정자이다. 무핵정자는 정자형성과정 후기에 핵을 잃어버려 나타나게 된다. 무핵정자는 유핵정자의 운동성을

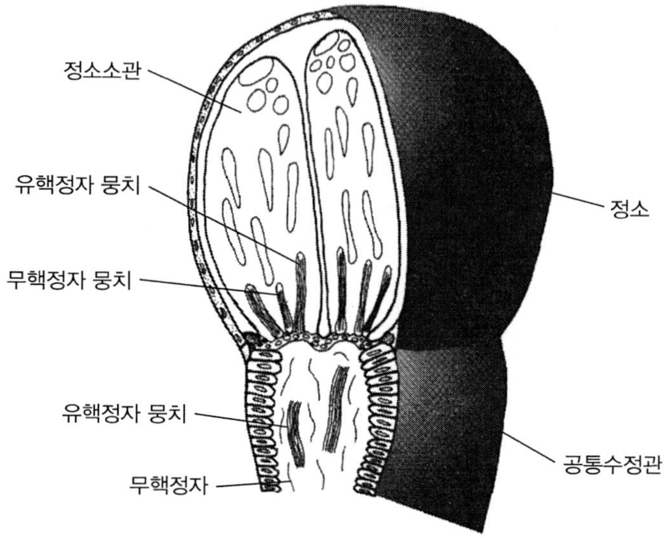

그림 4.14 나비목 곤충의 융합된 정소 모습과 내부의 정자 분화. 원본그림(Giebultowicz 등, 1997) 및 사본인가

도와주는 것으로 여겨지고 있다. 이는 무핵정자의 꼬리가 짧아 운동성이 높기 때문에 유핵정자들이 초기에 이동할 때 흐름의 방향성을 제공하여 주게 된다. 인공 수정이 이용되고 있는 누에(*Bombyx mori*)의 경우 유핵정자 만으로는 성공적 수정을 이룰 수 없다.

3 생식방법

3.1 육아법

난생(oviparity)은 대부분의 곤충이 보이는 생식 방법이다. 암컷의 몸 밖으로 산란되면 외부에서 배자 발육이 일어나고 부화하게 된다. 난태생(ovoviviparity)의 알은 배자가 발생할 수 있을 정도의 충분한 영양분을 가지고 있다. 비록 암컷이 추가적으로 영양분을 공급하지 않지만, 산란된 알은 암컷의 몸에 지니게 된다. 부화하기 직전 또는 직후에 유충의 형태로 암컷의 몸으로부터 빠져나오게 되는 생식형태이다. 태생(viviparity)은 암컷의 영양분으로 배자 또는 어린 유충이 발육하는 형태이다. 크게 세 종류의 태생이 여러 곤충류에서 나타난다. 영양분비샘태생(adenotrophic viviparity)은 부화한 유충이 어미의 공통수란관 말단이 변형된 생식방(genital chamber)에서 지내면서 암컷 부속샘에서 분비되는 영양물질로 발육하는 형태이다. 혈강태생(hemocoelic viviparity)은 난모세포가 영양막(trophamnion)에 둘러쌓여 어미의 혈강에 자유로이 놓이면서 영양분을 공급받는 형태이다. 부채벌레 또는 혹파리류에서 보이는 생식형태이다. 헛태반태생(pseudoplacental viviparity)은 배자의 발육이 어미의 영양분 공급으로 이뤄지는 형태이다. 난포세포가 변형되어 만들어진 헛태반(psudoplacenta)이 암컷 부속샘에서 유래된 영양분을 흡수하여 배자에게 전달하게 된다.

3.2 특이적 교미방식

많은 곤충은 암수의 교미를 통해 자손을 만드는 양성생식(bisexual reproduction) 방식을 취하게 된다. 그러나 적지 않은 곤충 종들은 단성생식(parthenogenesis) 방식을 보이고 있다. 양성생식에 비해 단성생식은 개체 사이에 유전자 교환이 일어나지 않아 형질 변이의 폭이 좁게 된다. 따라서 극단적 환경 변화는 단성생식을 보이는 종들에게는 국소 집단 별로 도태될 가능성이 높다. 그러나 단성생식은 자신의 짝을 찾고 교미하는 데 에너지를 투자할 필요가 없기 때문에 더 많은 생체 에너지를 차세대 형성에 투자할 수 있다는 점에서 생존 전략에 유리한 점이 있다. 또한 수컷을 만들 필요가 없기 때문에 모든 개체가 자손을 만들 수 있다는 점에서도 유리하다. 특히 새로운 터전을 찾아가 정착하는 집단의 경우 이들 소수의 이주 개체들 사이에 자신의 짝을 찾기가 어려운데 단성생식 기작을 가질 수 있다면 양성생식에 비해 유리할 수 있다.

단성생식을 통해 얻어진 자손이 암컷인 경우 암컷생산(thelytoky) 단성생식이라 하며, 수컷인 경우는 수컷생산(arrhenotoky) 단성생식이라 한다. 진딧물의 경우를 보면 암컷생산 단위생식으로 정착 군집을 이루며 봄과 여름철 기주식물 생장기에 번식하다가 다가올 겨울에 대비하여 수컷생산 단위생식으로 수컷을 만들어 수정된 알로 월동하게 된다.

단성생식은 배우자의 수정이 없기 때문에 이배체의 염색체 수를 확보하는 기작을 가져야 한다. 첫째로 반수체-이배체 방식으로 단성생식을 하는 경우(그림 4.15) 수정된 개체는 암컷으로 분화되고, 미수정 난모세포는 수컷으로 발달된다. 이때 미수정된 수컷은 감수분열 없이 체세포 분열만으로 정자를 형성하게 된다. 둘째로 이배체 단성생식의 경우는 형성된 알이 이배체이다(그림 4.16). 이러한 이배체 염색체 획득은 두 가지 방식으로 가능하다. 하나는 자가혼합(automixis) 방식으로 감수분열에 의해 형성된 1개의 난모세포 핵과 극체(polar body) 사이의 융합이다. 대부분은 암컷의 성염색체가 XX이기에 난모세포 핵과 극체의 결합은 모두 XX의 암컷을 만드나, 나비목의 경우 이형접합체를 이루기 때문에 암수가 1:1로 형성될 수 있다. 다른 방식은 미감수분열(apomixis) 단위생식으로 감수분열 없이 난모세포를 형성하여 자

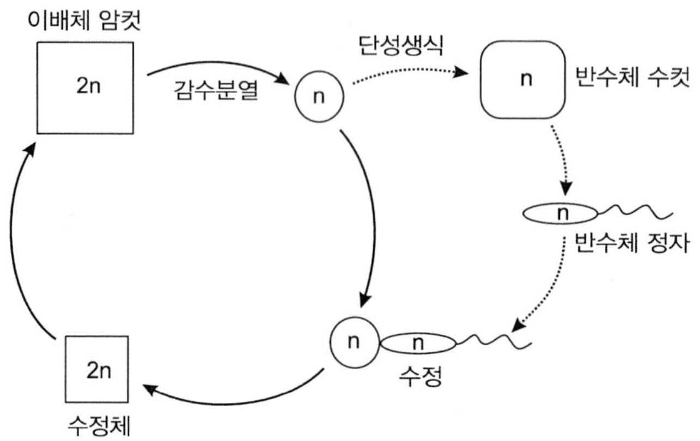

그림 4.15 반수체-이배체 단성생식 유형. 수정된 이배체는 암컷, 미수정체 반수체는 수컷으로 분화하는 형태. 원본그림(Klowden, 2013) 및 사본인가

손을 만드는 방식이다.

또 다른 단성생식은 성적 성숙이 이뤄지지 않아 생식기가 없는 미성숙 개체가 생식을 진행하는 유생생식(paedogenesis)이다. 일부 파리류(*Miastor*)에서 나타나며, 유충 몸 속에서 난모세포가 지방체로부터 영양분을 공급받아 배자발육을 진행하고, 이후 부화된 유충은 다시 어

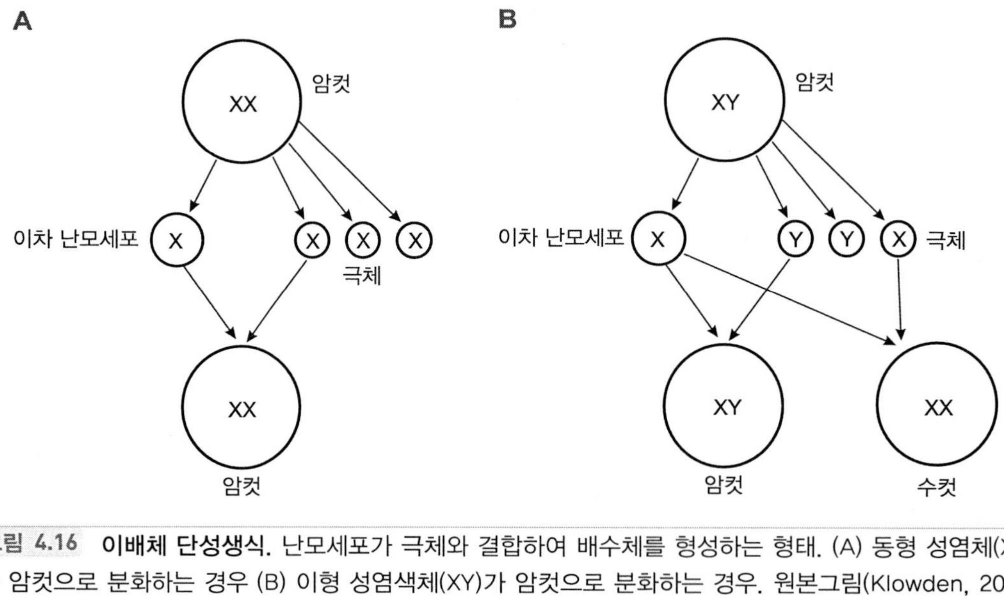

그림 4.16 이배체 단성생식. 난모세포가 극체와 결합하여 배수체를 형성하는 형태. (A) 동형 성염체(XX)가 암컷으로 분화하는 경우 (B) 이형 성염색체(XY)가 암컷으로 분화하는 경우. 원본그림(Klowden, 2013) 및 사본인가

미의 내부 조직을 영양물로 섭식하며 성장하여 궁극적으로 어미를 죽이고 외부로 나오게 된다.

다배발생(polyembryony)생식은 하나의 난모세포가 분열을 통해 수 천 개의 개체로 번식되는 단성생식의 일종이다. 그러나 전형적 단위생식은 어미와 자식의 유전자형이 동일하나, 다배발생의 경우는 자손끼리는 동일하지만, 정자와 수정을 통해 얻은 난모세포이기에 어미와는 유전적으로 차이가 있다. 기생봉의 일종인 *Copidosoma floridanum*은 기주 알에 하나의 기생봉 알이 산란되지만, 기주가 부화하여 성장함에 따라 기생봉의 알은 약 2,000개의 개체로 증식되어 기주가 종령에 내부는 모두 기생봉의 개체로 가득 차게 되고 이때 성충으로 발육하여 기주 몸을 뚫고 나와 다시 다른 기주를 찾게 된다. 다배발생 과정은 발생과정 초기의 난할 과정에서 특징적으로 나타난다. 내부 기생봉으로 난황없이 얇은 난각을 통해 기주 몸속의 영양분을 흡수하여 배자가 발육될 수 있다. 다배발생동안 기생봉 알은 전할(holoblastic cleavage)을 이루고 수 천 개로 분열된 개체는 이후 배자발육을 진행하여 각각의 개체로 발육하게 된다.

혈강주입(hemocoelic insemination)은 빈대류(Cimicoidea)에서 나타나는 특이적 교미 방식으로 수컷이 자신의 날카로운 외부생식기를 이용하여 암컷의 체벽을 뚫고 혈강으로 정자를 주입하는 방식이다. 혈강에서 일부 정자는 혈구세포에 의해 포식되어 영양원으로 이용되며 나머지는 난소로 집결하여 수정되게 된다. 수정된 알은 생식공을 통해 외부로 산란된다.

3.3 교미 전략

성적선발(sexual selection)은 교미 성공 가능성에 따라 특정 형질의 집단 내 비율을 높여주는 자연선발의 일종이다. 예를 들어 특정 수컷 자신의 유전형질을 후대에 남기기 위해서는 동료 수컷과 경쟁하여 암컷에 대한 교미 성공률을 높이려 한다. 또한 교미 후에도 암컷 체내에서 특정 정자가 암컷의 난모세포와 수정하는 확률을 높여주는 것이 또한 궁극적으로 후대에 자신의 유전형질을 남기는 데 영향을 주는 것으로 은폐암컷선호성(cryptic female choice)으로 간주된다. 예를 들어, 정자 편모의 길이 또는 첨체에 포함된 효소량은 난모세포 막을 뚫고 난모세포 핵과의 수정을 도와주는 형질로서 은폐 암컷 선호성을 높여주는 유전형질이다. 특히 여러 교미를 통해 얻은 여러 개체 유래 정자들이 상호 정자경쟁(sperm competition)을 통해 수정의 확률을 높이게 된다. 따라서 수컷의 경우 자신의 정자가 교미 후 암컷의 난모세포와 수정할 확률을 높이기 위해 정자우위(sperm precedence)를 지키려 한다. 예를 들어, 일반적으로 교미 후 정자를 저장하는 암컷의 경우 가장 최근에 교미한 정자가 다음 산란에 가장 유리한 수정 가능성을 보유하기에 물장군류(*Belostoma*) 수컷의 경우 암컷이 산란하기 직전에도 지속적으로 교미를 하게 된다. 보다 적극적인 방식으로 실잠자리의 경우 수컷의 외부 생식기 말단에 털을 장착하여 정자를 주입하기 전에 이전의 정자를 모두 제거한다. 또한 사정하는 정자의 밀도가 높을수록 수정 가능성이 높기 때문에 여러 수컷의 밀도가 존재할 경우 단독으로 암컷과 있을 때 보다 더 많은 정자를 교미 시 암컷에게 보내게 된다. 수컷 부속샘물질은 수컷의 교미 성공률을 높이는 물질을 분비한다. 일부 곤충의 경우 수컷 부속샘물질이 교미마개(mating plug)를 만들어 교미 후에 암컷 교미 막아 일시적으로 다른 수컷과의 교미를 방지하게 된다. 또 다른 방식으로 일종의 교미억제 페로몬을 생산하여 방출하여 암컷으로 하여금 추가 교미 욕구를 억제하게 한다.

효과적 교미는 궁극적으로 정자가 난모세포와의 결합하는 성공적 수정을 통해 이뤄진다는 성적선발과정은 암수의 상이한 교미 전략을 반영하게 된다. 즉, 수컷의 경우는 보다 많은 에너지 자원을 많은 정자를 만들어 여러 교미를 통해 자신의 유전형질을 후대에 남기려는 전략을 갖게 된다. 따라서 암컷을 찾고 교미하는 데 많은 에너지를 투자하게 된다. 또한 자신이 교미한 암컷이 다른 수컷과 교미하지 않도록 이를 차단하는 데 에너지를 투자하게 된다. 따라서 많은 수컷은 복수교배(polygamy)를 진행한다. 물론 단일교배(monogamy)를 이루는 수컷은 예외적으로 꿀벌의 수컷에서 찾아 볼 수 있다. 이에 반해 암컷은 단독형 기생벌 및 파리목 곤충류에서 볼 수 있듯이 많은 암컷은 단일교배를 이룬다. 그리고 보다 많은 에너지를 성공적 배자 발육이 이뤄지도록 암컷의 대부분의 에너지를 알 내부에 축적시키게 된다.

제 5 장

행동과 유전

Behavioral System

동물의 행동은 여러 형태적 형질과 마찬가지로 유전자의 발현 산물이다. 따라서 기본적으로 유전적으로 프로그램된 행동양식이 환경요인에 의해 유기 및 변형이 이뤄지게 된다. 하나의 행동은 신경계의 지령에 따라 근육계가 골격을 바탕으로 표현하는 현상이다. 그러나 특정 행동에 관여하는 여러 신경의 상호연결은 본래 유전적으로 프로그램되어 있지만 후천적인 환경요인(학습, 인지)에 따라 신경가소성(neuroplasticity) 작용으로 변경될 수 있다(그림 5.1). 이러한 행동에 대한 신경가소성은 고등 동물에 비해 곤충에 있어서 비교적 적게 나타난다.

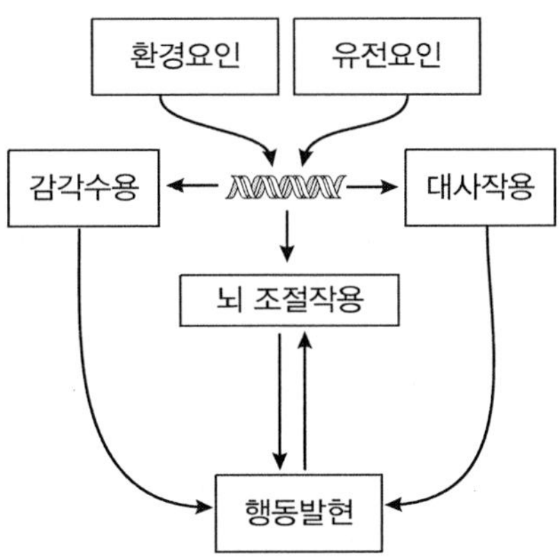

그림 5.1 **행동을 나타내는 데 관여하는 유전 및 환경 요인.** 유전 및 환경 요인은 감각 및 신경계를 통해 근육 대사 작용으로 표현된다. 원본그림(Klowden, 2013) 및 사본인가

따라서 행동과 유전자를 직접적으로 연결하여 연구할 수 있는 최적의 모델이 곤충이다.

행동에 관련된 유전자는 신경계 발달을 지령하여 특정 행동을 나타나게 한다. 예를 들어, 꿀벌의 경우 일벌 초기에 사역벌로 발달되기 위해 거의 500개의 유전자 산물이 발현되어 유병체의 신경 발달을 도모하게 한다. 또한 개체에 따라 상이하게 나타나는 행동 양식은 유전적으로 상이한 유전자의 집합과 여기에 환경에 따라 차등적으로 발현되는 유전자 양상에 의해 결정될 수 있다.

이러한 유전적으로 고정된 행동양식에 다양한 내분비계의 조절은 행동을 표출하는 데뿐만 아니라 나타내는 행동의 정도를 조절하는 데 영향을 주게 된다. 예를 들어, 교미를 방해한 수컷 초파리의 경우 알코올에 대한 섭식 정도가 증가하게 되는 데 흥미롭게도 이러한 섭식 조절은 척추동물의 neuropeptide F와 유사한 구조를 지닌 neuropeptide Y라는 신경호르몬에 의해 조절되는 것으로 밝혀졌다.

1 행동의 생리적 의미

곤충은 기본적으로 태어날 때부터 미리 프로그램된 정형화된 행동양식을 보여 주게 된다. 즉 특정 신호물질에 반응하는 감각기와 이와 연결된 일련의 신경계 및 근육계를 통해 프로그램된 행동을 보여주게 된다. 이를 고정행동양식(fixed action pattern)이라 부르게 된다. 이러한 고정행동양식은 특정 종에서는 공통적으로 일어난다는 특징을 지니고 있으며, 일단 특정 신호 또는 유기자(releaser)에 의해 시작되면 전체의 행동과정이 순차적으로 진행된다. 즉, 이 행동에 관련된 근육의 수축활동이 차례로 일어나게 프로그램되어 있다는 것을 의미한다. 예를 들어, 밤나방이 박쥐의 초음파에 반응하는 행동을 살펴보면서 이러한 고정행동양식을 이해하게 된다. 밤나방은 초음파를 감지할 수 있는 고막(tympanum)을 복부 양쪽에 갖는다. 여기에는 두 종류의 청각 감각기가 있어 하나는 민감도가 높은 감각기이고 하나는 낮은 감각기이다. 민감도가 높은 감각기에 감지된 박쥐의 초음파는 비교적 원거리에 박쥐가 출현하였다는 것을 의미하여 밤나방은 박쥐에 대해 반대 방향으로 도피하게 한다. 그러나 민감도가 낮은 청각에 박쥐의 초음파 신호가 감지되면 이는 박쥐가 가까이 존재하는 것을 의미하여 바로 자신의 위치에서 아래로 떨어지는 행동을 나타낸다. 즉, 감각기와 특정 도피 행동에 필요한 근육계와 연결을 통해 상이한 도피행동이 발현되게 프로그램되어 있다는 것을 의미하게 된다.

가장 간단한 고정행동양식의 신경계 구성은 반사궁(reflex)에서 찾아 볼 수 있는 데(그림 5.2) 여기에는 외부 환경에 대한 감각신경, 이를 운동계로 연결하여 주는 연합신경 및 근육

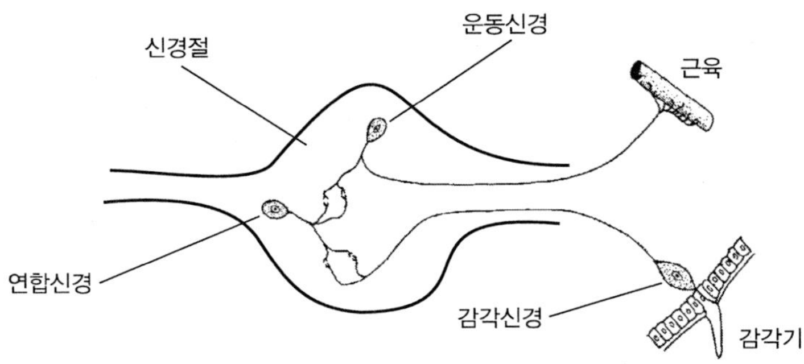

그림 5.2 **반사궁에 관여하는 감각기-신경-근육 연결망.** 원본그림(Klowden, 2013) 및 사본인가

과 연결된 운동신경의 회로로 구성된다. 이보다 복잡한 고정행동양식은 운동성(kinesis)과 주성(taxis)에서 찾아 볼 수 있다. 운동성의 경우 특정 환경 신호에 대해서 행동 반응이 증가 또는 감소하는 것으로 방향을 갖지 않는 행동 유형이다. 예를 들어, 빛에 반응하여 움직임이 늘어나는 경우를 일컫는 데 어둠 속에서는 이러한 운동성이 줄어들기에 궁극적으로 밝은 곳에서 어두운 곳으로 분산되는 데 프로그램된 고정행동양식이다. 반면에 주성은 방향성을 가지고 움직이는 고정행동양식이다.

2 행동의 유전성

2.1 교미행동

곤충의 성결정은 성염색체에 의해 기본적으로 결정된다. 이를 바탕으로 암수의 성분화는 여러 성분화에 관련된 정교한 유전자 발현의 조절과정을 통해 이뤄진다. 초파리의 경우 성충으로 발육되는 과정에서 암수의 성분화가 일어나게 되는 데 이때 암컷으로 분화되는 경우 Sex lethal(Sxl) 유전자의 발현이 일어난다(그림 5.3). Sxl 단백질은 Transformer(Tra) 전사체의 교호 스플라이싱(alternative splicing)을 조절하여 전(全) 길이의 Tra 단백질을 만드는 반면 Sxl의 부재 속에는 성분화와 관련없는 Tra-2 단백질을 만들게 된다. 이때 암컷 분화과정에서는 Tra가 Tra-2 단백질과 함께 Doublesex(Dsx)와 Fruitless(Fru)의 스플라이싱에 관여하여 Dsx^F와 Fru^F를 형성하게 한다. 반면에 숫컷은 Tra의 부재로 Tra-2만으로 Dsx^M와 Fru^M의 단백질을 형성한다. 이들 Dsx와 Fru 단백질은 전자인자로서 각 성에 특징적인 유전자의 발현을 유기시킨다. 여기서 Dsx 전사인자는 암수의 생식기관 발달에 관련된 형태 형성 유전자들의

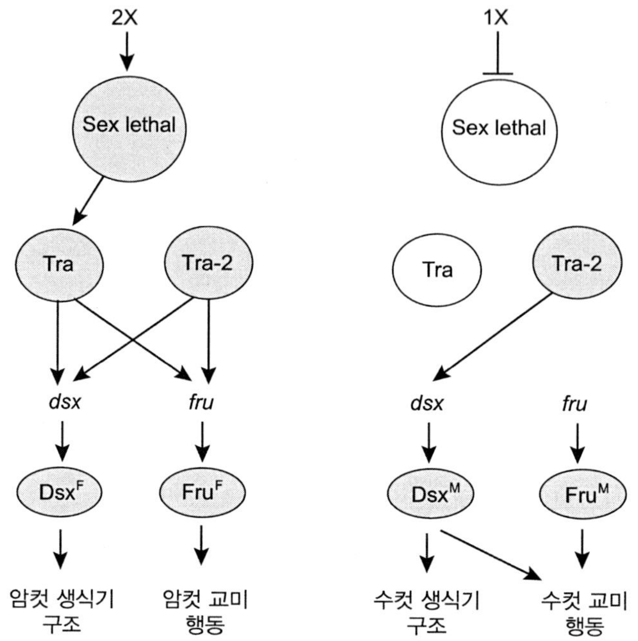

그림 5.3 초파리 성분화. X 염색체 수에 따라 *Sex lethal* 유전자의 발현이 결정되고 이에 따라 Tra 유전자의 발현은 궁극적으로 암컷의 생식기 구조를 결정하는 Dsx^F 유전자와 암컷의 교미행동을 결정하는 Fru^F 유전자의 발현을 유도한다. 반면에 수컷은 *Sex lethal* 유전자 발현이 없이 나타나는 Tra–2 유전자의 발현만으로 수컷의 생식기 구조를 결정하는 Dsx^M 유전자와 수컷의 교미행동을 결정하는 Fru^M 유전자의 발현이 유도된다. 원본그림(Klowden, 2013) 및 사본인가

발현에 관여하지만, Fru 전사인자는 교미행동에 관한 유전자의 발현에 관여하게 된다.

Fru 유전자가 어떻게 교미행동에 영향을 주는 지는 이에 관련된 돌연변이체를 통해 이해된다. 일부 *fru* 돌연변이체는 수컷 복부에 교미행동에 중요한 로렌스근육(muscle of Lawrence) 형성을 교란한다. 또 다른 변이체로서 *dissatisfaction*(*dsf*) 유전자 돌연변이는 수컷이 정상적 교미를 위해 복부를 구부리는 데 필요한 근육의 발달을 억제하여 교미를 성공적으로 이루지 못하게 한다. 초파리의 경우 교미를 할 때 수컷이 구애노래를 부르게 된다. 이 노래는 *period* (*per*) 유전자가 관여하게 된다. 따라서 *per* 유전자의 변이는 불완전한 구애노래를 부르게 되고 암컷의 교미 수용을 효과적으로 얻지 못하게 된다. 또한 이 구애노래는 종특이적으로서 서로 다른 *Drosophila* 속에 속한 종들 사이에 *per* 유전자를 교환하면 본래 *per* 유전자에 따라 구애노래가 바뀌는 것을 보게 된다.

2.2 먹이탐색 행동

곤충의 먹이탐색 행동에서 여러 유전적 근거를 찾아 볼 수 있다. 초파리의 경우 먹이탐색 행동에서 크게 두 가지 다른 행동을 보인다. 하나는 섭식 기간 동안 멀리 움직이지 않는 정주자(sitter)이고 다른 하나는 섭식 동안 계속 주변을 움직이는 배회자(rover)이다. 이러한 행동의 차이는 이들이 가지고 있는 *foraging*(*for*) 유전자의 차이이다. *for* 유전자는 PKG(cGMP-dependent protein kinase)를 암호하고 있다. 즉, 배회자가 가진 for^R은 활성이 높은 PKG를 발현하지만, 정주자가 가진 for^S는 활성이 낮은 PKG를 발현한다. 이러한 섭식행동은 상이한 환경 조건에서 각각 생존에 유리할 수 있다. 비교적 먹이가 균일하게 분포하고 집단 밀도가 낮을 때에는 불필요한 배회 활동으로 에너지를 소비할 필요가 없기 때문에 정주자의 섭식 행동이 생존에 유리하게 된다. 그러나 먹이가 불균일하게 분포하고 집단 밀도가 높을 경우에는 배회 섭식활동을 가진 자들이 새로운 먹이를 찾을 확률이 높기 때문에 생존에 유리하게 된다. PKG 수준에 따라 행동의 변화는 이동성 메뚜기류에서 볼 수 있다. 즉, 이주를 위한 집단형 메뚜기에서는 PKG 수준이 높지만, 단독형 메뚜기에서는 그 수준이 낮아지게 된다.

일벌의 사역활동과 *for* 유전자와 관련이 있다. 어린 일벌은 시녀벌로서 봉군 내에서 자리하면서 음성주광성 행동을 나타낸다. 그러나 2~3 주가 경과한 일벌은 사역벌로 발달하면서 양성주광성의 행동을 보이게 되는 데 이때 시각을 감지하는 대뇌의 시엽(optic lobe)과 유병체(mushroom body)에 약 4배의 PKG 활성 증가를 나타나게 된다.

3 호르몬의 행동조절

특정 행동의 표현은 신경계의 발달과 이에 연관된 근육의 형성에 의해 이뤄진다. 호르몬은 신경과 근육으로 이어지는 고정행동패턴을 야기시키거나 변형시키는 데 관여하게 된다. 즉, 호르몬은 신경계에 작용하여 이 신경의 활동을 유기키거나 신경의 근육 작용을 변형시키는 기능을 담당하게 된다(**그림 5.4**).

행동유기자(releaser)로서 호르몬의 영향은 유충의 탈피행동에서 관찰된다. 탈피행동 즉 허물벗기 행동은 낡은 표피층과 새로운 표피층의 완전한 분리를 위해 몸돌림 행동이 먼저 일어나고 이후에 낡은 표피층을 벗고 새로운 표피층을 갖은 개체가 빠져나오는 연동행동으로 이어지는 연속적 고정행동으로 축약될 수 있다. 이런 전체 행동은 허물벗기호르몬(eclosion hormone)과 허물벗기유기호르몬(ecdysis-triggering hormone)의 분비에 의해 야기된다. 또는 역으로 특정 고정행동을 억제하는 데 호르몬이 이용되기도 한다. 모기류의 경우 알형성과정 동안 생성되는 호르몬이 기주를 찾아 산란하려는 고정행동을 억제하게 된다. 따라서 일정 고정행동의 유기와 억제는 이들 호르몬에 의해 조절되는 것을 알 수 있다.

행동변형자(modifier)로서의 호르몬 영향은 특정 고정행동에 관여하는 중추신경계의 작용 수준을 조절하게 된다. 예를 들어, 수컷 성충 나방은 우화한 이후에 성페로몬에 반응하게 된다. 그러나 우화 직전의 수컷을 고의로 번데기 껍질을 벗겨 미성숙 성충을 출현시키는 경우 성페로몬에 대한 반응이 나타나지 않게 된다. 이는 허물벗기호르몬이 수컷 촉각 성페로몬 감각기에 작용하여 감각억제인자를 제거하여 주어 민감성을 높여주기 때문이다. 모노아민류(세로토닌, 옥토파민)는 신경전달, 신경조절자 및 신경호르몬으로 작용하게 된다. 예를 들어, 이들 아민류의 함량 증가가 일부 개미 및 귀뚜라미 곤충류에서는 공격행동을 유발하게 한다. 이러한 공격행동은 이들 아민류가 공격행동을 지속적으로 나타나도록 신경계 조절에 의해 이뤄지게 된다. 이들 아민류의 함량이 사회성 곤충인 꿀벌의 경우 일벌의 나이에 따라 전대뇌의 유병체에서 함량 증가를 보이게 된다. 이러한 아민류 증가는 이와 더불어 일벌의 행동 변화로 이어진다. 따라서 나이 어린 일벌에게 옥토파민을 처리하면 조기에 사역벌로 행동하게 된다. 이와 유사하게 유약호르몬을 처리하여도 사역행동을 유발하지만 옥토파민에 비해 느리다. 이는 유약호르몬의 행동 변화가 옥토파민의 함량 증가를 통해 이뤄지기 때문이다. 반대로 여왕봉물질과 자라나는 유충이 분비하는 E-β-ocimene은 행동변화를 유발하는 페로몬으로 작용하여 일벌의 사역벌로서의 행동을 억제하고 시녀벌로서의 행동을 유지하게 한다. 이러한 호르몬의 행동변형자로서 역할을 이용하여 보석말벌(*Ampulex compressa*)은 바퀴에 대한 기

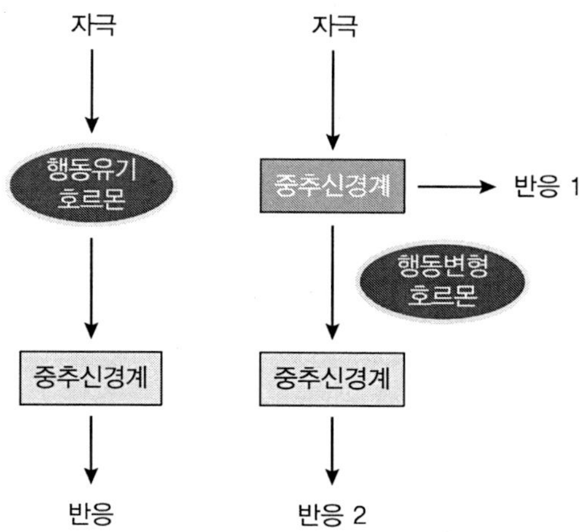

그림 5.4 호르몬에 의한 고정행동 유기 및 행동반응 변형

생을 성공적으로 수행하게 된다. 이 기생봉은 자신의 독샘물질을 피기생체의 식도하신경절 및 뇌에 주입한다. 이 독샘물질은 바퀴의 중추신경계에 암호된 방어 또는 회피행동을 변형하여 온순한 행동을 보이도록 한다. 이러한 기주 행동 변화는 기생체의 성공적 기생에 필수적이다.

4 학습과 기억

학습(learning)은 경험의 결과로 얻어진 개체의 행동변화이다. 반면에 기억(memory)은 변화된 행동을 오랜 기간 지속하는 것을 의미한다. 기억은 단기기억(short term memory)과 장기기억(long term memory)으로 나눌 수 있다. 단기기억은 뉴런 내부의 신호전달과정의 순간 변화로 볼 수 있다. 반면에 장기기억은 유전자 발현을 통해 뉴런의 구조적 변화 및 새로운 시냅스 형성 등을 수반하게 된다. 학습에 관련된 여러 유전자가 초파리에서 발견되었다. 대부분의 학습은 냄새와 충격을 통한 조건학습(conditioning)을 통해 이뤄진 것이고 이에 관련된 유전자들을 먼저 소개한다.

4.1 냄새기억

화학 감각의 중추는 전대뇌의 유병체(mushroom body)이다. 따라서 유병체 구조에 변화를 주는 *mbm*(*mushroom body miniature*) 유전자 돌연변이는 조건학습 능력을 잃게 한다. 유병체의 PKA(protein kinase A)를 암호하는 유전자인 *DC0*의 돌연변이체도 이러한 조건학습 능력을 상실하게 한다. 또한 세포 내 호르몬 이차전달자인 cAMP를 분해하는 효소(cAMP phosphodiesterase)를 암호하는 *dnc*(*dunce*) 유전자가 유병체에서 발현되는 데 이 유전자의 돌연변이도 조건학습 능력을 둔화시킨다. 또한 cAMP를 생성하는 아데닐레이트 사이클레이즈(adenylate cyclase) 효소를 암호하는 *rut*(*rutabaga*) 유전자도 이러한 조건학습에 관여한다. 이러한 유전자들의 기능을 살펴보면 cAMP의 함량 변화가 학습에 중요하다는 것을 알 수 있다.

유병체로 들어오는 냄새자극은 촉각 및 촉각엽을 통해 들어오는 조건자극은 물론이고, 이와는 별도로 몸 자체의 신경으로부터 들어오는 비조건자극도 포함한다. 이 비조건자극은 amn(amnesiac) 펩타이드를 발현하는 DPM(dorsal paired medial) 뉴런, 도파민(DA) 또는 옥토파민(OA)을 생성하여 분비하는 조절신경 작용을 포함한다(**그림 5.5**). 따라서 이들 비조건자극 뉴런의 정보 전달은 유병체의 rut 유전자 산물인 아데닐레이트 사이클레이즈를 활성화하고 이에 따라 생성되는 cAMP는 PKA를 활성하고 활성화된 PKA는 다양한 효소의 활성을

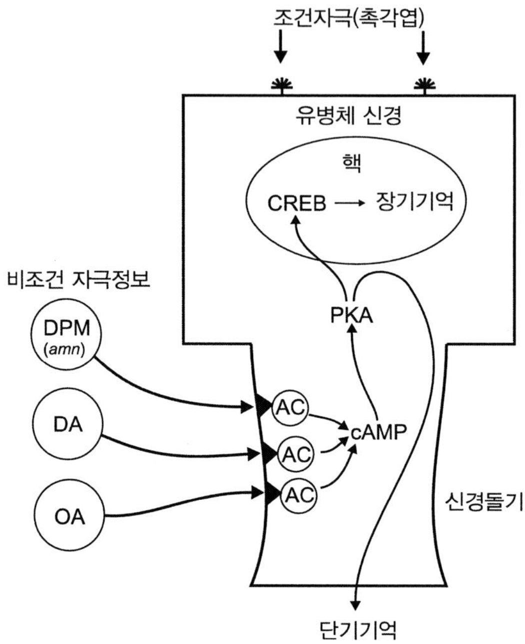

그림 5.5 초파리에서 나타나는 단기 및 장기 기억 과정. 유병체 신경에서 일어나는 과정으로 외부 자극에 대해서 촉각엽을 통해 들어오는 냄새정보와 비조건자극이 연결되어 기억을 형성하게 된다. 단기기억의 경우 비조건자극이 amnesiac(amn) 펩타이드를 분비하는 DPM 신경, 도파민을 분비하는 DA 신경, 그리고 옥토파민을 분비하는 OA 신경이 아데닐레이트 사이클레이즈(AC)를 활성화하여 높아진 cAMP가 PKA를 활성화하면서 이뤄진다. 반면에 장기기억은 높아진 PKA 활성이 전사인자 CREB을 인산화하여 핵 내로 이동하게 하여 신경 구조의 변화를 동반한 장기기억을 유발하게 된다. 원본그림(Klowden, 2013) 및 사본인가

증가시켜 단기기억을 유발하게 된다. 한편 PKA에 영향을 받는 단백질 가운데 CREB(cAMP-response element-binding) 단백질의 인산화는 이 전사인자를 핵 안으로 이동시켜 장기기억에 필요한 유전자들의 발현을 유발하게 된다.

4.2 공간 배치 학습

사회성 곤충들의 경우 자신들의 주거지를 찾는 데 주변의 지형지물을 학습하는 능력을 갖고 있다. 땅벌의 경우 자신의 거주지를 찾는 데 주변의 특징적 표지를 인식한다는 것을 간단한 실험을 통해 밝혀졌다. 곤충 행동 연구의 개척자인 Tinbergen은 구멍벌의 주거지 주변으로 원형으로 소나무를 심었다(그림 5.6). 일정 기간이 지난 후 이 원형으로 심겨진 소나무를 집 주변의 다른 장소로 이동시키면, 구멍벌은 본래의 자신의 주거지 보다는 옮겨진 소나무

그림 5.6 Tinbergen **곤충 행동 실험.** 구멍벌 집 주변에 원형의 소나무 띠를 두른다(A). 구멍벌이 집을 나간 동안 원형 소나무 띠를 근처로 이동시켰다(B). 원본그림(Klowden, 2013) 및 사본인가

원형 띠를 찾아오는 것으로 관찰되어 이 구멍벌이 자신의 주거지 주변 지형지물을 학습한다는 사실을 실험적으로 알게 되었다. 이러한 주거지 지형지물 인식은 일종의 신경계의 망막수준일치(retinotopic matching)의 기작으로 설명된다. 즉, 유병체 또는 시엽에 특정 구조물을 기억하여 놓고 유사한 영상물이 나오면 신경상 이미지 중복성을 비교하는 과정으로 해석된다.

일부 곤충은 경로 학습의 기능을 가지고 있다. 경로 학습을 진행하기 위해서는 최소한 두 가지가 가능해야 한다. 하나는 거리 측정이다. 사막에 사는 *Cataglyphis* 속의 개미는 더운 날씨를 피하기 위해 땅속 집에 거주하는 데, 먹이를 찾기 위해 집 밖으로 나와 사막 모레 위를 걸어야 한다. 집으로부터 떨어진 거리를 정확히 파악하고 다시 집으로 돌아오는 길을 파악하는 것은 생존을 위한 필수 조건이다. 거리 측정은 다리의 행보를 측정하는 자기수용기 또는 중추신경계 유래 보행패턴발생기(walking pattern generator) 정보에 의해 학습될 것으로 추정된다. 다음으로 경로 학습이다. 생체 나침판을 대상으로 햇빛으로 부터 나오는 편광을 감지하여 전후 및 좌우 방향을 인식하고 여기에 중력을 대비로 위아래 움직임을 감지하는 자기수용기 정보를 통해 경로 가운데 높낮이를 구분하는 정보를 기억하여 전체적으로 경로 학습이 가능하였을 것으로 추정된다.

한층 더 나아가 꿀벌은 지형지물 학습, 경로 학습 및 이를 다시 기억하여 표현하는 학습 기능을 보이고 있다. 이러한 현상은 사역벌의 8자춤(waggle dance)에서 찾아 볼 수 있다(그림 5.7). 밀원을 찾은 사역벌이 기주 밀원 식물의 위치를 자신이 속한 봉군으로 부터 거리 및 방향을 이 8자춤에 담게 된다. 이 춤은 다시 봉군 내 다른 사역벌들이 보고 따라하면서 밀원 식물의 위치 및 거리를 해석하고 기억하게 된다.

기억과 조건학습이 가능하게 하는 신경회로망이 꿀벌에서 부분적으로 밝혀지고 있다. 촉각 감각기로부터 감각신경이 촉각엽에 존재하는 160개 사구체(glomeruli)로 집결된다. 여기서 4,500개의 내부 연합신경이 촉각의 감각신경을 중개하여 1,000개의 외부 연합신경으로 나가

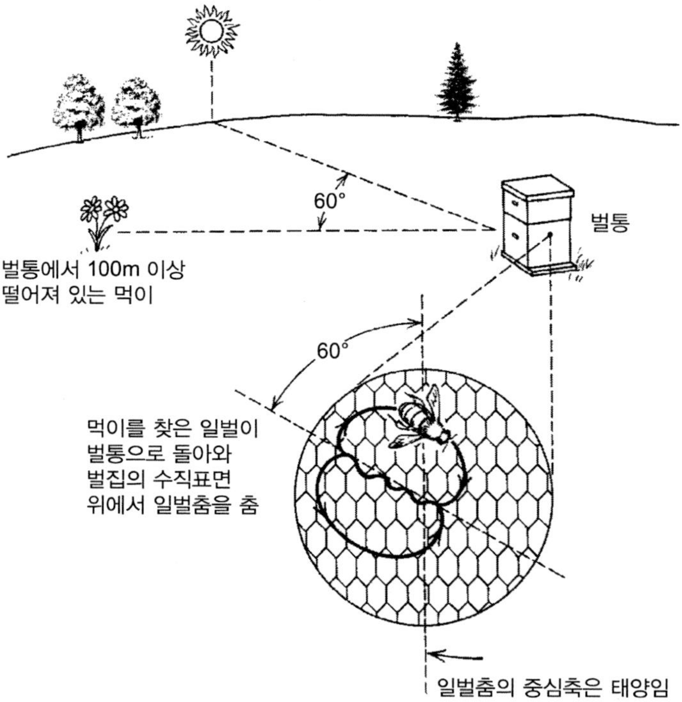

그림 5.7 **일벌의 8자춤.** 원본그림(Klowden, 2013) 및 사본인가

게 하여 궁극적으로 유병체에 이르게 한다. 유병체에서 냄새를 통한 조건 자극과 자체의 비조건 자극의 연결이 아래면 단독중앙신경(ventral unpaired median neuron)에서 일어나고 이때 비로소 냄새 자극이 기억된다. 유병체와는 별도로 촉각엽에서도 냄새 기억이 가능하며, 이들을 연결하는 주는 신경전달물질은 옥토파민(octopamine)과 일산화질소(NO)이다. 일산화질소는 연합신경에서 protein kinase A를 활성화한다. Protein kinase C가 냄새정보 처리회로에서 발현되는 데, 이는 장기기억과 관련이 높다.

5 일주기리듬

모든 생물이 가지고 있는 생체시계는 24시간 주기성의 일주기리듬을 갖게 된다. 이러한 일주기리듬(circadian rhythm)은 행동의 주기성은 물론이고, 생체 생리리듬도 지배를 받아 섭식리듬, 배설리듬, 생식리듬 및 내분비리듬을 모두 망라하게 된다.

일주기리듬과 밀접하게 연결된 주기성이 광주기리듬(photoperiodism)이다. 일주기리듬이 하루 특정 시각을 인식하는 것이라면 광주기리듬은 계절의 변화를 감지하는 데 이용된다. 예를 들어, 특정 광주기에 휴면을 하는 곤충의 경우 일주기리듬을 통해 하루의 일장(day length, 日長)을 측정한 후 이를 뇌에 기억된 특정 일장 임계치에 비추어 해당하는 경우(단일 또는 장일 날수) 이를 날짜별로 계수하여 휴면 유기를 결정하게 된다(그림 5.8).

일주기리듬을 측정하는 중앙시계(central clock)는 대뇌에 분포하여 몸 전체의 생체시간 정

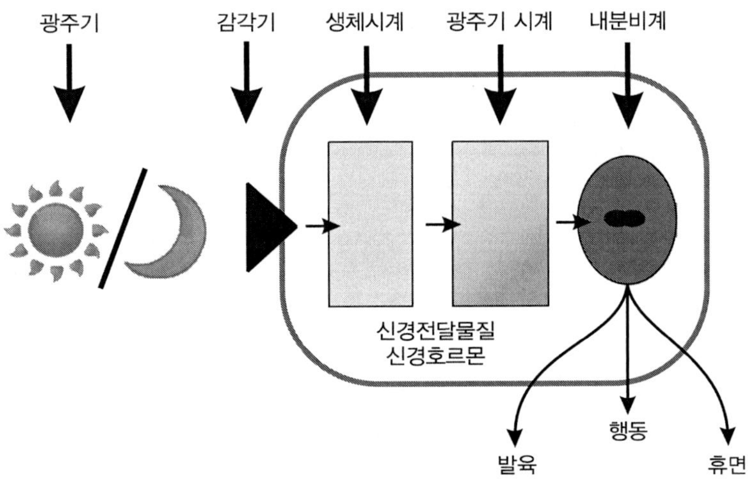

그림 5.8 **생체시계와 광주기 시계의 기능 관계성.** 원본그림(Klowden, 2013) 및 사본인가

보를 주게 된다. 초파리 대뇌의 경우 생체시계는 약 150개 신경에서 발현되고 있다(그림 5.9). 이들은 대뇌 정윗면(DN), 측윗면(LPN), 측아랫면대형(LN), 측아랫면소형(sLN) 신경으로 발달하여 분포하게 된다. 또한 여러 기관과 하부 조직에 주변시계(peripheral clock)도 발달되어 있다. 이 주변시계는 특정기관의 시간정보를 주게 된다.

일주기리듬은 크게 세 부분으로 구성되어 작동한다. 이는 입력회로, 생체시계 그리고 출력회로로 구성된다. 입력회로는 빛에 감수성인 크립토크롬(cryptochrome, CRY) 단백질의 작용으로 광주기를 통해 생체시각을 알려주는 초기 신호가 된다. 즉, 낮기간 동안은 CRY 단백질이 빛에 의해 분해되어 낮은 농도로 내려가지만, 밤기간에는 축적되어 새벽 무렵에는 최고의 농도를 갖게 된다.

생체시계는 네 가지 단백질에 의해 조절된다. 이들은 TIM(timeless), PER(period), CLK(clock), CYC(cycle)의 유전자 전사 조절자들이다(그림 5.10). 이들 단백질들은 각각 TIM/PER 및 CLK/CYC 이량체를 형성하여 작용하게 된다. 궁극적으로 생체시계는 TIM/PER 이량

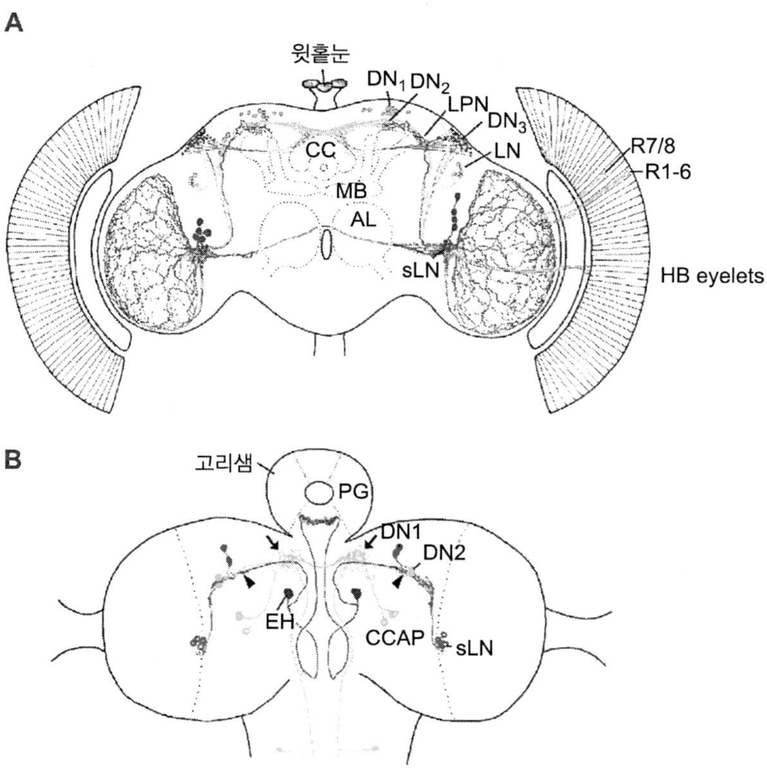

그림 5.9 일주기리듬에 관여하는 초파리 대뇌 신경계. 원본그림(Klowden, 2013) 및 사본인가

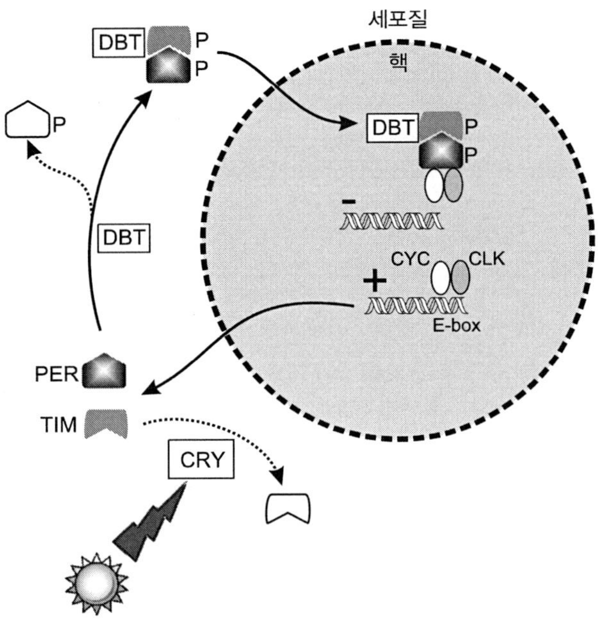

그림 5.10 초파리의 생체시계. 밤기간 동안 PER/TIM 이량체가 핵 내에 축적되어 음성되먹임 작용에 의해 CYC/CLK 이량체의 전사인자 활성을 억제하여 PER와 TIM 유전자의 발현을 막는다. 낮 기간 동안은 TIM 단백질의 분해가 일어나고 이에 따라 핵 내의 PER/TIM 농도가 줄어들어 CYC/CLK이 활성화되어 PER와 TIM의 전사가 일어난다. 원본그림(Klowden, 2013) 및 사본인가

체가 핵내에 존재하는 양에 의해 결정된다. 반면에 CLK/CYC 이량체는 전사인자로서 핵내 *per*와 *tim* 유전자들의 프로모터에 존재하는 CACGTG 염기서열의 E-box에 결합하여 이들 유전자의 발현을 촉진시키게 된다. 여기서 이들 유전자들의 발현물인 mRNA 양과 실제적 단백질 양과의 차이가 발생한다. 즉, 발현된 mRNA가 세포질로 이동하여 단백질로 번역되면 이때 CRY와 DBT(double-time)의 작용에 의해 이른 아침부터 낮기간 동안 분해되기 때문이다. CRY는 TIM의 광분해를 촉진시킨다. 반면에 PER는 DBT의 인산화작용으로 분해가 이뤄진다. 그러나 저녁 시간부터는 CRY 농도도 내려가면서 새롭게 생성된 TIM 단백질이 안정화되면서 PER와 이량체를 형성하게 되면 PER가 DBT에 둔감하게 된다. 이렇게 형성된 TIM/PER 이량체는 핵으로 이동하여 축적되고 CLK/CYC에 영향을 주어 더 이상의 자신들(*per*, *tim*) 유전자 발현을 억제하는 음성 되먹임조절(negative feedback control)을 진행하게 된다. 결과적으로 밤에는 TIM/PER 이량체가 핵내에 축적되고, 낮에는 감소하는 결과를 나타내어 이에 관련된 유전자들의 발현을 조절하게 된다.

출력회로는 TIM/PER의 상대적 핵내 잔존량에 의해 결정되는 하루 시각을 행동 및 생리적

주기성으로 전달하여 주는 기능을 담당하게 된다. 가장 대표적으로 알려진 출력신호는 초파리의 대뇌에서 생성되는 PDF(pigment-dispersing factor) 신경펩타이드이다. PDF의 발현과 분비는 생체시계에 의해 조절되고 이에 따라 초파리의 행동을 활성화시키게 된다.

주변시계에도 이들 생체시계 단백질들이 발현되어 일주기리듬을 자체적으로 수행할 수 있다. 초파리의 냄새 감각기들은 주로 밤기간 중에 가장 민감도가 높은 데, 이는 이 감각기세포에 존재하는 주변시계에 의해 리듬성을 갖게 된다. 유사하게 이러한 주변시계는 말피기관, 소화기관, 정자를 공통수정관으로 보내는 정소에도 존재한다.

다양한 생리적 리듬이 일주기리듬성을 보여준다. 가장 대표적 예가 흡혈성노린재(*Rhodnius prolixus*)가 흡혈 후에 일어나는 탈피시각이다. 이 탈피시각은 대뇌에서 분비되는 PTTH의 분비시각과 일치한다. 탈피는 하루중 일정한 시각에 이뤄지는 데 바로 PTTH의 분비시각으로 대뇌에 존재하는 생체시계에 의해 이 신경호르몬의 분비가 결정되고, 이에 따라 전흉샘의 반응도 일주기리듬성을 갖고 엑다이손의 합성을 진행하게 된다. 궁극적으로 표피세포와 같은 표적세포들의 엑다이손에 대한 반응성도 일주기리듬성을 지니게 된다. 유사한 예가 초파리의 우화리듬이다. 주로 이른 아침에 우화리듬을 보이는 초파리는 이 시각에 높은 대기 습도를 이용하여 체내 수분량을 증가시키고 이에 따라 혈림프의 양을 증가시켜 번데기 껍질을 벗고 나오는 갓 우화된 성충의 날개에 많은 혈림프를 보내 날개를 용이하게 펼치게 된다. 이는 *Drosophila*라는 이름의 어원을 살펴보면 Droso(= dew)라는 이슬 어원과 phila(= like)라는 선호 어원의 복합체로 이뤄져있어 이들의 우화 행동이 이름과 잘 어울리는 것을 알 수 있다. 주변 온도는 일장에 의해 조절되는 일주기리듬성에 영향을 주는 대표적 변경인자이다. 특히 기주 몸속에 생활하는 기생체의 경우 밤과 낮의 온도차가 이들의 일주기리듬성을 부여하는 주요 인자가 된다. 일반적으로 온도는 생체시계 단백질과 mRNA의 안정성에도 영향을 주어 일장에 의해 결정된 밤과 낮의 시각에 온도 변화에 따라 조정이 가능하게 된다. 이 외에도 사회성 곤충의 경우 주변 개체들의 움직임에 따라 자신의 일주기리듬성을 변경할 수 있는 데 이에 대한 정확한 기작은 밝혀지지 않고 있다.

6 다현현상

개체들의 표현 현상은 유전자에 의해서만 지배되는 것은 아니다. 이러한 표현형 변이성(phenotypic plasticity)은 온도와 영양분과 같은 주요 환경요인에 의해 결정되는 데, 이는 유전자의 발현 조절 및 대사 관여 효소 활성 변화를 통해 이뤄질 수 있다. 그러나 이러한 표현형의 변화가 유전자의 변화 없이 일정한 패턴으로 구분지어 나타나는 경우 다현현상(polyphenism)

으로 부르게 된다. 이 다현현상은 연속 다현현상과 불연속 다현현상으로 나뉘고 다시 불연속 다현현상은 계급분화형 다현현상과 상변이형 다현현상으로 나뉘게 된다(그림 5.11).

연속 다현현상(sequential polyphenism)은 유전자 변화 없이 고정된 유전자 풀에서 특정 유전자 발현을 조절하면서 외형 변화를 연속적으로 표현하는 형태이다. 예를 들어, 완전변태류의 경우, 알, 유충, 번데기, 성충으로 동일한 유전체 가운데 시계열적으로 특정 발육 패턴을 연속적으로 나타내는 현상이다. 반면에 불연속 다현현상(alternative polyphenism)은 환경 변화에 따라 개체가 선택이 가능한 형태로 분화하는 현상이다. 예를 들어, 사회성 곤충에서 보듯 동일한 유전자를 구성한 일벌과 여왕벌과 같이 영양분의 차이에 의해 표현형이 극단적으로 나뉘는 계급분화형(caste differentiation) 다현현상이 대표적이다. 또는 이동성메뚜기류에서 보듯 집단의 밀도 변화에 따라 선택적으로 장시형과 단시형으로 분화되는 것을 상변이형(phase transition) 다현현상으로 볼 수 있다.

계급분화형 다현현상에 대해서 꿀벌의 계급 분화를 통해 좀 더 살펴본다. 꿀벌의 암수는 반수체-배수체 생식방법에 의해 이배체는 암컷 그리고 반수체는 수컷으로 결정된다. 암컷은 다시 영양분의 차이에 따라 여왕벌과 일벌로 분화된다. 일벌의 경우 부화 후 첫 2일 동안 일벌의 큰턱샘 분비물로 구성된 왕유(royal jelly)를 공급받고 이후로는 꿀물과 꽃가루를 공급받

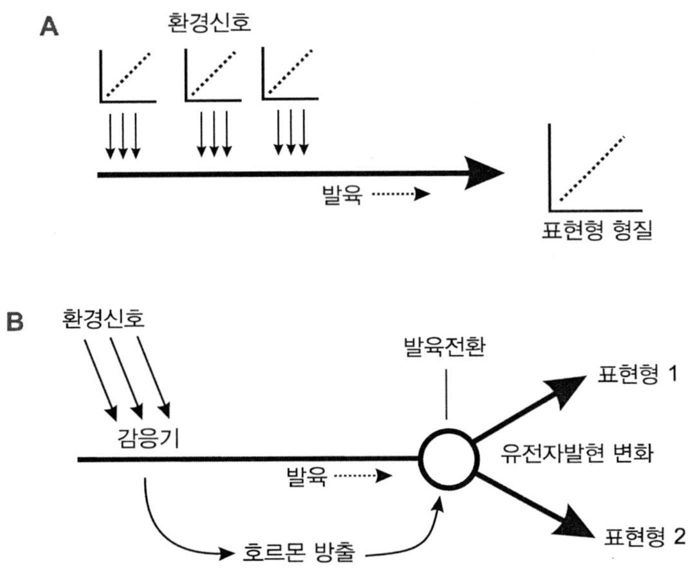

그림 5.11 다현현상. (A) 차등적 환경에 따른 다양한 표현형 발현 (B) 특정 감응기에 미친 환경에 따른 불연속 다현현상. 원본그림(Klowden, 2013) 및 사본인가

으면 성장하게 된다. 반면에 여왕벌의 경우는 전 생애를 통해 왕유를 공급받으면서 충분한 꿀물과 꽃가루 공급을 받게 된다. 이러한 영양분 차이는 여왕봉으로 하여금 높은 유약호르몬의 농도를 유지하게 된다. 높은 유약호르몬 환경에 따라 지연된 유충 기간은 또한 높은 영양분 공급에 따른 인슐린 분비량을 증가시켜 성장을 도모하게 된다. 결과적으로 이러한 계급분화에 약 2,000개의 유전자 발현 차이가 형성되게 된다. 이러한 영양분 차이에 일벌의 생식능력은 9-oxo-2-(E)-decenoic acid(9-ODA) 성분을 가지고 있는 여왕봉큰턱샘페로몬(queen mandibular pheromone: QMP)이 일벌의 유약호르몬 생산을 억제하여 생식기 분화를 막는다. 이러한 계급분화는 개미류에서도 나타나, 반수체-배수체에 의해 암컷과 수캐미로 성분화가 일어난다. 다시 암컷은 영양분의 상태에 따라 미래에 교미 후 여왕개미가 될 공주개미와 일개미 그리고 병정개미로 분화된다. 충분한 영양 공급에 따라 공주개미가 분화되나, 일개미와 병정개미는 특정 시기에 유약호르몬의 유무에 따라 결정된다. 병정개미의 경우 높은 단백질 먹이를 공급받으면 특정 시기에 유약호르몬 함량 증가가 일어나고 머리 부분의 성충아조직이 분화하여 비대 성장을 밟게 된다. 물론 이 상태에서 인슐린 신호는 병정개미의 성장을 도모하게 된다.

7 다행현상

발육 시기에 따라 행동이 변화하는 것을 다행현상(polyethism)이라 일컫는다. 일벌의 경우 우화 후 1~2주는 시녀벌(nursing bee)로서 행동하여 유충 먹이 공급과 여왕벌의 산란을 돕게 된다. 이후 2~3주경에는 위생벌(hygienic bee)로 활동하여 봉군 내에 병든 개체들을 소비 밖으로 버리는 행동을 보이게 된다. 우화 후 3주 이상이 경과되면 사역벌(foraging bee)로서 밀원식물들로부터 꿀과 꽃가루를 모아오는 행동을 보이게 된다.

시녀벌의 경우 체내에 비축된 단백질과 지질을 이용하여 하인두샘(hypopharyngeal gland)에서 왕유를 생산한다. 그러나 일벌의 성숙에 따라 하인두샘이 퇴화하게 되고 더 이상 왕유를 분비하지 않게 되면 봉군내 세균 또는 진균으로 병든 개체를 발견하고 제거하는 위생벌로 발달하게 된다. 이때 이러한 병균 냄새를 탐지하기 위해서는 화학감각기의 역치를 낮추어야 하는 데, 이는 이 시기에 분비되는 옥토파민에 의해 조절된다.

사역벌로 행동 분화가 일어나기 위해서는 여러 생리적 변화가 일어나야 한다. 우선 냄새 감각의 중추가 되는 전대뇌의 유병체 크기 성장과 새로운 신경 분화가 이뤄져야 한다. 이러한 신경분화는 유약호르몬에 의해 이뤄진다. 또한 사역벌은 야외 노출에 따른 여러 병원균 접촉을 대비하여 면역 능력을 높이게 된다. 또한 중대뇌의 촉각엽(antennal lobe)에는 다량의 옥토파민과 세로토닌의 함량 증가가 일어나 화학감각 역치를 낮추어 준다. 여기에 유병체에서 *for*(*foraging*) 유전자의 발현을 높여 PKG(cyclic GMP-dependent protein kinase) 활성을 높여 먹이탐색을 위한 행동력을 높여준다. 여기에 하루에 10시간 가량의 사역 비행을 위해 비행근육발달과 이에 관련된 대사과정의 변화가 일어나야 한다. 특이적 트로포닌 T 이성체 단백질이 사역벌 비행근육에 발현된다. 순간적 에너지 공급을 위해 해당작용에 관여하는 효소들의 함량이 높아진다. 따라서 대사과정의 중심이 영양분 공급이 목적인 시녀벌은 지질과 단백질 대사이라면 사역벌은 탄수화물 대사가 우위를 차지하게 된다. 따라서 사역벌로의 행동 분화는 수천 개의 유전자 발현 변화가 따르게 된다. 여기에 가장 중요한 내분비 신호는 유약호르몬이다.

봉군 내 일벌 전체 집단에서 시녀벌, 위생벌 및 사역벌이 차지하는 각각의 비율이 일정하게 유지되어야 한다. 두 가지 페로몬이 관여하는 데 하나는 여왕벌이 분비하는 QMP로서 일벌의 생식 억제는 물론이고 사역벌로의 행동 변화를 억제한다. 또 다른 하나는 성숙된 일벌의 큰턱샘에서 분비되는 10-hydroxy-2-decenoic acid(10-HDA)로서 일벌 사이에 먹이 교환을 통해 이들 물질이 순환되면서 사역벌로의 분화를 억제한다. 따라서 성숙된 일벌의 밀도가 낮아지면 보다 많은 일벌이 사역벌로 분화되고, 여기에 일단 사역벌로 분화되면 QMP에 대해서 둔감해져 더 이상의 여왕벌의 지배를 받지 않게 된다. 이를 통해 일정 숫자의 사역벌을 확보하게 되고 다시 늘어난 사역벌은 보다 많은 10-HDA의 분비를 통해 더 이상의 사역벌의 형성을 억제하게 된다.

8 변태와 탈피행동

8.1 변태 관련 행동

완전변태류의 경우 무변태 또는 불완전변태류에 비해 성충으로 변태하는 과정을 통해 형태적 변화뿐만 아니라 행동적 변화가 수반된다. 이러한 이유는 완전변태류 성충은 날개, 촉각, 다리, 겹눈 등 새로운 기관이 형성되면서 이에 따른 근육 및 신경계가 발달하기 때문이다. 특히 다양한 신경연결망의 구성은 성충에 특징적인 복잡한 행동 양식을 만들어 낼 수 있다. 이러한 신경계 변화는 변태를 유발하는 내분비계 영향에서 비롯된다. 즉, 유충 말기에 변태신호인 유약호르몬의 급격한 감소와 더불어 엑다이손 함량 증가는 유충 행동을 조절하던 신경의 사멸을 촉진하고 성충 행동을 조절할 신경의 분화를 중개하게 된다. 근본적으로 엑다이손 호르몬의 수용체의 종류에 따라 이러한 세포 사멸과 분화의 결정이 이뤄지게 된다. 엑

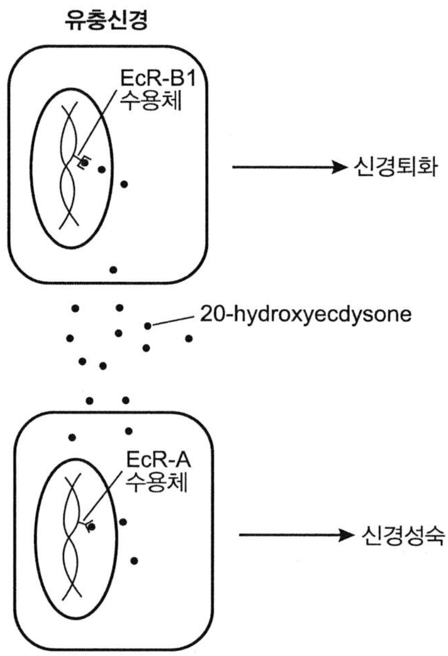

그림 5.12 변태 기간 엑다이손 수용체의 차이에 따른 신경분화. 원본그림(Klowden, 2013) 및 사본인가

다이손 수용체인 EcR은 최소한 세 가지 상이한 이성체로 존재한다. EcR-A, EcR-B1 그리고 EcR-B2가 Ultraspiracle(USP)와 이형이량체를 만들면서 엑다이손의 세포내 신호전달을 담당하게 된다. 여기서 신경세포 마다 상이한 EcR 이성체를 발현시키게 된다. EcR-A를 발현시키는 신경세포의 경우는 엑다이손 신호에 따라 신경 분화가 일어나지만, EcR-B1을 발현시키는 신경세포는 변태과정 중에 사멸하게 된다(그림 5.12).

나비목 번데기의 경우 유충에 없던 새로운 행동이 나타난다. 이는 천적으로 부터 회피행동이 불가능한 번데기가 스스로를 보호하기 위한 자구책 행동으로 복부 마디 사이를 순간적으로 접을 수 있는 주름활동이다. 이러한 번데기 주름활동은 번데기에 존재하는 덫트랩(gin trap)에 기인된다(그림 5.13). 덫트랩에 존재하는 센털감각기는 외부의 접촉에 민감하여 연합신경을 통해 운동신경으로 반사운동 회로를 만들어 복부 근육의 수축으로 이어지게 한다. 번데기로 변태하는 과정동안 이러한 반사회로의 신경세포 신장과 연결이 이뤄지게 된다. 그러나 이 덫트랩 활동은 허물벗기호르몬(ecdysis hormone)의 영향을 받아야 이뤄진다. 만약 전이용(pharate pupa)의 표피를 인위적으로 벗겨서 자극을 준다면 이러한 주름활동은 나타나지 않게 된다.

나비목 곤충의 유충말기에 보이는 배회행동(wandering behavior)은 변태와 더불어 수반되

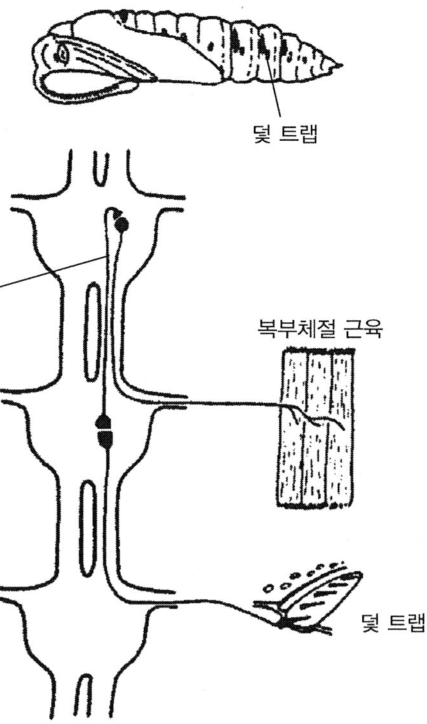

그림 5.13 **나비목 번데기에 존재하는 덫트랩의 작동 원리.** 덫 트랩에 존재하는 감각기에 접촉 감각신호는 반사회로를 통해 복부 체절간 근육의 수축을 유발하여 위험으로 부터 회피행동을 유발하게 된다. 원본 그림(Levine과 Truman, 1983) 및 사본인가

는 새로운 행동으로 유약호르몬의 소멸과 엑다이손 호르몬의 영향으로 나타나게 된다. 이 고정행동양식은 궁극적으로 땅속 또는 다른 매체의 숨은 용화장소를 찾게 되고 향후 천적으로부터 회피행동을 보일 수 없는 번데기로 하여금 물리적 방어를 수여하게 된다.

8.2 우화 행동

성충으로 우화 행동은 전형적 고정행동양식이다. 물론 이 프로그램된 행동은 유기 호르몬의 분비로 표현된다. 엑다이손 호르몬의 증가는 탈피를 유발하게 된다. 이후 탈피에 관련된 표피층분리가 일어나고 다시 엑다이손 호르몬이 감소하게 되면 뇌로부터 코라조닌(corazonin)과 허물벗기호르몬(eclosion hormone: EH)이 외기관지샘의 잉카세포를 활성화하여 허물벗기유기호르몬(ecdysis-triggering hormone: ETH)을 분비시키면서 허물벗기전행동(pre-ecdysial behavior)을 유발하게 된다(그림 5.14). 이를 통해 몸 전체는 낡은 표피층과 새로운

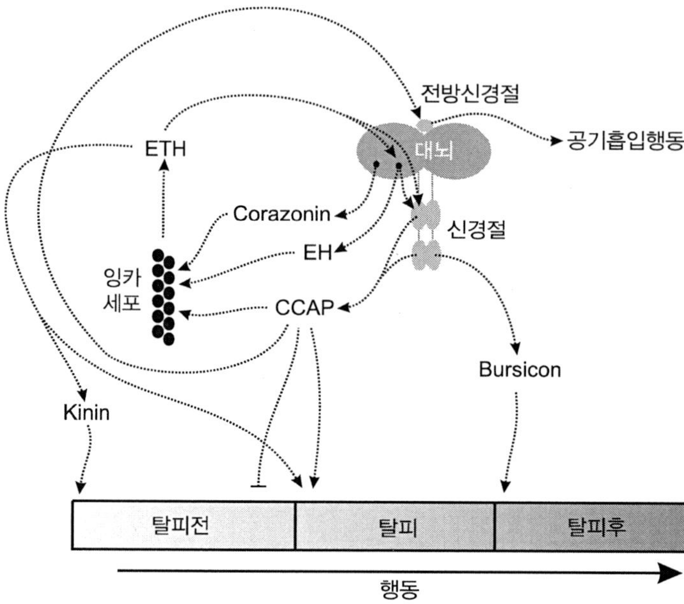

그림 5.14 **허물벗기 행동의 유기 호르몬 조절.** 원본그림(Ewer, 2005; Truman, 2005) 및 사본인가

표피층 사이를 분리시키려는 몸수축 및 돌림 운동이 일어나게 된다. 이후 복면신경삭으로 부터 심장박동촉진호르몬(crustacean cardioaccelataring peptide: CCAP)이 분비되면서 허물벗기 전행동은 억제되고 허물벗기행동(ecdysial behavior)을 유발하게 된다. 허물벗기행동은 몸의 연동운동을 유발하여 번데기 표피층을 벗고 성충이 빠져나오게 한다. 이때 CCAP는 전방신경절을 활성화하여 전장의 팽창을 유발하여 머리 쪽 내부 부피를 증가시켜 얇아진 낡은 표피층의 붕괴를 유발하여 허물벗는 행동을 도와주게 된다. 새롭게 우화한 성충은 표피층을 신장시키고 날개를 팽창시키며 궁극적으로 경화호르몬(bursicon)의 도움으로 표피층의 경화를 일으키는 허물벗기후행동(post-ecdysial behavior)을 보이게 된다.

우화행동이 하루 중 일정한 시각에 일어나게 되는 데 이는 일주기리듬에 비춰 허물벗기호르몬의 분비시각과 일치하게 된다. 이에 대한 실험으로서 Truman과 Riddiford에 의해 진행된 두 누에 종인 세크로피아나방(*Hyalophora cecropia*)과 산누에나방(*Antheraea pernyi*)의 우화행동 일주기리듬에서 찾아 볼 수 있다(그림 5.15). 세크로피아나방은 이른 아침에 우화리듬을 보이는 반면 산누에나방은 저녁무렵에 우화리듬을 갖는다. 이러한 리듬성의 근원이 뇌에서 분비되는 호르몬 신호인지를 알기를 파악하기 위해 각 종의 누에의 뇌를 제거한 결과 두 종 모두 이러한 우화리듬성을 잃게 되었다. 그러나 다시 이 뇌를 복부에 주입한 결과 이

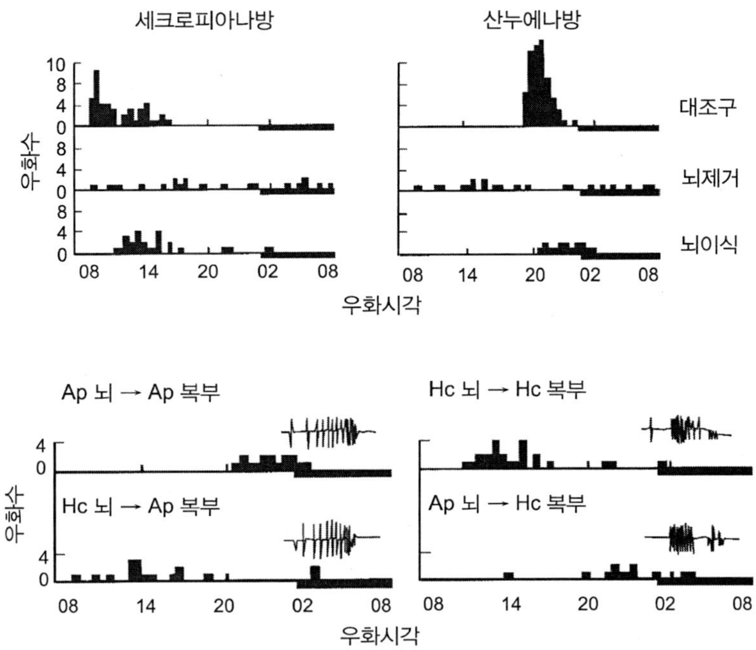

그림 5.15 우화리듬과 뇌 호르몬. 세크로피아나방(*Hyalophora cecropia*: Hc)과 산누에나방(*Antheraea pernyi*: Ap)의 상이한 우화리듬은 각 종의 뇌에 프로그램된 일주기리듬성과 일치한다. 종간 뇌 이식 실험은 뇌에 프로그램된 일주기리듬이 뇌로부터 방출되는 내분비신호로 표현된다는 것을 의미한다. 원본 그림(Truman, 1973) 및 사본인가

리듬성을 되찾게 되어 뇌에 이러한 리듬성을 조절하는 내분비 신호가 있다는 것을 알게 되었다. 여기에서 다시 두 종의 뇌를 서로 교환하여 주입한 결과 세크로피아나방의 뇌를 갖은 산누에나방은 자신의 리듬인 저녁이 아니라 세크로피아나방의 아침 우화리듬을 보였다. 역으로 산누에나방의 뇌를 이식받은 세크로피아나방은 자신의 리듬성을 잃고 산누에나방처럼 저녁 무렵의 우화리듬성을 띠게 되었다.

제 6 장

대사계

Metabolic System

동물세포는 식물세포와 달리 외래 영양분에 의존하는 종속영양체(heterotroph)이다. 따라서 동물은 먹이에 포함된 영양물질에서 생체 기본 화학 성분과 에너지를 추출하여 자신의 구조물질로 재구성하여 성장하게 된다. 또한 영양분이 가지고 있는 에너지를 ATP 형태로 바꾸어 자신의 생리적 항상성을 유지하는 데 이용하게 된다. 따라서 영양분의 소화 및 흡수 그리고 관련된 대사 작용은 곤충을 포함한 모든 동물들의 생명 유지에 필수적 생리과정이다.

본 장에서 다루는 곤충의 대사계는 영양분의 섭취, 소화 및 흡수에서 비롯된다. 흡수된 영양분은 다시 각 세포에서 에너지 대사에 이용되거나 또는 곤충 몸 구조물로 변형되게 된다. 기본적으로 이러한 대사 과정은 다른 생명체에서 나타나는 과정과 유사하나 곤충 특유의 대사과정도 포함된다. 아울러 편협된 영양분을 섭취하는 곤충류의 경우 소화와 대사과정에서 자신이 가지고 있지 않은 특정 대사 관련 효소들을 공생 미생물에 의존하여 보충하게 된다. 따라서 단순히 영양적 면에서 곤충 특유의 대사과정을 찾아내는 것은 이들 공생 미생물의 대사과정이 포함되기 때문에 주의하여야 한다. 최근 곤충 게놈 및 이들의 발현 정보들이 밝혀지면서 공생 미생물 대사와 구분지어 직접 곤충 대사에 관련된 유전체들의 동정 및 기능을 깊이 있게 연구하는 데 도움을 주고 있다.

1 곤충 소화기관 구조

소화기관은 음식물의 섭취하는 입으로부터 소화 후 배설까지의 일련의 과정을 수행하게 된다. 다양한 환경에서 서식하는 곤충은 다양한 먹이 섭취 방식을 보이기에 어느 특정 형태의 소화기관을 대표로 제시하기 어렵다. 그러나 원시곤충의 저작형 구기 및 소화관의 구조를 바탕으로 여러 곤충의 소화기관으로 분화되는 과정을 살펴보는 접근법이 이들의 다양성을 이해하는 데 도움이 된다. 소화기관은 먹이의 섭취와 소화는 물론이고 소화된 영양분의 흡수, 수분조절 및 미생물 방어에 이르기까지 다양한 기능도 수행하게 된다.

1.1 소화관 발생과 개요

소화관은 입에서 항문까지 상피세포(epithelium)로 구성된 관 구조이다. 곤충의 소화관은 크게 세 부분으로 나뉘어지고 각각 전장(foregut), 중장(midgut), 후장(hindgut)으로 구분된다(그림 6.1). 전장과 후장은 외배엽성으로 각각 전장원기(stomodaeum)와 후장원기(proctodaeum)가 배자발육 과정 중에 각각 안으로 함입성장(invagination)하여 형성된다. 이때 함입성장하는 말단 부위에는 곤충에 유일한 내배엽성 조직인 중장원기(midgut rudiment)가 중장으로 분화되고 전장과 후장을 연결하여 전체적으로 하나의 관으로 통하게 한다. 따라서 전장과 후장은 외배엽성 체벽 구조를 띠어 큐티클성 표피층이 존재하여 몸 전체가 탈피할 때 이들의 표피층도 벗게 된다.

소화관을 지탱하여 주는 것은 몸의 다른 부위에서 소화관으로 이어지는 외인성 내장근(extrinsic visceral muscle)으로 이 근육은 소화관의 위치를 고정하여 주는 역할 이외에도 이들 근육의 수축은 소화관의 내강을 넓혀줄 수 있다. 예를 들어, 전장의 인두 부분에 있는 괄약근(pharyngeal dilator)은 인두펌프로 작용하여 흡즙 곤충류의 경우 기주로 부터 즙액을 빨아 들이는 데 필수적이다. 반면에 소화관 주변에는 많은 내인성 내장근(intrinsic visceral

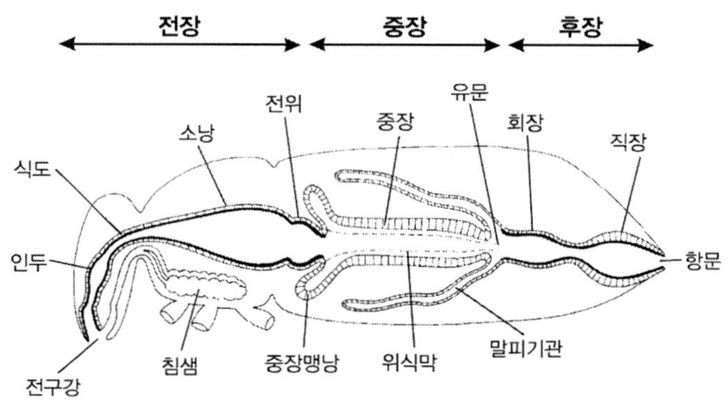

그림 6.1 곤충 소화관 일반 구조. 원본그림(Dow, 1986) 및 사본인가

muscle)이 환상근 또는 종주근으로 발달하여 소화관 수축과 연동운동을 담당한다.

1.2 구기와 침샘

메뚜기류와 같이 저작형 구기(mouth part)를 곤충의 기본적 구기 구조로 볼 수 있다(그림 6.2). 이때 구기는 상부에 윗입술(labrum), 입틀의 좌우는 1쌍의 큰턱(mandible), 1쌍의 작은턱(maxilla)이 차례로 존재하고 그리고 하부는 아랫입술(labium)로 구성된다. 윗입술은 두개골의 일부이지만 큰턱, 작은턱 및 아랫입술은 머리의 각 몸마디에서 나온 부속지가 변형된 것이다. 따라서 이렇게 형성된 입틀은 몸 밖이기 때문에 전구강(pre-oral cavity)을 이루게 되고, 진정한 입(mouth)은 소화관이 시작되는 개구부이다. 다시 전구강은 혀(hypopharynx)를 중심으로 윗부분은 먹이구강(cibarium) 그리고 아랫부분은 침샘구강(salivarium)으로 나눠진다. 아랫입술이 존재하는 머리 마디의 표피세포로부터 한 쌍의 침샘(salivary gland)이 발달하고 침샘관(salivary duct)을 통해 침샘구강으로 침분비물(saliva)을 내보낸다. 명주실을 생성하는 나비목 곤충들은 아랫입술샘(labial gland)이 실을 생성하고, 대신에 침분비물은 큰턱샘(mandibula gland)에서 생성된다.

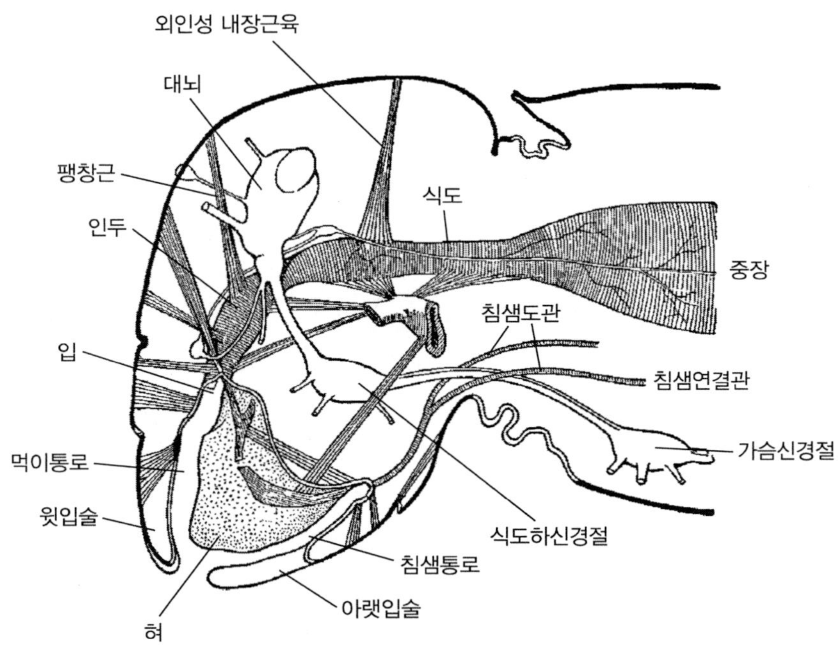

그림 6.2 곤충의 구기 일반 구조. 원본그림(Snograss, 1935) 및 사본인가

침샘은 파리류에서 보듯이 단순한 관모양을 지니거나 또는 바퀴류에서 보듯이 포도상 돌기 모양으로 발달된다(그림 6.3). 침샘은 많은 V-ATPase를 가지고 있어 물질의 능동수송으로 혈림프로부터 물질을 흡수한다. 또한 침샘 자체 세포가 침샘 물질을 생합성하여 흡수된 물질과 혼합하여 침샘구강으로 내보내게 된다. 다량으로 생성되는 경우 침샘저장고(salivary reservoir)에 일시 보관할 수 있다. 바퀴의 경우 침샘은 포도상 구조로서 세 종류의 세포로 구성된다. 이들은 한 쌍의 주변세포(peripheral cell), 8개의 중앙세포(central cell), 그리고 중앙세포 사이에 중앙포도상세포(centroacinal cell)가 존재한다. 주변세포들은 전해질과 물을 혈림프에서 침샘 내강으로 흡수하는 반면에, 중앙세포들은 침분비물 단백질을 합성한다. 중앙포

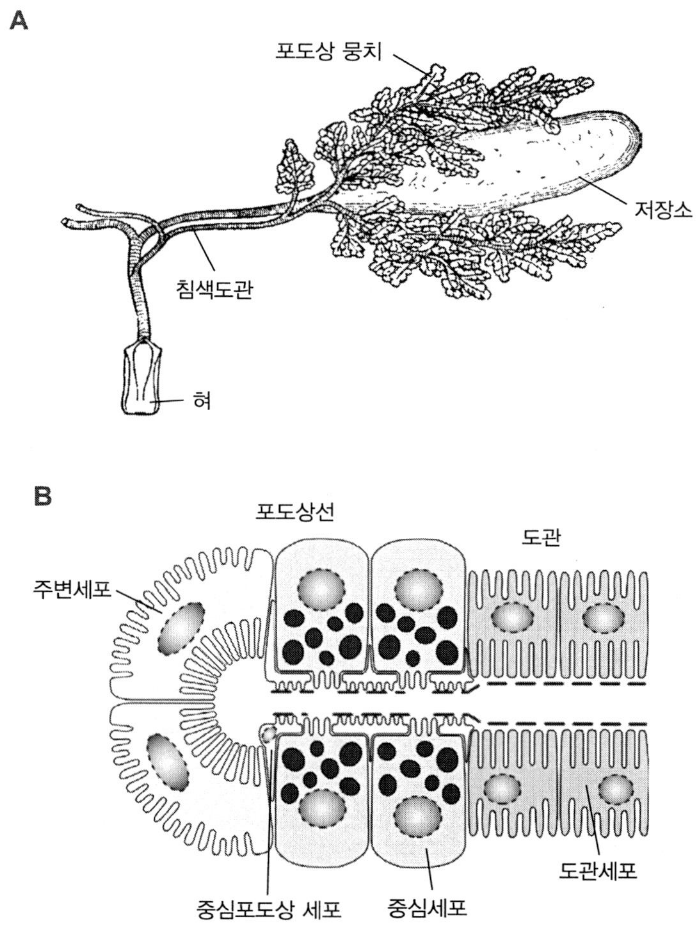

그림 6.3 **바퀴류 침샘 구조.** (A) 포도상 침샘 모습 (B) 한 개의 포도 모양 침샘 구조 내부 모습. 원본그림(Walz 등, 2006) 및 사본인가

도상세포들은 침샘 내강을 둘러싸는 내막(intima)을 생성한다. 식도하신경절과 전장신경계로부터 도파민 또는 세로토닌 분비성 신경들이 침샘으로 연결되어 있다.

침분비물은 대부분 물로 구성되어 전구강으로 분비되어 섭식 활동 동안 구기가 서로 마찰 없이 원활히 작동하는 윤활유의 역할을 담당하고 또한 먹이를 녹이는 용매로서도 작용하게 된다. 침분비물은 또한 소화효소들을 포함하고 있다. 먹이가 소화관 내부로 들어와 소화관 효소에 의해 분해되기 전에 침분비물을 통해 일부 소화가 일어난다. 녹말을 보다 작은 당으로 분해하는 아밀레이즈(amylase) 또는 이당류인 설탕을 포도당과 과당으로 분해하는 인버테이즈(invertase)가 이 침분비물에 포함된다. 육식성 곤충류는 침분비물에 단백질 또는 키틴 분해효소들이 포함된다. 흡혈곤충들의 침분비물에는 흡혈능력을 강화시키기 위해 항응고제 또는 다른 약리성분들이 포함된다. 일부 식식성 노린재들의 침분비물은 구기빨대(stylet sheath)로 분비되어 경화되면서 빨대피막을 형성하여 액체 먹이가 흡입 과정 중에 외부로 누출되지 않게 도와준다.

1.3 전장

전구강을 지나 소화관의 입구가 진정한 의미의 입(mouth)이 된다. 따라서 전장은 입에서 시작하여 인두(pharynx), 식도(esophagus), 소낭(crop) 및 전위(proventriculus)를 포함하는 영역이다. 인두는 먹이가 소화관으로 들어오는 첫 부위로 흡즙성 곤충은 인두펌프를 이용하여 구기의 먹이 섭취 활동을 돕게 된다. 식도는 인두로 부터 먹이의 일시적 저장고인 소낭까지 이어주는 통로로서 역할을 담당한다. 소낭은 두꺼운 표피층이 발달하여 영양분의 흡수는 거의 불가능하며 먹이의 일시적 저장고로서 기능을 담당하게 된다. 물론 침분비물의 영향으로 소낭에서 일부 소화는 가능할 수 있다. 파리목과 나비목 성충에서는 소낭이 맹관 구조로 발달되어 있다(그림 6.4A). 인두에 존재하는 화학감각기가 먹이의 종류를 파악하고 소낭의 판막을 조절하여 단백질 먹이는 바로 중장으로 가게 하는 반면, 탄수화물 먹이는 맹관으로 일시 저장하여 필요에 따라 중장으로 보내어 소화 및 흡수되게 된다. 포식자 곤충들은 종종 전장 크기가 큰 데, 이는 이들이 먹이감이 불규칙적으로 소화관에 들어오기 때문에 우선 대량으로 먹이를 섭취하여 전장에 저장한 이후 시간이 경과하면서 소화하려는 것으로 해석된다. 전위는 전장의 말단으로 곤충에 따라 다양하게 변형되어 있다. 일부 딱정벌레류에서 보듯 전위을 둘러싸는 내장근이 괄약근으로 작용하여 중장으로 들어가는 먹이의 양을 조절하여 주게 된다(그림 6.4B). 바퀴류에서는 전위 내부 표피층이 이빨 구조로 발달하여 음식가 중장 안으로 들어가기 전에 다시 잘게 부수어 주는 역할을 담당하게 된다. 벼룩은 소낭이 없으나

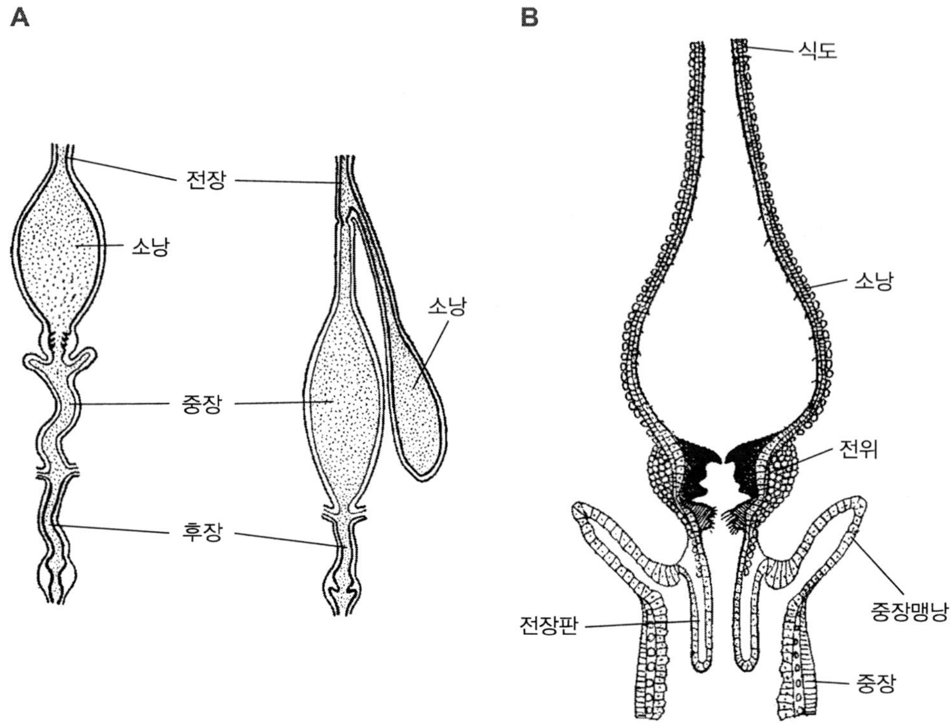

그림 6.4 전장의 소낭(A)과 전위판(B) 구조. 원본그림(Wigglesworth, 1965) 및 사본인가

전위 표피층이 먹이가 밀려오는 쪽으로 발달하여 흡혈한 혈액 가운데 혈구세포들을 파괴한다. 꿀벌은 전위는 짧은 가시를 가지 돌기를 형성하여 소낭에서 화분을 골라서 중장으로 선택적으로 보내는 체(sieve) 역할을 한다.

1.4 중장

중장은 한 층의 내배엽성 상피세포로 구성된다. 이들 표피세포는 기둥세포(columnar cell), 재생세포(regenerative cell), 배상세포(goblet cell), 내분비세포(endocrine cell) 등으로 분화된다. 이 가운데 중장의 대부분은 기둥세포(또는 주세포(principal cell))가 차지한다. 소화관 내강 쪽의 기둥세포막은 미세융모가 발달하여 표면적을 넓혀 소화와 흡수를 용이하게 한다(그림 6.5A). 또한 이 기둥세포 내에는 소포체가 잘 발달하여 여러 소화효소들의 생합성을 용이하게 한다.

여러 재생세포들이 모여 둥지(nidus) 모양으로 중장세포 층의 일정 부위에 위치한다(그림

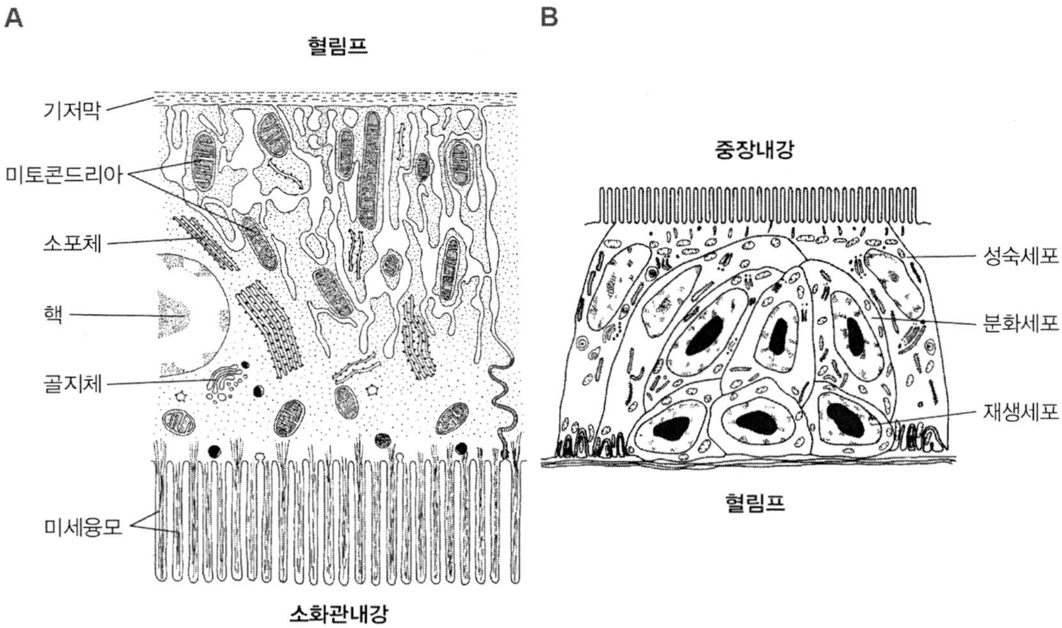

그림 6.5 **중장세포의 기둥세포(A) 및 재생세포(B).** 원본그림(Chapman, 1985) 및 사본인가

6.5B). 재생세포는 중장세포들의 줄기세포로서 이들의 분열과 이어지는 분화를 통해 새로운 기둥세포 및 다른 중장세포를 형성하게 된다. 특히 재생세포의 분열과 더불어 기관지아세포(tracheoblast)의 분열은 새로운 중장세포들에 산소를 공급하는 차원에서 이해된다. 변태 과정에 재생세포는 새로운 발육태의 중장세포를 구성하게 된다. 초파리 종령 유충의 경우 엑다이손 분비와 더불어 유충 중장세포는 세포자연치사 과정을 밟게 되면서 새로운 성충 중장세포를 형성하게 된다. 유충 중장세포 찌꺼기는 번데기 기간 동안 소화관 내강에 황체(yellow body)로 있다가 소화 및 재흡수되거나 아니면 우화할 때 용변(meconium)에 섞여 몸 밖으로 배출된다.

배상세포는 중장 상피세포층 여러 곳에 산재해 있다. 이 세포의 활동은 소화된 영양분을 흡수하는 데 중요한 역할을 담당한다. 즉, 배상세포는 V-ATPase에 의해 칼륨이온을 소화관 내강에서 혈림프 쪽으로 능동 수송한다. 이에 따라 이온의 구배가 형성되면 물이 혈림프 쪽으로 이동하게 되고 다시 묽어진 혈림프 쪽으로 소화관 내강에 있던 영양분이 혈림프로 농도 차이로 확산되어 흡수된다. 식식성 곤충의 경우 혈림프에 높은 칼륨이온을 갖고 있어서 이러한 능동수송 없이도 영양분의 흡수가 용이하게 진행된다. 또한 배상세포는 탄산을 생산하는 탄산무수화효소(carbonic anhydrase)가 발달하여 탄산이온(HCO_3^-)을 소화관 내강으로 보내게 된다. 탄산이온은 수소이온과 결합하여 탄산을 재생하기 때문에 소화관 내강은 그만큼 수소이온이 줄어들어 pH가 올라가게 된다. 이러한 원리로 나비목 유충의 중장은 높은 pH를 유지하게 된다.

내분비세포가 중장 상피세포에 산재하는 데 재생세포와는 달리 단독 또는 여러 개의 세포가 모여 있다. 이 세포는 소화관 내강과 혈림프 사이에서 중장 내강에 있는 영양분의 정보를 혈림프로 보내게 된다. 주로 중장 주변의 내장근을 촉진하는 키닌(kinin)류 내분비 신호를 분비하거나 또는 소화 작용에 관여하는 FMRFamide 신호를 보낸다. 일부는 알라타체의 유약호르몬 생합성 활성을 조절할 수 있는 알라토트로핀 유사 물질을 분비하기도 한다. 그러나 정확한 기능은 아직 명확하게 밝혀져 있지 않다.

중장은 내배엽성으로 전장과 후장과는 달리 큐티클성 표피층을 가지고 있지 않다. 따라서 음식물들이 직접 중장세포에 닿을 경우 이들 세포에 기계적 손상을 끼칠 가능성이 높다. 이를 막기 위해 비세포성 위식막(peritropic matrix)이 중장세포층 위에 놓이게 된다. 이 위식막은 단백질과 키틴으로 구성된다. 단백질은 뮤신(mucin)과 페리트로핀(peritropin)이 주요 구성원이다. 특히 페리트로핀은 키틴연결부위가 존재하여 키틴과 결합하여 위식막을 형성하게 된다. 이 위식막은 주로 중장세포 전체 영역에서 분비되어 이뤄지는 경우를 제I형 위식막이라하며 반면에 중장 시작 부위에서 만들어져서 후방으로 밀리면서 튜브 모양의 위식막을 형성하는 경우는 제II형 위식막이라 한다. 대부분의 곤충은 제I형으로 위식막을 형성하지만 일부 파리 및 나바목 곤충류는 제II형으로 위식막을 형성한다. 모기류 경우 유충은 II형, 성충은 I형으로 위식막을 형성한다. 그러나 어떤 방식으로 위식막이 형성되든지 화학성분에서는 차이가 없다. 위식막의 기능이 반드시 음식물로 부터 중장세포를 물리적으로 보호하는 기능만 가지고 있는 것 같지는 않아 보인다. 이러한 이유는 딱딱한 먹이를 먹지 않는 흡즙성 곤충의 경우에도 위식막이 발달하기 때문이다. 이러한 이유는 위식막의 기능이 영양분의 흡수율을 높이는 데 관여하기 때문이다. 즉, 중장 소화관 내강은 위식막을 중심으로 위식막내강(endoperitrophic space)과 위식막외강(ectoperitrophic space)으로 양분할 수 있다(그림 6.6). 이때 위식막내강은 소화되지 않은 물질이 몸 후방으로 움직이게 된다. 그러나 위식막외강에서는 소화되어 소형화된 영양물질이 위식막 채의 구멍을 뚫고 빠져나와 자리하게 된다. 이곳에서 물질은 반대 방향 즉 몸의 전방으로 흐르게 된다. 이는 중장 말미에 연결된 말피기관에서 소화관 쪽으로 물질의 분비로 위식막외강 물질이 후방으로 흐르는 것을 차단하게 된다. 또한 중장 앞부분에 발달된 중장맹관(gastric caecum)이 소화된 물질을 지속적으로 흡수하여 물질의 전방 흐름을 촉진시켜주게 된다. 위식막은 면역 또는 방어작용에 관여할 수 있다. 곤충병원세균인 비티균(*Bacillus thuringiensis*)은 먹이 섭취와 함께 소화관으로 들어오는 데 이 세

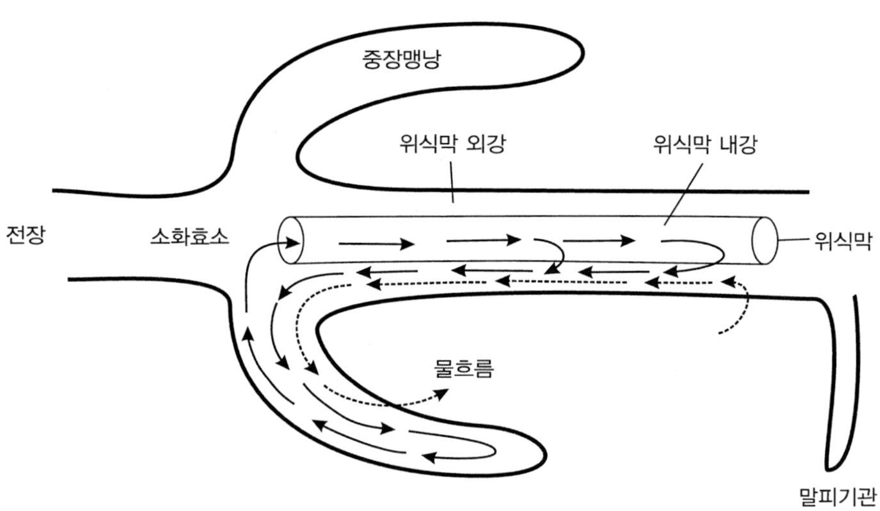

그림 6.6 **중장세포 위식막과 구획화.** 원본그림(Klowden, 2013) 및 사본인가

균의 Cry 독소 단백질이 중장세포에 닿기 전에 위식막은 물리적 장벽이다. 음식물 속에 포함된 다양한 독소물질 또는 산화물질은 위식막에 결합력이 높기 때문에 이러한 물질이 중장세포에 손상을 주는 것을 막게 하여 준다. 따라서 모기 중장세포로 침투하려는 말라리아 원충은 이 위식막을 뚫기 위해 키틴 분해효소를 분비하게 된다.

1.5 후장

후장은 크게 세 부분으로 나뉜다. 중장과 접하면서 말피기관 기부에 열려있는 유문(pylorus)이 후장의 시작 부위이다. 이어서 회장(ileum)으로 딱정벌레 유충의 경우 이 부위가 비대하게 발달하여 공생미생물들의 서식지인 발효실(fermentation chamber)로 분화되기도 한다. 다음으로 직장(rectum) 부위로서 물질의 재흡수가 일어나는 곳이다. 몸의 상태에 따라 물과 이온의 재흡수가 일어나는 장소이다. 전장과 더불어 후장도 외배엽성으로 큐티클성 표피층을 지니나 전장에 비해 매우 얇아 소형물질의 흡수가 가능하다. 여기에 직장 부위에는 세포 표면적을 넓히려는 구조 변화가 일어나서 일부는 내강쪽 직장세포가 판 모양 또는 뿔 모양으로 발달된다. 수서생활을 하는 잠자리 유충의 경우 직장의 앞쪽 부위가 확장되어 아가미방(branchial chamber)이 되는데 직장 표피세포층에 기관지가 잘 발달하여 수중 산소를 흡수할 수 있는 아가미 기능을 담당하게 된다.

2 소화

2.1 곤충 소화의 일반적 특징

일반적으로 소화(digestion)는 크기가 큰 영양물질을 흡수가 용이하도록 소형 단위물질로 분해시키는 과정이다. 따라서 소화과정을 통해 단백질은 단위체인 아미노산으로, 지질은 지방산으로 그리고 탄수화물은 단당류로 각각 분해된다. 이러한 소화는 곤충의 다양성에 비추어 다양한 형태로 분류된다. 곤충의 기본적 소화의 형태는 다양한 먹이를 섭취하는 바퀴에서 찾아 볼 수 있다. 구강의 침샘을 통해 일부 소화된 먹이는 소낭에 일시 저장된다. 이후 중장으로 들어가서 다수의 소화효소의 도움으로 주요 영양원의 소화가 일어난다. 비교적 높은 pH 조건을 가진 후장은 다양한 공생미생물을 갖고 있고 여기서 발효 과정을 통해 나머지 영양분의 소화가 일어난다. 마지막으로 직장에서는 몸의 수분관리를 위해 수분 및 이온의 재흡수가 일어난다.

바퀴에 비해 비교적 진화된 소화 형태는 식식성 곤충류에서 찾아 볼 수 있다. 식물 기주에서 비롯된 제한된 영양원에 적응하기 위해 소화기관의 구조 변경이 이러한 소화관 진화과정에 수반된다. 우선은 중장의 구조의 변경이 일어나서 소화는 위식막내강에서 그리고 흡수는 위식막외강에서 주로 일어나게 한다. 특히 식물체에서 유래된 독성 이차대사물질을 해독하기 위해 높은 알칼리성으로 중장의 pH(9~12 정도)를 유지하여야 한다. 식물 즙액을 빨아 먹는 흡수형 곤충류는 묽은 먹이를 농축하기 위해 긴 소화기관을 가져야 한다. 또한 인두펌프를 장착하여 식물체 속의 즙액을 빨아들이는 장치를 구강과 전장에 갖추어야 한다.

기주의 영양분의 조성은 곤충의 먹이 섭취에 영향을 준다. 영양분의 성분뿐만 아니라 영양분 상호간의 비율적 균형이 맞추어져야 한다. 예를 들어, 기니아피그의 피를 흡혈한 모기가 사람 피를 흡혈한 모기에 비해 높은 산란력을 보이는 데 이는 기니아피그 혈액에 포함된 높은 이소류신(isoleucine) 아미노산 함량 때문이다. 따라서 사람 피를 섭취할 경우 다른 많은 아미노산들은 대사에 이용되지 않고 배설되게 된다.

공생미생물의 역할이 소화에 주요한 영향을 미치게 된다. 그러나 장내 미생물이 공생미생물인지 아니면 일시적으로 거주하는 미생물인지를 구분하기 쉽지 않다. 공생미생물의 경우는 기주 곤충의 대사 작용에 참여하여 곤충의 성장과 생존에 필요한 대사물질을 제공할 때이다. 또한 공생미생물은 알칼로이드 또는 탄닌(tannin)과 같은 식물체 유래 독성 물질의 해독 작용에도 관여하게 된다.

공생미생물은 소화효소 및 비타민을 제공하거나 소화효율을 증가시켜 완전한 영양소가 갖추어져 있지 않은 먹이로 살아가는 곤충류에게 부족한 필수 영양소를 제공하여 주게 된다. 체체파리의 경우 공생세균(*Wigglesworthia glossinidia*)을 자신의 지방체 세포의 변형체인 균세포(mycetocyte)에 지니고 있다. 이 세균은 기주 곤충의 성장에 필수적인 비타민 B군을 제공하여 준다. 이러한 공생관계는 적어도 8천만년에서 1억년 정도 유지되어서 그 동안 공생세균이 가지고 있는 유전자들 가운데 공생에 불필요한 부분을 소실하면서 겨우 698 Kb의 게놈 크기만 유지하게 되었다. 유사한 공생관계가 흡혈성노린재(*Rhodnius prolixus*)도 나타나 이 노린재는 *Rhodocuccus rhodnii* 라는 세균을 가지게 된다.

인체에는 병원성을 발휘하는 미생물이 곤충의 체내에서는 병원성을 발휘하지 않는 경우가 있다. 이는 곤충이 가지고 있는 다양한 비병원성 미생물의 존재에 의해 병원성 미생물의 서식을 억제하는 것으로 이해된다. 파리 및 바퀴는 미생물 생존에 적합한 특이적 소화관 구조를 지니고 공생미생물을 보호하면서 타 병원 미생물을 방어할 특이적 장내 면역체계를 유지하게 된다.

공생미생물의 중요성을 비춰볼 때 이 미생물의 조작은 효과적 해충 방제 기술을 구현할 수 있다. 공생미생물의 유전자 조작을 통해 기주 곤충의 형질을 바꾸는 기술을 유사형질전환(paratransgenesis)으로 명명되었고, 이 기술을 이용하여 샤가스병(Chagas' disease)을 매개하는 흡혈성노린재(*R. prolixus*)의 병원 미생물 매개 능력을 상실하게 하였다.

2.2 체외소화

먹이가 자신 보다 비대하여 구강을 통해 바로 섭취하기 어려운 경우 체외소화(pre-oral digestion)를 통해 소화된 음식물을 섭취하는 형태이다. 많은 육식성 곤충과 노린재목 곤충류에서 찾아 볼 수 있다. 즉, 침샘에서 분비되는 소화효소가 외부에 있는 기주 몸속으로 주입되고, 다시 체외에서 소화된 영양분을 다시 빨아 먹는 방식이다(그림 6.7). 이러한 경우 소화액이 분비되어 소화가 이뤄지는 기주체는 곤충 자신에게는 연장된 소화관으로 간주될 수 있다. 즉, 소화가 소화관의 표면적에 비례한다면 체외소화를 수행하는 곤충의 경우는 소화효율을 극대화할 수 있다는 장점을 지니게 된다. 실제로 육식성 딱정벌레의 경우 체내소화만 진행하는 경우 소화효율이 50% 정도이라면 체외소화를 통해 80% 이상의 소화효율을 보이게 된다.

2.3 단백질 소화

단백질은 구성 요소인 20종의 아미노산이 펩타이드 결합으로 연결되어 있다. 따라서 단백질은 흡수에 용이하게 각각의 구성 요소인 아미노산으로 소화된다. 소화는 크게 두 단계로

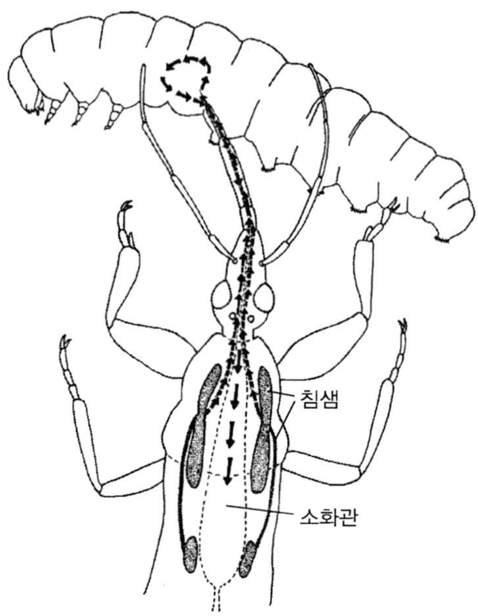

그림 6.7 **체외소화.** 원본그림(Cohen, 1998) 및 사본인가

엔도펩티데이즈(endopeptidase)에 의해 비교적 작은 펩타이드로 되어 분해되고, 다시 엑소펩티데이즈(exopeptidase)에 의해 각각의 아미노산으로 분해된다. 곤충류에서 가장 잘 발견되는 엔도펩티데이즈는 세린 단백질분해효소(serine protease)로서 트립신(trypsin) 또는 카이모트립신(chymotrypsin)을 포함한다. 이들 엔도펩티데이즈는 특이한 아미노산 서열을 인식하여 펩타이드 결합을 가수분해하게 된다. 예를 들어, 트립신은 염기성 아미노산(라이신, 알지니)에 특이적으로 이 아미노산의 카르복실 방향의 펩타이드 결합을 가수분해하게 된다. 카이모트립신의 경우는 방향족 아미노산(페닐알라닌, 타이로신, 트립토판)에 특이적으로 작용하게 된다. 이들 엔도펩티데이즈에 의해 잘라진 펩타이드 조각들은 엑소펩티데이즈인 아미노펩티데이즈(aminopeptidase)에 의해 아미노 말단으로부터 또는 카르복시펩티데이즈(carboxy-petidase)에 의해 카르복실 말단으로 부터 각각 개별 아미노산으로 분리된다.

효율적인 단백질 소화를 위해 이들 소화 효소의 활성이 조절된다. 모기류의 경우 전사 단계 및 번역단계의 조절이 가능하다(그림 6.8). 소화관에 영양분이 없을 경우 모기는 트립신 유전자 발현 산물인 mRNA를 번역하지 않고 갖게 된다. 그러나 흡혈을 통해 mRNA의 번역이 이뤄져서 일부 트립신 단백질이 생성되면, 이들에 의해 초기 소화가 이뤄진다. 이는 이후 소화된 영양분에 의해 많은 양의 소화효소 유전자의 전사를 유도하게 한다. 초기형태는 소량

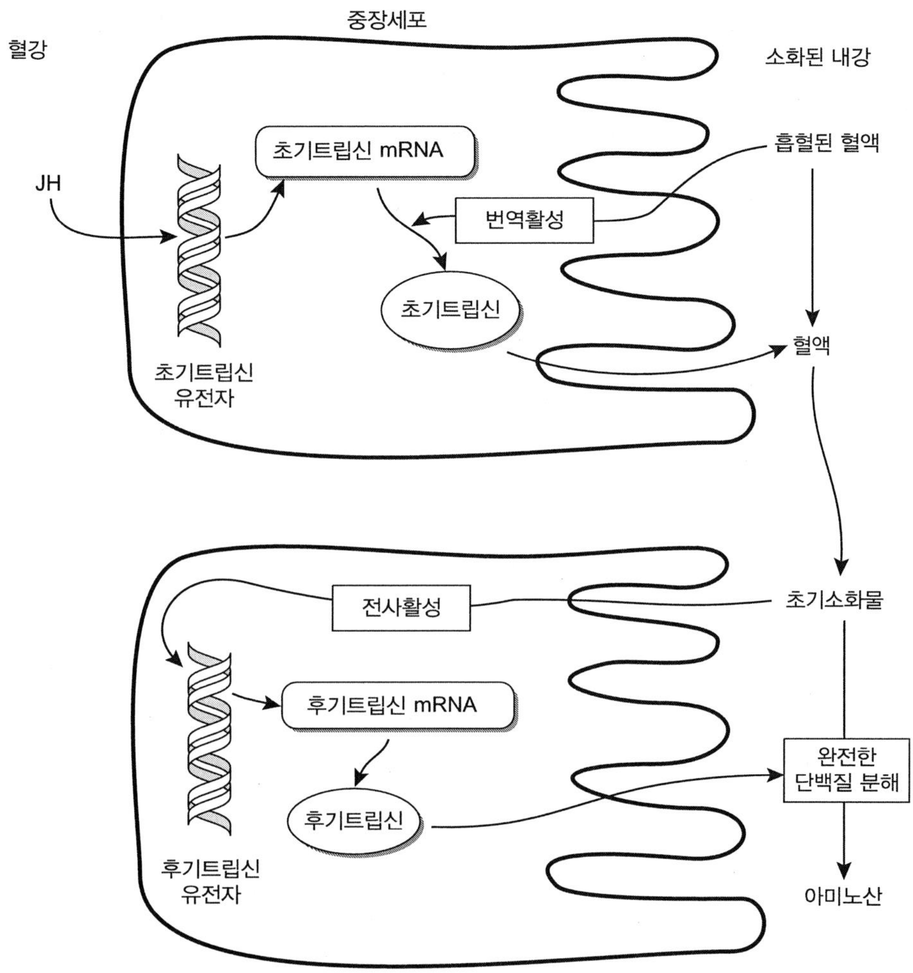

그림 6.8 **모기류에서 단백질 소화효소 트립신의 발현조절.** 원본그림(Klowden, 2013) 및 사본인가

양의 소화 형태로 혈액 섭취 후 2시간 안에 일어나고, 이어 후기 소화는 많은 양으로 12시간 후에 나타난다.

2.4 탄수화물 소화

탄수화물은 포도당과 같은 단당류가 글라이코시딕(glycosidic) 결합으로 연결된 폴리머이다. 글라이코시딕 결합은 크게 α 결합과 β 결합으로 대별된다. 탄수화물의 소화는 이들 글라이코시딕 결합을 가수분해하는 과정이고 글루코시데이즈(glucosidase)가 촉매하게 된다. α-

글루코시데이즈는 엿당(maltose), 트레할로오즈(trehalose) 또는 멜리지토오즈(melezitose)의 α-글라이코시딕 결합을 분해한다. 특별히 트레할로오즈를 분해하는 글루코시데이즈를 트레할레이즈(trehalase)라 부르게 된다. β-글루코시데이즈는 셀로바이오즈(cellobiose)와 겐티오바이오즈(gentiobiose)의 β-글라이코시딕 결합을 분해한다. 이와 유사하게 α-갈락토시데이즈는 멜리바이오즈(melibiose)와 라피노오즈(raffinose)의 α-글라이코시딕 결합을 분해한다. β-프락토시데이즈는 설탕(sucrose), 겐티아노오즈(gentianose) 또는 라피노오즈(raffinose)의 β-글라이코시딕 결합을 분해한다.

저장형 탄수화물인 녹말(starch)이나 글리코겐(glycogen)은 α 결합으로 포도당이 연결된 구조로서 아밀레이즈(amylase) 소화효소에 의해 비교적 작은 조각들로 나눠지고, 이후 α-글루코시데이즈에 의해 단당류로 분해된다. 반면에 여러 곤충류에서 또 다른 탄수화물 영양원으로 이용되는 셀룰로오즈(cellulose)는 포도당이 β 결합으로 연결된 다당류이다. 셀룰로오즈를 소화하기 위해 여러 곤충류가 공생미생물의 도움을 받는다. 하등 흰개미류의 경우는 자신의 후장에 서식하는 공생 원생동물의 도움으로 셀룰로오즈를 소화한다. 많은 고등 흰개미류, 바퀴류, 딱정벌레류는 세균성 공생미생물의 도움으로 셀룰로오즈를 소화한다. 나무좀(bark beetle)의 경우는 체외에서 곰팡이를 재배하여 이들이 분비하는 셀룰로오즈 분해 효소를 섭취하여 먹이 중 셀룰로오즈를 소화하게 된다. 이에 반해 여러 곤충류는 직접 셀룰레이즈

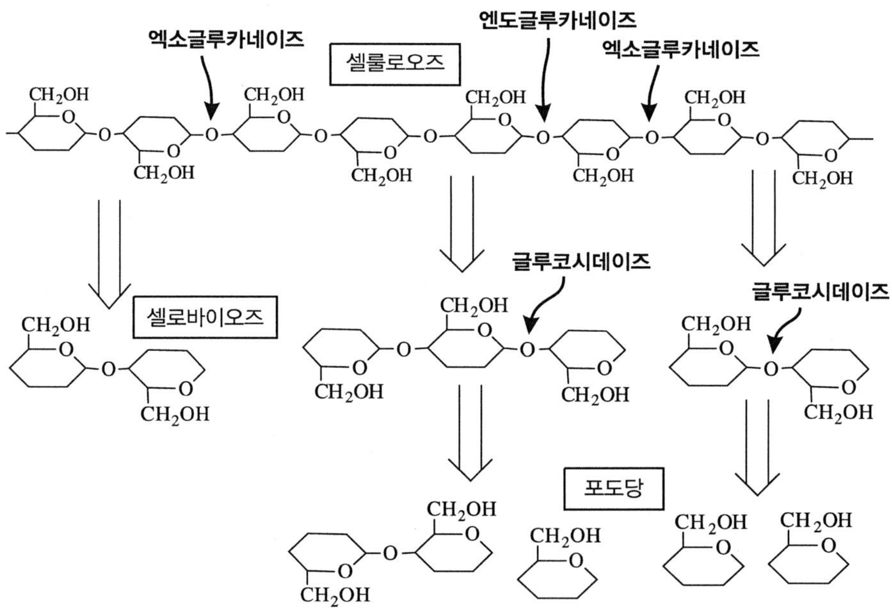

그림 6.9 **셀룰로오즈 소화과정.** 원본그림(Klowden, 2013) 및 사본인가

(cellulase)를 분비하여 공생미생물의 도움 없이도 셀룰로오즈를 소화한다. 이러한 곤충류는 하늘소(cerambycid) 유충, 돌좀목(Archaeognatha) 및 좀목(Thysanura)류, 일부 상위 흰개미류와 바퀴류(*Panesthia cribrata*)를 포함하고 있다. 셀룰로오즈의 분해는 크게 세 단계로 이뤄진다(그림 6.9). 먼저, 엔도글루카네이즈(endo-glucanase)에 의해 1차 소화가 일어나고, 이후 엑소글루카네이즈(exo-glucanase)에 의해 셀로바이오즈의 이당류로 소화된다. 최종적으로 β-글루코시데이즈에 의해 셀로바이오즈를 분해하여 포도당을 얻게 된다.

소화된 포도당은 중장 소화관을 지나 혈림프로 흡수된다. 포도당 흡수는 일반적으로 소화관과 혈림프 사이의 농도 차이에 따른 확산에 의해 이뤄지지만 특이적 포도당 수송단백질(glucose transporter)을 통해서도 또한 도움을 받게 된다. 혈림프 안으로 들어온 당류는 지방체 세포들의 도움으로 이당류인 트레할로오즈로 전환되어 혈림프에 지속적으로 낮은 포도당 농도를 갖게 한다. 이를 통해 소화관과 혈림프 사이에 항상 높은 포도당 구배를 형성하여 소화된 포도당의 흡수를 돕게 된다.

2.5 지질 소화

곤충들의 먹이에 존재하는 지질은 다양하다. 먼저 많은 먹이 속에 존재하는 생체막에는 인지질이 포함된다. 먹이 중의 중성지질의 경우는 식물체에 존재하는 모노갈락토실 다이글리세라이드(monogalatosyl diglyceride)와 다이갈락토실 다이글리세라이드(digalactosyl diglyceride)가 포함되며(그림 6.10), 동물체 먹이 가운데에는 콜레스테롤과 중성지질이 포함된다. 이들 지질이 소화되는 형태는 지방산 또는 다이글리세라이드 형태이다. 지질의 흡수는 주로 중장 앞쪽 부위인 중장맹낭에서 이뤄진다. 이질바퀴(*Periplaneta*)에서는 소낭에서도 지질이 일부 흡수된다.

지질을 소화시키기 위해서는 수용액에 있는 지질 소화효소와 만나야 한다. 그러나 지질의 소수성 성질로 이들의 접촉이 어렵다. 이를 가능하게 하기 위해 척추동물에서는 간에서 생성된 쓸개즙이 소화관 내강으로 분비되어 지질의 수용성을 높여주게 된다. 그러나 곤충에서는 그와 같은 유화제가 밝혀져 있지 않다. 대신에 특정 인지질분해효소(phospholipase A_2: PLA_2)의 도움으로 인지질의 분해물인 lysophospholipid가 양친성(amphiphilic)의 성질로서 이러한 쓸개즙 역할을 담당할 것으로 보고 있다.

지질 소화의 단계를 살펴보면 먼저 인지질분해효소(phospholipase)들은 생체막 구성 성분인 인지질을 분해하여 섭취된 세포를 붕괴하여 다른 효소들이 세포 안 내용물에 작용할 수 있게 한다. 트리글리세롤 분해효소(triacylglycerol lipase)는 물과 지질의 접촉면에서만 관찰되는 트리글리세롤의 바깥쪽 에스테르 결합을 가수분해 한다. 에스테레이즈(esterase)들은 물

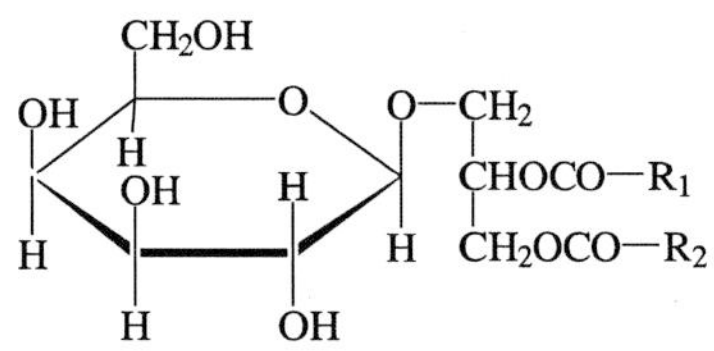

모노갈락토실 다이글리세라이드
(Monogalactosyl diglyceride)

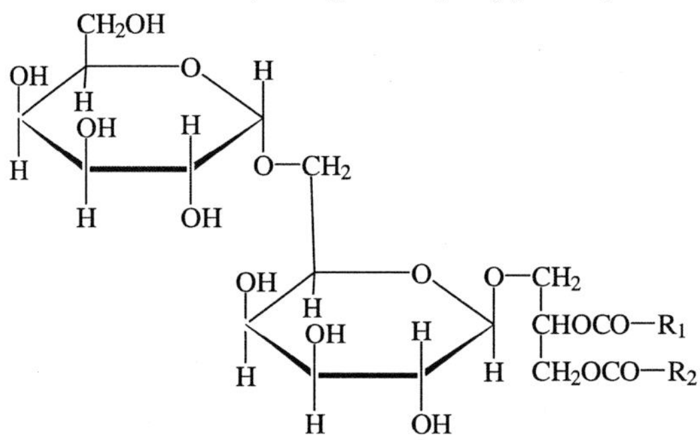

다이갈락토실 다이글리세라이드
(Digalactosyl diglyceride)

그림 6.10 **식물체 존재하는 중성지질.** 원본그림(Klowden, 2013) 및 사본인가

에 완전히 용해된 분자들에 작용하여 지질에 포함된 에스테르 결합을 분해하여 지방산을 유리시킨다. 소화되어 중장세포에 흡수된 지방산이 글리세롤과 재결합하여 다이글리세라이드(diglyceride)를 형성한 후 혈림프로 방출된다. 방출된 다이글리세라이드는 지질운반체인 리포포린(lipophorin)에 결합되어 혈림프를 타고 여러 몸 부위로 수송된다. 따라서 다이글리세라이드는 곤충의 대표적 혈중 중성지질이다.

3 곤충 대사과정

일반적으로 대사(metabolism)는 생체 내에서 일어나는 모든 반응을 통칭하는 것으로 주로 영양물질을 분해하여 에너지를 생산하는 이화작용(catabolism)과 에너지를 사용하여 새로운 생체물질을 합성하는 동화작용(anabolism)으로 대별된다. ATP(adenosine triphosphate)는 이화작용과 동화작용을 연결하여 주는 자유에너지 형태이다. 따라서 종속 영양체인 곤충은 이화작용을 통해 에너지를 ATP 형태로 저장하고, ATP에 저장된 에너지는 동화작용에 이용되게 된다.

대사는 크게 세 단계로 나눌 수 있다. 제1단계에서는 먹이에 포함된 주요 영양소인 탄수화물, 단백질 및 지질은 소화 작용에 의해 각각의 단위체인 단당류, 아미노산 및 지방산으로 분해되는 이화작용을 밟게 된다. 분해된 단위체는 다시 곤충 자신의 탄수화물, 단백질 및 지질로 생합성되는 동화작용으로 진행될 수 있다. 제2단계에서는 이화작용에 의해 단위체들이 아세틸CoA(acetyl CoA)로 전환되는 이화반응 과정이다. 또한 역으로 아세틸CoA는 다시 이들 단위체들로 합성되는 동화작용을 밟을 수 있다. 제3단계의 대사에서는 대사의 중추인 TCA 회로로서 아세틸CoA가 TCA 회로를 거쳐 전자전달계로 들어가서 ATP를 형성하는 이화반응 과정과 TCA 회로에서 여러 중간체가 새로운 생체 물질을 만드는 데 참여할 수 있는 동화반응으로서 작용할 수 있다. 특히 제2, 3단계의 이화작용은 많은 산화반응을 통해 영양분에 포함된 전자를 조효소인 NAD^+ 또는 FAD^+로 전달되어 궁극적으로 이들이 미토콘드리아 내막에 존재하는 전자전달계를 통해 ATP를 합성하게 한다.

3.1 지방체와 곤충 대사

척추동물의 간과 비교되는 지방체는 모든 곤충 대사의 중추적 기관이다. 중배엽 기원으로 몸 전체에 분포한다. 특별히 소화관 주변과 표피세포 아래에 여러 겹의 세포층으로 발달된다. 불완전변태류의 경우 약충과 성충은 유사한 지방체 구조를 지니고 있으나, 완전변태류는 번데기 발육단계를 지나면서 유충 지방체는 세포자연치사 과정을 겪고, 성충 지방체 줄기세포에서 새로운 지방체 조직을 구성하게 된다.

지방체 세포는 주로 영양세포(trophocyte)로 구성되어 세포질에 중성지질, 글리코겐 또는 단백질을 저장하는 소낭 구조를 지닌다. 따라서 생체 신호에 따라 저장물을 혈림프로 방출하여 곤충의 성장 및 발육을 도모하게 한다. 또한 지방체 세포막에 아미노산 수송 통로(transporter)를 발현시켜 영양물질의 감지(nutrient sensing)를 자체적으로 수행하여 이를 통해 직접적으로 발육, 변태 및 생식을 주도하게 한다. 지방체는 또한 항생단백질의 합성이 주로 일어나는 장소로서 면역 기관으로서 기능을 담당한다. 그러나 일부 지방체 세포는 요산세포(urate cell)로 변형되어 배설물인 요산(uric acid)을 저장하는 저장 배설 기능을 수행한다. 일부 지방체 세포는 미생물을 지니는 균세포(mycetocyte)로 변형되기도 한다.

3.2 탄수화물 대사

포도당을 중심으로 한 이화작용은 에너지 생산의 중추적 기능을 담당한다. 포도당은 6탄당으로 세포질에서 해당과정(glycolysis)을 통해 2분자의 탄소 3개의 피루빅산으로 분해된다.

이 과정에서 2분자의 ATP가 생성되고 2분자의 NADH+H$^+$가 형성된다. ATP는 바로 생체 에너지로 이용되지만, NADH+H$^+$는 미토콘드리아로 들어가 전자전달계를 통해 ATP 합성에 이용된다. 다시 산화된 NAD$^+$는 세포질로 돌아와서 해당과정에 참여하게 된다. 이 과정이 최종 전자수용체인 산소를 요구하기에 산소가 부족한 경우에 피루빅산을 젖산으로 환원시키는 젖산발효(lactate fermentation)를 통해 NADH+H$^+$를 NAD$^+$로 전환한다.

곤충의 비행근육의 경우 젖산발효 대신에 글리세롤-3-인산(glycerol-3-phosphate: G3P)을 이용하여 NADH+H$^+$를 NAD$^+$로 빠르게 전환할 수 있다. 이 과정을 글리세롤-3-인산 운반회로(glycerol-3-phosphate shuttle)이라 부른다(그림 6.11). 이 과정에서 해당과정의 중간 산물인 dihydroxyacetone phosphate(DHAP)가 G3P로 환원되면서 NADH+H$^+$를 NAD$^+$로 전환시킨다. G3P는 미토콘드리아 외막을 용이하게 투과할 수 있어 미토콘드리아 내막과 외막 사이에서 다시 DHAP로 전환되고, DHAP는 이후 세포질로 나와 이 운반회로를 완성하게 된다. 젖산은 대사과정의 최종물질이지만, G3P는 젖산을 형성하지 않고 지속적으로 대사과정을 지속시킨다는 점에서 에너지 효율면에서 젖산발효에 비해 유리하다.

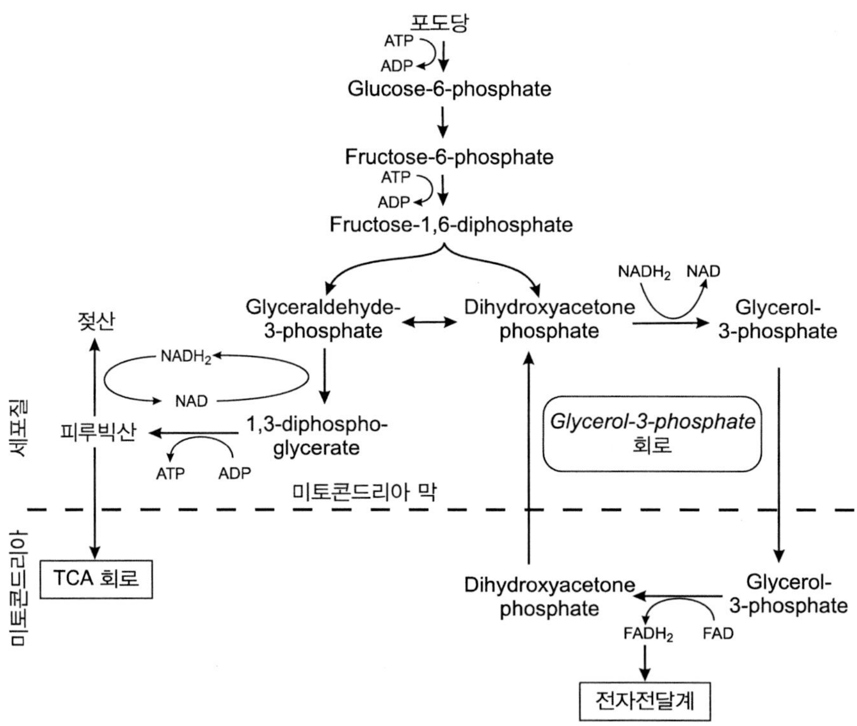

그림 6.11 글리세롤-3-인산 운반회로. 원본그림(Klowden, 2013) 및 사본인가

해당과정을 통해 형성된 피루빅산은 다시 아세틸CoA로 전환되어 미토콘드리아 내강에서 TCA 회로에 참여하게 된다. TCA 회로를 통해 아세틸CoA는 두 분자의 이산화탄소로 분해되면서 1분자의 GTP 고에너지 화합물과 3분자의 NADH+H^+ 및 1분자의 $FADH_2$를 형성한다. 이들 조효소들은 다시 미토콘드리아 내막의 전자전달계로 전자를 전달하여 궁극적으로 이들 전자를 산소가 받아 물로 전환된다.

에너지원으로서 중요한 포도당은 다른 동물과 마찬가지로 곤충에서도 글리코겐으로 저장된다. 글리코겐합성효소가 UDP가 운반하여 온 포도당(UDP-glucose)을 기존의 글리코겐에 $\alpha[1 \rightarrow 4]$ 글라이코시딕 결합(glycosidic bond)으로 붙여 준다. 이 글리코겐은 주로 지방체에 축적된다. 축적된 글리코겐은 근육과 같이 포도당을 이용하려는 조직에 필요에 따라 혈림프를 통해 포도당을 공급하여 주게 된다. 그러나 척추동물과 달리 곤충의 혈당은 이당류인 트레할로오즈(trehalose)이다. 트레할로오즈는 두 분자의 포도당이 $\alpha[1 \rightarrow 1]$ 글라이코시딕 결합으로 이어진 비환원당(non-reducing sugar)이다. 트레할로오즈는 지방체에서 합성되고 혈림프에 약 25~100 mM의 농도로 존재한다. 이는 척추동물의 포도당이 혈중 5 mM로 존재한다는 점에서 높은 농도를 유지한다고 볼 수 있다. 곤충이 포도당 대신에 트레할로오즈를 혈당으로 이용하는 이유는 높은 농도의 혈당을 유지하면서 포도당에 비해 낮은 삼투압을 유지할 수 있기 때문이다. 이는 삼투압이 분자 개수에 비례하기에 동일한 숫자의 포도당에 비해 트레할로오즈는 2배 적은 삼투압을 나타낼 수 있기 때문이다. 따라서 개방순환계를 갖는 곤충은 비교적 혈액 순환이 척추동물에 비해 느리기 때문에 혈림프가 평상 시 혈당을 높게 유지하는 저장 기능을 담당하면서 포도당을 이용하려는 조직에 때에 맞추어 전달할 수 있다는 이점을 갖는다. 또 다른 이유로서 혈당이 트레할로오즈이기에 혈림프에는 낮은 포도당 농도를 유지할 수 있어 소화관에서 소화된 포도당이 농도 구배를 타고 혈림프로 용이하게 흡수될 수 있다. 또한 온대지역에서 월동하는 곤충류의 경우 트레할로오즈는 내동결물질로 작용하여 체내빙결점(supercooling point)을 낮추고 트레할로오즈가 갖고 있는 여러 수산기와 생체막에 존재하는 단백질 사이에 수소결합을 통해 생체막 안정화를 이루어 내한성을 높여주는 생리적 기능을 갖게 된다.

절식 또는 여러 생리적 요구 상태는 옥토파민(octopamine) 신경호르몬을 분비하여 대뇌에 생리적 스트레스를 알리게 된다. 이 스트레스 호르몬에 반응하여 카디아체에서는 당동원호르몬(hypertrehalosemic hormone: HrTH)을 분비하게 된다(그림 6.12). 당동원호르몬은 혈림프를 타고 지방체에 이르고 지방체 세포막에 존재하는 호르몬 수용체에 영향을 주어 표적세포의 세포내 이차전달자인 cAMP 함량을 증가시키게 된다. 증가된 cAMP는 단백질 인산화효소(protein kinase A: PKA)를 활성화한다. 활성화된 PKA는 다시 글리코겐 인산화효소(glyco-

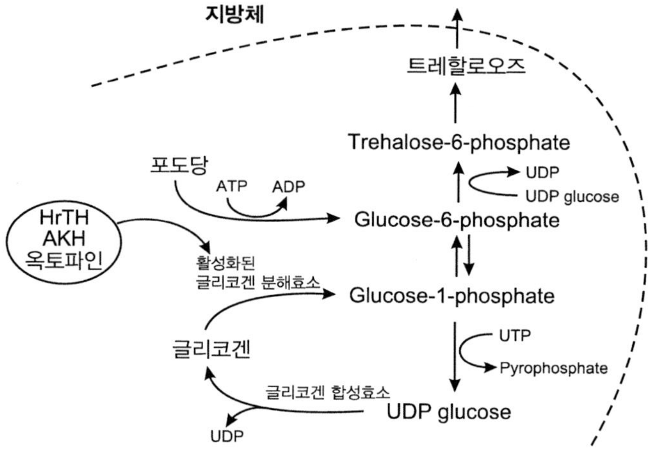

그림 6.12 당동원호르몬(Hypertrehalosemic hormone: HrTH)의 혈당(트레할로오즈) 증가 유기 과정. 원본그림(Klowden, 2013) 및 사본인가

gen phosphorylase)를 활성화하여 글리코겐에서 포도당을 유리하게 한다. 유리된 포도당들은 트레할로오즈 합성효소(trehalose synthase)의 도움으로 트레할로오즈를 만든다. 새롭게 만들어진 트레할로오즈는 혈림프로 나와 몸 전체로 순환된다. 이때 트레할로오즈를 사용하는 세포로 들어가서 다시 포도당으로 분해된 후 이화작용으로 에너지 형성에 이용되거나 또는 동화작용으로 특정 물질의 합성에 이용된다.

키틴(chitin)은 곤충의 표피층을 이루는 구조 탄수화물이다. 키틴은 다당류로서 단위체가 *N*-아세틸글루코사민(*N*-acetylglucosamine: NAM)이 $\beta[1 \rightarrow 4]$ 글라이코시딕 결합으로 연결된다. NAM은 포도당의 2번 탄소에 아미노산의 글루타민 R기의 아민기가 부착되고, 여기에 아세틸기가 첨가되면서 형성된다. 최종적으로 키틴 합성효소(chitin synthase)에 의해 NAM이 차례로 결합되게 된다. 반면에 키틴의 분해가 탈피과정 중에 일어나는 데 이때 키틴네이즈(chitinase)가 관여하여 이당류인 키토바이오즈(chitobiose) 또는 단당류인 NAM으로 분해된다.

3.3 단백질 대사

아미노산은 단백질의 구성 성분이다. 자연계 20종류의 아미노산이 L형의 광학이성체로 생체 내에 존재하게 된다. 이들 아미노산은 단독으로 여러 기능 물질로 이용되거나 또는 펩타이드 결합으로 단백질로 합성되어 작용하게 된다. 척추동물과 마찬가지로 곤충도 9가지 필수

아미노산(His, Ile, Leu, Lys, Met, Phe, Thr, Trp, Val)을 지니게 된다. 나머지 11가지 아미노산은 TCA 회로 또는 아미노전달반응(transamination)과 같은 생체 내 대사과정을 통해 합성되지만, 일부 필수아미노산은 그렇지 않기 때문이다.

곤충은 비교적 높은 농도로 아미노산을 혈림프에 저장하는 데 전체 삼투압의 30% 이상을 차지하게 된다. 이러한 이유는 아미노산 타이로신(tyrosine)의 경우 곤충 표피층 경화반응을 주도하는 퀴논물질의 전구체이기 때문이다. 또한 글루타메이트(glutamate)는 신경전달물질로 이용되기 때문이다. 더욱이 일부 곤충류에서는 프롤린(proline)이 에너지 대사에 이용된다. 지방체에서 공급되는 프롤린은 혈림프를 타고 비행근육으로 옮겨지면 여기서 프롤린 산화효소(proline dehydrogenase)에 의해 글루타메이트로 전환된다. 전환된 글루타메이트는 아미노전달반응을 통해 TCA 중간대사물질인 α－케토글루타레이트(α－ketoglutarate: α－KG)가 되어 에너지 합성에 이용된다. 반면에 아미노기는 α－KG가 산화되어 남은 최종 산물인 피루빅산에 전달되어 알라닌(alanine)을 형성하게 되고 다시 알라닌은 혈림프를 타고 지방체로 돌아와 두 분자의 아세틸CoA와 결합하여 프롤린으로 재합성된다. 프롤린을 에너지원으로 이용하는 이유는 이 물질의 높은 수용성 때문에 많은 양이 혈림프에 축적되어 이용하려는 세포가 용이하게 획득할 수 있기 때문이다. 또한 프롤린 산화로 부터 비롯되는 에너지의 양이 해당과정을 통해 포도당의 분해물이 피루빅산과 비교하여 거의 유사하기 때문이다. 예를 들어, 피루빅산 1분자가 TCA 회로를 통해 산화되면 15분자의 ATP를 생성하는 데 비해 프롤린 1분자는 14분자의 ATP를 생성하여 유사한 에너지 생성 능력을 지니고 있다. 프롤린을 사용하는 곤충들은 비교적 낮은 탄수화물 저장능력을 보이지만 일부는 프롤린과 탄수화물을 함께 사용하기도 한다. 체체파리류, 감자잎벌레(*Leptinotarsa decemlineata*), 똥풍뎅이류, 이집트숲모기(*Aedes aegypti*)는 프롤린이 비행근육에 이용된다. 똥풍뎅이류(*Pachylomerus femoralis*)는 비행전 날개운동 에너지로 프롤린을 이용한다.

곤충에서 다량으로 합성되는 특이한 단백질들이 있다. 저장단백질(storage protein)은 곤충 특이적 단백질의 한 예이다. 성충기간 동안 영양분을 섭취하지 않는 많은 완전변태류의 경우 주요 섭식기간인 유충 발육기간에 이 단백질을 지방체에서 합성하여 혈림프에 저장하고 있다가 번데기로 변태하기 직전에 다시 지방체로 옮겨진다. 번데기 발육 기간 동안 지방체에 축적된 저장단백질이 성충 조직을 만드는 데 필요한 아미노산을 공급하는 이용된다. 저장단백질의 일종인 헥사머린(hexamerin)은 70~90 kDa의 단위체가 6개 모여 형성된다. 이와 유사한 단위체로 구성된 단백질이 헤모시아닌(hemocyanin)으로 갑각류(crustacea)와 협각류(chelicerata) 절지동물에서 발견된다. 이 단백질은 구리를 함유하고 있고 혈액에서 산소를 운반하는 역할을 담당하고 있다. 이 단백질은 약 5억 5천만년 전에 산소를 이용하는 산화효소인 페놀옥시데이즈(phenoloxidase)로부터 기원된 것으로 보고 있다. 그러나 육상 생활을 하는 곤충으로 진화하면서 산소 전달에 기관지를 이용하면서 헤모시아닌이 호흡기능을 상실하면서 진화된 것이 헥사머린으로 보고 있다. 이를 뒷받침하는 예로서 수서 곤충인 그물강도래과 일종인 *Perla marginata* 유충과 성충은 헤모시아닌을 함유하고 있다.

리포포린(lipophorin)은 모든 곤충에서 발견되는 지질운송단백질이다. 소수성 지질이 수용성의 혈림프에서 순환되기 위해서는 리포포린이 필요하다. 특히 중장에서 흡수된 지질과 결합하여 이를 다른 조직에 전달하는 데 이용된다. 또한 지방체와 같은 조직에 저장된 지질이 근육과 같이 지질을 이용하는 기관에 전달할 때에도 리포포린이 이용된다. 일부 리포포린은 지질성호르몬(예, 유약호르몬)을 운반하는 데에도 관여하는 것으로 알려지고 있다.

이들 특이적 곤충 단백질 이외에 곤충 표피층을 이루는 단백질들이 있다. 일명 큐티클 단백질로서 표피세포에서 합성된다. 이들 단백질은 표피층의 구조를 이루면서 외원표피층의 경우는 경화반응에 참여하게 된다. 또 다른 곤충 특이적 단백질로서 난황소전구체(vitellogenin)가 포함된다. 이 단백질은 난황형성과정 동안 암컷 지방체 또는 난포세포에서 합성되어 난모세포에 축적된다.

3.4 지질 대사

지질은 물에 녹지 않고 유기용매에 용해되는 비극성물질로 정의된다. 크게 지방산이 에스테르 결합으로 연결되어 비누화 반응을 일으키는 지질과 그렇지 않은 지질로 나뉘게 된다. 예를 들어, 중성지질(neural lipid), 인지질(phospholipid) 및 왁스(wax)는 비누화지질이지만, 콜레스테롤(cholesterol)과 터펜(terpene)은 비누화 반응을 일으키지 않는 지질로 분류된다. 생체 영양원 및 생체막을 이루는 지질 성분이 기본적으로 지방산을 포함하기에 지방산에 대한 이해가 지질 관련 생리 현상을 이해하는 데 도움이 된다.

지방산(fatty acid)은 카르복실산(carboxylic acid)과 탄화수소로 이어진 구조이다. 여기서 1번 탄소가 카르복실기로 모두 짝수 개수의 탄소로 구성되며, 이중 결합의 유무에 따라 포화(saturated) 및 불포화(unsaturated) 지방산으로 나뉜다. 포화지방산은 탄소 골격이 단일 결합으로 이어진 직선형 분자구조를 지닌다. 주로 생체에 보이는 포화지방산은 라우릭산(lauric acid, 탄소수 12개, 12 : 0), 미리스틱산(myristic acid, 14 : 0), 팔미틱산(palmitic acid, 16 : 0), 스테아릭산(stearic acid, 18 : 0) 및 아라키딕산(arachidic acid, 20 : 0)을 포함한다. 불포화지방산은 이중결합이 최소 1개 이상 가지고 있는 팔미톨레익산(palmitoleic acid, 탄소수 16개, 이중결합 9번 위치에 1개: 16 : 1 Δ^9), 올레익산(oleic acid, 18 : 1 Δ^9), 리놀레익산(linoleic acid, 18 : 2, $\Delta^{9,12}$), 리놀레닉산(linolenic acid, 18 : 3, $\Delta^{9,12,15}$), 아라키도닉산(arachidonic acid, 20 : 4, $\Delta^{5,8,11,14}$)이 주로 생체에 나타난다. 불포화지방산의 이중결합은 모두 cis 형태의 광학이성체를 지니고 있어 직선형의 탄화수소 사슬이 여기서는 굽게 된다. 따라서 불포화지방산은 포화지방산에 비해 분자 사이에 거리가 멀게 되어 낮은 온도에서 쉽게 용해된다. 대부분 불포화지방산은 상온에서 액체 상태를 유지하나, 포화탄화수소는 고체 상태로 유지된다. 생체막을 이루는 인지질은 이들 지방산의 조성을 달리하여 일정한 유동성을 띠게 된다. 반면에 포화지방산과 긴 알코올 사슬로 연결된 왁스는 오히려 높은 융점을 이용하여 상온에서 고체 형태를 유지하면서 체내 수분 증발을 막는 생리적 기능을 담당하게 된다.

곤충의 에너지원으로 지질은 중요한 생리적 기능을 갖는다. 탄수화물(4 kcal/g)이 에너지원으로 이용되나 단위 중량 대비 생성되는 ATP 합성량을 살펴보면 지방산이 2배 이상(9 kcal/g)의 효율을 갖는다. 이 지질 가운데 트리글리세라이드(triglyceride)는 주요 에너지 저장물질이다. 곤충 체내 지방체에 주로 축적된다. 이질바퀴(*Periplaneta americana*)의 경우 생체중량의 50% 이상이 트리글리세라이드가 차지한다. 이는 비교적 몸집이 작은 곤충류의 경우 다른 영양소에 비해 적은 부피로 많은 에너지를 저장할 수 있는 지질을 저장형태로 선호하기 때문이다. 저장된 트리글리세라이드는 필요에 따라 라이페이즈(lipase)의 도움으로 다이글리세라이드(diglyceride)로 전환되어 혈림프로 방출되어 필요로 하는 조직에 운반된다.

다가불포화지방산(polyunsaturated fatty acid: PUFA)은 생체에 필수적으로 이용되나, 다른 동물과 마찬가지로 곤충도 직접 생합성이 불가능하다. 특히 기생성 곤충류의 경우는 이러한 생합성 능력을 가지고 있지 않아 기주의 영양원에 전적으로 의존하게 된다. 따라서 PUFA가 먹이 중에 포함되어야 곤충의 성장 및 발육에 도움을 주게 된다. 그러나 일부 곤충류(바퀴류, 귀뚜라미류, 진딧물류, 흰개미류)에서 탄소 2개의 아세틱산(acetic acid)에서 리놀레익산을 합성하는 것으로 보고되었다.

반면에 척추동물과 달리 곤충은 콜레스테롤(탄소수 27개)을 합성할 수 없다. 콜레스테로 생합성 과정 가운데 탄소수 30개의 제라닐 피로인산(geranyl pyrophosphate)까지는 가능하나, 이후 고리를 만드는 사이클레이즈(cyclase)의 부재로 스테로이드 생합성을 하지 못한다. 콜레스테롤은 세포막의 주요 구성요소들이고, 탈피호르몬인 엑디스테로이드 합성 전구체이다. 따라서 곤충들은 스테로이드 물질을 먹이로부터 얻어야 한다. 대부분의 식물들은 콜레스테롤을 갖고 있지 않기 때문에 식식성 곤충들은 식물에 포함되어 있는 식물성 스테로이드인 시토스테롤(sitosterol), 캄페스테롤(camphesterol), 스티그마스테롤(stigmasterol)에 있는 24번 탄소의 알킬기를 제거시켜 콜레스테롤로 전환한다. 이 탈알킬화를 이진행할 수 없는 곤충류는 추가 탄소가 있는 일명 마키스테론 A(makisterone A, 24-methyl 20-hydroxy ecodysone)가 탈피호르몬이 된다.

중장은 지질 흡수가 일어나는 중요 장소이다. 먹이 중에 포함된 트리글리세라이드는 소화효소들에 의해 글리세롤과 지방산으로 가수분해되어 중장세포로 흡수되면 여기서 다시 다이글리세라이드로 전환하여 혈림프로 방출한다. 이때 혈림프의 지질운반 단백질인 리포포린이 목적하는 세포로 운송한다. 대상 세포의 세포질로 들어온 다이글리세라이드는 글리세롤과 지방산으로 분해되고 지방산을 에너지로 이용하기 위해서는 미토콘드리아 내강으로 들어가야 하는 데 이러한 전달은 카르니틴(carnithine) 운송 단백질을 이용하게 된다. 미토콘드리아 내강에서는 지방산이 2개 탄소씩 분해되는 β-산화가 일어나게 된다. 이 결과 아세틸 CoA와 환원력이 있는 $NADH+H^+$ 및 $FADH_2$가 생성된다. 아세틸 CoA는 TCA 회로로 진행되어 다시 에너지 합성에 이용된다.

휴면으로 월동하려는 곤충과 같이 다량의 에너지를 트리글리세라이드로 저장하여 긴 겨울을 지내려 한다. 이때 필요한 것이 다량의 지방산이다. 탄수화물과 단백질에서 지방산으로 전환이 가능하다. 즉, 이들 영양원이 아세틸 CoA로 전환되고 이를 기반으로 세포질에 있는 지방산합성효소(fatty acid synthase: FAS)에 의해 지방산 합성이 일어나게 된다. 지방산합성은 말로닐 CoA(malonyl CoA)를 형성하는 단계로부터 시작하여 여기에 아세틸 CoA를 지속적으로 붙이는 일련의 반응으로 탄소 2개씩 사슬이 연장되게 된다. 이 환원 반응 과정에 $NADPH+H^+$가 전자를 제공하여 주어 반응이 일어나게 한다. FAS 효소복합체에서 길어지는 지방산을 여러 단계의 반응로 이어지게 전달하여주는 물질이 acyl carrier protein(ACP)이다. 따라서 지방산 합성의 시작은 ACP에 결합하는 단계에서 비롯된다. 합성된 지방산 3분자가 1개 분자의 글리세롤 골격에 에스테르 결합으로 연결되어 최종적으로 트리글리세라이드를 합성하게 된다.

지방체에서 합성되고 저장된 지질은 필요에 따라 체내 여러 세포로 전달되어야 한다. 그러나 대부분은 물로 이뤄진 혈림프에 다이글리세라이드가 운송되려면 특이적 지질운송단백질이 필요하다. 이 지질 운송체가 리포포린(lipophorin: Lp)이다(그림 6.13). 물론 이 리포포린은 다이글리세라이드 이외에 콜레스테롤과 같이 여러 지질을 운송할 수 있다. 운송될 지질이 포함되지 않은 상태의 리포포린을 고밀도리포포린(high density lipophorin: HDLp)이라 부르며 약 600 kDa의 크기로 여기에는 아포리포포린 I(apoLpI)과 아포리포포린 II(apoLpII)가 포함되어 있다. 아포리포포린 III(apoLpIII)는 독립적으로 존재하다가 HDLp가 지방체로부터 디아실글리세롤을 받아들일 때 운송 지질 용량을 안정적으로 증가시키고자 HDLp에 결합된다. 이러한 과정을 통해 HDLp가 지질을 받아들이게 되면 높은 지질 덕택으로 비중이 낮아져서 저밀도리포포린(low density lipophorin: LDLp)으로 전환된다. 이 LDLp 형태로 다이글리

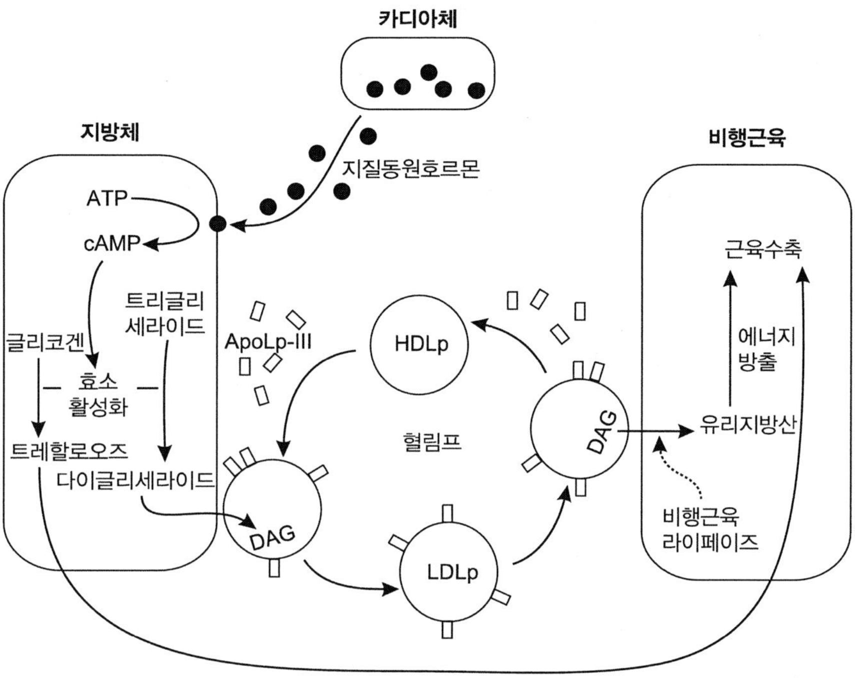

그림 6.13 **리포포린(Lipophorin: Lp) 지질 운반체 역할.** 원본그림(Klowden, 2013) 및 사본인가

세라이드가 대상 세포들(비행 근육세포, 난소, 표피세포 및 편도세포)로 운송된다. 이들 대상 세포에서는 리포포린 수용체(Lp receptor)에서 리포포린을 인식하고 다이글리세라이드를 세포 내로 운반한다. 이후 리포포린은 apoLpIII와 HDLp로 분해되고 다음 운반 기능을 기다리게 된다. 즉, 리포포린은 재생하여 사용할 수 있는 지질 운반 셔틀(shuttle)이다.

리포포린에 의해 대상 세포로 운반된 다이글리세라이드는 라이페이즈의 도움으로 지방산을 유리시켜 에너지를 얻게 된다. 이동성 메뚜기류는 10시간 이상 동안 200 km 이상을 비행하는 데 초기(15~30분) 비행에너지는 탄수화물이지만 이후 지방체에 저장된 트리글리세라이드를 동원하여 장기간 비행 근육의 에너지로 사용하게 된다. 신경펩타이드의 일종인 지질동원호르몬(adipokinetic hormone: AKH)은 카디아체의 분비엽에 있는 고유의 신경분비세포에 의해 합성된다. 현재까지 여러 곤충 목들로부터 약 40개의 서로 다른 AKH 이성질체들이 동정되었다. 일부 곤충 종은 여러 형태의 이성체 AKH를 지니고 있어 지질동원 이외의 다른 생리적을 이들 이성체들이 수행할 것으로 추정하고 있다. 예를 들어, 풀무치(*Locusta migratoria*)는 적어도 세 개의 AKH 이성체, 이질바퀴(*Periplaneta americana*)는 두 개를 각각 발현시키고 있다. 이 AKH 호르몬들은 8~10개의 아미노산으로 구성되는데, 이 중에는 적어도 2개의 방향족 아미노산들이 포함되어 있다. 비행동안 카디아체에서 AKH가 방출되어 혈림프를 타고 지방체 세포막 수용체에 결합된다. 이 AKH 수용체는 세포내 호르몬 이차전달자를 이용하여 라이페이즈 효소 활성을 증가시켜 저장된 트리글리세라이드가 다이글라이세라이드로 전환되게 하고 혈림프의 리포포린이 이를 대상 세포로 전달하게 한다(그림 6.14). 카디아체에서 AKH 방출은 여러 요인에 의해 조절된다. 우선 혈림프의 높은 트레할로오즈는 AKH의 방출을 억제한다. 반면에 곤충의 스트레스 관련 호르몬인 옥토파민(octopamine)은 AKH의 방출을 촉진시킨다. AKH 지질 동원뿐만 아니라 당동원에도 관여한다. 즉, AKH 수용체가 있는 지방체에서 AKH 신호는 세포 내 글리코겐 포스포릴레이즈(glycogen phosphorylase)를 활성화시켜 트레할로오즈 합성 및 혈림프로 방출을 유도하게 된다. 또한 AKH는 혈림프 프롤린 농도도 증가시켜 프롤린을 이용하는 곤충에게 비행에 필요한 에너지를 제공하게 한다.

3.5 비타민 대사

비타민(vitamin)은 동물 먹이에서 미량으로 요구되는 생체 물질이다. 이들은 물에 대한 용해성에 기초하여 두 집단으로 나뉜다. 수용성 비타민은 비타민 B 복합체와 비타민 C가 있으

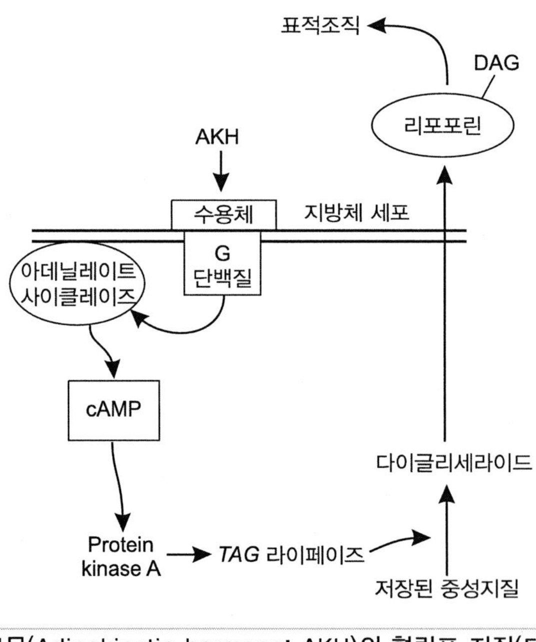

그림 6.14 지질동원호르몬(Adipokinetic hormone: AKH)의 혈림프 지질(다이글리세라이드) 증가 유기 과정. 원본그림(Klowden, 2013) 및 사본인가

며 주로 조효소로 기능을 담당한다. 지용성 비타민에는 비타민 A, D, E, K가 있다. 비타민 A 혹은 베타카로틴은 곤충의 시각색소의 필수원소이고 레티놀의 전구체로서 요구된다. 다른 카로티노이드류는 큐티클층 색소로서 체색에 관여하고 일반적인 항산화제로 기능한다. 이들을 먹이로부터 회득하는 것 이외에도, 암컷들은 정액 혹은 저정낭의 형태로 수컷들로부터 비타민을 얻을 수 있다. 일부 곤충들에서는 비타민 E 혹은 알파토코페롤이 생존기간과 산란력을 강화시킨다. L-카르니틴은 공식적으로 비타민 B_T로 불리는 "유사비타민"인데, 활성이 처음 거저리류(*Tenebrio*)에서 동정되었다. 카르니틴은 긴 사슬의 지방산을 미토콘드리아로 수송하는 데 관여 한다.

4 휴면

미리 다가올 불리한 환경 조건에 대비하여 여러 곤충들은 휴면(diapause) 발육 단계를 갖게 된다. 휴면은 환경변화를 미리 감지하는 감수성 시기를 통해 이 발육 단계를 준비하는 유기(induction)과정, 그리고 외부 환경 변화가 있어도 그대로 휴면을 지속하는 유지(maintenance)단계 끝으로 일정 기간의 휴면 기간을 지난 다시 이 발육 단계를 깨는 종료(termination)단계로 구성된다. 따라서 일부 환경 변화에 따라 다시 정상적인 발육 형태로 돌아오는 휴지(quiescence)와 구별된다. 휴면을 유기하는 데 결정적인 환경요인은 주로 일장(day length)이 이용된다(그림 6.15). 즉, 생체시계에 의존하여 일주기리듬을 파악하고 여기에서 비롯된 일장의 차이를 감지하게 된다. 이때 종 특이적 임계일장(critical photopeiod)을 감수성 시기에 감지하고 이를 계수하여 휴면 유기를 결정하게 된다. 따라서 생체시계와 더불어 임계일장 계수기(photoperiod counter)가 존재하게 된다. 아직 일장계수기의 본체에 대해서

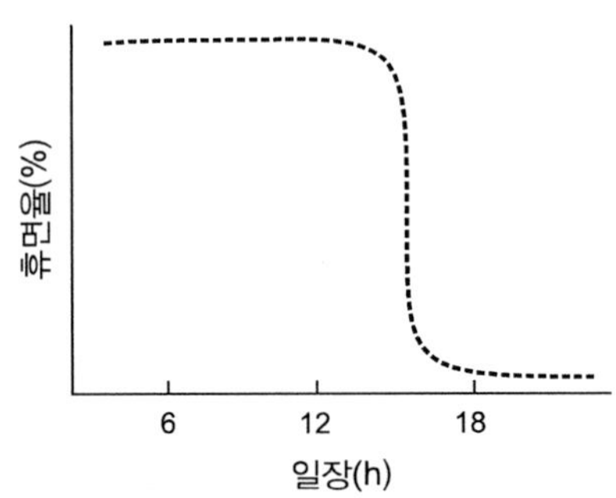

그림 6.15 광주기와 휴면 유기. 원본그림(Klowden, 2013) 및 사본인가

는 알려지지 않고 있다. 휴면 기간 동안에는 장기간 동안 영양분의 공급 없이도 생명력을 유지하게 되고 저온 또는 수분 부족 등의 극한 환경 조건에 내성을 가질 수도 있다.

휴면은 환경 조건의 변화와 관계없이 일정한 발육시기 또는 세대에 일어나는 절대휴면(obligatory diapause)과 특정 환경 조건 속에서만 휴면에 유기되는 조건휴면(facultative diapause)으로 나뉜다. 휴면하는 종은 종에 따라 특이적 발육태에서만 이뤄지게 된다. 알휴면(egg diapause)은 탈피호르몬 농도가 높아져 유발되거나, 누에(*Bombyx mori*)와 같이 이전 세대의 어미로부터 휴면호르몬(diapause hormone; DH)에 의해 유기되는 경우이다. DH는 암컷 성충이 장일조건을 겪으면서 합성된다. 합성된 DH는 난모세포로 들어가서 추후 성장하는 배자가 낭배기 과정에서 발육을 정지하도록 유도한다. DH는 난소의 트레할레이즈(trehalase) 활성을 촉진하여 혈당인 트레할로오즈가 분해되게 하고 이후 글리코겐 축적을 막고 오히려 다가알코올인 소비톨(sorbitol)과 글리세롤(glycerol)의 합성을 촉진시켜 다가올 겨울 기간 동안의 내동결물질로 작용하게 준비시킨다. 또한 이들 폴리올은 배자발육을 억제하는 효과도 가져온다. 휴면 종료는 소비톨과 글리세롤 함량을 줄여 배자발육의 저해요인을 없애고 이들을 글리코겐으로 전환시켜 배자발육과 부화를 위한 에너지원으로 이용되게 한다. 휴면하는 누에 알은 인산에스터와 결합된 엑디스테로이드류를 갖고 있으나, 비휴면 알에서는 이들 사이에 가수분해가 일어나서 엑디스테로이드가 유리된다. 발육할 알에서는 유리된 20E(20-hydroxyecdysone) 농도가 매우 증가하여 배자 탈피에 관여하나, 휴면알에서는 낮다.

유충휴면(larval diapause)과 용휴면(pupal diapause)에는 엑디스테로이드 부재와 관련이 있다. 이는 뇌가 전흉샘촉진호르몬을 방출하지 못하거나 전흉샘이 전흉샘촉진호르몬에 반응하지 못하기 때문이다. 어떤 나비목 곤충들에서는 유약호르몬 농도가 증가하여 제자리 탈피를 하는 특징을 갖는 유충 휴면에 들어간다.

성충휴면(adult diapause)은 성충 시기에 생식선자극호르몬으로 작용하는 유약호르몬이 부재하여 일어나는 생식휴면(reproductive diapause)으로 특징을 갖는다.

제 7 장

순환계

Circulatory System

동물은 혈액 순환계의 도움으로 체내에 있는 모든 세포들에게 영양분 공급과 노폐물 제거를 수행한다. 비교적 소형의 단세포 동물의 경우는 단순히 외부와 물질 확산을 통해 영양분 및 노폐물 제거가 가능하지만, 곤충을 비롯한 여러 다세포동물은 순환계가 발달하여 세포들이 접해있는 혈강에 물질 이동을 능동적으로 도와주게 된다. 여기에 많은 대형 동물들의 경우는 순환계가 산소 공급을 비롯한 공기 교환을 담당하기에 이러한 순환계의 효율성은 생존과 발육에 필수적 생리 수단이다. 또한 순환계는 몸 전체의 항상성을 유지하기 위해 내분비 신호를 전달하게 된다.

곤충의 경우 순환계는 물질의 이송 및 내분비 조절 기능을 담당한다. 그러나 척추동물과 달리 산소 운반 기능은 기관지를 이용한 호흡방식을 이용하기에 순환계에 대한 의존도는 낮다. 반면에 비교적 느린 순환계의 속성이 오히려 이 순환계가 영양물질의 저장 기능도 담당하여 필요에 따라 물질 공급을 원활하게 하여 주고 있다. 또한 곤충의 순환계는 림프와 혈액이 섞여 있는 혈림프를 공급하기에 영양분 저장뿐만 아니라 면역의 기능도 담당하게 된다. 아울러 몸이 연한 곤충의 경우(예, 나비목 유충) 개방혈관계의 혈림프는 체형 유지하는 유체골격(hydrostatic skeleton)으로서의 역할을 담당하게 된다. 변온동물로서 특별히 온도 조절을 가지고 있지 않는 곤충은 순환계를 이용하여 체온 변화를 더디게 하여 주며 내동결물질을 통한 내한성 발달에도 기능을 담당하게 된다.

1 혈림프 순환계 특징

배자 발생 과정 동안 중배엽에서 유래된 곤충 체강은 개방혈관계를 구성하는 곤충에게는 혈림프가 존재하는 혈강(hemocoel)이 된다. 그러나 등쪽에 있는 일부 혈관이 혈림프의 순환을 돕게 된다. 이를 등핏줄(dorsal vessel)이라 부르며 몸의 뒷부분에서 머리까지 세로로 길게 뻗은 튜브 모양을 지닌다(그림 7.1). 이 등핏줄의 후방은 막힌 관 구조이나 전방 머리 부위에서는 뇌와 식도 사이에 열린 관 구조이다.

1.1 등핏줄 구조

등핏줄은 단순한 관 모양이 아니라 배자발생기에 심장아세포(cardioblast)에서 유래된 심장(heart)과 대동맥(aorta)의 두 부위로 구성된다. 심장은 주로 배(abdomen) 윗쪽에 위치하며 등핏줄의 후반부를 구성하게 된다. 심장은 일련의 심실로 구성되며 이들 사이에는 판막 구조의 심문(ostia)을 지닌다. 심문은 유입심문(incurrent ostia)과 유출심문(excurrent ostia)으로 분류된다. 유입심문은 심장 확장기에 판막이 열려 혈림프가 심장 안으로 들어오는 통로이다. 반면에 심장 수축기 때에는 판막이 닫혀 등핏줄 내부에서 혈림프의 이동을 도와준다. 유출심문은 판막 구조 없이 일부 파리류에서 보듯이 후방으로 열리거나 또는 원시적 좀목, 메뚜기목 및 강도래목의 곤충류에서 나타나듯이 측면으로 열리게 된다. 일부 곤충류에서는 내부 판막이 존재하여 혈림프가 전방 머리로 수축 이동할 때 심장의 심실 사이에 혈림프의 역류를

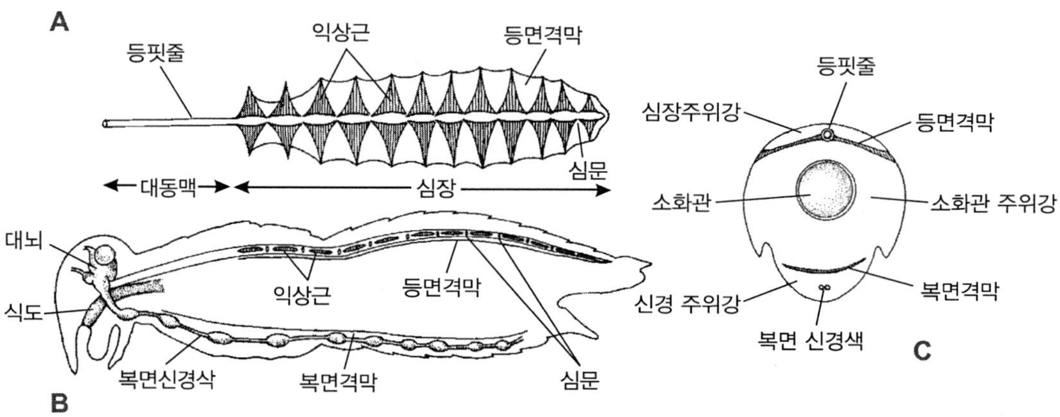

그림 7.1 **곤충 혈림프 순환계 구조.** (A) 등핏줄 (B) 세로 단면도-등핏줄이 몸의 윗쪽에 자리하고 있다. (C) 가로 단면도-혈강의 세 부분. 원본그림(Klowden, 2013) 및 사본인가

방지하기도 한다. 일부 곤충류에서는 측방등핏줄(segmented dorsal vessel)이 심장 마디마다 존재하여 각 심실로부터 측면으로 뻗어 나오는 분포를 보인다. 심장은 환상근과 종주근으로 둘러싸이며 이들 근육의 배치는 전후 심장부위에서 다를 수 있다. 심장 주변에는 2~12쌍의 익상근(alary muscle)이 발달된다.

혈강은 크게 세 부위로 나뉜다. 심장 아래에 위치한 연결조직인 등면격막(dorsal diaphragm)은 복부 전체에 분포하며 등핏줄 주변으로 심장주위강(pericardial sinus)을 형성한다. 등면격막에는 위심세포(pericardial cell)가 존재하여 포식작용으로 혈림프에 존재하는 대형 물질의 여과 기능을 수행한다. 다시 복부 아래쪽에 위치한 복면격막(ventral diaphragm)은 복면신경삭 바로 위에 존재하며 혈강을 다시 신경주위강(perineural sinus)과 소화관을 둘러싸는 나머지 혈강 부위인 소화관주위강(perivisceral sinus)으로 각각 나눈다. 등면격막과 더불어 복면격막의 요동은 혈강의 각 구역별 혈림프 분배를 조절할 수 있다. 고등파리류는 복면격막은 없지만 비행을 위해 작은 체중을 유지할 때 소형 부피의 혈림프가 효과적으로 작용할 수 있도록 혈강을 구획화하는 대형 공기주머니를 가지게 된다.

대동맥은 등핏줄의 전반부로서 가슴에서 머리까지 분포하며, 심장보다 좁고 판막 구조도 없는 단순한 관 모양을 이룬다. 등핏줄은 뇌나 식도에 연결조직으로 부착되며 이들 사이에 끝이 열린 구조를 지니게 된다. 대부분의 나비목 및 벌목 성충은 대동맥이 고리 모양으로 날개 근육 주위로 돌며 분포한 후 머리로 뻗게 된다. 일부 고등 파리목 곤충에서는 부속박동기관이 머리 후방에 존재하여 머리와 가슴으로 혈림프 전달을 용이하게 해준다.

1.2 부속박동기관

개방혈관계의 한 가지 문제점은 혈림프 순환에 뚜렷한 방향성이 없기 때문에 다리, 촉각, 미모 및 날개와 같은 부속지에 혈림프 전달이 어렵다는 것이다. 등핏줄이 혈림프를 머리 쪽으로만 펌프질하면 여기서 혈림프는 후방 혈강으로 수동적 확산이 이뤄지는 데 이때 단순 확산만으로는 이들 부속지의 말단 세포까지 영양분의 공급이 충분하지 않을 수 있다. 촉각의 감각수용기는 환경변화에 신속히 반응해야 하기 때문에 특별히 이 부위에 혈림프 순환을 통한 물질 교환이 이뤄져야 한다. 이 문제를 처리하기 위해 촉각 기부에 특별한 부속박동기관(accessory pulsatile organ)이 존재하여 촉각 내부로 혈림프의 순환을 도와주게 된다(그림 7.2). 다리 기부에 존재하는 부속박동기관은 다리 부속지 내부를 둘로 양분하는 격막이 존재한다. 이 격막을 중심으로 혈림프를 다리 아래쪽 혈강으로 보낸 뒤 다시 위쪽 혈강으로 되돌아오게 하여 혈림프 순환을 이루게 한다. 이 구조는 노린재목과 메뚜기목 곤충류에서만 발견

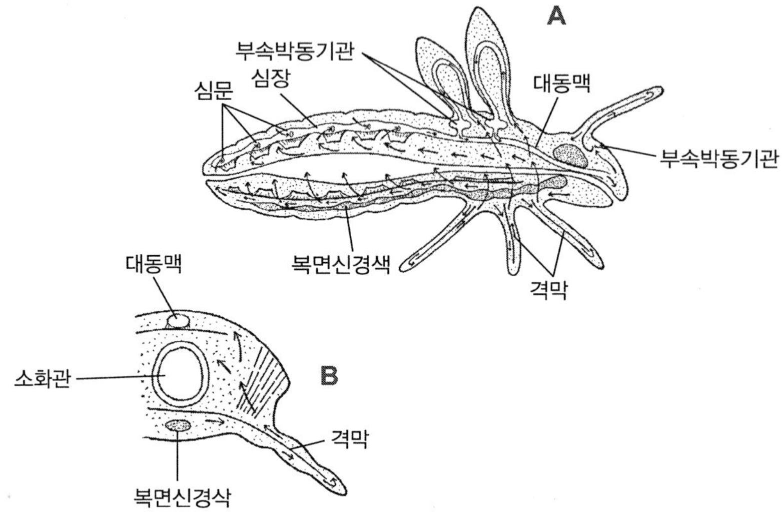

그림 7.2 **부속박동기관.** (A) 촉각, 날개 및 다리 부속지들의 혈림프 순환 (B) 격막을 통한 다리 부속지 혈림프 순환. 원본그림(Klowden, 2013) 및 사본그림

되고 있다. 메뚜기류에서는 중흉 다리가 전절과 퇴절 사이에 이 격막이 존재하는 데, 이 격막의 움직임은 근육 활동과 호흡에 따른 공기주머니 수축 활동에 의해 이뤄지고 있다. 이들 부속박동기관의 수축활동은 등핏줄 수축과 독립적이며 심장 박동보다 비교적 빠른 편이다.

날개의 대부분 표피세포는 번데기 기간에 날개를 형성하고 난 뒤 퇴화하지만, 신경과 감각수용 및 온도 조절의 기능을 유지하기 위해 날개 내부로 혈림프의 흐름은 유지된다. 날개를 통한 혈림프의 이동은 거의 모든 유시류 곤충에서 발견되는 날개 부속박동기관의 도움으로 이뤄진다. 이들은 등핏줄이 일부 확장되어 발달되거나 또는 대동맥에서 신장된 맹관이 날개 기부에 이르는 지점에서 유입심문을 갖추고 혈림프를 날개에서 등핏줄로 이동하게 하여 날개 내부의 혈림프 순환을 도모하는 형태로 발달된다. 일부 곤충에서는 등핏줄과는 관련 없이 쌍으로 또는 단독으로 박동격막이 존재하기도 한다. 이때 날개 내부로 흐르는 혈림프의 방향은 일정한 방향 없이 날개 전체 부위로 혈림프가 출입하거나 또는 시맥을 통해 일정 방향으로 이동하게 순환시킬 수 있다. 이들 부속박동기관은 근육 이완으로 먼저 자체의 부피를 증가시켜 내부 압력을 떨어뜨려 기관 내부로 혈림프가 들어오게 한다. 이를 통해 날개 또는 다리로부터 혈림프를 뽑아내는 추진력을 갖게 되어 이들 부속지에 다시 새로운 혈림프가 들어가게 하여 순환을 이루게 한다.

촉각의 부속박동기관은 등핏줄이 촉각까지 연장된 비신축성 주머니 모양이 대부분이다. 그러나 고등 곤충류에서는 이 주머니를 신축시킬 수 있는 근육을 가지고 있어 혈림프를 촉각 내부로 펌프질할 수 있다. 속입틀(entognatha) 구조를 지닌 원시 곤충류는 촉각핏줄과 등핏줄이 직접 연결되어 있다. 좀붙이목(Diplura)에서는 대동맥 연장관이 촉각과 미모 속으로 발달되어 있다. 겉입틀(ectognatha) 머리 구조로의 진화는 촉각과 등핏줄이 분리되도록 재구성된다. 부속박동기관의 수축은 주로 자체 근육에서 기원된 근원성이나 신경계에 의해 그 수축 리듬이 조절될 수 있다. 바퀴류(*Periplaneta*)에서 촉각 부속박동기관은 식도하신경절의 신경 지배하에 있으며 여기에 신경호르몬이 분비되어 수축 리듬 조절을 도와준다.

1.3 심장박동과 조절

익상근에 의한 심장의 확장은 유입심문을 통해 혈림프가 심실로 들어가게 한다. 심장벽에 존재하는 근육은 심실의 수축을 유도하고 심문을 닫게 한다. 이어지는 심장수축의 연동운동은 이완기 때 들어왔던 혈림프를 후방 심방에서 전방 심방으로 이동하게 한다. 심장수축 속도는 곤충 종과 발육 시기에 따라 다양하여 곤충 전체의 특징을 규정하기는 어렵다. 온도와 같은 환경요인은 심장 박동에 영향을 주어 온도가 올라감에 따라 박동 속도도 증가한다. 극도로 높거나 낮은 온도에서 심장박동은 멈출 수 있다. 특별히 번데기의 경우 심장 박동이 몇 초 동안 멈추거나, 혈림프 이동을 거꾸로 이동하게 하는 역방향 심장수축이 진행될 수 있다. 이러한 역방향 심장수축은 곤충의 앞쪽 압력이 높을 때나 앞쪽에 위치한 유출심문에 조직 가수분해 산물이 틀어 막고 있을 때 일어날 수 있다. 검정파리(*Calliphora vomitoria*) 성충 심장의 전방 수축은 분당 376회이나 후방 수축 속도는 분당 175회이다. 대동맥도 리듬성 혈림프 이동성을 보이나 자체 수축에 기인된 것으로 볼 수 없다.

부속박동기관처럼 심장의 수축은 근원성으로 조절되나 신경 및 내분비 자극에 의해 영향을 받는다. 초파리 유충과 더불어 많은 곤충류의 등핏줄에 신경이 분포하지 않아 심장박동은 전적으로 근육의 자율적 수축 리듬에 의존하는 근원성이나 일부 곤충류에서는 대동맥에 내장신경계의 뇌하신경절(hypocerebral ganglia)로부터 신경들이 연결된다. 초파리 성충은 변태과정을 통해 심장에 신경 지배가 이뤄지고, 이 신경의 신경근육연접에서는 글루탐산(glutamate)을 신경전달자로 이용한다. 이러한 신경들은 몸길이근육(longitudinal muscle)을 지배하여 일정한 시기에는 역방향 심장수축을 유도한다. 복면신경삭에서 유래된 마디신경(segmental nerve)이 익상근에 연결되어 심장의 확장기 동안 익상근의 근육 수축을 유도하여 심장 이완을 보다 폭넓게 도와주게 된다.

카디아체와 복면신경삭에서 생성되는 심장박동촉진펩타이드(cardioacceleratory peptide: CAP)가 심장박동을 조절할 수 있다. 박각시나방(*Maduca sexta*)의 CAP은 우화 직후 또는 비행기간에 심장 수축을 자극시킨다. 우화 후 혈림프 펌프 증가는 날개를 펴는 데 도움을 준다. 비행기간 동안 심장박동 촉진은 가슴과 복부 사이에 혈림프 이동을 촉진시켜 활동에 따른 비행근육의 과열을 막아준다. CAP 신경은 후장에도 발달되어 후장 근육수축활동을 촉진시킬 수 있다. 이러한 CAP의 후장 근육 수축활동 촉진은 박각시나방의 종령유충 배회기간 동안 소화관비우기(gut purging) 행동과 관련이 있다. 갑각류 심장박동촉진펩타이드(crustacean CAP: CCAP)는 곤충을 포함한 여러 갑각류의 허물벗기 행동을 야기시킨다. CCAP은 또한 초파리, 박각시나방, 메뚜기에서 심장박동, 소화관 수축 및 말피기관 분비 증가 등 다양한 효과를 가지고 있다. 이외에 옥토파민 및 코라조닌도 심장박동촉진 효과를 가질 수 있다. 특히 옥토파민은 스트레스 환경 속에서 분비되어 혈림프 순환을 돕기 위해 심장박동을 촉진시키게 된다.

신경분비세포가 대동맥 내부 또는 벽에 존재할 수 있다. 뇌나 식도하신경절 속에 존재하는 세포몸으로부터 발생한 신경분비 축삭돌기가 대동맥까지 도달하여 신경혈액기관을 형성할 수 있다. 박각시나방 중추신경계의 CCAP 신경은 뇌, 식도하신경절, 복부신경절에 존재하며 단일 CCAP 유전자를 발현시킨다. 또한 심장 자체가 물질을 분비할 수 있다. 나비목 곤충인 *Calpodes*와 흡혈성 노린재류인 *Rhodnius* 심장은 미지의 기능을 소유한 펩타이드를 생산하여 혈림프로 방출한다.

2 혈림프 조성과 기능

혈림프가 몸 전체에서 차지하는 부피는 곤충의 종과 이들의 생리적 상태에 따라 다양하지만 대체로 15~75%를 차지한다. 몸의 대부분을 차지하는 혈림프는 다양한 기능을 담당한다. 먼저 개방혈관계를 지닌 곤충에게는 체내 모든 세포가 혈림프에 담겨 있는 모양으로 혈림프는 세포외액(extracellular fluid)의 기능을 담당한다. 따라서 혈림프를 통해 조직 세포들은 영양분 공급, 노폐물 제거 및 호르몬 영향을 받게 된다. 즉, 혈림프의 이온 및 화합물 조성 조절은 바로 각 조직세포들에게 직접 영향을 줄 수 있다. 둘째로 비교적 느린 순환 속도에서 비롯하여 혈림프는 물을 포함한 여러 생체 물질의 저장 장소로서 작용한다. 셋째로 혈림프는 압력 전달 수단으로 이용된다. 몸이 연한 곤충류에게 혈림프를 통해 체형을 이루게 한다. 또한 허물벗기를 시작할 때 헌껍질을 붕괴시키기 위해 혈림프의 액체 부피 변화를 통한 압력 전달을 수행한다. 예를 들어, 파리는 딱딱한 용껍질로부터 성충이 탈출하기 위해 혈림프에 의해 이마 부위에 존재하는 전두낭(ptilinum)을 부풀려 탈출구를 확보한다. 또한 혈림프의 화합물 조성 변화는 곤충으로 하여금 고온과 저온에서 살게 하는 능력을 갖추게 할 수 있다. 혈림프는 액체성 혈장(plasma)과 세포성 혈구(hemocyte)로 나뉜다.

2.1 혈장

혈장 조성은 가변적이다. 무색이나 일부 곤충에서는 포함된 색소물질에 따라 약간 녹색 또는 노랑색을 띤다. pH는 다양하여 일반적으로 약간 산성이나 일부 곤충은 알칼리성을 띨 수 있다. 다양한 수용성 성분이 전체 삼투압을 이루는 데 관여한다. 대부분 다른 동물들에서는 체액의 주요 무기성분이 소듐과 염소인 반면 곤충 혈액은 아주 다양하다. 원시 무시류는 소듐과 염소가 주요 삼투인자이다. 원시 외시류인 하루살이목, 잠자리목 및 그물날개목 곤충류 또한 소듐과 염소를 주로 이용하나 마그네슘, 칼륨 및 칼슘을 갖는다. 파리목, 밑들이목, 풀잠자리목과 같은 내시류에서는 소듐이 다시 주요 양이온이나 염소는 높은 농도의 아미노산과 다른 유기성분으로 대체된다. 벌목과 나비목 내시류는 아미노산과 다른 유기 물질이 칼륨과 더불어 중요한 역할을 담당하는 반면에 소듐의 역할은 낮아진다. 이러한 이온 차이는 우선 식식성 또는 육식성 먹이에 따라 기인되는 데, 이는 식식성 곤충류의 경우 높은 칼륨을 포함하였고 육식성 곤충류는 높은 농도의 소듐을 포함하였다. 그러나 이러한 일반화는 여러 예외가 있어 혈림프의 이온 조성과 곤충의 먹이의 관계는 뚜렷한 관계성을 찾기 어렵다.

대부분 곤충 혈장의 아미노산 농도는 포유동물 혈장에 비해 무려 50~100배 높을 수 있다. 예를 들어, 전체 혈림프 아미노산은 사람의 경우 불과 2 mmol/L이지만 체체파리의 경우 150 mmol/L에 다다른다. 앞에서 기술하였지만 이들 아미노산은 진화적으로 고등 분류군에서 더욱 높게 나타난다.

외시류는 내시류에 비해 낮은 아미노산을 함유한다. 반면에 내시류는 특정 아미노산의 농도를 높게 유지하는 데, 예를 들어, 글루탐산과 프롤린은 생리적 상태에 따라 매우 높은 아미노산 농도로 존재할 수 있다. 유리 아미노산의 수준은 수컷에 비해 암컷이 알성숙 기간 동안 높게 나타나는 경향이 있다. 여러 곤충에 있어서 프롤린은 비행근육의 에너지원으로서 사용되어 활동기간 동안 알라닌이 높아짐에 따라 프롤린의 농도가 낮아지게 된다. 프롤린은 또한 여왕봉, 일벌 및 수벌의 주요 아미노산이다. 누에의 발육 동안 메티오닌, 글루탐산, 아스팔틱산의 농도는 실샘의 활동과 상관관계를 갖는다. 루이신과 이소루이신은 대부분 곤충에서 낮은 농도로 존재하는 경향이다.

혈림프의 다른 유기 성분은 탄수화물, 다양한 TCA 회로 중간체, 요산 및 수용성 단백질을 포함한다. 곤충의 혈당은 이당류인 트레할로오즈(trehalose: glucose-α[1 $\rightarrow$ 1] 글라이코시딕 결합-glucose)이다. 트레할로오즈는 곤충에게 주요 탄수화물 영양원이 된다. 또한 혈장의 트레할로오즈는 세포막의 동해를 막아주는 내동결물질로서 사용되기도 한다. 곤충의 혈장에 존재하는 트레할로오즈는 척추동물의 혈당인 포도당 보다 5~50배 높은 농도로 존재한다. 이렇게 높은 농도로 트레할로오즈는 유지하는 이유는 우선 비교적 비효율적 순환계를 가진 곤충이 높은 농도차를 이용하여 확산 속도를 증가시켜 세포들에게 빠르게 침투해들어 갈 수 있는 장점을 가진다. 또한 소화관에서 소화된 포도당이 혈림프로 용이하게 흡수되기 위해 비교적 먹이 속에 희귀하게 존재하는 트레할로오즈로 포도당을 변형시켜 소화된 포도당이 농도 차이로 쉽게 혈림프로 흡수하게 하여 준다.

혈림프의 수용성 단백질은 난황소전구체를 포함하는 데, 이는 암컷 지방체에서 합성되고 난모세포가 흡수하는 난황단백질이다. 곤충의 발육에 따라 에스터레이즈, 키틴분해효소, 단백질 분해효소 등 여러 효소가 혈림프에 존재한다.

혈림프는 포식자에게 물리적 저해제로서 작용할 수 있다. 자동출혈(autohemorrhaging) 또는 반사적출혈(reflexive bleeding)이 포식자로부터 공격받을 때 일부 곤충에서 일어난다. 캔사라딘(cantharadin)과 같은 방어용 터펜류로 갖추어진 혈림프가 체절간막을 통해 몸 밖으로 방출되어 개미 또는 다른 곤충 포식자를 돌려보내게 할 수 있다. 이때 혈림프의 손실은 상당할 수 있어서 무당벌레는 유충 체중의 약 13% 만큼이 자동출혈로 소실될 수 있다. 혈림프는 즉시 응고되며 이 응고액에 개미가 달라붙게 한다. 많은 경우 혈림프는 다시 체강으로 돌아오고 상처부위는 빠르게 치유된다.

2.2 혈구

혈구는 혈강에 존재하며 혈림프 속에서 순환혈구(circulatory hemocyte)와 체벽에 붙어 있는 고착혈구(stationary hemocyte)로 나뉜다. 혈구는 중배엽에서 유래되었으며 배자발육 기간 동안 여러 형태로 분화된다. 이들은 외래 이물질의 식균작용, 다세포 기생체에 대한 피낭형성 및 응고와 상처치유 등 다양한 기능을 소유하며 또한 물질 대사과정에도 관여한다.

곤충에 존재하는 서로 다른 혈구 종류의 특징은 분석 연구 방법 및 종 간 차이점을 반영하기에 다양하다. 예를 들어, 투명한 시맥을 통해 또는 고정된 혈흔을 통해 관찰할 때 서로 다른 형태를 지닌 혈구가 나타나게 된다. 혈구는 일반적으로 크기, 형태, 핵 모양, 세포질과립 및 추정된 기능에 따라 분류된다. 비교적 소수의 곤충 종에서 혈구가 관찰되었으며, 대부분 이들의 기능은 형태로부터 유추되었다. 유전적 마커는 최근에 다양한 혈구 종류를 구분하기 위해 이용되었다.

혈구는 조혈기관(hemopoietic organ)에 존재하는 줄기세포로 부터 파생되거나 또는 순환하는 혈구의 세포분열을 통해 생산된다. 파밤나방(*Spodoptera exigua*) 유충의 경우 총혈구수(total hemocyte count: THC)는 혈림프 1 mL 당 약 5×10^5개를 갖는다. 이들 혈구를 종류별로 구분하는 방식을 차등혈구수(differential hemocyte count: DHC)라 하며 이는 일정 부피의 혈림프 당 혈구 종류별로 차지하는 비율로 나타낸다.

원시혈구(prohemocyte)는 작고 원형세포로서 큰 핵을 지니며 식균작용에 참여하지 않는다(그림 7.3). 이 원시혈구는 다른 형태의 혈구세포를 분화시키는 줄기세포로 여겨지고 있다. 부정형혈구(plasmatocyte)는 크고 아메바형의 변화무쌍한 세포로서 세포질이 핵에 비해 크다. 부정형혈구는 종종 가장 숫자가 많으며 식균작용에 관여한다. 부정형혈구가 외부 표면에 활착행동(spreading behavior)을 보이는 경우 세포질의 신장이 한쪽 방향으로만 나타나서 과립혈구와 구분이 된다. 과립혈구(granulocyte)는 소형 핵에 과립이 채워진 세포질을 갖으며 다른 혈구로 분화할 수 있다. 과립혈구는 활착행동을 보일 때 세포질 표면 전체가 전체 방향으로 뻗어나가는 모습을 보여 부정형혈구와 구분된다. 세포질의 과립은 영양분 이동, 응고 및 면역 작용에 이용되는 것으로 추정된다. 지방혈구(adipohemocyte)는 세포질에 많은 지질 액포를 포함하며, 작은 핵을 갖는 원형 세포이다. 소구형혈구(spherule cell)는 비운동성이며 큰 과립을 세포질에 포함한다. 난형의 편도혈구(oenocytoid)는 작은 핵과 큰 세포질을 갖고 크

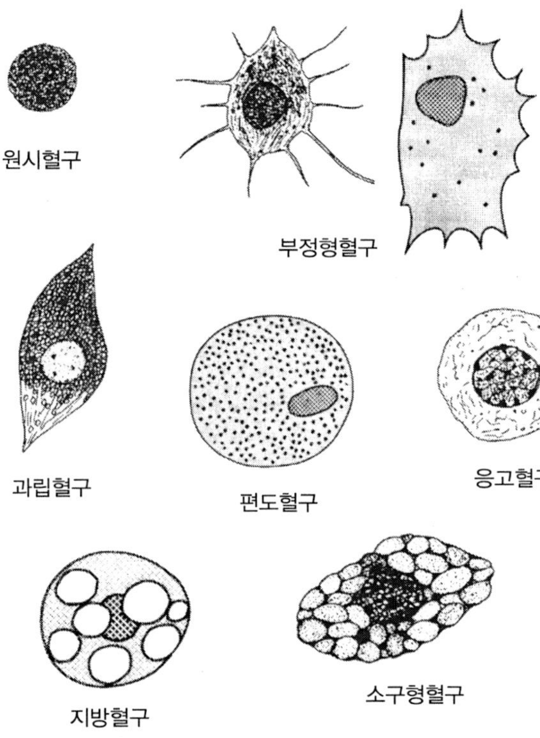

그림 7.3 **곤충 혈구의 종류.** 원본그림(Klowden, 2013) 및 사본인가

기는 다양하며 비운동성이다. 포낭세포(cystocyte)는 고정되면 분해되기 쉬운 세포로서 고정된 세포는 난형이며 작은 핵과 세포질과립이 발견된다.

초파리(*Drosophila*)의 혈구를 기술할 때는 좀 다른 용어를 사용한다. 줄기세포인 원시혈구에 부가해서 부정형혈구의 한 형태로서 대식세포(macrophage)가 초파리 배자에 존재한다. 유충기에는 부정형혈구와 두 개의 추가 세포인 판막혈구(lamellocyte)와 결정혈구(crystal cell)가 존재하는 것으로 알려지고 있다. 판막혈구는 유충기에만 존재하며 면역반응 후 많은 수로 나타나게 된다. 판막혈구는 부정형혈구와 마찬가지로 식균작용을 보이며 외래 침입세포를 둘러싸서 고립시킬 수 있는 피낭형성을 보일 수 있다. 기생봉에 의해 초파리 유충 혈강에 산란된 알 주위로 판막혈구가 피낭형성을 보일 수 있다. 결정혈구는 다른 곤충류의 편도혈구와 유사하며 외래체에 부착이 어렵다. 이들은 유충 당 약 50개 이하의 낮은 밀도를 보이나 제3령 후반에 증가하며 다시 감소하게 된다. 부정형혈구는 초파리 성충에 유일한 혈구 종류이다. 이들 밀도는 성충 개체 당 1,000~2,000개를 나타낸다.

조혈기관은 심장과 익상근 주위에서 발견된다. 노랑초파리(*Drosophila melanogaster*) 유충의 조혈기관인 림프샘(lymph gland)은 배자발육 말기에 중배엽에서 분화된다(그림 7.4). 림

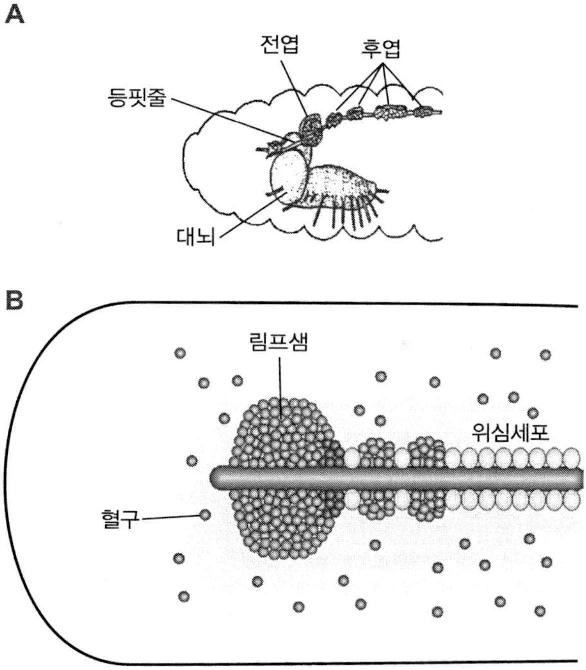

그림 7.4 **초파리의 조혈기관.** 원본그림(Wood와 Jacinto, 2007) 및 사본인가

프샘은 등핏줄을 따라 4~6쌍의 엽으로 배열되며 유충 혈구 생산을 담당한다. 림프의 전후엽은 결정혈구와 원시혈구와 더불어 혈림프에 순환하는 것과 동일하게 보이는 부정형혈구를 포함한다. 부정형혈구는 배자 몸 전체에 분포하며 자연치사를 겪고 있는 세포들에 대한 식균작용을 담당하며, 결정세포는 침입병원체의 암화반응에 관여한다. 결정세포는 프로페놀옥시데이즈(prophenoloxidase)를 포함하여 이 세포가 붕괴될 경우 이 효소가 방출되어 멜라닌 생성을 촉매하게 된다. 림프샘은 용 단계에서 사라지며, 성충 혈구는 유충으로부터 이전된 것이다. 이러한 이유는 성충에서 조혈기관이 발견되지 않았으며 세포분열도 보이지 않기 때문이다.

다른 곤충세포와 마찬가지로 혈구는 호흡에 필요한 산소를 공급받아야 한다. 그러나 다른 곤충세포와 달리 이들은 혈림프 수용액 상태에 부유하기에 기관계로부터 산소를 공급받기 어렵다. 팔랑나비(*Calpodes*) 유충의 경우 복부 끝의 심장주변에 특별한 기관지 뭉치조형물인 토커스(tokus)를 형성한다(그림 7.5). 혈구는 토커스로 이동하고 여기서 공기를 공급받은 후 등핏줄을 통해 순환하게 된다. 토커스의 이러한 변형 기관지 구조는 혈구에 산소를 공급하는 허파와 같은 기능을 담당하게 된다.

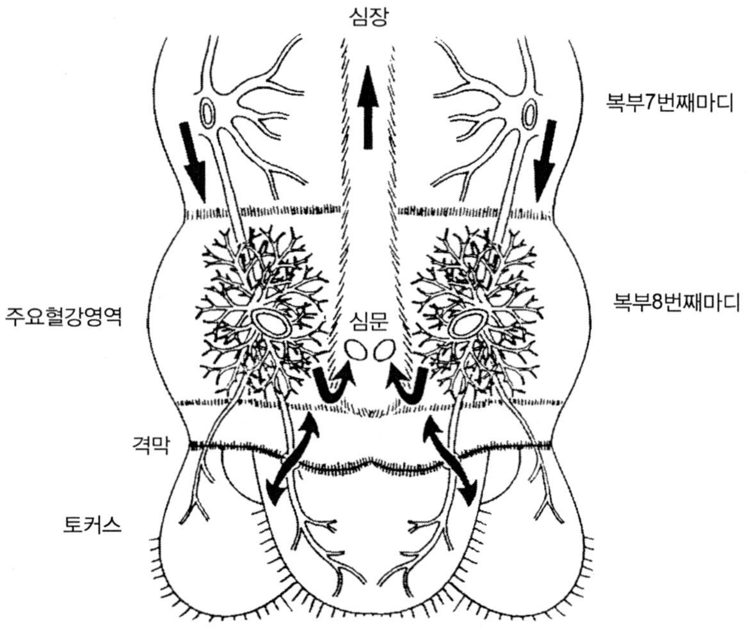

그림 7.5 **토커스 기관지 분화를 통한 혈구 산소공급.** 원본그림(Locke, 1998) 및 사본인가

3 곤충 면역반응

대부분 곤충은 미생물체에 노출되어 살고 있어 만약 방어선이 붕괴된다면 쉽게 감염될 소지를 갖고 있다. 비록 곤충이 미생물의 벡터(매개자)로서 이들을 몸에 지닐 수 있고 발육시킬 수 있다하여도 이들 미생물은 전달되어질 때까지 곤충의 특별한 몸 부위에 국한되어 있어야 한다. 곤충은 또한 곰팡이나 곤충 치사기생자의 알과 같은 다세포기생체의 감염에 대처할 수 있어야 한다. 이를 위해 곤충은 비교적 복잡한 생물적 방어계를 진화시켰다. 대장균으로 감염된 초파리 유충의 경우 단지 6시간 만에 혈림프에서 이 세균들을 제거할 수 있다.

3.1 체벽 면역기작

외래 감염에 대한 일차방어벽은 항시 외부와 접해있는 체벽(integument)으로 잠재 기생자를 물리적으로 방어할 수 있다. 마치 척추동물의 허파, 생식기관 통로, 소화관 통로 및 침샘의 경우와 유사하게 곤충의 기관지, 말피기관, 생식기관 통로의 보호 표피세포들은 감염이나 상처에 따라 항진균 또는 항세균펩타이드를 발현시킬 수 있다.

체벽의 물리적 손상은 즉각적 혈림프 응고(coagulation)와 상처부위의 암화반응(melanization)을 유도시킨다(그림 7.6). 연한 몸을 가진 유충의 경우 혈림프는 몸 체형을 유지하는 데 필요하기에 상처를 통한 혈림프 손실은 치명적이다. 이에 응고는 필수적이다. 응고를 통해 더 이상의 체액 손실을 막아주고, 미생물 감염을 제한시키게 한다. 응고반응은 먼저 구조 단백질을 상호 연결시켜 연한 혈병(blood clot)을 유도하고 이후 혈림프의 페놀옥시데이즈(phenoloxidase)에 의해 경화된 혈병을 만드는 과정으로 이어진다. 페놀옥시데이즈는 페놀을 퀴논으로 전환시키나, 초기에는 불활성화된 상태로 존재하여 페놀옥시데이즈-활성화효소(phenoloxidase-activating enzyme)에 의한 단백질가수분해 활성화 반응을 통해 활성화된다. 여기서

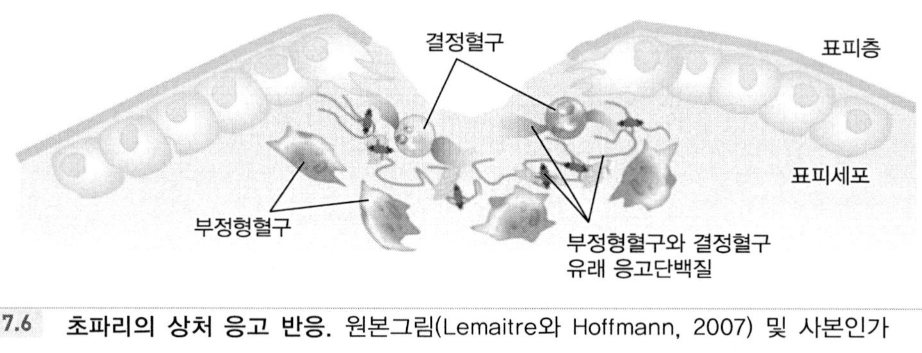

그림 7.6 **초파리의 상처 응고 반응.** 원본그림(Lemaitre와 Hoffmann, 2007) 및 사본인가

페놀옥시데이즈-활성화효소도 특정 미생물체 보존 구조에 따른 인식 이후 미리 활성화되어 있어야 한다. 활성화된 페놀옥시데이즈에 의해 표피층주변 단백질의 경화를 유도하고 이에 따라 더 이상의 미생물의 침입을 효과적으로 방지하게 한다.

3.2 면역반응

면역반응은 크게 선천성 면역(innate immunity)과 후천성 면역(acquired immunity)으로 나뉘고 각각은 체액성 면역반응과 세포성 면역반응을 지니게 된다(그림 7.7). 후천성 면역반응은 척추동물에서 보이는 T 세포 세포성 면역반응과 B 세포에서 형성되는 항체를 중심으로 한 체액성 면역반응을 일컫는 데 특정 병원체에 상응하는 면역세포 클론을 선발하고 분화하는 과정이 최소 2~3개월이 소요되기에 비교적 수명이 짧은 곤충에는 나타나지 않는 반응이다. 반면에 곤충은 선천성 면역반응이 잘 발달되어 있다. 따라서 미리 유전체 정보에 프로그램된 면역 반응을 일정한 신호과정을 통해 발현시키는 것이 곤충의 면역 반응이다.

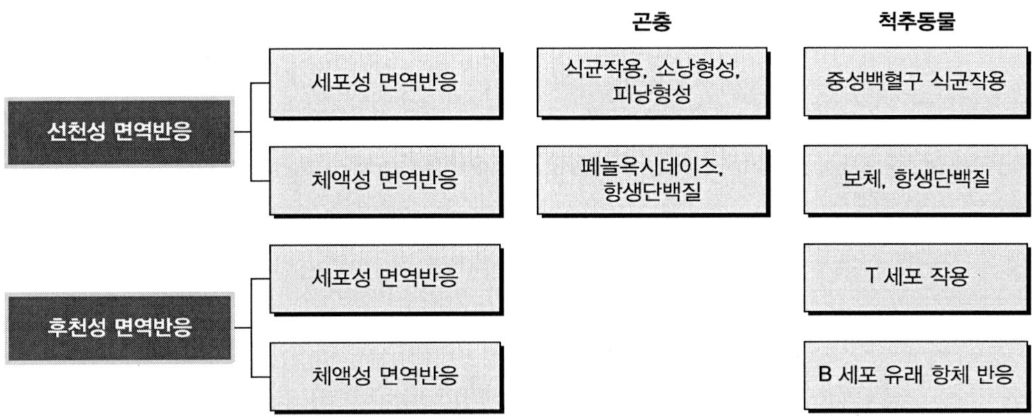

그림 7.7 곤충과 척추동물의 면역반응 비교

면역은 외부로 침입하여 오는 병원체에 대해서 대응하는 방어 생리기작이다. 먼저 몸 안으로 들어오는 침입자에 대한 인식(recognition) 단계를 통해 자기와 비자기를 구분하게 되고, 이러한 인식 신호는 감염부위 주변 또는 몸 전체로 퍼져 나갈 수 있도록 면역중개 물질을 통한 중개(mediation) 단계를 거쳐 궁극적으로 면역작용을 펼칠 수 있는 면역기관에서의 면역반응으로 이어지게 된다(그림 7.8).

그림 7.8 곤충 면역반응 유도단계

3.2.1 면역반응 인식단계

외부의 병원체 침입에 대해서 곤충은 먼저 병원체의 특정 분자 구조를 바탕으로 패턴인식을 진행하게 된다. 이는 주로 혈림프에 존재하는 패턴인식수용체(pattern recognition receptor: PRR)에 의해 이뤄진다(그림 7.9). 예를 들어, 세균류에 대해서는 세균의 세포벽에 존재하는 펩티도글라이칸(peptidoglycan: PGN)이 다른 생명체에 비해 특징적 생체물질로서 이를 인식하는 PRR이 존재하게 된다. PGN은 NAG(N-acetylglucosamine)과 NAM(N-acetylmuramic acid)의 복합체 이당류가 β-1,4-글라이코시딕 결합으로 연결된 사슬형 다당류이다. 이 사슬의 사이에 짧은 펩타이드가 존재하여 다당류들 견고하게 연결하여 주는 역할을 담당한다. 이 펩타이드에 존재하는 아미노산의 구조에 따라 상이한 PRR이 특정 PGN을 인식하게 된다. 주로 그람양성균의 PGN 펩타이드의 3번째 아미노산 위치에 라이신(lysine)이 존재하여 이를 인식하는 PGRP-S가 존재하는 반면, 그람음성균의 경우(*Bacillus* 속 양성균을 포함하여) 이 위치에 DAP(meso-diaminopimelic acid)이 존재하는 데 이를 인식하는 PGRP-L이 각각 PRR로 작용하게 된다. 진균류에는 표면에 β-1,3-glycan 생체물질이 존재하는 데 이를 특징적

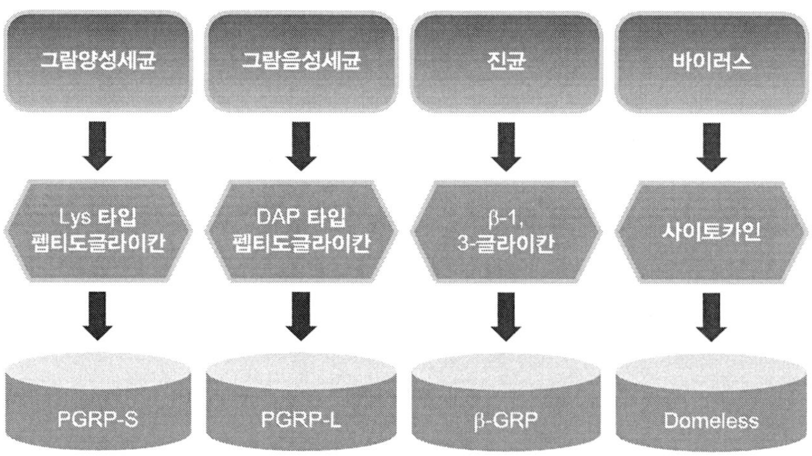

그림 7.9 곤충의 외래 병원균 인식 과정

으로 인식하는 β-GRP(β-glycan recognition protein)가 PRR로 존재하게 된다. 바이러스 침입에 대해서는 특징적 PRR이 존재하지 않지만, 바이러스 감염은 생체에 사이토카인(cytokine)을 분비하여 이에 반응하는 수용체인 Domeless가 일종의 PRR이 되어 하부 신호과정을 활성화하게 된다.

이외에 여러 PRR 단백질이 곤충류에서 발견되었다. 렉틴(lectin)은 30~40 kDa 크기의 단위체를 갖는 다중체 탄수화물 결합 단백질로서 척추동물 적혈구의 응집반응을 진행시킬 수 있다. 곤충에서 이 단백질의 생산은 상처에 의해 유도되고 많은 곤충의 혈장에서 발견되며 미생물체 세포벽의 탄수화물에 부착된다. 이 렉틴이 갖는 다수의 결합부위는 이들 단백질이 렉틴과 연결된 세포들의 집합을 유도하게 한다. 세균표면에 이 렉틴의 결합은 옵소닌작용(opsonization)을 기점으로 혈구세포의 인식과 감염 부위로 응집이 이뤄지게 한다.

Thioester 함유 단백질(thioester-containing protein: TEP)이 초파리에서 6개, 얼룩날개모기류(*Anopheles gambiae*)에서 19개가 각각 발견되었다. 약 30개의 단백질로 구성된 보체신호전달계를 갖는 척추동물 면역계에서 이 TEP 단백질이 침입 미생물에 반응하는 데 중요한 역할을 담당한다. 이 단백질 활성화는 세균 표면에서 일어나며 궁극적으로 세균막에 구멍을 뚫어 치사시키게 한다. 곤충에서는 TEP 단백질이 그람음성균에 대해 옵소닌작용을 유발하여 궁극적으로 포식작용을 유발함으로 보체와 유사한 기능을 발휘하게 된다.

곤충은 면역글로불린과 유사한 분자들을 지니며, 이들은 높은 수준의 면역 인식 능력과 다양한 수의 인식 구성 요소를 갖추게 한다. 초파리의 Dscam 유전자는 척추동물의 신경조직에서 부착분자로서 작용하는 다운증후군부착단백질(Down syndrome adhesion molecule)의 유사체이며 축삭돌기 이동과 신경분화에 관여한다. 이 이름은 다운증후군의 말초신경계 결함에 해당하는 인자라는 데서 비롯되었다. 초파리의 다양한 Dscam 유전자 유사체는 교호 스플라이싱(alternative splicing) 과정에서 비롯되었으며 하나의 유전자에서 여러 개의 전사체를 형성할 수 있으며 다양한 수의 이성체를 발현시키게 된다. 즉, 116개의 이들 유전자로 38,000개 이상의 이성체를 발현시키게 할 수 있고 이러한 이성체들은 특이적 신경구성원을 인식하여 이에 따른 특이적 신경 연결에 관여하게 된다. 또한 이들 Dscam 이성체들은 초파리의 혈구와 지방체에서도 발견되었다. 이들 이성체들은 서로 다른 친화도로 세균과 반응하는 데, 혈구에서 이러한 Dscam 이성체의 결실을 유도하면 식균작용 능력에 손상을 입히게 한다. 이러한 면역글로불린 유사 분자가 곤충에게 있어서 원시적 항체 기능으로서 작용한 것으로 추측되며 이들이 아마도 면역반응 진화에 초기 단계를 이룬 것으로 제시된다.

3.2.2 면역반응 중개단계

면역인식 신호는 신호 중개과정을 통해 일정 감염 부위로 또는 몸 전체로 전달된다. 여러 면역중개물질이 곤충에서 보고되고 있다. 이들을 화학 구조면에서 나누어 보면 일산화질소(NO), 아미노산 유도체, 펩타이드류 및 지질류로 대별된다.

NO는 소형 분자로 쉽게 세포막을 투과하기에 세포신호물질로 작용할 수 있다. NO의 형성은 기질인 알지닌(L-arginine)을 일산화질소합성효소(NO synthase: NOS)의 촉매 반응으로 시트룰린(citrulline)을 형성하면서 나타나게 된다(그림 7.10). 척추동물의 경우 NOS는 항시 발현되는 cNOS(constitutive NOS)와 조건발현되는 iNOS(inducible NOS)로 구분된다. cNOS는 다시 신경세포에서 발현되는 nNOS(neuronal NOS)와 혈관 내피세포에서 발현되는 eNOS(epithelial NOS)로 구분된다. 세포내 칼슘농도 변화에 따라 이들 NOS의 활성이 조절되고 또 이를 통해 형성된 NO는 빠르게 세포막을 투과하여 주변으로 전달되는 세포신호물질로 작용하게 된다. 반면에 iNOS는 휴지세포에서는 발현되지 않지만 면역인식 반응에 따른 사이토카인의 작용으로 신속하게 발현되어 높은 농도의 NO를 생합성하게 된다. iNOS가 형성하는 NO의 합성량은 cNOS에 비해 100~1,000배 가량 높아 이러한 고농도의 NO는 병원균에 대해 직접적인 독성물질로 작용하게 된다. 특히 NO는 산소 및 산소와 연결된 중간물질과 반응을 통해 다양한 독성물질로 전환되어 병원체의 효소 및 DNA에 손상을 일으키게 된다. 특히 대상 병원체에 대한 특이성이 없이 바이러스에서 후생동물 기생자에 이르기까지 다양한 적용 범위를 갖게 된다.

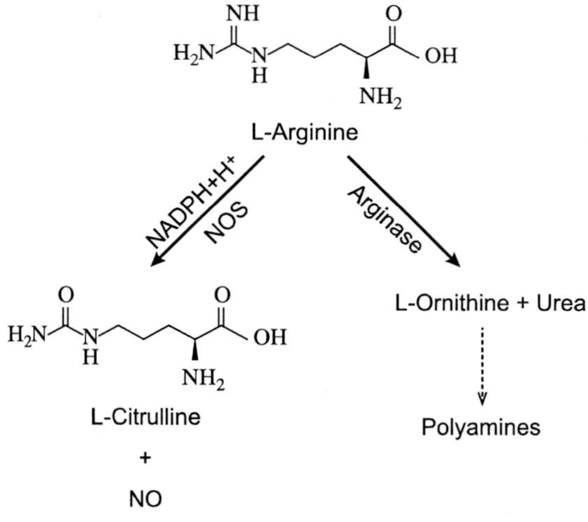

그림 7.10 일산화질소(NO) 합성과정

말라리아 병원체에 대한 모기(*Anopheles stephensi*)의 반응에서 NO는 방어물질로 작용한다. 이 모기는 NOS 유전자가 말라리아 병원체에 감염될 경우 급격하게 높게 발현된다. 이 모기의 먹이에 알지닌의 함량을 높여줄 경우 말라리아 감염율이 줄지만, NOS 활성 억제자를 처리할 경우 말라리아 병원체의 증식이 증가하였다. NO는 세포성 면역작용 및 체액성 면역작용을 중개한다. 파밤나방(*Spodoptera exigua*)의 경우에 NO은 소낭형성을 촉진시키며, 누에(*Bombyx mori*)에서는 NO가 항생펩타이드의 발현을 촉진시킨다.

아미노산 유도체로서 옥토파민과 세로토닌은 모노아민류에 속하는 면역중개물질이다. 신경계에서 신경전달물질로서 작용하는 이들 두 가지 모노아민류는 혈림프에서는 혈구세포의 활동을 활성화하는 중개물질로서 작용한다. 여러 곤충에서 알려지듯이 혈구는 혈강에서 두 종류로 존재한다. 파밤나방의 경우 모노아민의 증가는 순환형 혈구의 밀도를 증가시키면서 면역 활성화를 중개한다. 또한 이들 물질은 혈구의 활착행동을 촉진시켜 세포성 면역을 증가시키는 중개 기능을 담당한다.

펩타이드류 중개물질로서는 ENF 유전자군(N 말단 3개의 아미노산 보존 서열이 글루타민(E)-아스파라진(N)-페닐알라닌(F))에 속하는 PSP(plasmatocyte-spreading peptide)가 대표적이다. PSP는 곤충에서 보고된 최초의 사이토카인으로 부정형혈구의 세포질 신장을 중개하여 세포성 면역을 활성화하는 것으로 나타났다. 이들 ENF 유전자군에 속하는 펩타이드류로서 성장억제펩타이드(growth blocking peptide: GBP) 및 마비펩타이드(paralytic peptide: PP)가 존재하며, 이들 모두 유사한 면역 중개 기능을 갖는 것으로 보고되고 있다. 특히 누에에 존재하는 GBP는 일산화질소의 생성을 촉진시켜 항생펩타이드의 합성을 촉진시키는 중개인자로도 알려져 있다.

지질류에 속하는 면역중개 물질로서 아이코사노이드류(eicosanoids)가 면역 중개에 중심적 역할을 담당하고 있다. 아이코사노이드류는 탄소수 20개의 불포화지방산의 산화물로 구성된다. 주로 아라키도닉산(arachidonic acid: AA)을 전구물질로서 생합성된다(그림 7.11). 생체막의 구성성분인 인지질에서 분해효소인 PLA_2(phospholipase A_2)의 촉매작용으로 AA가 유리된다. 유리된 AA는 cyclooxygenase(COX)의 촉매작용으로 프로스타글란딘(prostaglandin: PG), lipoxygenase(LOX)의 촉매작용에 의해 류코트리엔(leucotrien: LT) 그리고 epoxygenase(EPX)의 촉매작용으로 EET(epoxyeicosatrienoic acid)로 각각 형성되게 된다. 따라서 아이코사노이드류는 PG, LT 및 EET를 통칭하게 된다. 이들 아이코사노이드류는 세포성 면역 및 체액성 면역 모두를 중개하는 면역물질로서 알려져 있다. 특히 아이코사노이드류는 모노아민 또는 사이토카인의 면역정보를 수렴하는 신호로도 알려져 곤충의 면역에 핵심적 중개물질로서 작용하고 있다.

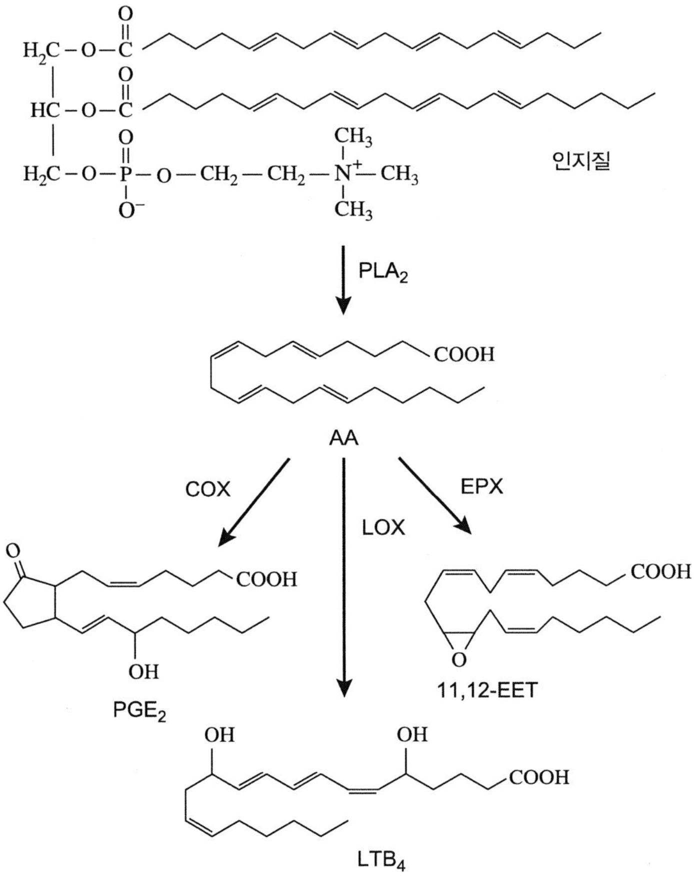

그림 7.11 **아이코사노이드 및 이들의 생합성 경로.** phospholipase A_2(PLA_2), arachidonic acid(AA), cyclooxygenase(COX), lipoxygenase(LOX), epoxygenase(EPX), prostaglandin E_2(PGE_2), lenkotriene B_4(LTB_4), 11,12-epoxyeicosatrienoic acid(11,12-EET)

3.3.3 세포성 면역반응

혈구가 발휘하는 직접적인 면역반응은 세포성 면역반응이다. 크게 병원체를 공략하는 방식에 따라 세 가지로 나뉜다. 먼저 소형 미생물을 포식하는 식균작용(phagocytosis)이다. 둘째로 많은 수의 소형 병원체를 공략하는 소낭형성(nodulation)이다. 다음으로 병원체가 기생봉알과 같이 크기가 커서 식균작용 또는 소낭형성이 어려운 경우에 일어나는 피낭형성(encapsulation)이 포함된다.

식균작용은 주로 부정형혈구와 과립혈구에 위해 수행된다. 먼저 혈구 세포막에 존재하는 표면 수용체에 의한 면역신호 인식이다. 이러한 인식은 허족(pseudopodia)형성 및 포식낭

(phagosome)으로 이어지는 식균과정들이 따르게 된다. 포식낭은 세포내로 이동하여 라이소좀과 융합하게 되며, 여기서 외래 조직은 소화 및 파괴된다.

소낭형성은 소형의 외래 미생물이 침입하였을 경우에 식균작용으로 제거가 어려운 경우에 효율적인 면역반응이다. 예를 들어, 많은 수의 세균에 감염되었을 경우 이를 포획하기 위해 혈구들이 덫을 이루는 세포외물질을 분비하여 세균들을 모은 집합체에 다시 주위 혈구세포들이 모여 멜라닌 작용으로 치사시키는 과정으로 구성된다.

피낭형성은 여러 겹의 혈구세포들이 외부 침입체를 둘러싸 기주 세포들과 접촉을 막고 영양분이나 산소 공급원을 차단하게 한다. 일단 침입자가 인식되면 과립혈구로부터 사이토카인이 방출되고 다수의 부정형혈구가 이 감염 장소로 모이게 한다. 초기에 외부체를 둘러싸는 부정형혈구는 활착행동을 통해 침입체 주변에 부착되며 세포치사과정을 겪게 된다. 이후 더 많은 부정형혈구가 이 초기 혈구껍질에 활착하며 살아있는 세포형태를 유지하게 된다. 이러한 과정을 통해 외래 침입체 주위에 약 50겹 이상의 세포층을 형성하게 된다. 형성된 껍질이 혈강을 둘러싸고 있는 기저막의 성분인 당단백질(glycoaminoglycan)로 둘러싸이게 되면 이러한 부정형혈구 세포의 동원이 종료된다. 이후 페놀옥시데이즈 효소 활성으로 멜라닌을 형성하고 이를 통해 외래체를 더욱 견고한 막으로 둘러싸게 된다. 기생봉 알에 기생된 초파리 유충은 판막혈구로 알을 둘러싸며, 알 표면에 결정혈구의 도움으로 멜라닌을 축적시켜 기생체 알을 죽게 한다.

체액성 피낭형성(humoral encapsulation)은 혈구의 도움 없이 외래체 표면에 멜라닌이 축적될 때를 일컫게 된다. 초파리에서 결정혈구는 비활성 형태의 프로페놀옥시데이즈(prophenoloxidase: PPO)를 혈림프로 방출하며 여기서 세린 단백질분해효소의 활성화 단계를 통해 페놀옥시데이즈(PO)로 활성화되어 비로소 페놀을 퀴논으로 전환시키는 반응을 촉매하게 된다(그림 7.12). 퀴논 유도 중간체는 침입자에게 독성을 지니며 이들의 중합반응으로 멜라닌이 형성된다. 그럼으로 독성이 있는 중간체들이 몸의 다른 부위에 노출되지 않도록 PO의 활성은 침입부위에 국부적으로 작용해야 한다. 즉, 외래 감염이 없을 경우 세린 단백질분해효소 억제자인 설핀(serpin)이 세린 단백질분해효소의 작용을 억제하여 PPO가 과도하게 활성화되는 것을 막아준다. 즉, 미생물체가 혈강으로 침입하였을 때 설핀은 감염부위에서는 비활성화되지만, 비감염부위에서는 설핀 작용으로 과도한 PPO의 활성화를 막아 기주 곤충 세포에 대한 피해를 막아준다. 일례로, Serpin27A(Spn27A)는 PPO의 활성화 반응을 막지만, Spn27A의 돌연변이체는 외래 침입자 없이도 멜라닌 반응을 유도하며 국부적 소규모 외상에도 몸 전체가 멜라닌 형성이 초래되게 된다. 설핀은 또한 배자발생과정 동안 몸의 위아래 방향축을 설정하는 발육과정에도 연루된다. 체액성 피낭형성은 비교적 혈구수가 적은 일부 곤충류에서만

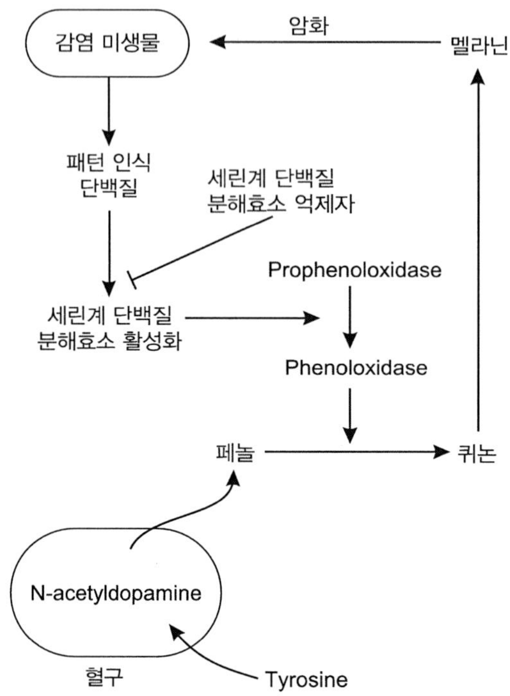

그림 7.12 면역 반응에서 페놀옥시데이즈 활성화 과정. 원본그림(Klowden, 2013) 및 사본인가

보고되고 있으며, 감염된 세균과 곰팡이를 대처하는 데 빠르고 효율적인 방법이다.

비뇨세포(nephrocyte)는 혈강에서 발견되는 중배엽성 세포로 세균이 아닌 고분자의 콜로이드 입자를 축적한다. 이러한 계통에 속한 세포로서 위심세포(pericardial cell)가 있으며 가장 잘 알려진 비뇨세포이다. 이 위심세포는 심장의 양쪽에 위치하며 연결조직에 의해 등핏줄과 익상근에 붙어 있으며 때에 따라 지방체에도 많은 수로 존재할 수 있다. 이들 세포는 포음작용(pinocytosis)에 의해 화학물질을 흡수할 수 있으며 분해된 물질을 다시 혈림프로 내보내게 된다. 이들은 또한 많은 과립체를 세포질에 포함한다. 이러한 해독작용에 부가하여 위심세포가 혈림프 단백질을 합성하고 분비한다는 근거도 있다.

3.2.4 체액성 면역반응

혈구에서 비롯된 세포 매개 면역반응을 보충하기 위해 곤충은 미생물체에 의해 감염되었을 때 많은 수의 항생펩타이드(antimicrobial peptide)를 지방체로부터 합성하여 혈림프로 방출한다. 이미 만들어진 항생펩타이드는 면역기억(immune priming)으로 남아 병원체가 다시

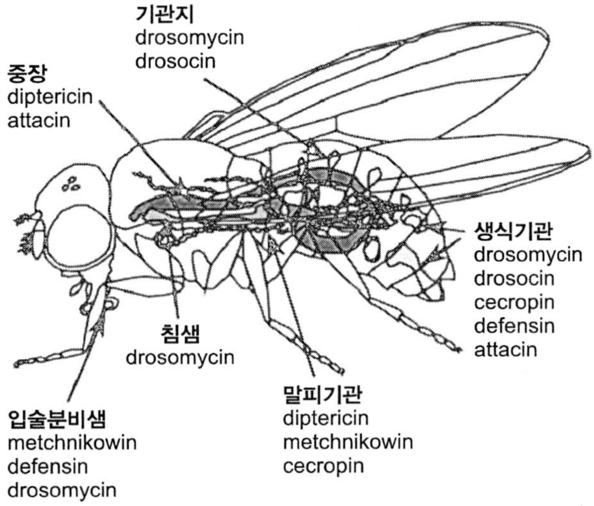

그림 7.13 초파리가 생산하는 항생펩타이드. 원본그림(Tzou 등, 2002) 및 사본인가

감염되었을 때 감염 곤충의 생존 능력을 높여주게 된다. 예를 들어, 열처리로 죽은 세균을 처리한 후 병원세균을 감염시키면 생존율이 크게 증가하게 된다. 이러한 면역반응은 병원체의 특정 분자 구조만 주입하여도 가능하다. 즉, 세균벽에서 유래된 펩티도글리칸이나 지질다당체를 박각시나방(*Manduca*)이나 누에(*Bombyx*)에 주입하면 세균을 처리한 것과 동일하게 지방체에서 여러 다양한 항생단백질 생산을 유도하게 한다. 이 반응은 매우 특이적이어서 곰팡이 주입은 항진균펩타이드인 드로조마이신(drosomycin)의 합성을 유도하지만 항세균펩타이드인 딥테리신(diptericin)의 생산을 유도하지 않는다. 항생펩타이드의 생성은 감염 후 불과 2~4시간 만에 이뤄져 미생물 감염 퇴치에 유효하다. 각 곤충은 작용 특성이 상이한 10~15종류의 항생펩타이드를 생산할 수 있다(그림 7.13).

항생펩타이드의 유전자 발현은 두 종류의 면역신호 전달과정을 통해 유기된다(그림 7.14). 그람양성균 또는 곰팡이 병원체에 대해서 Toll 신호가 발현되지만, 그람음성균에 대해서는 IMD(**im**mune **d**eficiency) 신호전달과정이 유기된다. 초파리 면역반응에 작용하는 Toll 수용체는 세포막 수용체로서 배자발육 과정에 배자 몸의 상하축을 설정하는 유전인자로서 알려졌다. 이름의 “Toll”은 이 신호과정에서 첫 단계에 관여하는 유전자라는 데에서 파생되었다. 현재 9개의 다른 Toll 수용체가 초파리에서 동정되었다. Toll 단백질은 세포내 신호전달부위인 TIR(**T**oll/**i**nterleukin-1 **r**eceptor)을 가지며, 이는 인체의 인터류킨-1 수용체와 식물병 저항성 유전자와 유사하나, 면역작용에만 관여하는 포유동물과는 달리 곤충은 배자발육에도 관여하

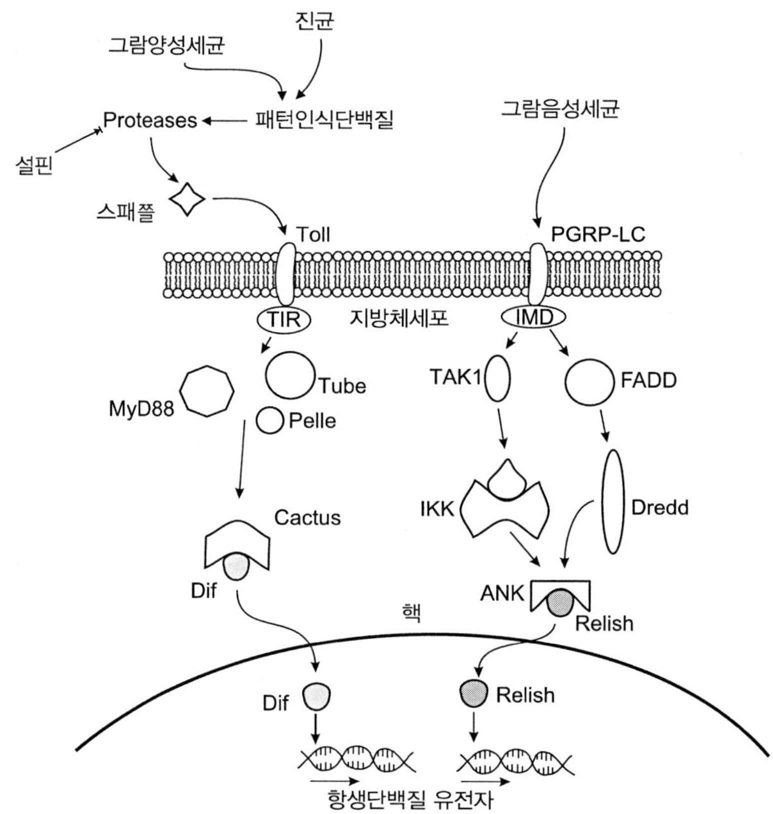

그림 7.14 **곤충의 Toll/IMD 면역신호과정.** 원본그림(Klowden, 2013) 및 사본인가

게 된다. 포유동물의 Toll 신호전달과정은 미생물체 패턴과 직접적으로 작용하는 10가지 서로 다른 계통의 Toll 유사 수용체(Toll-like receptor)에 의해 시작된다. 그러나 곤충의 Toll은 감염 후 세린계 단백질 분해효소 신호에 의해 첫 번째 활성화되는 혈림프 단백질인 스패쯜(Spätzle) 리간드에 의해 활성화된다. 흥미롭게도 스패쯜은 성장인자 또는 식물방어와 관련된 펩타이드류의 유사체이다. 설핀(serpin)은 다시 스패쯜의 활성화에도 관여하여 면역신호가 없을 때에는 Toll 면역신호과정을 억제하게 된다. Toll이 스패쯜과 결합하면 세포 내 신호전달과정을 활성화하며 궁극적으로 NFκB 전사인자(예, 초파리류의 Dorsal/DIF)를 핵 안으로 자리이동하게 하여 그람양성균과 곰팡이에 대해서 활성을 보이는 드로조마이신(drosomycin)과 같은 항생펩타이드 유전자들의 전사를 촉진시키게 된다.

IMD 신호전달과정은 그람음성균에 대해서 활성을 보이는 항생펩타이드 유전자들의 발현을 야기시킨다. 그람음성균은 세포막 펩티도글리칸 수용체인 PGRP-LC에 의해 인식된다. 활성화된 수용체는 IMD를 활성화하고 궁극적으로 NFκB 전사인자(예, 초파리류의 Relish)의 핵내 이동을 유도하여 딥테리신이나 세크로핀(cecropin)과 같은 항세균펩타이드의 유전자 전사를 활성화하게 한다.

세크로핀은 1980년에 세크로피아나방(*Hyalophora cecropia*) 용에서 추출되었다. 이들 펩타이드류는 이후 모기와 초파리에서도 추출되었다. 세크로핀은 소형 펩타이드로서 5 kDa 이하의 크기로 35~39개의 아미노산을 구성되어 있다. 대부분 아미노 말단이 염기성이며 전체 분자는 양극성을 띠게 된다. 이들은 세균 세포막의 지질 이중층에 이온 통로를 형성하는 세포막 저해 항생제로서 그람양성균 및 그람음성균 모두에 활성을 갖는다. 세크로핀은 말라리아 매개 모기류에 대해서 이 기생충에 대해서 저항능력을 지니게 하여 주기도 한다.

디펜신(defensin)은 29~34개의 아미노산으로 구성된 소형(4~5 kDa) 펩타이드류이며, 이들의 유사체가 환형동물과 전갈에서 동정되었으며 곤충뿐만 아니라 포유동물에서 널리 알려지고 있다. 현재 40개 이상의 곤충 디펜신류가 보고되었으며 이를 사페신(sapecin)으로도 부르며 그람양성균에 대해서 활성을 보인다. 세크로핀과 마찬가지로 곤충 디펜신은 세균막을 붕괴하여 세균을 즉각적으로 치사시키게 한다. 또한 일부 모기류는 원생동물 말라리아 원충의 발달능력을 억제하는 디펜신을 생산한다.

초파리 지방체는 디펜신과 유사한 드로조마이신을 발현시킬 수 있다. 드로조마이신은 44개의 아미노산으로 구성되며, 이중 8개의 시스테인이 4개의 이황화결합을 이루게 된다. 드로조마이신은 곤충의 디펜신보다는 식물의 디펜신에 더 유사성이 높으며 사상균에 활성을 보이나 세균과 효모에 대해서는 활성이 약하다.

多프롤린 펩타이드류는 대부분 그람음성균에 활성을 보이며 비교적 소형으로 15~34개의 아미노산으로 구성되며 프롤린과 알지닌이 많이 함유되어 있다. 이들은 꿀벌 유래의 아피데신(apidaecin), 개미 유래의 포매신(formaecin), 초파리 유래의 드로조신(drosocin)과 메치니코윈(metchnikowin), 식물흡즙성 노린재 유래 피로코리신(pyrrhocoricin), 노린재류의 메탈니코윈(metalnikowin)을 포함한다. 이들은 세균막의 단백질과 결합하여 세균막의 투과성을 변경하여 치사시키기에 비교적 느리게(약 6~12시간) 항생작용을 보이게 된다.

多글라이신 계통의 펩타이드류는 더 많은 구성원을 가지며 8~30 kDa의 크기를 보이며 높은 글라이신 함량을 나타내고 있다. 이들은 주로 그람음성균에 대해서 활성을 보이며 이는 아마도 외부 세포막을 합성을 억제하여 세포막 투과성을 높이는 데서 기인된다고 볼 수 있다. 이 계통은 어태신(attacin), 살코톡신(sarcotoxin), 콜레옵테리신(coleoptericin), 헤밉테리신(hemiptericin), 딥테리신(diptericin), 글로버린(gloverin) 및 하이메놉태신(hymenoptaecin) 등 다수로서 이들이 추출된 곤충의 이름을 따서 명명하였다.

세크로피아나방과 박각시나방 번데기는 감염 후 47 kDa의 탄수화물 결합 단백질인 헤몰린(hemolin)을 생산한다. 헤몰린은 침입 세균표면에 부착되는 단백질류로서 면역반응을 유기하는 단백질 결합체를 형성한다. 이 단백질의 아미노산 서열은 면역글로불린과 유사한 영역이 4회 반복되어 있어, 면역글로불린 유전자 계통(superfamily)에 포함시킨다. 헤몰린은 옵소닌 또는 세균을 소낭 속에 결집시키는 작용을 갖는다.

침입한 병원세균의 성장을 제한시키기 위해 많은 포유동물은 체내에 철분을 축적시키는데, 이는 이 철분이 세균의 발육을 도모하기 때문이다. 이를 위해 이들은 혈액, 모유 그리고 눈물에 트랜스페린(transferrin)이라 불리는 한 무리의 금속결합단백질들(iron-binding proteins)을 함유하는 데 이들은 철분을 붙잡고 이들의 격리를 유도한다. 비록 곤충 트랜스페린의 기능이 포유동물에 비해 잘 알려져 있지 않지만, 세균이 감염되었을 때 체액에서 철분을 격리시키는 작용을 하여 이들이 항생 인자로서 작용하는 것으로 추측되고 있다.

약 80%의 항생펩타이드 유전자 발현은 Toll/IMD 신호에 의해 조절된다. 따라서 이들의 면역신호는 체액성 면역반응을 조절하는 데 중요한 면역신호로 작용하게 된다. 비교적 각각의 Toll과 IMD 신호가 작용하지만 이들의 복합적 작용도 일어나게 된다. 예를 들어, 딥테리신은 전적으로 IMD 신호에 의해 조절되는 반면 DIM1은 Toll 신호에 의해 조절된다. 이와 같이 일부 항생펩타이드 유전자 발현은 전적으로 Toll 또는 IMD 신호에 개별적으로 반응하게 되지만, 이 이외의 항생단백질 유전자들의 발현은 이들의 복합적 신호작용에 지배를 받을 수 있다. 예를 들어, 드로조마이신의 경우는 Toll 신호를 받게 되지만, IMD 신호에도 영향을 받게 된다. 비교적 면역반응 초기에 IMD 신호에 의해 발현이 증가한다면 이후 지속적 발현은 Toll에 의해 지배받게 된다. 또한 발육에 따라 이들 유전자 발현은 변경된다. 딥테리신의 경우 탈피호르몬인 엑다이손의 영향으로 지방체 세포가 성숙되는 데, 이러한 성숙 과정 없이는 이 항생펩타이드 유전자 발현이 이뤄지지 않는다.

4 순환계와 온도 변이

곤충은 온대 기후에서 살아가는 소형 육상동물로서 겨울 기간 동안의 낮은 온도에 성공적으로 적응하였다. 일부 곤충류는 일장변화를 통해 계절 추이를 예측하면서 따뜻한 기후 지역으로 이주하는 능력을 발달시켰다. 그 외에 곤충류는 추운 지역에 남아서 영하의 온도에 생리적 적응력을 키웠다. 저온이 생물적으로 중요한 분자들의 물리적 성질에 영향을 주어 생물체의 발달 속도를 변화시켰더라도 빙결온도에 노출되는 것이 항상 해로운 것만은 아니다. 그러나 낮은 온도가 세포내 빙결을 초래할 경우, 세포막에서 치유될 수 없는 물리적 손상은 일어나고 점차 생명현상에 위협을 주게 된다. 선선한 날씨에 태양광선을 흡수하기 좋은 자세로 조정하는 것에 더불어 곤충은 비행근육에서 오는 열을 혈액 순환계를 통해 온몸으로 전달하여 체온을 올릴 수 있다.

4.1 체온 조절

곤충활동은 연중 따뜻한 계절에 크게 국한되어 있으나 일부 곤충류(예, 땅강아지, 남극 톡톡이류)는 겨울 기간에 활동적인데 이는 이들의 효소계가 저온에서 최적 활성을 보이도록 형성되어 있기 때문이다. 대부분 다른 종들은 외부 온도에 완전히 의존하며 온도가 낮을 때는 활동을 멈추게 된다. 그러나 일부 곤충은 대사열을 발생시켜 순환계를 통해 몸 전체를 데움을 통해 체내 온도를 조절할 수 있게 되어 활동하기에 부적합한 외부 저온에서도 활동할 수 있게 된다. 체온 유지는 외부 또는 내부에서 기원될 수 있다. 외부 열 이용에서 비롯되는 외온조절(ectothermy)은 곤충이 적합한 온도영역에 자신을 있게 함으로서 나타나는 온도조절의 원시적 형태이다. 이들은 태양 쪽으로 몸을 노출시켜 햇볕을 쬐면서 자신의 체온을 능동적으로 조절할 수 있다. 또한 몸의 색소를 증가시켜서 광선 흡수에 도움을 줄 수 있다. 이에 반해 내온조절(endothermic) 곤충은 체온을 높이기 위해 비행근육으로부터 발생한 열을 이용할 수 있다. 곤충의 비행근육은 대사적으로 가장 활성이 높은 조직으로 알려져 있지만, 기계적 효율은 불과 20%에 못 미쳐 나머지 80%는 체온을 조절할 수 있는 열로서 분해될 수 있다. 소형곤충에서는 잘 맞지 않지만, 대형곤충의 비행근육에 의해 발생된 열은 주변 온도보다 상당히 높다. 대형곤충이 비행을 시작하기 위해 비행근육이 충분히 높은 온도에서 작동해야 한다면 체온을 높이려는데 비행근육에 의존한다는 것이 일종의 역설일 수 있다. 곤충이 체온을 높이는 데 비행근육을 사용할 수 있지만 이러한 열을 줄 수 없는 낮은 주변 온도에서는 어떠한 비행도 불가능하다. 이 문제는 몸의 일정부위를 서로 상반되게 조절하는 근육을 동시에 수축시켜 이들이 최적온도에 도달할 때까지 초기 열을 발생시키는 비행전 데우기(preflight warming up)에 의해 해결될 수 있다. 이 조절방식은 이러한 수축 행동이 날개를 조금씩 떨게 함으로 나타나는 떪(shivering)으로서도 알려지고 있다. 뒤엉벌은 비행근육이 충분한 이륙을 할 수 있게 작동하려면 흉부 온도가 30℃ 이상이 되어야 하는 데 바로 떪을 통하여서 이들은 주변 온도가 3℃까지 낮아져도 이 비행온도에 다다를 수 있다.

사회성 곤충은 뭉쳐진 개체들에 의해 발생된 대사열을 서식장소에 잔존하게 하여 월동할 수 있다. 선선한 날씨 가운데에서 집합체의 중심에 있는 꿀벌은 30~40℃의 온도를 유지할 수 있는 반면, 가장 주변에 있는 개체들은 15℃ 체온을 띠게 된다. 꿀벌이 새로운 서식처로 군집 비행하기 전에 이러한 체온 편차는 소멸되고 모든 개체가 비행에 필요한 33~35℃의 흉부온도를 띠게 된다. 열은 주로 흉부에 집중되어 비행근육을 높은 온도로 유지하게 하지만 순환계 작용으로 차가운 복부 혈림프가 더운 흉부 쪽으로 이동될 수밖에 없다. 몸 부위 사이에 온도 차이는 역류열교환(countercurrent heat exchange) 작용에 의해 유지된다(그림 7.15).

뒤영벌의 경우 좁은 배자루마디가 흉부와 복부를 연결하여 이 통로를 통해 등핏줄, 소화관, 기관지 및 복면격막이 서로 밀착된 상태로 지나가게 된다. 이러한 구조 속의 등핏줄을 통해 혈액은 차가운 복부로부터 따뜻한 비행근육을 지나 머리 쪽 전방으로 흐르게 된다. 이때 따뜻한 혈액이 배자루마디를 통해 후방 혈강으로 흘러 복부로 가는 데 이 흐름을 복면격막이 조절하게 된다. 흉부열을 유지하기 위해 복면격막과 등핏줄의 상호 수축 리듬을 맞추어 혈림프의 전후방 흐름이 배자루마디에서 동시에 이뤄지게 한다. 서로 교차하면서 지나갈 때 흉부에서 얻은 열은 복부의 차가운 혈액에 전달된다. 이를 통해 이러한 역류열교환은 흉부의 대

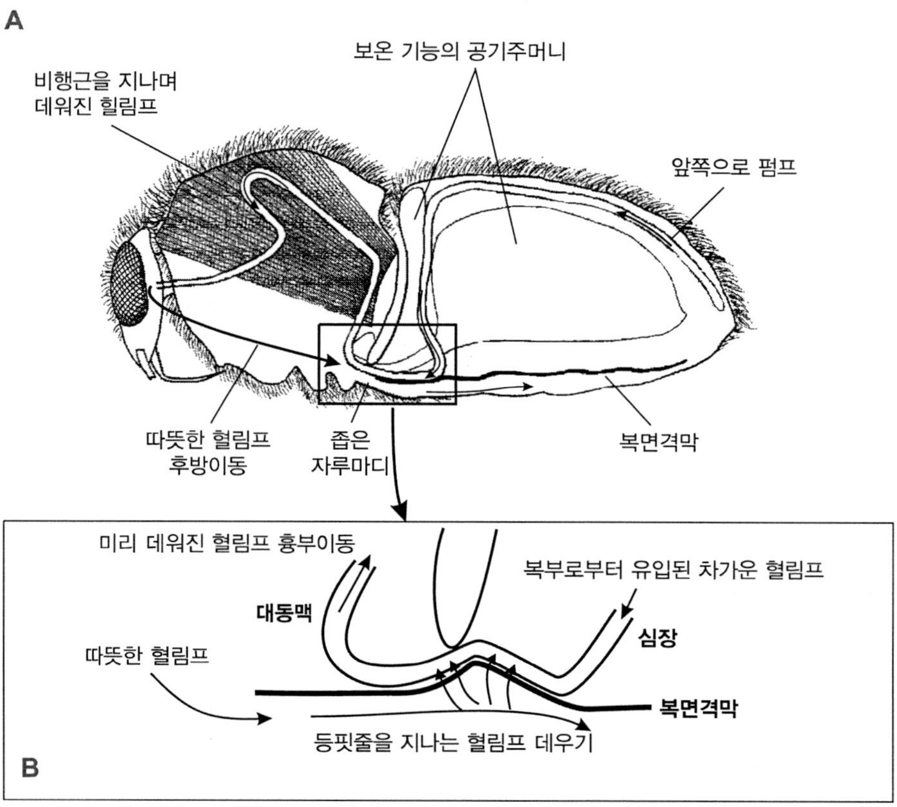

그림 7.15 밤나방류의 역류열교환장치. 원본그림(Heinrich, 1976) 및 사본인가

부분 열을 유지하게 한다. 무지개밤나방류(*Eupsilia morrisoni*)는 겨울나방으로 외부 온도가 0℃ 주변으로 낮을 때에도 비행할 수 있는 데, 이는 흉부 온도를 30~35℃로 유지할 수 있기 때문이다. 이 나방은 복부뿐만 아니라 흉부에도 역류열교환장치를 갖추고 있어 높아진 흉부 온도를 유지하는 데 매우 효율적이다.

따뜻한 흉부온도를 유지시킬 필요가 없는 더운 날씨에는 뒤영벌의 배자루마디를 통해 전방으로 혈림프와 후방으로 흐르는 혈림프가 상호 교대로 일어나면서 역류열교환은 억제되게 된다. 이는 더운 혈림프를 복부로 보내고 여기서 발산되도록 하게 한다. 이 뒤영벌은 이 복부열을 둥지 새끼들을 양육하는 데에도 이용할 수 있다. 꿀벌은 날개 운동 빈도를 조절하여 대사열을 줄일 수 있어, 높은 주변온도에서는 이 빈도를 낮추어 내부열의 축적을 낮출 수 있다.

일본꿀벌은 방어목적으로 이들이 생성하는 열을 이용할 수 있다. 말벌류(*Vespa mandarinia japonica*)는 사회성 벌과 기생봉을 먹이로 하는데 이러한 연고로 여러 봉군을 파괴하여 이들의 새끼들을 잡아서 자신들의 유충들에게 먹이로 공급한다. 일본꿀벌(*Apis cerana japonica*)은 500마리 이상의 일벌들이 떼를 지어 이 말벌을 하나의 웅덩이에 몰아넣을 수 있는 방어 기술을 갖게 된다. 이 웅덩이의 온도는 47℃까지 올라가 일벌은 아니지만 말벌에게는 치명적이게 된다.

4.2 내한성

내한성(cold hardiness)은 낮은 온도에 노출될 때 생존하는 곤충의 능력을 의미한다. 곤충은 몇 주 걸쳐서 발달되는 생리적 준비단계를 갖춘다면 겨울 온도를 견디어 낼 수 있다. 적응과정은 곤충이 먼저 낮은 온도에 노출되면서 내동결물질을 축적하면서 나타난다. 내동결물질의 생산은 일반적으로 초가을에 일어나며, 겨울 기간 이 물질들의 수준이 유지되면서 초봄에 낮아지게 된다. 일부 곤충류에게 단기간 저온노출도 추후 노출될 치사 저온 온도에 견디는 능력을 부여하게 된다. 이러한 급속내한성유기(rapid cold-hardening) 반응은 아치사 저온에 미리 노출된 곤충에게 치사 저온 온도에서 생존율을 현저하게 높인다. 다양한 환경 조건에서 살아가는 곤충은 이러한 급속내한성유기 반응을 이용하여 갑작스런 차가운 온도를 견디게 한다.

성공적으로 월동하는 곤충류에서 일반적으로 두 가지 생리 전략이 발견된다. 동결저항성(freeze-tolerant)으로 분류되는 곤충류는 세포외 빙결형성을 견디게 된다. 이들은 빙핵형성단백질(ice-nucleating protein)을 생산하여 체온의 과냉각점(supercooling point)을 올리고 세포외 빙핵을 형성하는데 촉매로 작용한다. 물이 세포 안으로부터 밖으로 이동하게 하여 세포

내 빙핵 형성을 막게 한다. 비교적 높은 온도(보통 -8℃ 이상)에서 일어나는 세포외 동결은 세포로 하여금 빙핵 형성에 따라 나타나는 삼투압 변화에 적응하는 시간을 제공하게 되어 세포내 동결 가능성을 줄여준다. 내동결 곤충류는 또한 다가알콜류(예, 글리세롤, 소비톨) 내동결 물질을 합성한다(그림 7.16). 트레할로오즈는 또한 세포막을 안정화시켜주는 공통 내동결제이다. 모든 알려진 탄수화물 내동결물질의 생합성은 글리코겐으로부터 비롯된다.

동결감수성(freeze-susceptible)으로 분류되는 곤충류는 혈림프에 내동결물질을 생산하여 체내빙결점을 낮추어 빙핵 형성을 피하는 생존 전략을 갖는다. 이들 곤충류는 -35℃의 낮은 온도까지 과냉각이 가능할 수 있다. 캐나다 북부에 서식하는 혹을 형성하는 파리 유충은 -60℃까지 과냉각할 수 있다. 생산되는 내동결물질은 글리세롤, 소비톨, 트레할로오즈, 마니톨을 포함하며 곤충 전체 체중에 25%에 육박하는 농도로 존재하게 된다. 빙결을 막는 것과 더불어 이들 동결제는 저온에서 세포막과 효소를 안정화할 수 있다. 나방류이나 딱정벌레류를 포함한 많은 동결기피성 곤충류는 물의 어는점을 낮추나 녹는점에는 영향을 주지 않는 내동결단백질(antifreezing protein)을 생산한다. 혈림프와 소화관에 있는 내동결단백질은 빙결

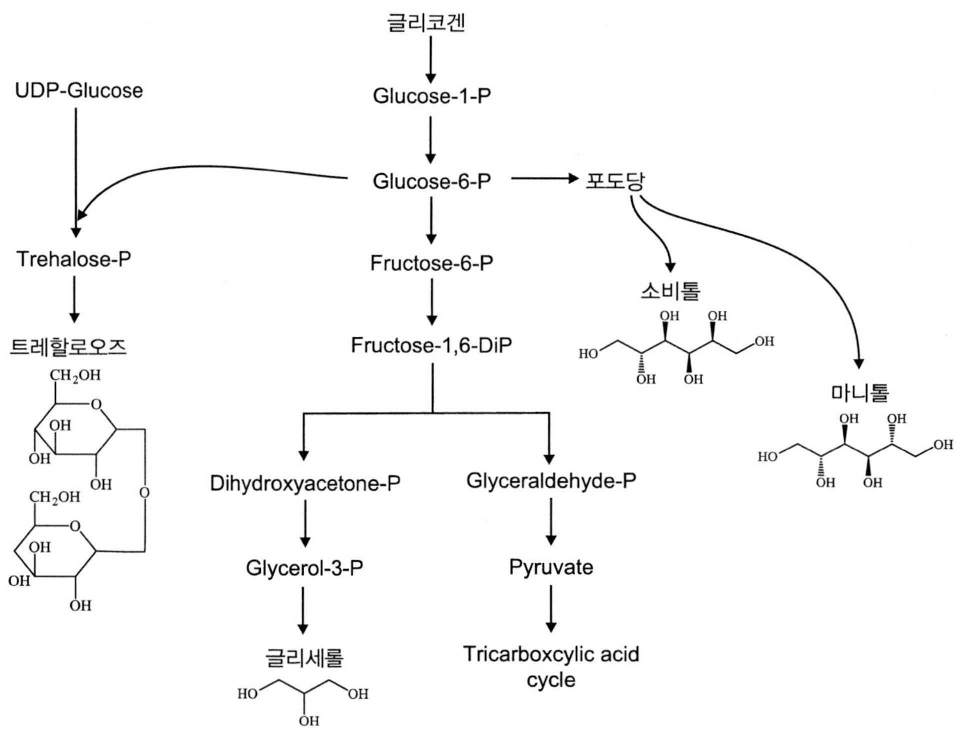

그림 7.16 폴리올 생합성 과정. 원본그림(Klowden, 2013) 및 사본인가

을 유도하는 빙핵 형성을 막고, 세포막을 안정화시킨다. 이들 단백질은 쓰레온닌(threonine)과 시스테인(cysteine)의 함량이 높고 빙핵과 결합하여 이들의 성장을 억제하게 된다. 내동결 단백질은 남극 어류에서 처음 발견되었으며 알라스카의 곤충과 거미류에서 공통적으로 발견되고 있다.

제 8 장

배설계

Excretory System

일반적으로 곤충의 몸은 60~75%가 물로 구성된다. 주로 혈림프에 수분을 저장하지만, 실샘 및 소화관에도 다량의 수분을 저장할 수 있다. 또한 몸 전체의 각 세포들이 함유하고 있는 수분도 체내 전체 수분을 구성하는 데 한 몫을 담당하게 된다. 이러한 체내 수분 함량은 특정 시기의 생리 상태에 따라 17~90%까지의 변이 폭을 갖고 변동하게 된다. 극단적인 예로서 깔따구 유충은 수분 함유량이 3%로 낮아질 때까지 탈수되어도 살 수 있고, 이 상태에서 104℃까지 가열 온도에서도 생존이 가능하다. 물론 여기에 수분이 공급되면 다시 발육을 진행하게 된다. 탈수 상태의 깔따구(함수량: 8%) 유충을 −190℃ 액체헬륨으로 냉각시켜도 생존할 수 있고, 이 유충들을 다시 상온의 물에 담그면 정상적으로 자란다.

곤충이 다양한 서식처에 거주할 수 있는 것은 주로 두 가지 특수한 생리적 기관인 체벽과 배설계 때문이다. 즉, 체내 수분 보존은 외골격 기반의 수분증산 억제에 기인되며 여기에 정교한 배설계가 환경 변화에 따라 곤충의 체내 수분을 일정하게 관리하게 된다. 곤충의 주요 배설계는 말피기관과 직장으로 이뤄진다. 혈액을 거르는 분비작용은 말피기관이 담당하며, 물질의 재흡수 및 체내 이온 조절은 직장에 의해 이뤄진다. 여기서 우리는 곤충의 배설물질의 화학적 본체를 살펴보고 이를 배설하는 배설계의 작용원리를 설명한다.

1 배설물질의 본체

배설은 몸에 불필요한 물질을 몸 밖으로 내보내는 생리적 행위이다. 따라서 몸으로 들어온 물질 가운데 그 당시 몸 상태에 불필요한 물질은 배설계를 통해 보내지기에 배설물질은 생리적 상태에 따라 변동될 수 있다. 그러나 일반적으로 음식물 가운데 존재하는 영양물질이 배설물질의 기원이 된다. 영양물질을 소화 및 흡수하고 남은 찌꺼기 그리고 영양물질이 체내로 흡수되어 대사과정을 통해 가용물질을 빼고 남은 최종산물은 모두 배설물이 된다.

주요 영양물질은 탄수화물, 지질, 핵산 및 단백질로 구성된다. 이들이 체내로 흡수되고 이화작용을 통해 가용할 수 있는 에너지를 생성하는 데 이용되고, 일부 골격은 동화작용으로 체내 구성성분으로 전환된다. 결국 탄수화물과 지질의 최종물질은 물과 이산화탄소이다. 반면에 핵산과 단백질은 물과 이산화탄소에 더불어 암모니아가 최종물질로 남게 된다. 여기서 이산화탄소는 호흡계를 통해 체외로 배출된다. 따라서 배설계가 처리해야 할 물질은 물과 암모니아로 귀결된다. 물은 생리적 상태에 따라 배설량을 조절하게 된다. 그러나 암모니아의 경우는 독성을 가지고 있기에 반드시 배설 또는 다른 안전한 화합물로 전환되어야 한다. 일부 암모니아는 α-케토글루타레이트(α-ketoglutarate)로 옮겨져 글루탐산(glutamate)을 형성하고, 이 글루탐산은 다시 암모니아를 받아 글루타민(glutamine)으로 전환되기에 생체 내 아미노산 형성하는 데 재활용된다. 비교적 곤충이 암모니아에 견디는 능력이 다른 생명체에 비해 높지만, 과다하게 축적될 경우 다양한 생리적 교란을 가져오게 된다. 우선 고농도의 암모니아는 신경전달에 필수적인 칼륨이온을 대체하여 신경전달을 방해할 수 있고, 탄수화물과 지질 대사과정을 교란하며, 미토콘드리아에서는 ATP 합성에 필수적인 산화적 인산화과정을 방해한다. 또한 암모니아는 물에 쉽게 녹아 수산화암모니아(NH_4OH)를 형성함으로 궁극적으로 pH 변화로 생체막 지질 구조를 교란시키게 된다. 일반적으로 암모니아 1 g을 생체 내에 안전한 수준으로 무독화하는 데 약 400 ml의 물이 소요된다. 수서곤충의 경우 암모니아 희석에 필요한 다량의 수분을 찾는데 어려움이 거의 없어 대부분 단백질 대사과정에서 나온 질소는 암모니아 형태로 배출한다. 그러나 육상동물들은 암모니아를 희석할 만큼 충분한 물을 공급받기 어렵기 때문에 암모니아를 변형시켜 덜 독성 분자로 전환하게 된다.

여러 동물이 암모니아를 전환하는 방식에 따라 차이를 나타나게 된다. 사람을 포함한 많은 포유류는 요소(urea) 형태로 암모니아를 배설하는 요소계(ureotelic) 배설동물이지만, 곤충과 조류 및 파충류의 경우는 요산(uric acid)을 배설하는 요산계(uricotelic) 배설동물이 된다(그림 8.1). 그러나 수서생물의 경우는 주변의 다량의 물로 암모니아를 무독화할 수 있기에 직접 암모니아를 배설하게 된다. 다수의 포유류는 유리케이즈(uricase)라는 효소를 갖고 있어 간에서 요산을 알란토인(allantoin)으로 분해하는데, 이는 알란토인이 요산보다 수용성이 높고 쉽게 배설되기 때문이다. 그러나 영장류, 조류, 파충류는 유리케이즈 유전자가 발현되지 않아, 퓨린 대사의 최종 생산물로 요산이 남게 된다.

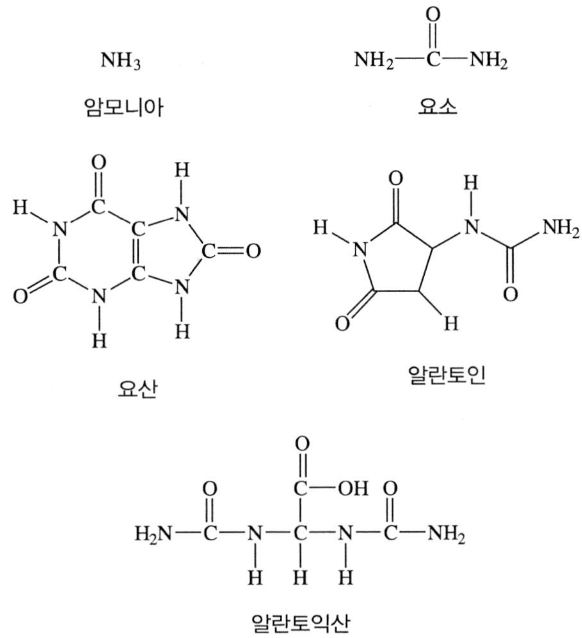

그림 8.1 **다양한 질소 배설태 화학 구조.** 원본그림(Klowden, 2013) 및 사본인가

독성을 낮춘 여러 질소대사산물들은 암모니아보다 체액에 더 많이 농축될 수 있고 독성을 낮추기 위해 필요한 수분도 적게 소모된다. 요소는 암모니아보다 훨씬 수용성이 높고 독성이 매우 낮으므로 비독성 농도로 희석되는데 필요한 물이 암모니아보다 약 10배 정도 덜 소모된다. 크기가 큰 육상동물들은 비교적 다량의 물을 저장 및 이용이 가능하여 질소를 저독성인 분자로 만드는 과정에서 매우 적절한 분자형태는 요소이다. 그러나 곤충은 수분 보존의 필요성 때문에 질소대사산물이 요산으로 전환되어야 한다. 요산은 크기가 작은 육상동물에게 매우 이상적인 배설태이다. 요산은 물에 불용성이기 때문에 체액에서 독성수준에 이르지 않는다. 그래서 요산을 무독화하는 암모니아보다 약 50배 적은 수분이 요구된다. 생물체 체액의 pH가 7 이하일 때 요산은 극소량만 용해되지만, pH가 9.7을 넘으면 수용성이 크게 증가하게 된다. 이와 같이 요산이 물에 대한 불용성 때문에 수분이 없는 상태로 배설되어 생명체의 수분유지에 유리하다. 수소원자는 물에서 유래하기 때문에 이 수소원자가 대사과정에서 배설물질로 만들어져 배출되면 그만큼 수분을 잃게 된다. 배설산물의 수소 대 질소 비율을 비교하면, 암모니아는 3 : 1, 요소는 2 : 1이다. 요산은 수소와 질소 비율이 1 : 1로 그 어떤 배설태보다도 요산이 적은 수소를 요구하고 있다. 따라서 곤충이 질소를 배출하는 방법으로 요산을 사용함으로써 비록 많은 에너지를 소모하는 질소배설태이지만 수분유지에는 가장 적합한 물

질이 된다.

단백질로부터 요산으로 이르는 합성과정은 다른 생합성에 사용될 여러 개의 탄소원자를 이용하여 독성이 낮은 비교적 큰 분자의 물질을 생산하기에 상당한 양의 에너지를 소모하게 된다. 글라이신, 글루타민, 아스팔틱산에서 유래한 아미노 그룹의 연속적인 첨가에 의해 중간 대사산물인 inosine monophosphate(IMP)가 합성되는데(그림 8.2), 이 과정에서 8개의 ATP가 소모된다. IMP는 퓨린 분해과정의 출발점에 해당하는 하이포잔틴(hypoxanthine)과 잔틴(xanthine)으로 전환되고 궁극적으로 요산이 된다. *Glossina* 속의 체체파리는 질소가 풍부한 혈액을 약 100 mg을 섭취하면 과도한 질소를 배설하기 위해 요산 합성을 진행해야 하기에

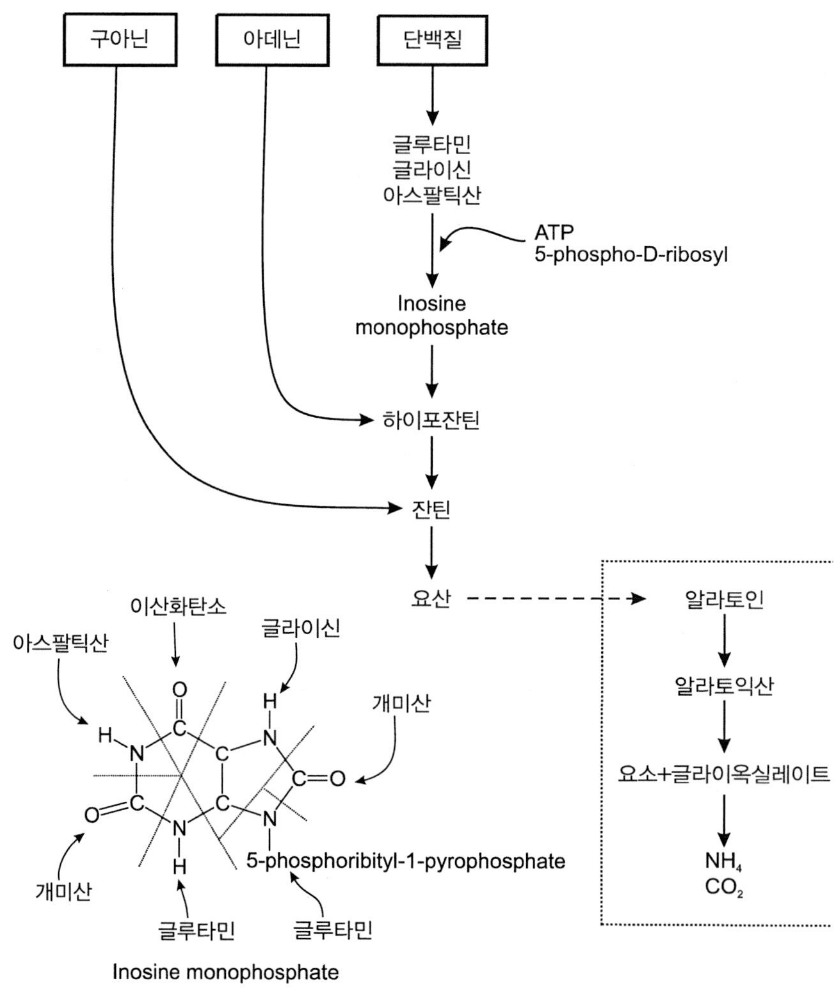

그림 8.2 질소 대사산물과 요산 생합성 과정. 원본그림(Klowden, 2013) 및 사본인가

전체 섭취된 에너지의 47%를 이 배설에 투자해야 한다. 만약 이 곤충이 암모니아로 배설한다면 불과 15%의 섭취 에너지만 소요될 것이다. 따라서 요산 배설은 에너지가 많이 소요되는 배설 기작이다.

곤충의 질소배설태에는 요산 이외에 다른 물질도 함께 이용하고 있다. 이러한 질소배설태의 종류는 먹이, 발육단계, 생태적 지위 등에 따라 다양할 수도 있다. 일부 노린재류는 알란토인(allantoin)을, 파리류 유충과 일부 나방은 알란토익산(allantoic acid)을 각각 질소배설태에 포함시킨다. 요소도 일부 곤충류에서 발견되는 질소배설물이지만 정확한 요소 생합성 과정은 알려져 있지 않다. 먹이 중에 알지닌(arginine)이 알지네이즈(arginase) 촉매작용으로 오르니틴(ornithine)과 요소로 전환될 수 있다. 이들 곤충류에서는 배설되는 요소의 양이 먹이에 포함된 알지닌 양과 관련성을 보이게 된다. 따라서 요소를 분비하는 곤충의 경우 척추동물의 요소 회로에 의해 요소가 합성된 것이 아니라 알지닌 분해의 결과로 설명된다. 암모니아는 검정파리 유충과 일부 바퀴와 메뚜기 종류를 포함하는 몇몇 육상곤충에 의해 배설되는데, 이것은 요소의 분해과정에 의한 것이 아니라 아미노산의 탈아미노 반응 과정에 의한 결과이다. 이집트숲모기(*Aedes aegypti*)는 매번 흡혈할 때마다 다량의 질소를 섭취하게 되는데, 아미노산의 탈아미노반응에서 나온 암모니아를 글루타민 및 프롤린 형성에 이용하여 요산과 요소로의 배설량을 감소시킨다. 프롤린은 모기의 비행에 필요한 연료로도 이용될 수 있다. 장내미생물이 곤충의 질소배설테에 작용할 수 있다. 예를 들어, 왕개미(*Camponotus*) 속에 속한 개미의 경우 공생균(*Blochmannia floridanus*)을 지니고 이 세균이 분비하는 글루탐산 합성효소(glutamate synthase)의 도움으로 암모니아를 글루타민 형성에 이용한다. 바퀴류는 지방체에 공생세균을 가지고 있고 요산을 지방체에 축적시켜 이를 공생세균의 도움으로 자신의 질소 영양원으로 이용하게 된다. 흰개미류는 질소고정균을 후장에 지니고 있어 질소가 부족한 섬유소 기반의 먹이에서 질소영양원을 보충받으며 성장하게 된다.

2 말피기관과 배설

환경 변화에 따라 비교적 빠르게 체내 수분 함량 변화를 겪을 수 있는 소형 육상동물에게 체액의 삼투조절은 매우 중요하다. 이에 곤충들은 매우 정교한 배설계를 발달시켰다. 척추동물의 신장(kidney)과 유사한 말피기관(Malpighian tubule)은 곤충의 주요 배설기관이다. 신장에서 높은 혈압을 이용하여 혈액을 여과하는 척추동물과 달리 곤충은 말피기관 상피조직의 이온 능동수송에 따른 삼투압 구배로 배설물질을 혈림프에서 말피기관 내강으로 분비하게 한다.

말피기관의 이름은 1669년 마르셀로 말피기(Marcelo Malpighi)가 누에에 관한 연구 자료에서 "vasa varicose"라고 언급한 데에서 유래하였다. 말피기는 교황의 내과 의사였으며, 당시에 새로운 현미경으로 많은 생물체의 구조를 연구한 비교해부학자이기도 하였다. 이후 말피기관이 배설기관으로 알려졌으며, 주로 흡혈노린재(*Rhodnius prolixus*), 이집트숲모기(*Aedes aegypti*), 그리고 노랑초파리(*Drosophila melanogaster*) 등의 대표 곤충류에서 이 기관의 기능이 밝혀졌다.

2.1 말피기관 구조

말피기관은 배자발생과정에서 중장과 후장의 연결부위에서 외배엽 및 중배엽 유래의 두 집단의 세포들에서 유래한다. 즉 말피기관을 이루는 두 세포인 주세포(principal cell)와 성상세포(stellate cell)가 각각 외배엽과 중배엽에서 기원한다(그림 8.3). 말피기관에서 이들 두

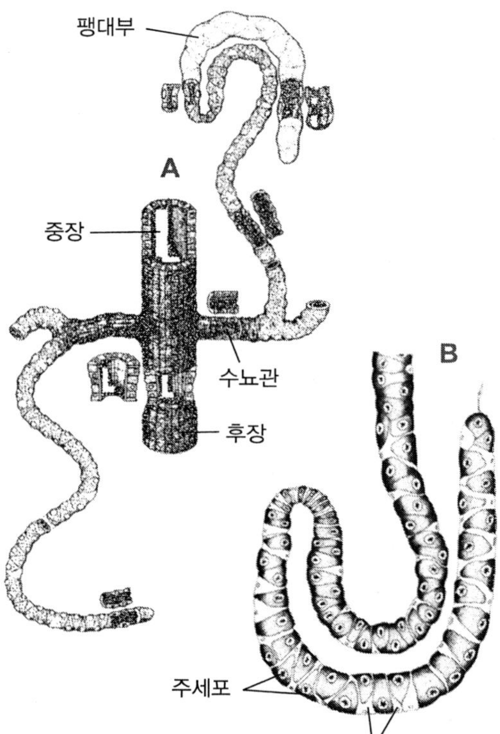

그림 8.3 **초파리 말피기관 모식도.** (A) 말피기관과 소화관 연결 (B) 말피기관 세포들. 원본그림(Wessing 등, 1999) 및 사본인가

종류의 세포 빈도비율은 약 5 : 1(주세포 : 성상세포)이다. 주세포는 세포내에 커다란 과립구조를 지니며 가늘고 긴 미세융모에 다수의 미토콘드리아가 차 있다. 주세포를 통해 혈림프를 거르는 배설작용이 일어나며 소듐, 칼륨 및 수소 이온의 능동수송이 수반된다. 성상세포는 이와는 달리 세포내 과립구조 또는 미세융모 발달이 없고 염소 이온의 이동을 조절한다. 두 세포는 모두 염색체 수에서 다배체를 보이지만, 성상세포보다는 주세포에서 배수성이 크다.

완전히 발달한 말피기관은 말단부위가 막혀있는 좁은 내강을 갖고 있는 길쭉한 관으로 기부에 열려있는 부위는 후장의 유문(pylorus)에 연결되어 있다. 말피기관 도관벽은 염색체 수가 배수성 세포들로 구성된 주세포와 성상세포가 한 층을 이루며, 이들 세포들은 말피기관의 위치를 따라서 구조와 기능이 다른 세포 형태로 분화되어 있다. 초파리(*Drosophila*)의 말피기관은 2 mm 길이의 소관 4개가 각각 수뇨관(ureter)을 통해 소화관에 연결되어 있다. 흡혈성 노린재(*Rhodnius prolixus*)는 말피기관의 말단과 기부가 상이한 도관 구조를 이루고 있다. 말단 부위는 다수의 미세융모 및 칼슘, 마그네슘, 칼륨을 포함하고 있는 세포내 과립을 갖고 있으나, 기부 부위는 이러한 세포내 과립이 없고 미세융모의 수도 적다. 기능적으로 말피기관 말단은 이온과 유기물을 말피기관의 내강으로 분비하고 기부 부위는 다시 혈림프로 이들 물질의 선별적 재흡수가 일어난다. 혈림프 쪽에서 보면 말피기관의 세포들은 기저막에 의해 둘러싸여 있고, 혈림프에 접한 말피기관 세포막은 기저막 아래에서 함몰 구조의 심한 주름층을 형성한다. 말피기관의 내강과 만나는 쪽의 세포막에는 소포체와 미토콘드리아가 풍부한 미세융모들이 발달되어 있다. 이들 미세융모는 표면적을 증가시켜 말피기관 세포와 내강 사이에서 염분과 수분 이동이 이루어질 수 있도록 한다. 말피기관 세포 중심부는 다수의 골지체, 조면소포체, 액포가 관찰된다.

말피기관은 체강 내에서 자유로이 움직이는 구조를 지닌다, 이러한 움직임은 새로운 혈림프에 존재하는 배설물질이 말피기관 내강으로 옮겨지는 데 필수적인 활동이다. 이러한 말피기관의 움직임은 도관 주변의 몸길이근육(longitudinal muscle)의 수축작용에 기인되어 근육에 의한 말피기관의 뒤틀림은 말피기관 주변으로 혈림프의 유동을 유발한다. 일부 곤충에서는 말피기관의 말단부위가 구조적으로 후장과 연결되어 후장에서 혈강으로 물의 재흡수를 증가시켜주는 숨겨진배설계(cryptonephridial system)를 형성하기도 한다. 말피기관 도관 개수는 곤충의 종에 따라 2~250개 이상으로 다양하고, 진딧물과 톡토기 등의 일부 곤충에서 말피기관이 없다. 말피기관의 표면적과 곤충의 체중 사이에는 직접적인 관련이 있어 보인다. 초파리속의 말피기관 한 개의 길이는 초파리 체장의 약 2배 가량 되고, 이질바퀴(*Periplaneta americana*)는 60개 말피기관의 총 표면적이 약 132,000 mm^2 정도가 된다.

배설과정은 말피기관에서 시작된다. 혈림프에서 도관 내강으로 분비된 체액, 이온, 수분,

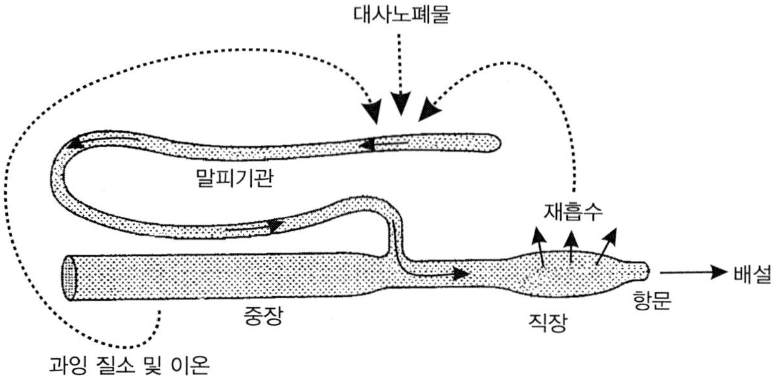

그림 8.4 **말피기관과 직장을 통한 배설과정.** 원본그림(Hevert, 1984) 및 사본인가

노폐물 등 전체를 일차배설물(primary urine)이라 한다(그림 8.4). 말피기관의 말단에서 장과 만나는 부위까지 말피기관의 내강을 통해 내려온 일차배설물은 소화관으로 이동하여 중장에서 소화된 최종산물과 섞이게 된다. 일반적으로 일차배설물은 혈림프와 유사한 삼투조건의 등장액으로 대부분의 곤충들은 높은 K^+과 낮은 Na^+ 농도를 갖고 있다. 일차배설물은 요산과 같은 배설물 외에도 배설과정에서 나중에 흡수될 여러 이온, 당류, 아미노산 등을 함유하고 있다. 초파리 유충의 말피기관 대부분에서는 K^+을 분비하고, 기부쪽에서는 물과 K^+의 재흡수와 말피기관의 내강으로 Ca^{2+} 이온의 능동수송이 이루어진다고 보고되었다. 말피기관의 빠른 배설작용은 말피기관의 기부와 후장에서 일어나는 재흡수에 의해 혈림프 수분의 큰 손실 없어 가능하다. 일차배설물은 후장의 직장을 통해 지나가면서, 직장에 있는 직장샘(rectal gland)의 재흡수에 의해 최종배설물(final urine)이 되고 항문을 통해 체외로 배설된다. 인간은 하루에 배설기관 총 부피의 12배 혈액을 여과하지만, 모기의 말피기관과 직장이 하루에 여과하는 혈림프 양은 배설기관 총 부피의 200배에 이른다. 흡혈노린재의 말피기관은 15초 마다 자신의 몸 전체 세포 부피만큼의 체액을 분비한다.

2.2 말피기관 배설기작

일차배설물 형성 과정에 관한 실험 방법은 Ramsay가 개발한 분석법을 이용하고 있다. 말피기관 말단 부위를 혈림프 속에 있게 하고 절단된 기부를 파라핀 기름층에 두게 하여 말단에서 형성된 일차배설물을 용이하게 얻도록 하는 분석 기법이다(그림 8.5).

Ramsay 기법을 통해 분석한 결과, 일차배설물은 칼륨 농도가 혈림프보다 약 20배 정도 높

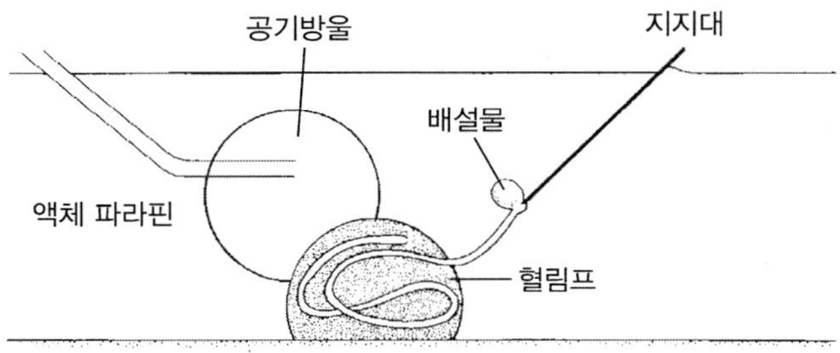

그림 8.5 일차배설물 형성을 분석하는 Ramsay 생물검정 시스템 모식도. 원본그림(Ramsay, 1954) 및 사본인가

다는 점 이외에 혈림프와 거의 유사한 등장액이라는 것을 알게 되었다. 즉, 칼륨이온의 능동수송에 따라 형성된 삼투압 차이로 혈림프의 물이 내강으로 흘러 들어가고 이에 따라 물질의 농도 차이가 형성되어 혈림프의 여러 소형 용질들이 말피기관 내강으로 분비되게 된다. 이러한 말피기관 이온의 이동은 H^+ 펌프인 V-ATPase(vacuolar-proton adenosine triphosphatase)에 의해 이루어진다. ATP 분해에 따른 자유에너지 방출은 H^+을 말피기관 내강으로 능동수송하게 하고, 다시 H^+ 이온 농도차에 의해 양성자−H^+ 교환펌프는 H^+을 말피기관 세포 내로 이동시키고 반면에 K^+을 내강으로 이동시킨다. 지속적 K^+ 이온수송을 위해 혈림프 쪽에 위치한 말피기관 세포막에서는 Na^+/K^+ ATPase에 의해 K^+ 이온을 혈림프로부터 수송받는다. 이를 통해 K^+ 이온농도의 구배가 일어나고 이에 따라 물이 혈림프에서 말피기관 내강으로 흐르게 한다. 물의 흐름에 따라 묽어진 말피기관 내강으로 혈림프의 소형물질이 뒤따르게 된다. 비록 식식성 곤충들은 주로 K^+ 이온을 수송하지만, 흡혈성 곤충인 모기는 Na^+과 Cl^-를 수송하고 흡혈성노린재는 Na^+과 K^+을 수송한다.

혈림프 용질의 확산은 주로 말피기관 세포 사이 경로(paracellular route)를 통해 이동한다(그림 8.6). 일부 독성물질과 요산과 같은 대사산물은 세포를 직접 통과하는 경로(transcellular route)로 능동수송 된다. 저분자 물질은 수동적인 확산작용으로 말피기관 세포를 직접 통과하게 된다. 식물성 알칼로이드 물질과 같은 몇몇 분자량이 큰 독성물질은 능동수송에 의해 제거된다. 말피기관은 음이온을 띠는 유기물질들을 수송할 수 있는 데, 이러한 경로를 통해 살충제나 곤충이 원하지 않는 독성물질도 배설된다.

물은 삼투 작용으로 이동하기에 에너지가 필요하지 않지만 아쿠아포린(aquaporin)이라 불리는 수공(水孔)을 통해 이동된다. 아쿠아포린은 물을 이동시키는 채널 단백질 종류 그룹에 속하는 것으로 유사한 구조가 미생물, 식물, 무척추동물과 포유류에서 공통적으로 발견되고

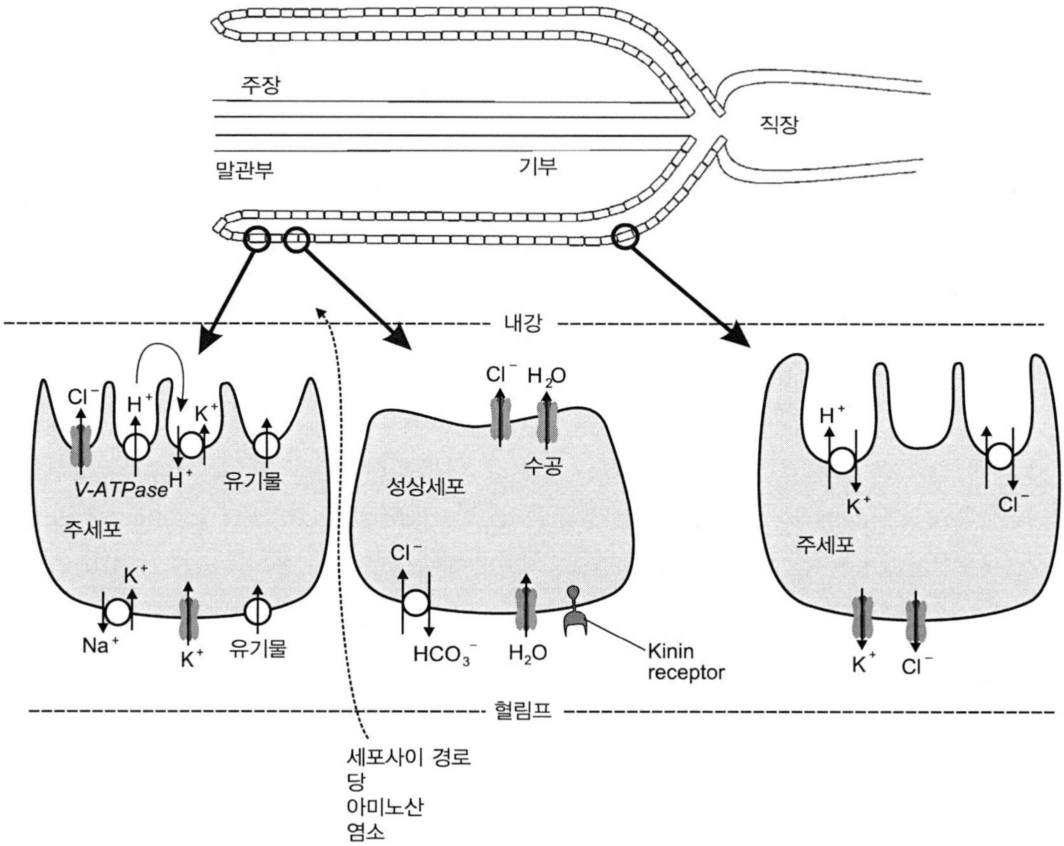

그림 8.6 말피기관에서 일어나는 이온 이동과 물질 분비. 원본그림(Wang 등, 2004) 및 사본인가

있다. 지금까지 11종류의 포유류 아쿠아포린이 동정되었다. 아쿠아포린 유전자의 결손은 유기체의 수분 항상성 결여와 관련되어 있다. 최소한 6개의 서로 다른 종류의 아쿠아포린이 곤충에서 동정되었고, 포유류에서 그렇듯이 아쿠아포린의 다양성은 글리세롤, 양이온 또는 음이온을 이동시키는 능력을 반영한다. 아쿠아포린은 전장, 중장과 같은 기관을 구성하는 세포들과 말피기관의 성상세포에서 발견되었다. 말피기관의 세포에서 아쿠아포린의 발현과 존재는 류코키닌(lenkokinin)과 세로토닌(5-hydroxytryptamine)에 의해 유도된다.

2.3 말피기관의 다른 생리기능

말피기관에는 주세포와 성상세포 이외에도 내분비 세포가 여러 곤충류에서 존재한다. 이 내분비세포에는 알라토트로핀과 유사한 활성을 지닌 호르몬이 분비되어 근육의 수축활동을 촉진시켜 후장의 연동활동 및 전반적 움직임을 촉진시킨다.

일부 곤충에서는 말피기관이 용화 과정에 필요한 물질을 합성하는 장소로도 이용된다. 풀잠자리(*Chrysopa*) 노숙 유충은 일부 말피기관이 비대화하여 번데기의 고치를 만드는데 쓰이는 실(silk)을 생산한다. 명주잠자리 유충의 말피기관도 실을 생산하는데, 이 실은 직장낭에 저장되었다가 용화하는 시기에 이용된다. 거품벌레의 유충은 서식하는 공간에 말피기관에서 유래한 거품을 생산하다. 면파리(*Musca autumnalis*)는 말피기관에 축적된 칼슘을 표피층으로 이동시켜 번데기를 보호하는 데 이용한다. 개 심장 사상충(*Dirofilaria immitis*) 선충의 유충(microfilaria)은 모기 성충의 흡혈활동으로 장내로 들어와 말피기관의 말단세포에서 발육한다. 이 기생물이 모기의 말피기관에 다량으로 존재하면 모기도 죽일 수 있다.

곤충에서 면역반응이 일어나는 부위는 주로 지방체와 혈림프에서 이루어지지만, 표피세포를 포함한 다른 세포조직에서 면역물질을 생산할 수도 있다. 말피기관의 도관들은 혈강에서 자유로이 움직이기에 병원균이 침입하여 용이하게 인식할 수 있는 구조를 지니고 있다. 때에 따라 말피기관 도관 외벽에 세포성 면역반응의 하나인 소낭형성이 관찰되는 데 이는 말피기관 주변에서 면역반응이 일어나고 있다는 것을 보여주고 있다. 특별히 말피기관 세포들은 IMD 면역 신호에 관련된 항생펩타이드인 딥테리신, 세크로핀, 메치니코윈 등의 유전자 발현이 일어난다. 따라서 말피기관은 혈구세포, 지방체와 더불어 병원균 침입에 초기에 반응할 수 있는 면역기관으로 간주될 수 있다.

3 소화관과 배설

소화관은 부위에 따라 음식물의 섭취, 소화 및 배설을 담당하게 된다. 이 가운데 후장을 중심으로 음식물의 배설 및 재흡수가 일어나는 기능을 담당하게 된다.

3.1 직장과 배설

말피기관에서 형성된 일차배설물은 소화관으로 이동하면서 최종배설물로 전환된다. 이러한 배설물 가공에 주된 기능은 몸의 생리적 상태에 따라 선별적으로 유용한 물질의 재흡수가 일어나는 장소가 가장 말단의 후장인 직장(rectum)이다. 만약 곤충이 말피기관으로부터 나온 일차배설물을 재흡수 없이 최종배설물로 배출하였다면 이온과 수분 고갈로 생존에 심각한 위협을 주었을 것이다. 직장은 후장의 일부분으로 표피층 구조를 지니고 있어 매 탈피 때 직장의 표피층도 탈피가 진행된다. 그러나 전장의 표피층과는 달리 비교적 얇은 표피층을 가지고 있어 이온과 물과 같은 소형물질의 재흡수가 가능하다. 이러한 재흡수가 보다 효율적으로 일어나기 위해 내강으로 위치한 표피세포는 여러 돌기 구조를 지녀 표면적을 넓히게 된다. 이러한 확장 구조는 종종 돌기(papilla)나 판(pad) 모양을 지니게 된다. 이러한 표피층 분화는 곤충 마다 상이하여 초파리(*Drosophila*)와 같이 아무런 변형이 없는 것부터 메뚜기목과 딱정벌레목에서 보듯 현격한 분화를 보이는 것까지 다양하다. 액체를 흡급하는 곤충들은 일차배설물을 재흡수하지 않기 때문에 직장 표피층 분화가 없다.

직장에서 일어나는 재흡수의 정도는 곤충이 접한 생리적 상태 및 환경에 따라 상이하다. 저곡해충인 거짓쌀도둑거저리(*Tribolium castaneum*)처럼 건조한 조건하에 사는 곤충일수록 습한 조건에 사는 곤충보다 더 많은 수분을 후장에서 재흡수해야 한다. 직장의 재흡수 속도도 항상 일정한 것은 아니다. 담배박각시나방(*Manduca sexta*) 유충의 경우 섭취한 먹이의 수분함량에 따라 직장의 수분 재흡수 속도를 다양화시켜 체내의 수분을 조절하여 항상성을 유지할 수 있다.

직장의 pH는 대개 후장의 다른 부분에 비하여 다소 산성을 띠어 요산의 수용성을 낮추어 이를 고체 상태로 침전시켜 수분 없이도 요산이 배설될 수 있게 한다. 직장은 말피기관의 기능과는 반대로 작동하는데, 장내 물질로부터 수분과 이온들을 혈림프로 이동시킨다. 내강쪽 세포막에는 다른 이온들과 연동하지 않고 전위차를 발생시키는 Cl^- 펌프(electrogenic Cl^- pump)가 Cl^-을 장내에서 혈림프로 이동시킨다. Na^+/K^+-ATPase는 소듐을 혈림프로 이동시켜 혈림프 쪽에 양극 전위차를 발생시켜 액체의 이동을 야기시킨다. Cl^-는 cAMP 촉진 채널을 통해 수동적으로 세포에서 혈림프로 나가게 되고, 칼륨은 전위차와 연결된 칼륨 채널을 통해 수동적으로 혈림프로 이동한다.

3.2 숨겨진 배설계

매우 건조한 조건에서 사는 거저리과 딱정벌레를 포함한 일부 곤충에서 말피기관의 끝부분은 혈강에 자유로이 노출되어 있지 않고 직장 벽과 매우 밀접하게 연결되어 있다. 이곳에 다시 위신막(圍腎膜, perinephric membrane)으로 전체를 둘러싸 말피기관이 겉에서 보이지 않는 숨겨진배설계(cryptonephridial complex)를 이루게 된다(**그림 8.7**). 위신막과 직장 벽 사이는 위신강(圍腎腔, perinephric space)을 이루게 된다. 숨겨진 배설계는 대부분의 나방류 유충과 많은 딱정벌레목 곤충에서 발견된다.

숨겨진 배설계는 두 가지 기능을 수행하는데, 하나는 후장에 존재하는 배설물에서 수분을 매우 효과적으로 재흡수하는 것이고 다른 하나는 후장 내 습기로부터 수분을 흡수하는 것이

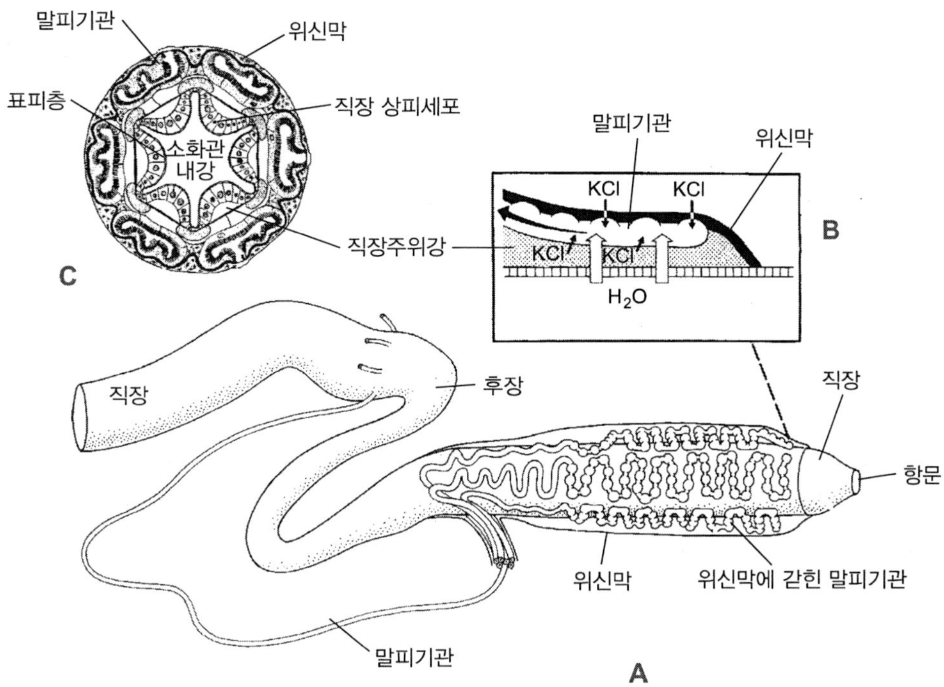

그림 8.7 **숨겨진 배설계 모식도.** (A) 말피기관 말단과 후장과의 접촉 지역 (B) 물 재흡수 과정 (C) 직장 단면도. 원본그림(Bradley, 1985) 및 사본인가

다. 이 두 가지 기능은 말피기관이 이온들을 도관 내강으로 분비하여 높은 이온농도를 유지하면서 직장 내강과 말피기관이 존재하는 위신강 사이에 이온농도차를 발생시키기 때문에 가능하다. 이에 따라 발생한 높은 삼투압을 통해 직장에 존재하는 물이 위신강을 통해 궁극적으로 혈림프로 재흡수하게 된다. 다듬이벌레(Psocoptera)와 같은 곤충은 소화관 앞 구강(cibarium) 안에 있는 특수한 혀(hypopharynx)를 통해 대기 중의 수분을 흡수할 수도 있다.

3.3 여과실

영양분의 농도가 묽은 식물의 수액을 먹는 일부 노린재목 곤충에서 소화관은 여과실(filter chamber)이라 불리는 구조체를 형성한다(그림 8.8). 이 구조체는 중장의 앞쪽과 뒤쪽 부위가 서로 가깝게 접촉되어 있고 얇은 표피세포로 구성된 주머니로 둘러싸여 있으며, 이 구조에 말피기관의 앞부분이 포함된다. 먹이에 포함된 다량의 액체가 전장의 앞부분에서 이 여과실을 통해 바로 후장쪽으로 빠르게 수송되게 한다. 이를 통해 다량의 물이 중장의 흡수작용에 따라 생길 수 있는 혈림프 희석을 막고 또한 묽은 용질의 먹이를 농축하는 효과를 주어 소화

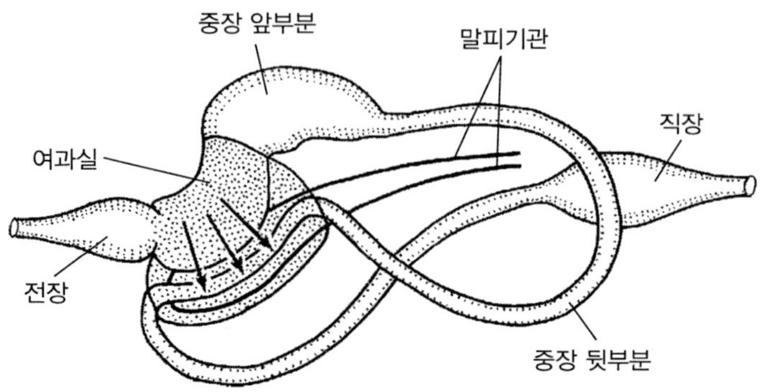

그림 8.8 **여과실 모식도.** 원본그림(Klowden, 2013) 및 사본인가

및 흡수 효율을 높일 수 있다. 여과실에서는 칼륨이온이 능동적으로 말피기관 및 중장 뒷부분으로 분비되어 삼투압 차이를 발생시켜 중장의 앞부분에 있는 수분이 여과실로 이동된다. 여과실을 통해 제거된 수분에는 미량의 당과 아미노산이 포함되는 데, 이 배설물을 감로(honeydew)라고 부른다.

4 저장배설

노폐물을 몸 밖으로 배설하는 방법 이외에 몸의 특별한 위치에 일정 기간 저장하는 배설 방식을 저장배설(storage excretion)이라 한다. 요산의 불수용성 성질 때문에 다른 생체 물질과 반응하기 어려워 생체 내에 부작용 없이 쉽게 저장될 수 있다. 일부 바퀴는 체중의 약 10%까지 요산을 지방체 세포 가운데 하나인 요산세포(urate cell)에 저장할 수 있다. 이 저장된 요산은 공생미생물에 의해 분해되어 기주 곤충의 질소원으로 사용될 수 있다. 일부 나방류에서 용화가 되기 전 배회발육 단계에서 배설활동을 중지하기 때문에 요산이 지방체에 축적된다. 이후 번데기 시기 동안 지방체 안에 저장되었다가 성충으로 우화되기 바로 직전에 직장으로 이동하고 우화하면서 용변(meconium)으로 배출된다. 이 과정에서 요산의 저장배설은 변태 유기와 관련되어 유약호르몬이 존재하지 않는 시기에 엑다이손 호르몬에 의해 유기된다. 다시 저장에서 배설로 전환되는 것은 우화 탈피를 지령하는 엑다이손 호르몬의 농도가 내려가면서 야기된다.

일부 바퀴 수컷은 체중의 약 5% 정도가 되는 요산을 생식기관의 부속샘에 보관한다. 이 요산은 교미 때 암컷저정낭(spermatheca)으로 옮겨질 정자주머니(spermatophore)로 옮겨진다.

교미 후에 암컷은 수컷에서 전달된 요산을 이용하여 알주머니(ootheca)와 알 발육에 필요한 질소원으로 이용한다. 열대지방의 바퀴(*Xestoblatta hamata*)도 수컷의 요산이 암컷의 질소원으로 이용된다. 이때 수컷이 암컷과 교미하기 전에 요산을 결혼선물로 제공하고 암컷은 이를 섭취하는 데 이때 암컷이 필요한 질소의 수준만큼 이 배설물을 섭취하게 된다. 섭취한 질소는 알의 생산에 이용된다.

음식물에 포함된 고독성의 페놀류가 배설되지 않고 생리 물질로 이용되기도 한다. 일부 메뚜기류는 대부분의 다른 곤충에게 섭식억제제로 작용하는 페놀류를 고농도로 함유하는 식물체를 섭취할 수 있다. 섭취한 페놀은 배설되지 않고 표피층으로 옮겨져 단백질 경화반응에 이용된다. 저장배설은 또한 체벽 화학색소를 만드는 데 이용될 수 있다. 일부 풍뎅이나 쇠똥구리와 같은 곤충의 체색은 표피층에 요산이 침전된 결과이고, 배추흰나비류(*Pieris*)는 질소대사과정의 최종산물인 테린(pterin)을 표피층에 저장하여 적색의 체색을 띠게 한다.

5 배설생리에 미치는 호르몬

말피기관에는 신경에 의한 자극전달체계를 갖고 있지 않기 때문에 혈림프를 통해 운반되어진 호르몬에 의해 체액의 분비량이 조절된다. 곤충의 배설계는 대부분의 조건하에서 비교적 일정한 속도로 분비가 이루어지도록 작동하나, 생리적 상태에 따라 배설 속도를 조절하게 된다. 예를 들면, 매일 자신의 몸무게에 해당하는 양의 풀을 섭취하는 메뚜기들은 그들의 혈림프가 희석되지 않도록 섭취물에 존재하는 과도한 수분을 스스로 제거해야 한다. 민물에 사는 곤충의 유충들은 혈림프의 농도가 묽어지지 않도록 혈림프의 부피를 조절해야만 한다. 다량의 혈액을 섭취하는 흡혈성 노린재도 섭취한 먹이에서 수분을 빠르게 배설해야 한다. 번데기에서 성충으로 변태하는 나비목 곤충처럼 육상의 상태에서 하늘을 나는 상태로 전환하는 곤충들은 비행을 위해 체내 수분 함량을 줄여야 한다. 따라서 배추흰나비류(*Pieris brassicae*) 성충은 우화 직후 3시간 이내에 수분 배설로 체중의 약 40%가 감소된다. 이러한 말피기관의 이뇨활동은 건조한 환경에 사는 곤충류에게도 작용하게 된다. 수분 보전이 절실히 요구되는 환경에도 불구하고 사막에 사는 딱정벌레들도 이뇨호르몬을 활용한다. 메뚜기류는 비행 중에 이뇨호르몬 작용에 말피기관이 자극되면서 분비가 이뤄지고 이후 후장에서 재흡수가 일어나게 된다. 즉, 말피기관과 직장을 중심으로 진행되는 배설작용은 노폐물을 제거하는 혈림프의 투석이라는 측면에서 체외로 과잉물질을 배설하는 작용 이외의 생리적 기능을 담당하게 된다.

배설속도를 조절하는 호르몬의 작용점이 말피기관에 존재한다. 말피기관을 따라 발달된 몸

길이근은 이뇨호르몬 또는 마이오트로핀(myotropin)의 작용으로 수축하게 되어 혈강 내에서 도관이 뒤틀리며 분비활성이 증가하게 된다. 대벌레와 미국바퀴의 말피기관은 세로토닌(5-hydroxytryptamine)에 의해 뒤틀림이 증가하고, 귀뚜라미와 메뚜기의 말피기관은 마이오키닌(myokinin)과 CRF 유사펩타이드(corticotropin-releasing factor(CRF)-related peptide)에 의해 뒤틀림이 증가한다. 이처럼 뒤틀림 운동이 증가하게 되면 말피기관의 벽에 혈림프의 순환이 증가하게 되고 말피기관의 내강으로 일차배설물의 이동이 촉진된다. 이뇨호르몬에 속하는 호르몬들은 말피기관에 작용하여 체액이 배설계를 통해 걸러지는 속도를 증가시킨다. Ramsay 생물검정법이 이러한 이뇨호르몬 작용을 분석하는 데 이용된다. 이집트숲모기(*Aedes aegypti*)는 흡혈 후에 이뇨호르몬을 생산하여 흡혈 2시간 안에 혈액에 있는 수분의 40% 이상을 제거시킨다. 흡혈노린재의 이뇨호르몬은 흡혈 후에 곧바로 말피기관의 분비속도를 1,000배 증가시킨다.

곤충에서 분리된 이뇨호르몬은 CRF 유사펩타이드 또는 키닌(kinin)을 포함한다. CRF 유사펩타이드는 척추동물의 부신피질자극호르몬을 방출시키는 펩타이드와의 유사성이 있어 명명되었다. 키닌은 바퀴(*Leucophaea maderae*)에서 처음 동정되었고 후장 근육을 수축하였다. 곤충의 키닌은 처음 분리된 곤충의 속을 따서 명명하였는 데, *Leucophaea* 속 바퀴에서부터 분리된 것은 류코키닌(leucokinin), *Culex* 속 모기부터 분리된 것은 큘레키닌(culekinin), *Acheta* 속 귀뚜라미에서 분리된 것은 아키타키닌(achetakinin), *Locusta* 속 메뚜기에서 분리된 것은 로쿠스타키닌(locustakinin)으로 각각 명명되었다.

최초의 CRF 유사펩타이드는 담배박각시나방(*Manduca sexta*) 유충의 머리 추출물로부터 분리되었다. 이 박각시나방의 이뇨호르몬(Manduca-DH)은 41개의 아미노산으로 구성되어 있고 척추동물의 CRF 종류와 약 30%의 유사성을 갖고 있다. 이 이뇨호르몬은 이차신경전달물질로 cAMP 생산을 자극하고 말피기관에서 혈림프 분비를 유발하였다. 또 다른 이뇨펩타이드인 Manduca-DP II는 박각시나방 성충에서 분리되었는데, 단 30개의 아미노산만을 갖고 있다. 나머지 CRF 유사펩타이드들은 갈색거저리(*Tenebrio molitor*), 집파리(*Musca domestica*), 메뚜기(*L. migratoria*), 바퀴(*L. maderae*)에서 분리되었다. Locusta-DH는 뇌간부(pars intercerebralis)에서 합성되고 카디아카체 저장엽으로 이동하였다가 카디아카체 분비엽에서 분비된다. 이짚트숲모기(*Aedes aegypti*)의 암컷 성충은 흡혈 후 CRF와 유사한 모기이뇨펩타이드(mosquito natriurectic peptide)를 분비하여 이뇨현상을 증가시킨다. 이러한 CRF 유사펩타이드는 말피기관의 소듐 채널을 열어 이뇨활성을 증가시킨다. 또한 이 CRF 유사펩타이드는 말피기관 세포 내에 cAMP 함량을 증가시켜 액틴 세포골격의 재구성을 유도하여 작은융모의 배열을 증가시키거나 세포내 물질 이동 경로를 확보하게 하는 것으로 해석된다.

키닌은 CRF 유사펩타이드 작용과는 다르게 세포내 cAMP 증가를 유발하지 않고 성상세포에서 칼슘 농도를 증가시켜 Cl^- 이온 채널을 조절하게 된다. 키닌은 뇌간부에 있는 신경분비세포에 의해 생산되어 NCC I(nervi copora cadiaci)을 통해 카디아카체의 저장엽에 운반되고 이후 분비엽에서 분비된다. 키닌은 6~14개 아미노산 길이의 작은 펩타이드로 이뇨 기능이 밝혀지기 전까지는 마이오트로핀(myotropin)으로 구분되었다. CRF 유사펩타이드와는 반대로, 키닌은 소듐수송을 감소키시고 칼륨 수송을 증가시킨다. 키닌의 수용체가 귀뚜라미의 말피기관에서 밝혀졌다. 류코키닌은 바퀴는 물론이고 초파리류, 왕담배나방류, 집파리, 귀뚜라미, 모기의 말피기관에 대해서도 활성을 보인다. CRF 유사펩타이드와 키닌은 작용면에서 상호 중복이 있을 수 있으나 이들이 공존하는 경우 상승작용 또는 상호 조절 기능을 발휘하게 된다.

흡혈성 노린재(*Rhodnius prolixus*)는 CRF 유사펩타이드와 세로토닌이 말피기관의 분비 기능을 조절한다. 여기서 세로토닌은 Na^+/K^+ ATPase 활성을 억제하여 소듐이 혈림프로 이동하지 않고 대신 말피기관의 내강으로 들어가게 하여 혈림프 분비를 촉진하게 된다. 또한 물의 분비를 증가시키기 위해 세로토닌은 아쿠아포린 유전자의 발현을 유도한다. 세로토닌에 의한 말피기관의 물질 분비 속도 증가는 다량의 액체성 먹이를 먹는 흡혈노린재의 원활한 중장 소화 및 흡수 활동에는 필수적이다.

심장박동촉진펩타이드인 CAP(cardioacceleratory peptide)이 말피기관 이뇨활동을 촉진한다. 박각시나방에서 동정된 5종류의 CAP 가운데 CAP_{2b}가 일산화질소합성효소 발현을 촉진하여 일산화질소(nitric oxide, NO)의 합성을 유도한다. NO는 말피기관의 주세포에서 cGMP의 함량을 증가시켜 분비활성을 증가시킨다. 반면에 CAP_{2b}는 흡혈성노린재에서는 항이뇨호르몬으로 작용한다. 박각시나방에서는 CAP_{1a}와 CAP_{1b}의 혼합체가 이뇨작용을 중개한다.

CAPA(*capability* 발현 생산물) 신경펩타이드들이 NO/cGMP 신호와 관련을 갖고 이뇨작용에 관여한다. 초파리의 CAPA-1과 CAPA-2는 CAP_{2b}와 유사성을 갖고 초파리와 모기(*Anopheles gambiae*)의 NO 합성을 촉진시키고 cGMP 수준을 높임으로써 이뇨작용을 유도한다. 칼시토닌(calcitonin)은 포유류에서 칼슘과 인의 대사과정에 관련되어 있지만, 몇 가지 칼시토닌 유사펩타이드들이 바퀴와 메뚜기의 말피기관의 주세포의 배설작용을 자극한다. 모노아민인 타이라민(tyramine)은 초파리류의 주세포에 작용하여 Cl^- 이온의 이동을 자극하여 이뇨활동을 증가시킨다.

항이뇨호르몬(antidituretic hormone: ADH)은 말피기관의 분비작용을 억제하고 직장의 재흡수 활성을 증가시켜 배설량을 줄이는 작용을 수행하게 된다. 단순히 이뇨호르몬의 분비를 억제하면 이뇨작용을 줄일 수 있지만 ADH의 존재는 이러한 항이뇨 효과를 효율적으로 수행하게 한다. 염화이온수송자극호르몬(chloride transport stimulating hormone; CTSH)은 약 8

kDa의 펩타이드로 메뚜기류(*Schistocerca*)에서 발견되었다. CTSH는 뇌간부에서 생산되고 NCC I을 통해 카디아카체로 이동한 후 분비된다. CTSH는 직장세포에 작용하여 cAMP를 이차전달물질로 Cl^- 이온 흡수 및 칼륨 이온 구배를 형성하여 직장 내강에서 혈림프로 물질의 재흡수를 유도한다. 메뚜기에서 CTSH는 이뇨호르몬과 마찬가지로 섭식 후 분비되고, 이뇨호르몬과 CTSH의 조합은 배설량에 변화를 주지 않고 배설기관을 통한 혈림프의 거름 작용을 증가시켜 혈중 노폐물 제거를 극대화 한다.

ITP(ion transport peptide)는 7.7~8.7 kDa 크기이고 카디아체에서 분비된다. ITP는 갑각류의 신경펩타이드 계통으로 여기에는 갑각류의 당동원호르몬(hyperglycemic hormone)과 탈피억제호르몬(molting-inhibiting hormone)이 포함된다. ITP는 이차전달물질로 cAMP를 이용하여 회장(Ileum)에서 소듐의 흡수와 뒷 따르는 Cl^- 이온의 재흡수를 촉진하고 암모니아의 배설을 야기한다.

항이뇨작용이 말피기관에 미치는 것이 일부 딱정벌레에서 밝혀졌다. 항이뇨호르몬인 $_{ADFa}$ 와 ADF_b는 cGMP 세포 내 함량을 증가시켜 cAMP 수준을 감소시킴으로서 결과적으로 말피기관의 일차배설물 생산을 억제한다. 흡혈노린재의 경우 Mas-CAPA-1 펩타이드가 세포내 이차전달물질인 cGMP를 자극하여 일반적인 배설활동과 관련된 cAMP 농도를 낮추어 배설을 감소시킨다. 이러한 항이뇨작용과 관련된 요인들은 건조한 환경에서 해충이 생존할 수 있는 능력을 감소시킬 수 있는 적절한 길항물질로써 해충방제에 이용될 수 있다.

제 9 장

호흡계

Respiratory System

체내 대사활동에 필요한 산소의 공급과 사용된 탄산가스의 제거방법은 동물 종류에 따라 다르다. 예를 들면, 척추동물은 혈관 순환계를 이용하고 원생동물, 갑각류, 환형동물 등 대부분의 무척추동물들은 피부호흡을 이용한다. 그러나 곤충과 일부 다른 절지동물에서의 가스교환은 혈액이나 피부와는 거의 관계없이 수행된다. 즉 곤충들은 체벽이 함입되어 만들어진 관 모양의 기관에서 많은 가지가 나와 모든 조직에 침투하는 기관계(tracheal system)라는 독립된 호흡계를 형성한다. BC 350년 아리스토텔레스는 곤충이 호흡 없이도 살아가는 생명체로 보았다. 곤충 기관계 발견은 1669년 Malpighi였다.

물론 체벽을 통한 가스교환도 대부분 곤충에서 일어나지만 전체 호흡량에 비해 그 양은 무시할 정도로 작다. 그러나 기관계가 전혀 없는 낫발이목이나 대부분의 톡토기목 곤충들은 전적으로 체벽호흡에 의존한다. 이외에도 표피층을 통한 호흡은 알, 소형 수서 곤충 및 내부기생 곤충들에서도 관찰되지만 기관계의 뒷받침이 없으면 몸이 매우 작은 곤충에서만 이 방법이 가스교환 방식으로 가능하다. 여기서 제약점은 표피층을 통한 산소의 확산이지 이산화탄소의 배출은 문제가 되지 않는다. 왜냐하면 표피층을 통해 몸속에 녹아 있는 탄산가스의 배출은 산소의 투과율에 비해 훨씬 용이하기 때문이다. 수서곤충도 기관지를 이용하여 몸 전체에 산소를 공급하기에 육상곤충 호흡의 변형체로 여겨질 수 있다.

1 기관계 호흡 유래와 특징

살아있는 세포에서는 주위 환경과 물질을 교환하는 것이 기본적으로 필요하다. 산소와 영양소는 공급되고 배설물질은 배출되어야 한다. 만약 세포가 공기 중 산소를 직접 공급 받게 된다면 물 손실을 크게 우려해야 한다. 왜냐하면, 산소 분자가 물 분자보다 크기가 커서 산소 분자가 통과하는 통로라면 물 분자는 더욱 용이하게 이동할 수 있기 때문이다. 따라서 모든 세포는 세포막으로 둘러싸여 있으며 수용성 매체로 둘러싸여 있다. 수용성 매체에서 생존하는 원생동물과 같은 미소 단세포생물에서는 세포표면에서 교환이 쉽게 이루어진다. 크기가 더 큰 다세포 육상생물은 모든 세포가 외부환경에 노출되어 있지 않아 물질 교환을 매개할 수 있는 체액으로 각각의 세포를 감싸는 방식으로 진화했다.

곤충 순환계의 혈림프는 모든 세포를 감싸고 그들의 영양소와 대사물질의 교환하는 역할을 맡고 있다. 하지만 세포로의 산소 수송은 체벽이 함입되어 외부에서 직접 산소를 공급하는 관모양의 기관지를 통해서 이루어진다. 산소는 물보다 공기 중에서 훨씬 잘 용해되며 10^6배나 더 빨리 확산되기 때문에 체내 수송 매체로 물 대신 공기를 통해 전달하는 것이 물을 아낄 수 있을 뿐만 아니라 가스 교환에 훨씬 효과적이다.

기관계가 물과 산소를 모두 통과하는 넓은 표면 공간을 제공하지만 이 경로를 통한 수분의 소모는 극미한데, 그 이유는 외부와의 접촉이 기문이라는 작은 공간을 통해서만 가능하기 때문이다. 만약 기문을 닫으면 외부와 차단되어 수분 손실을 막을 수 있게 된다. 몸 전체 세포에 산소를 전달하는 데 기관지를 사용하기에 기관계가 차지하는 부피가 전체 몸의 약 40%를 차지할 수 있다. 초파리 유충의 경우 체내에 약 10,000개의 관을 가지고 있다. 이 확장된 시스템으로 곤충은 휴식기 때와 비교하여 비행 시에 20~100배가 증가한 산소 공급을 원활히 수행한다. 이와 비교하여 척추동물은 불과 12배 정도에 그치고 있다. 척추동물 가운데 대사율이 가장 높은 벌새의 경우 2 ml/g/min의 산소를 소모하는데, 일벌의 경우 비행시 벌새에 비해 3배 높은 대사율을 보이게 된다.

기관지 호흡의 단점도 있다. 높은 수압이 존재하는 깊은 바다에서는 기관지 내에서 공기 확산이 어려워 곤충은 해양 생태계에 정착이 불가능하다. 반면에 아가미를 가지고 있는 절지동물의 한 종류인 갑각류는 그들의 호흡계가 심해에서도 작동하기에 수생 군락지를 성공적으로 형성했다. 결국 곤충은 해양 상층부로 밀려나고 쉽게 다른 큰 해양 생물의 먹이가 되어 결코 정착하지 못한 것으로 추정된다. 또한 기관 호흡은 발육할 수 있는 몸 크기에 한계를 가지게 하였다. 소형 곤충에서는 기관지 내부의 산소 확산으로 가스 교환이 충분하나, 큰 곤충에서는 이러한 확산이 공기주머니에 의한 환기로 보충 받을 수 있지만 이조차 한계를 가지게

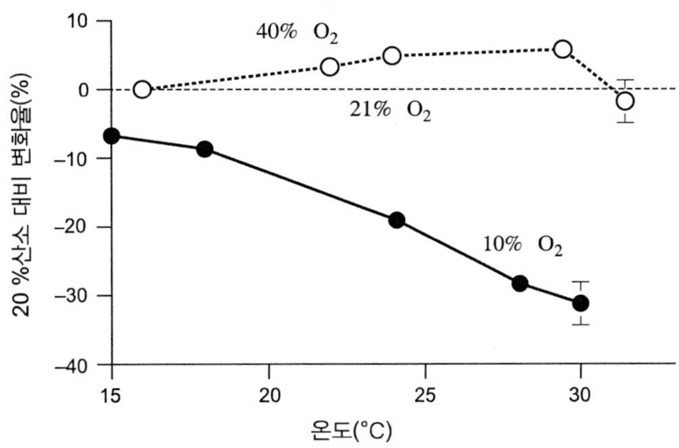

그림 9.1 **대기 산소와 곤충의 몸 크기 성장.** 원본그림(Frazier 등, 2001) 및 사본인가

된다. 비행근육으로의 산소 전달에 한계가 있기 때문에 꿀벌이 움직일 수 있는 산소한계선이 고도 3,000 m가 된다. 기관계 기생응애는 호흡계 문제를 일으키는데, 벌 기관계에 이 기생체가 감염되었을 때 산소 공급의 안전 한계선이 감소한다. 초파리는 유충 때 일반 수준보다 산소 농도가 감소된 조건에서 사육되면 성충의 크기가 작아지고 발육기간이 길어진다(**그림 9.1**). 고생대 석탄기(약 3억년 전)에 활동하던 곤충의 크기가 현존하는 곤충에 비해 확연히 큰 것을 화석 기록을 통해 알 수 있다. 잠자리의 경우 날개 길이가 70 cm인 기록이 있다. 이 거대 곤충들은 현재와는 다른 대기 환경조건하에서 번식하였다. 고생대 시기의 산소 농도는 35%로 현재 21%에 비해 높아 비교적 몸집이 큰 곤충에게도 산소 공급이 원활히 이뤄졌기에 가능하였을 것으로 이해된다. 반면에 중생대 트리아시기에 산소 농도는 15%로 감소하였고 곤충의 크기 감소를 보이게 된다. 따라서 산소 농도와 곤충의 크기는 기관지 산소 공급 효율성에 비추어 충분한 상관성을 갖는다.

2 기관계 구조

2.1 기관지 발생 및 분화

기관계는 외배엽에서 유래되는 것으로 배자발생시 각 몸마디의 측면에서 체벽이 함입되어 생성된다. 12쌍(가슴 3쌍 + 배 9쌍)이 함입되지만 그 중 일부는 부화 전에 퇴화되며 완전변태류 곤충에서는 후배자 발육과정 중에도 숫자적 변화가 일어나는 경우도 있다. 이 함입부가

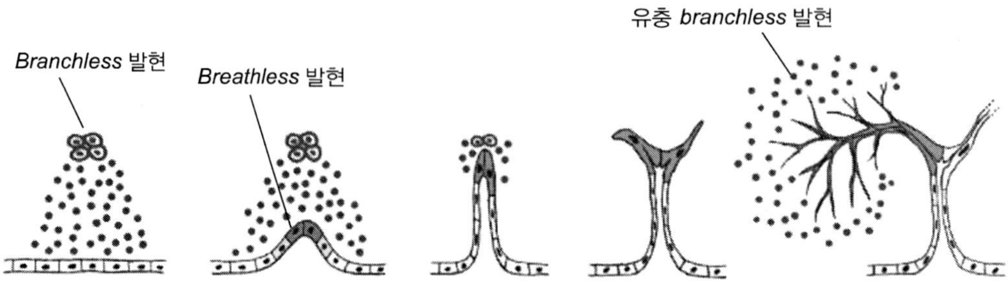

그림 9.2 기관소지 성장. 원본그림(Klowden, 2013) 및 사본인가

기문이 되고 그 안쪽은 기관지(trachea)가 된다. 기문에서 몸 안으로 함입된 기관은 곧 앞쪽과 뒤쪽 가지로 나뉘어(T자 모양) 신장되는데 마찬가지 방법으로 앞, 뒷기문에서 발생되는 기관의 T자 가지와 합쳐지면서 몸 앞뒤로 달리는 측면의 긴 옆면 세로기관지를 형성한다. 이 옆면 세로기관지에서 다시 윗쪽, 아랫쪽 및 가운뎃쪽으로 가로가지를 치고 이들 역시 몸 앞뒤로 달리는 마디 간 세로가지들을 만든다. 이 기관지들은 계속 작은 가지들을 분지시키면서 조직까지 침투하지만 자세한 모습은 곤충 종에 따라 많은 차이를 보인다. 보통 윗쪽을 달리는 긴 세로기관지가 심장 및 등면에 있는 근육들에, 옆면 세로기관지의 가지들이 소화관, 생식기관, 다리 및 날개근육에, 아랫면 세로기관지나 가로기관지는 중추신경 등에 산소를 공급한다. 머리에 있는 촉각, 눈, 뇌 및 구기와 그 근육들은 중흉에서 앞으로 나오는 기관지들로부터 산소를 공급받는다. 그러나 일부 무시류(낫발이목과 일부 톡토기목)에는 아예 기관계가 발달하지 않고 좀과 이외의 나머지 무시류와 일부 수서 곤충들은 기문이 없는 소위 폐쇄기관계를 갖는다.

새로운 기관지 형성은 성장호르몬과 유사한 Branchless(Bnl) 신호에 의해 야기된다(그림 9.2). Bnl은 척추동물의 세포분열과 분화를 신호하는 섬유아세포성장인자(fibroblast growth factor: FGF)와 유사하다. Bnl 신호에 상응한 세포막 수용체가 기관지세포 막에 존재하는 Breathless(Btl)이다. Bnl에 의해 활성화된 Btl은 기관지세포의 분열과 기관소지의 신장으로 산소가 필요한 곳에 기관소지를 이어주게 된다. 이러한 기관지 분화는 몸의 성장 및 변태과정 동안 지속적으로 일어나게 된다.

2.2 기문 구조

기관계가 곤충 몸 밖과 통하는 곳이 기문(氣門, spiracle)으로 보통 몸마디 양 측면에 위치

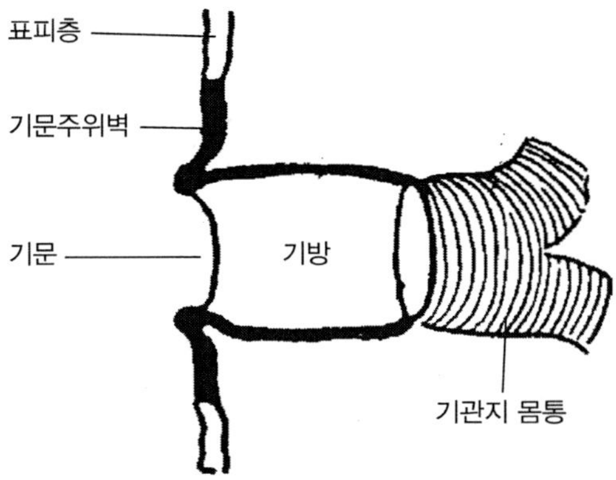

그림 9.3 기문 횡단면 도해. 원본그림(Snodgrass, 1935) 및 사본인가

한다. 일부 무시류에서는 기관계를 만들기 위해 체벽이 함입된 단순한 구멍 모습을 보이지만 대부분 곤충들의 경우 이 구멍 안쪽이 약간 팽대해서 소위 기실(氣室: atrium)을 만든다(그림 9.3). 이때는 밖의 구멍과 기실을 합쳐 기문이라 하고 기실벽에는 먼지 등이 들어오는 것을 막기 위한 털들이 발생되는 경우가 많다. 파리목, 딱정벌레목, 나비목 등의 일부 종에서 기문은 조그만 구멍들이 있는 기문판으로 덮여 있어 먼지나 물(수서 곤충의 경우)이 들어오는 것을 막아주고 응애 등 기생충들의 기관계 침투도 억제한다. 뿐만 아니라 많은 공기가 한 번에 드나들 수가 없어 기문을 통한 수분 손실량이 적지만 환기시키는 곤충들에게는 반대로 장애가 된다. 따라서 실제 환기에 이용되는 기문에서는 이와 같은 판이 자주 보이지 않으며 있는 경우에도 그 판은 가운데로 2개로 나뉘어져 있어 환기 시 열릴 수 있게 되어 있다.

기문은 머리를 제외하고 각 몸마디에 보통 1쌍씩 발달되는데 좀붙이목(*Japyx*)의 후흉에는 2쌍이 있다. 발생 중인 배자에서는 최대 12쌍까지도 발견되지만 부화 후 이 수는 줄어들어 10쌍 이상의 기문을 보이는 경우는 없다. 10쌍의 기문이 있는 경우 중흉과 후흉에 각 1쌍씩 있고 복부에 8쌍이 있다. 다만 좀붙이목(*Japyx* 나 *Heterojapyx*)은 가슴에 4쌍(중흉과 후흉에 각 2쌍씩)이 있어서 전체 11쌍의 기문을 보인다. 그러나 많은 곤충들의 기문수는 감소하는 경향을 보인다. 호흡에 실제 이용되는 기문의 수와 위치에 따라 표 9.1과 같이 분류하기도 한다.

[표 9.1] 곤충의 기문 배열 다양성

기문 양식	특 징	곤충류
과다기문식 (hyperpneustic)	11쌍 이상의 기문을 갖는 경우	좀붙이목(*Japyx*, *Heterojapyx*)
완전기문식 (holopneustic)	가슴에 2쌍과 복부에 8쌍을 갖고 있는 경우	• 일부 좀붙이목 • 여러 불완전변태류 • 일부 벌목 및 파리목의 털파리과 유충
불완전기문식 (hemipneustic)	10쌍 기문. 그러나 9쌍 이하 기문만 기능화	
앞기문식 (propneustic)	가운데 가슴의 기문 1쌍만 기능	모기류 번데기
뒷기문식 (metapneustic)	복부의 마지막 기문 1쌍 기능	• 가락지감침파리아목 1령 유충 • 파리목: 모기과, 각다귀과, 쇠파리류 • 딱정벌레목: 물방개과, 알꽃벼룩과 유충
양기문식 (amphipneustic)	중흉과 복부 마지막 기문 2쌍만 기능	나방파리과 유충
주위기문식 (peripneustic)	후흉 기문만 퇴화	풀잠자리목, 밑들이목, 나비목, 넓적허리벌아목, 혹파리과 유충
	후흉 기문 외에 복부 기문도 일부 퇴화	버섯파리과 유충
과소기문식 (hypopneustic)	10쌍 이하 기문수	• 털이목과 이목(흉부 1쌍, 복부 6쌍) • 총채벌레목(흉부와 복부 각 2쌍) • 깍지벌레류(2쌍) • 풍뎅이상과, 바구미상과, 좀벌상과, 파리목(복부 일부) • 가락지감침파리아목(수컷 6~7쌍, 암컷 3쌍)
무기문식(apneustic)	모든 기문 퇴화된 폐쇄기관계	• 수서곤충 – 잠자리목, 하루살이목 유충 – 밑들이목 – 모기붙이과와 먹파리과 – 딱정벌레목의 여울벌레과 – 물진드기 유충 • 내부기생곤충 – 벌목, 기생파리과 유충 • 톡토이목

* 앞, 뒤 및 양기문식들을 합쳐 소수기문식(oligopneustic)으로 부르기도 한다.

2.3 기관지 및 기관소지

기관계는 표피세포층의 함입으로 형성되므로 결국 내강은 안쪽에 큐티클을 생성하는 세포로 둘러싸이게 된다. 기관지 표피층은 외피표층(epicuticle)과 내원표피층(endocuticle)으로 구성되며 소위 나선사(taenidium)에 의해 나선형으로 두꺼워져 있다. 이 나선사는 물리적 견고성을 주어 기관지 또는 기관소지의 찌그러짐을 방지하여 주는 역할을 한다. 나선사의 크기는 관의 직경에 비례하는데, 기관지는 μm에서 기관소지는 nm의 범위를 가진다. 그러나 일반 체벽 구조와 달리 기관지 표피층은 시멘트층와 왁스층이 없다.

기문에서 유래된 기관지의 경우 직경이 큰 곤충에서는 몇 mm이나 몸 안으로 진행되면서 직경이 줄어 1~2 μm까지 좁아지게 된다. 여기서 기관지는 기관지아세포(tracheoblast)로 부터 더 가는 기관소지(tracheole)를 생성하여 표적 세포의 미토콘드리아까지 산소를 공급하게 된다. 기관소지는 대략 0.1 μm까지 가늘며 키틴질의 표피층과 나선사를 가지고 있다. 기관소지의 표피층은 외부외표피층으로 둘러싸이며 말단은 표적세포 세포막까지 이르나 관통하지는 않는다.

거의 모든 조직들이 기관소지에 의해 산소를 공급받게 된다. 분자확산계수에 기초하여 기관소지 말단이 표적세포의 미토콘드리아에 4~8 μm 떨어져 있으면 충분한 산소를 공급받는데, 실제로 곤충의 비행근육에서 기관소지는 근육세포에 2~3 μm 떨어져 있어 이를 충족하고 있다. 이렇게 가깝게 위치하는 것은 근육세포의 세포막이 세포질 속으로 함입되어 기관소지 말단이 함입부로 들어가서 연결되어 미토콘드리아와 가까이 있기 때문이다.

기관지 표피층도 외배엽성으로 탈피 때마다 체벽의 표피층과 같이 벗어버리고 새로운 표피층을 생성하게 된다. 몸 측면에서 앞뒤로 달리는 큰 세로기관지는 처음 생성시 만난 부위에서 분리되어 각각 그 마디의 기문을 통해 몸 밖으로 빠져나온다. 검정날개버섯파리류(*Sciara*) 유충의 경우 초기에는 모든 기관지가 탈피하지만 몸이 커지고 기관계가 복잡하게 되면 아주 작은 기관소지는 탈피하지 않게 된다. 흡혈성노린재(*Rhodnius*)도 기관소지는 전혀 탈피하지 않으며 탈피시마다 기관과 접하던 부위가 떨어졌다가 탈피 후 생성되는 새로운 내막에 고리 모양의 접착물질로 부착된다.

탈피 직후나 발생 중인 배자의 기문계는 거의 액체로 채워져 있다가 곧 기체로 대체되는데 이 과정을 통기화(通氣化, pneumatization)라 한다. 이 가스는 기문을 통해서 들어오지 않고 주(主)기관지 중간에서부터 시작하여 10~30분 만에 전 기관계로 확산된다. 기관지 내 액체가 혈림프로 능동 흡수되어 액체에 녹아 있던 가스가 유리되는 것 같다. 이 과정은 기관계 표피층의 경화작용에 따라 표면성질이 친수성에서 소수성으로 변화되는 것과도 관련된다. 또한 통기화는 곤충의 활동성과도 관련이 있다. 곤충이 활발히 호흡하고 있지 않을 때 기관소지에는 세포 접촉면에서 약간의 액체가 존재하나 근육활동이 일어나면 이 액체가 세포로 흡수된다. 이러한 기관소지 액체 움직임은 세포에서 빨아들이는 모세관현상과 세포내 대사과정의 결과로 일어나는 삼투압의 균형으로 나타난다.

2.4 공기주머니

큰 기관지(주로 1차 및 2차 기관지)가 부풀어져 만들어지는 공기주머니(air sac, **그림 9.4**)는 여러 곤충, 특히 날아다니는 곤충에서 잘 발달된다. 공기주머니의 크기는 변이가 많지만 꿀벌, 파리목 곤충, 매미, 메뚜기류, 딱정벌레류(비단벌레과와 풍뎅이과)에서는 비교적 크다. 공기주머니는 보통 타원형으로 표면적이 비교적 넓어 공기 확산에 유리하다. 따라서 초파리나 풀무치와 같이 빨리 또는 많이 날아다니는 곤충들의 비행근육에 대한 일차 산소공급원이 되는 경우가 많다. 더욱이 공기주머니의 벽은 얇고 나선사가 전혀 없거나 발달해도 미약하여 조그만 압력변화로도 쉽게 찌그러든다. 따라서 주기적인 비행근육의 수축과 이완활동이 펌프와 같이 작용하여 전체 공기흐름의 양을 증가시켜 준다.

공기주머니는 이외에도 여러 가지 다른 기능을 보여준다. 탈피나 우화 직후 공기주머니는 많은 체적을 차지하지만 내부조직, 특히 생식기관이 자람에 따라 공기주머니는 찌그러진다. 즉 공기주머니 때문에 곤충들은 크기나 외부모습을 변화시키지 않고도 내부조직의 생장이 가능해진다. 풀무치(*Locusta*)의 경우 탈피 직후 몸 체적의 약 42%를 기관계가 차지하지만 다음 탈피 직전에는 4% 이하로 감소된다. 초파리 성충이 갓 우화했을 때 공기주머니는 찌그러진 상태를 보여주는데 곧 팽창되면서 혈림프 함량이 줄어든다. 따라서 영양분 등 용질의 농도가 높아져 비행근육 등에 대한 공급이 수월해진다. 또한 물에 사는 곤충들은 공기주머니 때문에

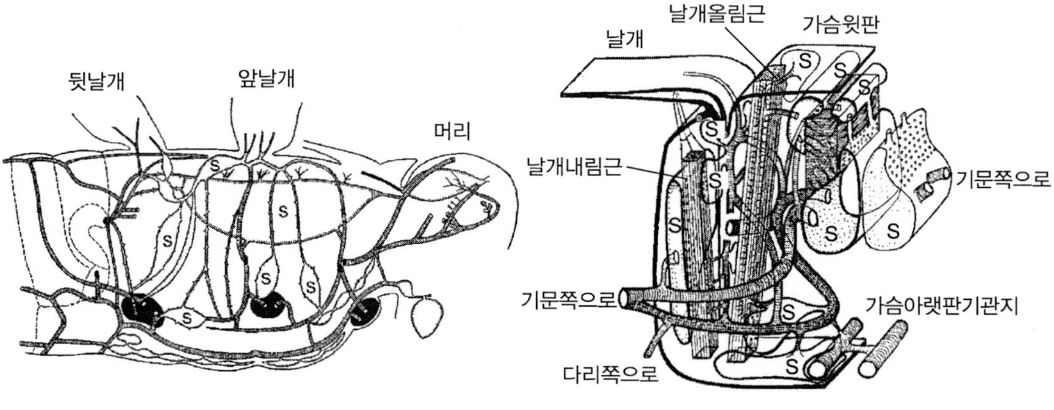

그림 9.4 공기주머니(S)의 분포와 공기 순환. 원본그림(Klowden, 2013) 및 사본인가

쉽게 뜰 수 있게 되고 매미 등 소리를 내는 곤충들의 공기주머니는 진동막이 더 자유롭게 진동하도록 해 준다.

3 가스교환기작

3.1 기문 개폐조절

무시류 곤충을 제외하고 대부분의 다른 곤충에서 기관계는 보통 큰 기관지 줄기와 연결된

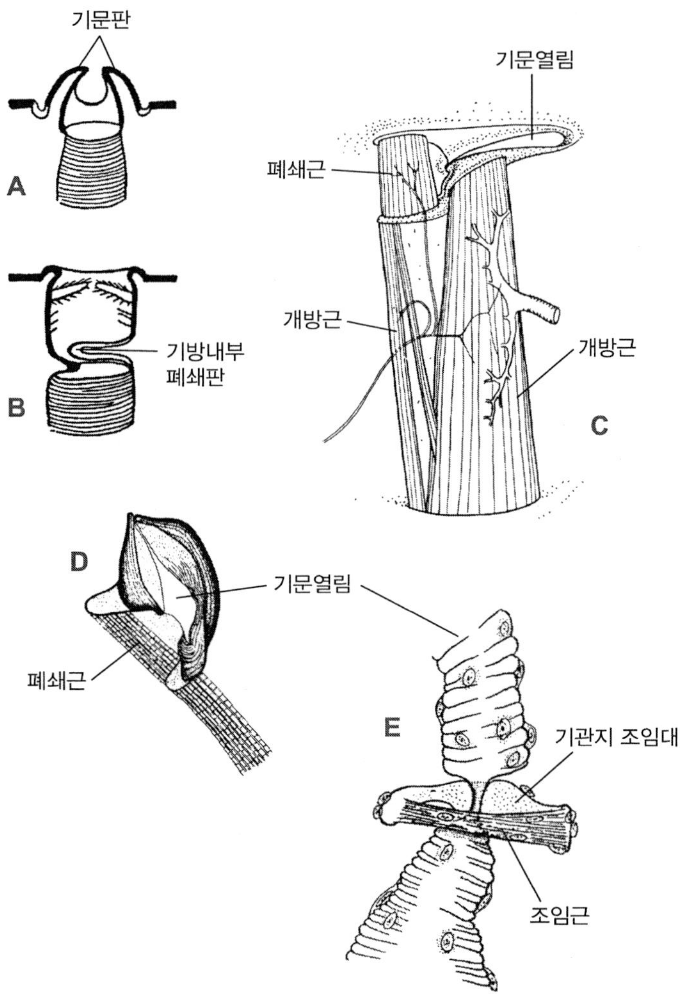

그림 9.5 **기문 개폐 조절 기구.** (A) 기문판의 기문개폐 조절 (B) 폐쇄판의 기문 개폐 조절 (C–E) 개방근, 폐쇄근, 조임근의 기문 개폐 조절. 원본그림(Miller, 1974; Nikam과 Khole, 1988) 및 사본인가

기문 개방으로 전체 조직의 공기를 환기시킨다. 습한 환경에서 사는 일부 원시적인 톡토기는 기관계가 아예 존재하지 않으며, 이러한 곤충은 직접 표피층으로 호흡을 한다. 육서형의 유시충에서는 산소 흡수가 필요치 않을 때 기문을 닫아 수분손실을 줄일 수 있는 기문 개폐 조절이 필요하다. 기문을 덮는 기문판이 바깥쪽에 있어 기문 개방을 조절하거나 또는 개방되어 있는 기문을 내부에서 조임판(valve)의 수축에 의해 기문 개폐를 조절한다(그림 9.5). 이들 개폐 기구의 활동을 조절하는 근육이 폐쇄근(closer muscle)만으로 작동하는 경우 그 근육의 이완과 더불어 표피층의 탄력성으로 기문을 열게 된다. 일부 기문에서는 다른 추가적인 개구근(opener muscle)이 존재하기도 한다.

기문 개폐를 조절하는 근육은 이산화탄소와 산소에 대한 감각수용 후 복면신경삭(ventral nerve cord)의 신경작용으로 조절된다. 일부 기문은 특별히 한 개의 근육이 개폐를 조절하는데, 높은 농도의 CO_2에 의해 영향을 받아 근육에 직접 이완을 야기하며 표피층의 탄력작용으로 기문판을 개방한다(그림 9.6). 수분손실로 혈림프의 농도가 높아질 때, 이온의 농도가 높아져 기문의 닫힘 상태를 유지하게 한다. 호흡 중 CO_2가 축척되면 H^+의 농도 또한 높아지고 체액의 pH가 내려가면서 기문이 열리게 된다. 신경절은 혈림프의 낮은 산소농도에 영향을 받아 기문판을 자극하기 시작한다. 기문은 많은 수분손실이 생기지 않도록 짧은 순간 열리는 것이 필요하다.

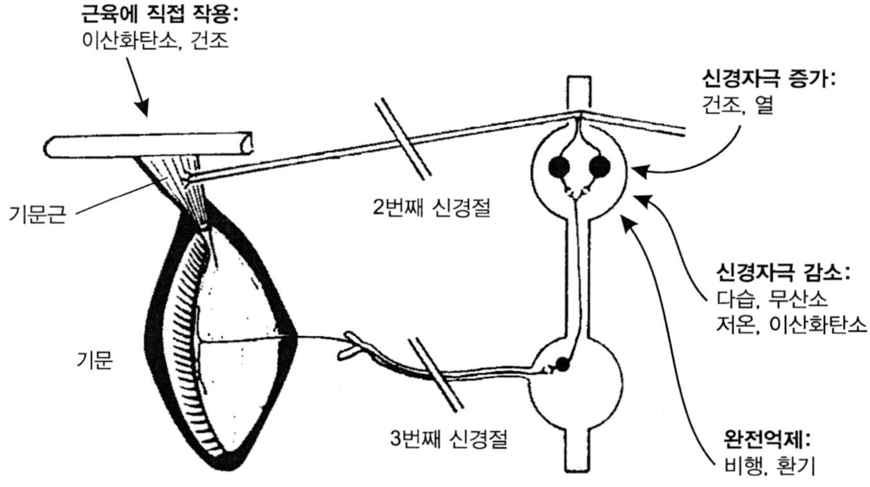

그림 9.6 **기문 개폐에 미치는 요인.** 원본그림(Nikam과 Khole, 1988) 및 사본인가

3.2 공기순환

몸이 작은 곤충에서는 확산만으로도 필요한 산소량이 공급되지만 활발히 활동하는 큰 곤충은 소위 환기(ventilation)방식의 추가적인 공기 교환 기작이 필요하다. 환기는 기관지의 체적 변화를 통해 기관지 내부의 공기를 앞뒤로 밀어내는 강제 가스 이동을 동반해야 한다. 원형의 단면 모습을 보이는 대부분의 기관지에서 체적변화는 쉽지 않다. 그러나 물방개류(*Dytiscus*) 유충의 긴 세로기관지는 타원형의 단면도를 보여 잘 찌그러진다. 따라서 기관 내의 공기가 밖으로 밀려나고 찌그러진 기관이 원래 모습대로 팽창될 때 다시 공기가 들어온다. 그러나 기관의 체적변화는 크지 못하여 교환되는 공기량도 많지 않다. 더 큰 체적변화와 가스교환은 공기주머니의 팽창과 접힘으로 일어난다.

공기주머니의 체적은 보통 복부에 몸의 위아래 면을 연결하는 세로근의 수축으로 감소되고 그 결과 기관 내의 공기는 배출된다. 공기주머니의 팽창, 즉 공기의 흡입은 다른 근육활동이나 탄력성에 의한 복부팽창으로 일어난다. 노린재목과 딱정벌레목에서 복부 체적변화는 단순히 윗판의 상하운동만으로 일어나는데 반해 잠자리목, 메뚜기목, 벌목 및 파리목에서는 윗판 이외에 아랫판의 상하운동이 복부체적을 변화시킨다. 때로는 복부길이의 변화도 체적변화에 관여하며 나비목에서는 위판, 아랫판 및 옆판의 운동이 관여되는 복잡한 양상을 보인다. 교대로 일어나는 복부의 팽창과 찌그러드는 운동으로 공기는 모든 기문을 통해 들어가고 또한 모든 기문을 통해 다시 나오는 조수(潮水)흐름(tidal flow)이라 한다.

여러 곤충에서 기문의 개폐도 복부의 환기운동과 연결되어 일어난다. 즉 한 쪽의 기문을 통해 공기가 기관계로 들어가 다른 쪽의 기문을 통해 배출된다. 즉, 각 기문의 조수흐름 통제하여 기문 사이의 공기 출입을 상호 조절하여 방향성을 주기에 훨씬 더 효과적인 환기방법이 된다. 대부분 곤충은 앞쪽 기문을 통해 공기를 흡입하고 뒤쪽 기문을 통해 배출한다. 메뚜기류(*Schistocerca*)에서 1, 2 및 4번의 기문은 공기를 흡입할 때 열렸다가 배기운동 시에는 닫히고 대신 마지막(10번) 기문만 열린다. 활동이 더 왕성할 때에는 5~10번의 기문 모두를 통해 공기를 배출한다. 그러나 활동이 왕성해지면 환기빈도수와 기문개폐 운동도 증가하는 과환기운동을 보여준다. 이 경우 기문들이 열려 있는 시간에는 변화가 없고 닫혀 있는 시간만 줄어든다.

풀무치와 같이 큰 곤충에서 환기운동은 계속 일어난다. 운동 후에는 복부환기 외에 목환기와 전흉 환기운동도 곁들여진다. 목 환기는 전흉에 대한 머리의 전후운동으로, 전흉 환기는 중흉에 대한 전흉운동으로 일어나며 그 결과 주로 머리 내 공기가 순환된다. 메뚜기류(*Schestocerca*)의 정상적인 복부 환기운동은 1시간에 체중 1 g 당 약 40 ml의 공기를 펌프하는데 이중 약 5%의 공기가 매 환기시마다 교체된다. 환기운동이 더 활발해지면 펌프되는 공

그림 9.7 **공기순환에 도움을 주는 혈림프 순환계 작용.** 원본그림(Wasserthal, 1996) 및 사본인가

기량은 150 ml까지 증가하고 매 환기운동 시 교체되는 비율도 약 20%로 높아진다. 목 환기와 전흉 환기 운동은 다시 약 50 ml(g/시간)의 공기를 추가로 공급해 준다. 물방개류(*Dytiscus*)의 경우 매 환기운동마다 약 60%의 공기가 교환된다.

순환계는 공기가 기관계로 들어가는 속도에 영향을 줄 수 있다. 보통 등핏줄의 연동수축에 의해 조절되는 혈림프의 이동은 공기주머니의 부피를 조절하게 된다(그림 9.7). 따라서 혈림프가 복부에 축적되는 동안 복부의 공기주머니를 압박하고 기관계의 공기를 강제로 밀어낸다. 동시에 가슴의 공기주머니를 확장하여 기문을 통해 공기를 기관지로 흡입한다. 금파리(*Calliphora*)는 혈림프를 번갈아 흐르게 함으로써 기관계의 환기를 조절할 수 있다.

3.3 비연속가스교환

많은 곤충에서 휴식할 때는 지속적인 환기보다 일정 기간 주기적으로 가스교환이 일어난다. 이러한 순환은 기문이 개방되어 대기의 이산화탄소와 산소농도와 균형을 맞춘 후 장기간 기문이 닫히는 특징으로 나타난다. 비연속가스교환(discontinuous gas exchange)은 휴면 중인 나방 번데기에서 수분섭취가 불가능할 때 호흡기간 중 수분의 손실을 줄이는 기작으로 처음 관찰되었다(그림 9.8).

이 비연속적 방출 패턴은 기관지에 존재하는 산소가 소모되는 동안은 기문이 닫힌다. 그러나 기관지에 산소가 고갈되면서 기문 개구근이 이완되고 기문판이 조금 열리면서 산소가 기관지로 소량 밀려들어오게 된다. 이러한 기문 떨림 현상이 지속되다가 급기야 체내 이산화탄소 농도가 치명적으로 높아지게 되면 기문이 활짝 열리고 전체 가스교환이 일어나게 된다. 따라서 산소의 공급은 규칙적이나 이산화탄소의 배출은 기문의 짧은 개방동안 비연속적으로 이루어진다. 주기적으로 방출되는 다른 CO_2의 배출은 주기적 가스교환(cyclic gas exchange)이라 불려진다. 이런 주기적 패턴은 온도와 연관이 있다.

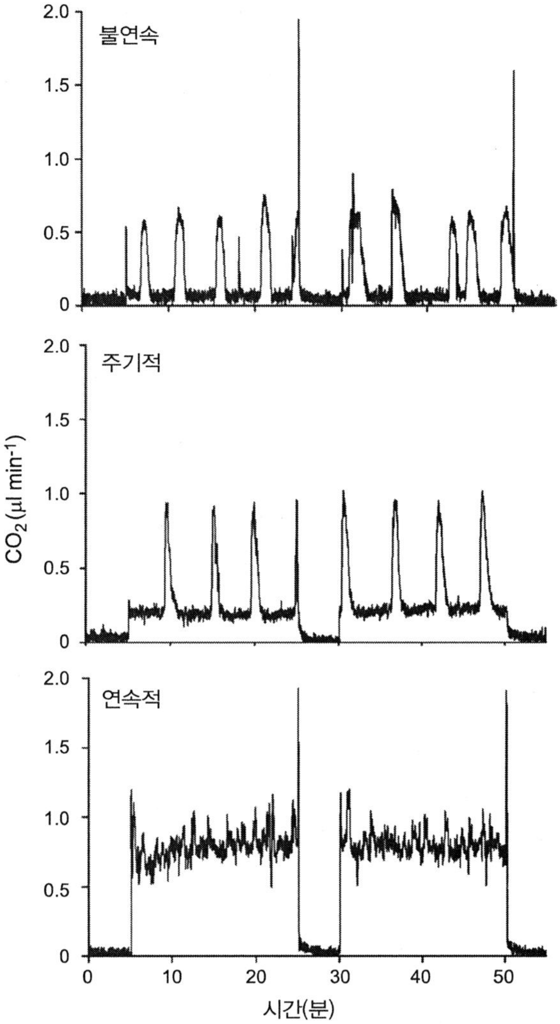

그림 9.8 **생리적 상태에 따라 이산화탄소 배출 양식 다양성.** 원본그림(Contreras와 Bradley, 2013) 및 사본인가

비연속가스교환은 100종 이상의 곤충에서 발견되었고 최소한 5번의 진화과정을 통해 유래되었을 것으로 추정된다. 하지만 곤충 목의 1/3 이상에서 호흡 패턴이 조사되지 않았고 비교이론 또한 확립되지 않았다. 비연속적 호흡은 조상형의 것보다 곤충 서식지에 더 관련되어 적응력이 있다. 휴식기간의 곤충에서 호흡시 수분의 손실을 최소화하며 가스교환을 하기 위해 비연속적 호흡이 일반적인 방법이라 여겨진다 할지라도 사실 호흡시 나타나는 수분손실은 곤충의 수분의 전체 운용에 매우 적은 부분을 차지한다. 여러 곤충 종에서 수집한 자료에서

는 호흡의 수분손실은 보통 전체 수분손실의 20%에 훨씬 못 미친다는 것을 알 수 있다. 독일바퀴에서는 호흡에 의한 수분손실이 전체 수분 손실량의 3~4% 밖에 지나지 않는다. 호흡시 수분손실은 연속적 가스교환을 하는 곤충에서도 매우 효과적으로 조절되고 있기 때문에 가스교환의 패턴은 수분 균형과 관련이 없어 보인다. 또한 곤충은 수분보호가 절실히 요구되는 높은 온도와 탈수상태에서 비연속적인 호흡으로 바꿀 수 있다.

비연속가스교환의 역할에 대한 다른 설명은 산화에 의해 가능한 손상을 최소화 하는 것과 관련되어 있다. 기관계는 높은 농도의 산소를 전달하는 기간을 위해 효과적으로 설계되었기에 휴식기 때 과도한 산소공급은 곤충의 조직에 산화성 손상을 일으키고 세포치사에 이르게 할 수 있다. 비연속가스교환은 휴식중의 곤충에게 산소에 과노출을 방지하게 한다. 비연속가스교환에 의하지 않더라도 일부 흰개미는 체내에 저산소 상태를 유지할 수 있어 그들이 필요한 혐기성 공생 장내세균을 증식시킨다.

3.4 호흡색소

척추동물에서 산소는 적혈구 내에 있는 호흡색소인 헤모글로빈(hemoglobin)과 결합되어 조직으로 운반된다. 그러나 곤충에서는 지금까지 검토된 바와 같이 독립된 기관계가 가스교환을 담당하고 있어서 호흡색소의 필요성은 없다. 그러나 혈림프 또는 특정세포에 호흡색소가 분포한다는 것이 파리목의 모기붙이과(Chironomidae)와 Gasterophilidae, 노린재목의 송장헤엄치게과(Notonectidae)의 곤충 종에서 밝혀지기 시작했다. 이들은 모두 수서성이거나 내부 기생 곤충이다.

산소분압이 비교적 낮은 호수 밑바닥의 진흙 속에서 생활하는 깔다구(*Chironomus*)는 알려진 헤모글로빈 중 분자량이 가장 작은 종류(31.4 kDa)를 갖고 있다. 그러나 이 색소는 산소에 대한 높은 친화성을 보이면서 탄산가스 농도나 온도에는 영향을 받지 않는다. 따라서 이 색소는 산소분압이 비교적 낮은 조건에서도 산소와 쉽게 결합하여 저장한다. 그러나 이 양도 휴지기에 약 9~12분 동안의 요구 밖에는 충족시키지 못한다. 즉, 깔다구의 혈림프에 있는 헤모글로빈은 산소저장 기능보다는 산소분압이 낮은 환경에서 산소를 섭취하여 조직에 운반해 주는 것이 주기능으로 보인다. 산소분압이 높은 조건하에서는 혈림프를 통한 단순 확산만으로도 필요한 산소량이 충분히 공급되지만 산소분압이 낮아지면 충분치 못하다. 이때 헤모글로빈은 자신 주변의 물에서 산소를 흡수하여 조직으로 운반해 준다. 이때 조직에서의 산소분압은 매우 낮기 때문에 산소는 높은 친화성으로 결합된 헤모글로빈 분자에서도 해리된다. 산소분압이 더 낮아지면 모기붙이는 무기호흡으로 들어간다. 그러다가 물의 이동 등으로 몸 주변 물의 산소농도가 높아지기 시작하면 헤모글로빈은 단순한 확산에 비해 더 빨리 조직에 산소를 운반해 주어 산소부족증을 빨리 회복시켜준다. 일부 학자들은 깔다구의 헤모글로빈이 호흡기능보다는 저장단백질로서의 기능이 일차적이라고 주장한다. 이 호흡색소는 유충의 지방체(주로 체벽 아래에 분포하는)에서 합성되며 유약호르몬은 이 단백질 합성을 자극하지만 탈피호르몬은 억제한다.

송장헤엄치개들(*Anisops, Buenoa*)은 물 속으로 잠수할 때 날개 아래와 복부 아랫면에 공기방울을 갖고 간다. 모든 기문은 이 공기방울과 연결되고 기관지들은 연속적으로 가지를 쳐 나가다가 마지막 기관가지 끝은 대형(직경, 350~400 μm)의 기관지세포(tracheal cell) 속으로 밀고 들어간다. 지방체 세포에서 분화된 기관세포는 헤모글로빈(단위체의 분자량, 14~19 kDa)으로 채워져 있다. 송장헤엄치개류의 헤모글로빈은 척추동물의 경우와 비슷한 낮은 산소친화성을 가져 산소저장기능의 가능성을 보여주어 물속에 오래 생활하게 해 주고 이에 따라 포식충으로서의 기동성을 도와준다.

말의 위에 기생하는 *Gasterophilus intestinalis* 유충도 헤모글로빈을 갖고 있다. 초기 유충에서는 헤모글로빈이 혈림프에 녹아 있지만 말의 위에 기생생활을 시작하는 3령 유충이 되면 송장헤엄치개류와 마찬가지로 큰 기관세포 내에 집결된다. 기관세포들은 3령 유충 몸의 뒤쪽 약 1/3 부위를 점령한다. 말이 먹이를 먹을 때 먹이와 함께 들어온 산소가 이 헤모글로빈들과 결합되어 있다가 산소부족 시 이용되는 것으로 보인다. 그러나 그 저장능력은 낮아 약 4분간의 요구량만 충족시킬 수 있다. 이 헤모글로빈은 높은 산소친화성을 나타낸다.

이상의 수서 및 내부 기생 곤충류에서는 헤모글로빈은 분명히 저산소 상태 하에서 산소를 공급하여 주는 기능을 담당하지만 대기호흡 만으로 산소 공급이 충분한 누에(*Bombyx mori*)와 꿀벌(*Apis mellifera*)과 같은 육상곤충에서도 발현된다. 초파리 유충과 성충은 지방체와 기관지세포에서 헤모글로빈 유전자 *dmeglob1*을 발현시킨다. 이 유전자의 발현은 저산소 상태에서는 더욱 증가한다. 이 육상곤충에서 헤모글로빈은 마이글로빈(myoglobin)과 같이 조직내부에서 산소를 전달하거나 또는 산소농도를 감지하는 센서로서 작용하는 것으로 이해되고 있다. 또한 활성산소와 같은 물질에 대해서 산화적 피해를 막아주는 항산화기능도 담당하는 것으로 추정하고 있다.

헤모시아닌(hemocyanin)은 구리를 포함하는 호흡단백질로 갑각류(crustacea)나 협각류(chelicerata)와 같은 절지동물에서 발견된다. 이 단백질은 6개의 동일한 단위체가 모여 각 단위체에 존재한 구리가 산소를 운반하는 기능을 갖는다. 이와 유사한 단백질이 곤충의 헥사머린(hexamerin)으로 구리를 더 이상 함유하지 않아 산소 운반 능력은 없다. 이들 사이에 진화적으로 중간 단계 구조 물질이 강도래와 일부 바퀴 유충과 알에서 보이는 이량체 헤모시아닌이 발견된다.

3.5 기관계의 다른 기능

기관계는 주로 호흡활동과 관련되지만 다른 기능을 보이는 경우들도 많다. 일부 밤나방의 겹눈에는 기관지들이 일종의 반사경(反射鏡)을 형성하고, 탈피 또는 우화 후 몸이나 날개를 펼치는 데도 기관계의 팽창이 한 몫을 담당한다. 또한 기관지 및 기관소지와 연결되지 않은 조직이 없어 곤충 조직의 가장 중요한 결합조직 역할을 한다. 이외에도 기관계는 자기방어와도 관련된다. 바퀴(*Diploptera*)는 복부 제2기문을 통해 퀴논물질을 방출시키고, 마다가스카 바퀴(*Gromphaclorrhina portentosa*)는 기문들을 통해 소리를 내어 방어 또는 교미의 목적으로 이용한다.

4 수서곤충의 호흡 방식

수서곤충은 육상곤충에서 유래되었으며, 따라서 육상에서 호흡하는 방식을 기준으로 수서생태계에 적응하는 방식으로 호흡방식이 진화한 것으로 이해된다. 따라서 이들 수서곤충이 산소를 획득하는 방식도 다양하여 크게 진화적 견지에서 볼 때 초기에는 대기에서 직접 획득하는 방식과 보다 획득 형질을 축적하면서 수중에서 직접 산소를 획득하는 기작을 발달시킨 것으로 볼 수 있다.

주로 물 표면에서 생활하는 종류들은 공기 중의 산소를 직접 이용한다. 물속에 사는 곤충들도 일부는 공기 중의 산소를 직접 이용할 수 있다. 공기 중의 산소를 이용하는 곤충들은 공기층과의 접촉이 필요하여 반영구적인 방법으로 표면과 연결하거나 주기적으로 표면에 떠 올라가야 된다.

물속에 녹아 있는 산소를 이용하는 곤충들 중 몸이 아주 작거나 느린 종류들은 표피층을 통한 산소의 확산에 의존한다. 그러나 이들도 대부분 기관지는 갖고 있어서 기체 중에서의 빠른 확산속도를 최대한 활용한다. 몸이 크거나 활발한 곤충들은 체벽을 통해 들어오는 산소량으로는 충분치 못하여 다른 방법으로 보충한다. 한 가지 방법은 기관소지가 많이 분포하는 얇은 체벽구조를 보이는 소위 기관아가미를 발달시켜 체벽의 표면적을 증대시켜 산소흡수를 용이하게 한다. 날도래목, 강도래목, 잠자리목 등의 유충에서 자주 관찰된다. 일부 딱정벌레와 노린재류는 몸 표면에 짧은 털들을 밀생시켜 그곳에 얇은 공기층을 만든다. 결국 몸 주변의 물에 녹아 있는 산소가 이 얇은 공기층으로 확산해 들어오면 이곳에 열려 있는 기문을 통해 기관계로 들어간다.

4.1 대기 산소 이용

4.1.1 호흡관

대기 산소를 직접 이용하는 종류 중 물 표면에 서식하면서 대기 중으로 기문을 열어 산소를 획득하는 방식을 갖는다. 몸이 물 속에 잠겨 있지만 긴 돌기를 물 표면으로 보내 공기 중의 산소를 직접 흡수한다(그림 9.9A). 파리류(*Eristalis* 속) 유충이 그런 예로 몸이 길이는 1 cm 전후인데 비해 호흡관은 6 cm까지 달하며 더욱이 이 관은 신축성이 있어 물 깊이의 변화에 따라 길이를 조절한다. 이러한 호흡관이 없는 모기 유충의 경우는 기문 주변에 소수성 털을 밀생시켜 수중에서 생활할 때 기문을 막고 물이 기관지로 침투하는 것을 막는다.

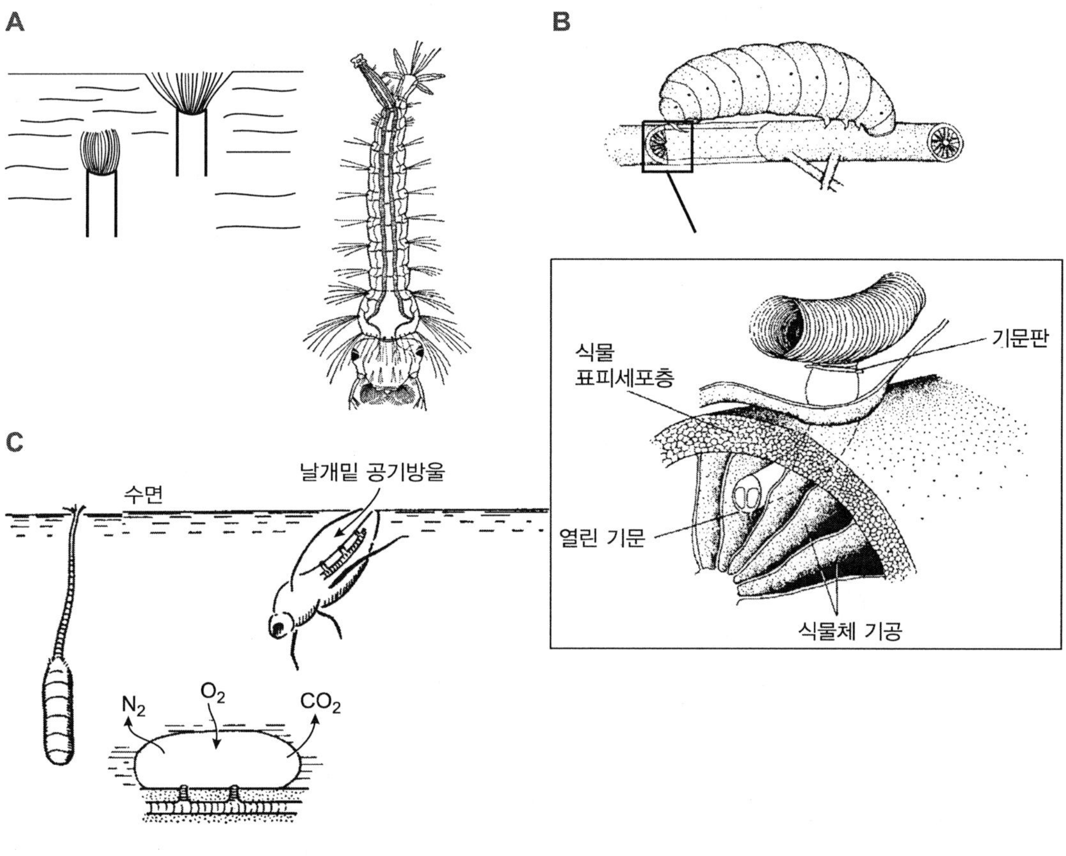

그림 9.9 대기 중에서 산소를 얻는 수서곤충의 호흡 방식. (A) 수면에서 후기문을 이용한 산소 획득 (B) 수중 식물의 기공을 통한 대기 산소 획득 (C) 가스아가미를 이용한 대기 산소 획득. 원본그림 (Hughes, 1966; Houlihan, 1969) 및 사본인가

한편 일부 곤충들은 물속의 식물조직으로부터 산소를 공급 받는다(그림 9.9B). *Donacia* (딱정벌레목), *Chrysogaster* (파리목), *Hydrocampa* (나비목) 등의 유충 및 파리목의 *Notiphila* 와 *Mansonia* (모기) 유충과 용에서 관찰된다. 이들도 복부 끝(유충)또는 가슴(용)에 있는 호흡관을 식물줄기나 뿌리 속에 집어넣어 공기를 흡수한다. *Mansonia* 외에는 모두 산소분압이 매우 낮은 진흙 속에서 생활한다.

4.1.2 가스아가미

일부 곤충은 대기 중에서 얻은 산소를 수중에서 보내 오래 간직할 수 있는 가스아가미(gas gill)를 발달시켰다(그림 9.9C). 이들은 몸의 특정부위에 공기방울을 갖고 잠수한다. 공기방울을 갖는 종류는 매우 많아 딱정벌레목의 물땅땅이과와 Dryopidea, 노린재목의 소금쟁이(*Gerris*)와 *Velia*(깨알소금쟁이과), 나비목의 불나방과와 명나방과 유충 등에서 보고되었다. 물방울의 위치도 각 종마다 일정하고 기문이 이곳에 열려 있다. 노린재목의 *Anisops* 는 몸 아랫면과 날개 밑 반면에 *Notonecta*(송장헤엄치게과)는 몸과 날개 아래는 물론이고 앞날개 위쪽에도 공기방울을 갖고 잠수한다. 딱정벌레목의 *Dytiscus*(물방개과)도 앞날개 밑에 공기방울을 만든다. 따라서 이들 곤충들은 물 표면으로 떠오를 때 이 부위가 쉽게 공기층과 접촉할 수 있는 자세를 취하는데 *Dytiscus*의 경우 복부 끝이 먼저 물 표면으로 올라와 공기가 날개 끝에서 안쪽으로 들어가게 한다. 이 공기방울은 물 속에서 일종의 아기미 역할을 하기 때문에 가스아가미 또는 물리적 아가미(physical gill)라고도 불리 운다. 곤충이 공기방울을 갖고 처음 잠수할 때 공기방울 내의 산소는 약 21%, 질소는 79%를 차지한다. 그러나 물에 대한 산소용해도는 질소보다 더 높아 약 33%, 질소는 64%, 탄산가스는 3%가 된다. 잠수 후 곤충이 기관지 내의 산소를 소비함에 따라 기문과 통하는 곳에 있는 공기방울에서 기관계로 산소가 확산해 들어가 공기방울 내의 산소분압은 낮아지고 반대로 질소분압은 상대적으로 높아진다. 따라서 주변 물과의 평형이 깨져 공기방울 주변에 있는 물속의 산소는 공기방울로 들어오고 공기방울 내의 질소는 물속으로 이동하지만 질소의 이동속도에 비해 산소가 약 3배 빠르기 때문에 공기방울은 더 오래 유지된다. 즉, 공기방울이 물속에 있는 산소를 빨아들이는 아가미 구실을 하게 되어 더 오래 물속에 살 수 있다. 이 경우 공기방울 내의 질소는 필수적이다. 만약 공기방울이 순수한 산소만으로 되었다면 산소가 이용되는 과정에도 산소분압의 변화는 나타나지 않는다. 오히려 산소방울 내의 산소분압은 100%이기 때문에 산소가 주변의 물로 확산된다. 따라서 순수한 산소방울보다 질소가 있는 공기방울을 갖고 가는 경우에 더 오랫동안 물속에서 생활할 수 있게 된다. 이는 처음 잠수 시 갖고 들어간 공기방울 내의 산소의 양보다 약 13배 더 많은 산소가 이용될 수 있기 때문이다. 물론 이 계산은 산소가 물에 포화된 조건하에서 된 것이다. 실제 이 곤충들은 몸 주변의 물이 정체되어 산소분압이 낮아지는 것을 막기 위하여 움직임을 통해 자신의 주위에 있는 물을 순환시킨다.

곤충이 잠수할 수 있는 시간은 몸의 크기와 대사율, 온도 및 물의 산소분압에 따라 다르다. 대사율과 온도가 낮으면 물속에 오랫동안 남아 있을 수 있지만 몸이 크고 활발하면 곧 물 표면으로 부상한다. *Hydrous*(딱정벌레목)는 겨울에 여러 달 동안 물 표면으로 한 번도 나오지 않는다. *Notonecta*(노린재목)의 가스아가미 영향은 15℃ 이상에서 무시할 정도이지만 10℃에서는 보통보다 2배 더 오랫동안 잠수하고 5℃ 이하에서는 매우 오랫동안 물속에서 생활할 수 있다.

4.2 수중 산소 이용

물속에 녹아 있는 산소를 이용하는 곤충들도 대부분 기관계를 갖고 있다. 따라서 직접 피부를 통해 산소가 확산되어 오는 방식 또는 특별한 구조 변화를 통해 수중 산소를 몸 속 기관지로 받아들이게 된다.

4.2.1 피부호흡

소형의 수서곤충류에서 나타나는 호흡 방식이다. 기관계로 물이 들어오는 것을 막는 다른 방법은 완전히 기문을 닫고 표피층을 통해 호흡하는 것이다. 물속에 용해된 산소를 흡수하는 방법도 여러 가지이다. 거의 모든 수서 곤충의 표피층은 비교적 물에 대한 투과성이 높아 그들이 필요로 하는 산소 공급에 일익을 담당한다. 예를 들어, *Aphelocheirus*(노린재목) 최종령 유충은 성충에 비해 약 4배 더 높은 표피층의 투과성을 보인다. 따라서 일부 곤충들은 모든 산소요구량을 피부확산(cutaneous diffusion)으로 충당하는데 이들은 몸이 매우 작은 종류들로 깔따구(*Chironomus*)나 *Simulium*(파리과) 유충들이다. 깔따구 유충의 경우 얇은 체벽을 가지고 있어 산소가 표면을 통해 기관지로 확산될 수 있다. 다른 파리류인 *Atrichopogon*은 보다 신속한 수중 산소 획득을 위해 기관지가 표피층과 연결되어 있는 구조를 지닌다. 이러한 피부호흡을 통해 수중의 산소가 체벽을 통해 몸 안에 들어온 후 가스로 채워진 기관계에서 빠른 속도로 몸 전체에 확산된다.

4.2.2 기관아가미

얇은 체벽에 기관소지를 많이 분포시키든가 아니면 비슷한 구조가 돌기로 발달되어 몸의 표면적이 늘어나는 경우들을 기관아가미(tracheal gill)라 한다(그림 9.10). 따라서 이는 특별히 분화된 피부호흡의 일종으로 외부돌기의 구조나 분포는 종에 따라 매우 다양하지만 일부 날도래목 용을 제외하면 거의 예외없이 유충에서만 발견된다. 딱정벌레목 유충에서는 기관아가미가 가슴과 복부에 발생하지만 날도래목, 하루살이목, 파리목, 나비목 등의 유충에서는 복부 양쪽에 가늘고 긴 돌기들로 나타난다. 강도래목 유충에서는 머리, 가슴, 복부, 다리 기절 등 여러 몸 부위에 기관아가미가 발달하지만 잠자리목의 균시아목 유충에서는 복부 끝에 3개 나뭇잎 모양의 꼬리아가미(caudal gill) 및 불균시아목의 유충에서는 직장 앞쪽에 직장아가미(rectal gill)가 관찰된다.

균시아목 유충의 꼬리아가미는 길고 편평한 구조로 내부에 기관지가 많은 가지를 친다. 기관소지들은 아가미 표면에 평행으로 달리는데 체벽의 표피세포들을 밀고 들어가 얇은(0.2~1.2 μm) 표피층 바로 밑에 분포한다. 반면에 불균시아목 유충은 직장 앞쪽이 팽창하여 소위 아가미방(branchial chamber)을 만든다. 이 속에 여섯 개의 아가미 피막층이 발달하여 들어오는 물속에 녹아 있는 산소를 뽑아낸다. 아가미방이 있는 복부 끝은 일종의 횡격막으로 앞

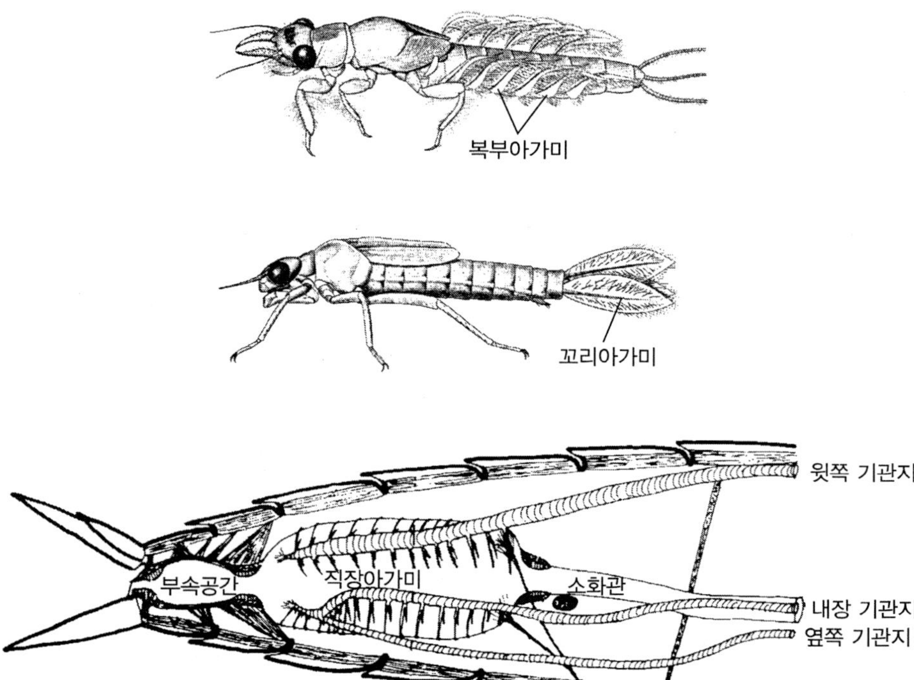

그림 9.10 기관아가미를 이용한 수중 산소를 획득하는 수서 곤충류. 원본그림(Hughes와 Mill, 1966) 및 사본인가

쪽과 격리되어 있다. 따라서 이곳에 있는 세로근이 수축하면 복부 끝부분의 체적이 감소하여 아가미방을 압박하게 된다. 따라서 아가미방에 있는 물이 열린 항문을 통해 밖으로 나가게 된다. 그 후 표피층의 탄력성과 다른 근육들(횡격막의 근육과 소화관 아래에 있는 가로근)의 수축으로 이 부위가 팽창하면 신선한 물이 아가미방으로 들어온다. 아가미방에서 물이 배출될 때는 항문이 약간만 열리지만 들어올 때는 활짝 열린다. 아가미방 앞쪽 끝에 있는 판으로 인해 물이 중장 쪽으로 흘러들어가지 못한다. 잠자리(*Aeschna*) 유충은 1분에 25~30회 펌프하는 데 직장에 있는 물량의 약 85%가 매 펌프 때마다 교환된다. 직장근육의 운동 횟수는 산소분압 감소와 온도상승에 따라 높아진다.

기관아가미를 갖고 있는 곤충들도 아가미 주변에 있는 물의 산소분압이 낮아지는 것을 막기 위하여 아가미 자체나 몸 운동으로 물을 흐르게 만든다. 하루살이(*Ephemera*) 유충의 경우 아가미돌기 자체를 움직여 물을 순환시키는데 이 운동 횟수는 산소분압이 낮을수록 증가한다. 물의 산소분압이 아주 낮으면 잠자리 유충들은 물 표면으로 나와 직장을 직접 환기시키기도 한다. 전체 산소요구량에 대하여 기관아가미가 공여하는 정도는 곤충 종, 서식환경, 산소분압 등에 따라 큰 차이가 난다. 일반적으로 산소분압이 낮은 환경에 사는 곤충일수록 기관아가미의 역할이 큰 것으로 보고되어 물바닥의 진흙이나 다른 기질 속에 파고들어가는 하루살이류(*Ephemera simulans*나 *Hexagenia limbata*) 유충은 각각 전체 산소요구량의 45%와 47%(산소분압이 6 ml/L의 조건하에서)를 공급받는 것으로 나타났다. 균시아목의 꼬리아가미는 전체 산소요구량의 약 32~45%(*Agrion*) 또는 32~60%(*Coenagrion*)를 공급해 주는 것으로 보고되었다. 그러나 일부 곤충은 기관아가미를 제거해도 그들의 행동이나 산소소비량에 아무런 변화가 없는 점을 들어 불필요한 것이 아니냐는 의문을 제시하기도 한다. 따라서 이 곤충들에서는 체벽을 통한 피부호흡량으로도 충분하고 기관아가미는 단지 보조적인 것으로 보인다.

직장아가미의 수축 활동은 물을 빠르게 후방으로 배출을 하여 물속에서 제트추진 역할을 할 수 있다. 대략 85%의 물이 규칙적으로 교환된다. 후장을 통해 지나가는 소화된 음식물은 위식막으로 감싸여져있어 직장아가미를 오염시키지 않는다.

4.2.3 기문아가미

영구적인 또는 비수축성 가스아가미(incompressible gas gill)를 가진 곤충에서는 mm^2 당 10^4~10^6개의 소수성털이 공기층을 유지시킨다. 이 얇은 공기층을 모반기층(plastron)이라 하며 기문과 통하여 수중 호흡에 이용할 수 있다. 대표적인 예가 물빈대류(*Aphelocheirus aestivalis*)로 5~6 μm 길이(굵기, 약 0.2 μm)의 짧은 털들이 2~4.6×10^6/mm^2의 밀도로 몸 아래면 표면과 일부 위쪽 표면에 밀생한다. 이 공기층은 산소농도가 줄어들 때라도 그 털의 보전력 때문에 부피는 그대로 유지된다. 이 공기방울은 비교적 오랫동안 상태를 유지하기 때문에 비수축성 가스아가미로 작용하며 이 구조를 만드는 곤충의 경우 수면에 오르지 않고 몇 달 동안 물속에 오래 머물 수 있다. 곤충이 물속에 산소의 농도가 낮다면 모반기층은 거꾸로 공기방울에서 물속으로 산소가 빠져나갈 수 있다. 기문은 모반기층이 있는 곳에 열리는데 그 구멍은 주변에서 나오는 여러 개의 큐티클성 구조로 대부분 막히고 또한 털들이 많이 나와 있어 물이 침입하지 못하게 되어 있으며 가스는 그들 사이의 조그만 틈바구니로 교환된다.

물가나 물이 자주 들어왔다 나갔다 하는 곳에 사는 곤충들은 수중호흡과 공기호흡에 모두 대처해야 한다. 여기에 적응된 구조가 기문아가미(spiracular gill)로 모반기층이 아가미에 발달한다(그림 9.11). 따라서 공기 중의 산소는 모반기층 사이로 직접 들어간다. 여기에 속하는 곤충류로는 조간대(潮干帶: intertidal zone)에 사는 파리목(*Simuliidae*, 각다귀과, *Tipulidae*)과 딱정벌레목(Psephenidae)의 번데기 및 개울가에 사는 몇 가지 딱정벌레류와 *Canace*(파리

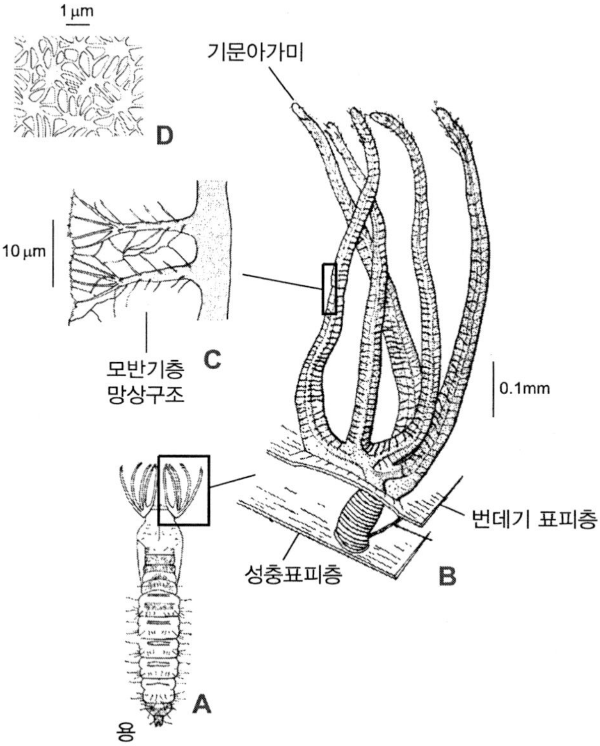

그림 9.11 기문아가미와 미세구조 모식도. (A) 번데기 외부구조와 기문아가미 위치 (B) 기문아가미 확대 모식도 (C) 기문아가미의 모반기층 (D) 모반기층의 망상구조. 원본그림(Hinton, 1968) 및 사본인가

목) 유충들이다. 파리목 곤충 번데기들의 기문아가미는 보통 전흉 기문과 연결되는데 *Taphrophila*(각다귀과)의 경우 한 쪽의 아가미(길이, 약 1.5 mm)는 8개의 가지로 나눠진다. *Psephenoides*(딱정벌레목)는 복부 제 2~7번 기문과 연결되어 기문아가미가 발달하는데 각 아가미에는 4~10개의 가늘고 긴 가지가 발달한다. 이외에도 기문아가미가 복부에 발달하는 종류로는 딱정벌레목의 *Torridincola*, *Sphaerius*, *Hydroscapha* 등이 있다.

기문아가미는 기문 주위에 단단한 체벽 돌기와 소수성 털을 밀생시켜 유압에 의해 일그러짐을 방지해준다. 대부분의 기문아가미는 모반기층으로 둘러싸여 기관계와 연결되어 있어 물에 잠겨 있을 때 산소확산이 일어나는 넓은 표면을 제공해 준다. 기문아가미는 물이 없을 때 건조한 환경에서 일반적인 기문보다 수분의 손실이 적고 육상 호흡이 가능하며 물에서 산소를 흡수할 수 있는 넓은 표면공간을 갖는 장점을 가지고 있다. 건조할 때 모반기층은 기문 주위에 있는 공간에서 산소를 직접 흡수할 수 있으며 수분감소를 수반하거나 표피층의 침투력을 감소시키지 않고 산소를 흡수할 수 있다. 수분침투성이 더 높은 기관아가미와 비교할 때 기문아가미는 수분 투과성이 없고 물을 흡수하는 기작이 중요치 않기 때문에 삼투조절을 위한 적응변화에 대한 필요성이 더 적다.

5 내부기생자 호흡 방식

내부기생 곤충도 기본적으로 수서 곤충과 유사한 방식으로 호흡하는데 대부분은 기주 몸속에 있는 산소를 피부호흡 방식으로 흡수한다. 맵시벌과와 고치벌과에 속하는 여러 종류들의 1령충 기관계는 보통 액체로 채워져 있다가 곧 기체로 대체되지만 기문은 최종령 또는 숙주에서 벗어날 때가 되어서야 열린다. 따라서 이들은 물론 대부분의 파리목 내부기생 곤충들의 어린 유충도 모든 산소요구량을 피부호흡으로 충당한다.

고치벌과 유충의 후장은 체외로 돌출된 소위 꼬리주머니(caudal versicle)를 만든다. 그 발달 정도는 종에 따라 많은 차이가 있지만 *Apanteles* 속 유충의 경우 표피층이 매우 얇아 산소확산이 용이하고 들어온 산소를 빨리 순환시키기 위한 방법으로 심장과 꼬리주머니를 밀착시킨 구조를 지닌다. 이 곤충에서 전체 산소요구량의 약 1/3은 이 꼬리주머니 부위에서 흡수된다.

한편 깍지벌레에 기생하는 *Cryptochaetum iceryae*(파리목)는 두 개의 긴 꼬리돌기를 가진다. 이 파리목 유충이 3령으로 탈피하면 이 돌기는 자신 몸길이의 10배까지 도달하며 내부에는 기관지가 풍부하게 분포하여 일종의 기관아가미 역할을 맡는다. 때로는 이 긴 돌기가 숙주의 기관지 주변에 몰려 산소 흡수 효율을 높인다.

노숙유충이거나 왕성하게 자라는 다른 유충들은 피부호흡만으로 충분한 산소량을 얻지 못한다. 따라서 이들은 숙주의 체벽이나 기관지를 통해 외부의 공기를 직접 흡수한다. 이들은 대부분 양기문식이나 후기문식으로 복부 끝에 있는 기문을 통하여 산소를 얻는다. 예를 들면, 수중다리좀벌과(Chalcididae)의 유충은 알자루를 기주 곤충 체벽에 박아 놓아 밖과 통하고, 여러 종류의 기생파리과(Tachinidae) 유충들은 기주의 기관지를 통해 외부와 연락한다. 이 경우 기주의 기관지 표피세포는 자극받아 성장하는데 이 유충의 몸을 거의 감싸는 피막조직을 만든다. 깍지벌레에 기생하는 깡충좀벌류(*Encyrtus inflix*)의 최종령 유충도 자신의 앞쪽과 뒤쪽 기문을 기주의 기관계와 연결시킨다. 이 경우 역시 기생충은 피막으로 완전히 둘러싸이고 기생충은 자신의 구기침을 이용하여 기주에 부착한다. 기생파리과의 *Thrixion* 경우에는 기주의 체벽이 신장되어 기생충 몸 주위를 큐티클벽으로 완전히 감싸고 다만 복부 끝의 기문만 밖에 도출된다. 달팽이에 기생하는 검정파리류(*Melinda*) 유충도 뒤쪽 기문을 기주 호흡기관지에 박아 공기를 직접 흡수한다.

척추동물에 기생하는 기생 곤충류도 공기 중의 산소를 이용하는 경우가 많다. 아프리카 지역에서 여러 포유류 피부 속에 기생하는 망고파리류(*Cordylobia*) 유충도 기주 피부에 구멍을 내어 그곳에 뒤쪽 기문을 노출시킨다. 여러 가축은 물론 때로는 사람 피부에도 기생하는 쇠파리류(*Hypoderma*) 유충도 망고파리류와 비슷한 방법으로 공기 중의 산소를 이용한다.

6 곤충 알의 호흡 방식

곤충알도 다른 발육단계에서와 마찬가지로 수분을 잃지 않으면서 어떻게 산소를 얻느냐 하는 문제에 부닥친다. 따라서 물에 살거나 반수서 또는 습지에 사는 곤충들에게는 수분손실이 문제되지 않기 때문에 특별한 구조가 없는 알들을 낳는다. 이들은 단순한 확산만으로도 수분손실을 걱정할 필요없이 충분한 산소를 얻을 수 있다.

그러나 지상에 사는 곤충들은 대부분 특수한 호흡구조를 발달시킨다. 일부는 단순한 기공(aeropyle) 구조를 가져 산소를 획득하는데 기공의 수나 분포양상은 곤충 종류에 따라 많은 차이를 보인다. 일부는 알 표면 전체에 균일한 분포를 보이기도 하지만 띠를 만드는 경우(일부 나방과 딱정벌레류), 앞쪽 끝에 집중되는 경우(여러 가지 노린재목 곤충), 알의 앞뒤쪽으로 달리는 긴 융기구조에 있는 경우(나비류) 또는 긴 호흡관 끝(노린재류)에 있는 등 매우 다양한 모습이다.

많은 육서곤충들은 난각의 구조를 변화시켜 비, 이슬 또는 일시적인 홍수 등으로 물에 잠겼을 때도 호흡할 수 있는 모반기층을 형성한다. 또한 일부 곤충의 알들은 부식되는 유기질,

동물들의 배설물, 과실 및 여러 다른 식물조직 내 등 습한 곳에 산란되기 때문에 물에 잠길 확률이 높아 모반기층 같은 호흡구조가 필수적이다. 파리류 알의 모반기층은 꽤 복잡한 구조로 난각의 바깥 표면 쪽과 안쪽을 망상조직으로 만들고 그 사이를 기공으로 연결한다. 이 망상조직은 알 표면 전체에 분포하기도 하는데(예, 집파리) 이런 종류들은 건조에 대한 저항성이 약하다. 따라서 모반기층은 보통 알의 특정부위에 제한되거나(예, *Calliphora*), 군데군데 모여 있다. 때로는 망상조직이 난각 안쪽에만 발달하고 기공을 통해 직접 대기와 통하는데 흡혈노린재(*Rhodnius*)의 경우 기공 입구의 표면적은 모두 합해도 약 536 μm^2로 매우 좁아 이를 통한 수분 손실량은 무시할 정도이다.

일부 파리목, 노린재목 및 벌목 곤충들의 알에는 호흡뿔이 있으며 이 뿔 일부에 모반기층이 발달된다. 이런 경우 나머지 알 표면은 거의 투과성이 없어 수분손실이 많이 줄어든다. 또한 호흡뿔은 물 표면에 노출되기 때문에 물이 깊지 않으면 대기의 산소를 직접 이용할 수 있다.

제 10 장

근육과 운동

Locomotor System

동물의 일종으로서 곤충이 운동력을 가질 수 있는 것은 바로 신경과 근육의 발달에서 비롯된다. 곤충의 근육은 척추동물에서 보는 근육과 아주 유사한 구조와 내용물을 갖는다. 그러나 비교적 몸집이 작은 소형 동물로서 곤충이 포식자로부터 빠르게 회피하기 위해 더욱 정교한 근육 구성의 차이점을 찾을 수 있다. 예를 들어, 파리나 말벌을 손으로 잡으려 시도해 본 사람이라면 곤충이 갖고 있는 운동의 정확성과 민첩성을 이해한다. 비행하는 동물 중에서 가장 작은 종으로는 수중다리좀벌이 있는데 날개 길이가 1.4 mm, 몸무게는 0.025 mg에 불과하다. 하지만 믿을 수 없을 정도로 정밀하게 날 수 있는 모든 제어장치와 근육을 갖고 있다. 이러한 운동성을 나타내기 위해 척추동물에 비해 몸 부위에서 많은 부분을 근육으로 채워 넣어야 하는 데 일부 곤충의 경우에서 보면 전체 몸 중량에서 비행근육이 차지하는 비율이 65%에 이르기도 한다. 또한 에너지 효율면에서도 척추동물은 휴식 기간과 활동 기간 사이에 근육이 소비하는 에너지를 호흡률로 산출하여 보면 약 5배 증가를 나타내나, 곤충은 50~500배 증가를 보이면서 운동의 민첩성을 보이게 된다. 이러한 높은 에너지 전환율을 ATP 소모량으로 산출하여 보면 척추동물 가운데 가장 날개 활동을 빠르게 가져가는 벌새(humming bird)에 비해 3배 가량 높은 에너지 전환 속도를 기록하게 된다. 이러한 차이는 곤충의 근육 구성에서 높은 미토콘드리아 함량과 기관지를 통한 원활한 산소 공급을 통해 가능하게 한다. 효율적 근육계를 바탕으로 곤충은 여러 서식지에서 높은 운동능력으로 지구 생태계에서 가장 번성한 생물군으로 자리 잡게 하여 준다.

곤충의 근육계는 고효율의 운동성 외에도 근육의 물리적 탄력성도 높다. 예를 들어, 곤충은 자신의 몸무게의 몇 배 이상을 들 수 있고 자신의 몸길이의 몇 배 이상을 뛰어 오를 수 있다. 곤충의 몸이 작다는 것과 뛰어난 운동능력이 있다는 점에서 척추동물과는 다른 근육 구성을 갖는다고 생각할 수 있으나, 두 생물군 사이에는 높은 유사성을 보이고 있어 곤충의 근육과 근섬유가 보다 작고, 각 근육 내에 적은 수의 근섬유를 갖는다는 점을 제외하면 근육의 구성이나 기본 구조는 거의 같다고 할 수 있다. 또한 한 마리의 곤충의 힘은 작지만, 근육 단위 면적 당 낼 수 있는 힘의 크기도 척추동물과 유사하다. 크기가 작다고 단순한 것만도 아니어서 메뚜기의 비행과 산란에 관여하는 근육을 보면, 사람의 근육보다 더 많은 종류의 개별 근육들이 관여하고 있다(그림 10.1).

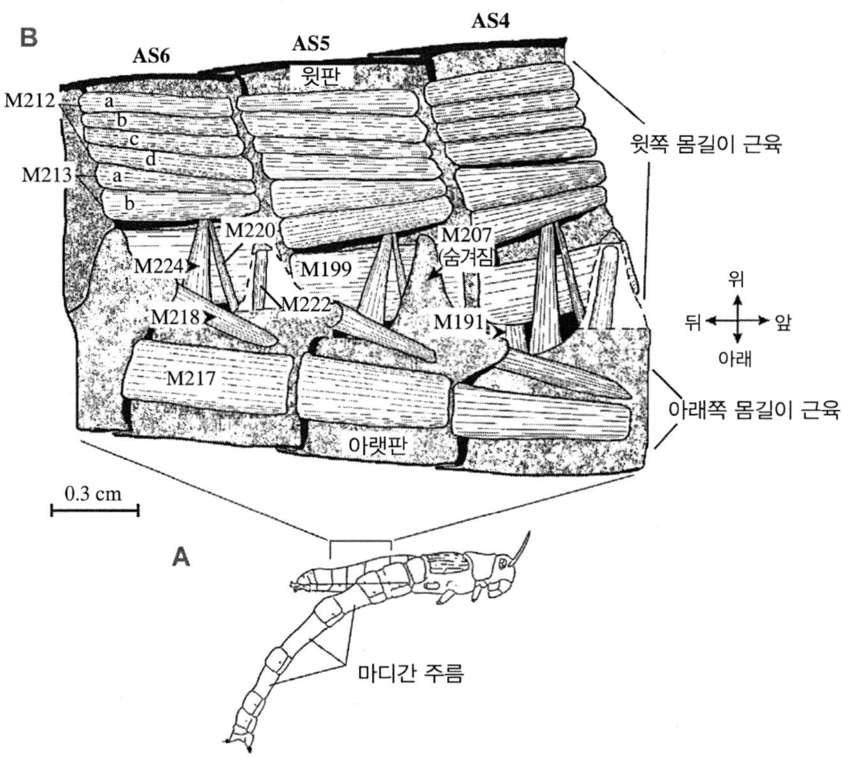

그림 10.1 메뚜기 성충 암컷 복부 근육 구성. (A) 산란을 위해 신장된 복부 마디 구조 (B) 복부 4–6째 마디(AS4–6)의 내부 근육 구성. 원본그림(Rose 등, 2000) 및 사본 인가

1 근육 구조

근육세포는 동물세포 중에 가장 복잡한 세포이다. 생명 유지를 위해 필수적인 세포 소기관을 포함하고, 신경세포와 마찬가지로 전기신호를 발생시킬 수도 있다. 힘과 운동을 만들어 낼 수 있고 우리가 행동이라 인식할 수 있는 움직임도 가능하다. 근육은 빠르고 정확하게 신경신호에 반응하여 정확한 순간에, 서로 다른 근육의 순차적인 수축에 의한 정교한 운동을 만들 수 있어야 한다. 곤충의 근육에 대한 연구는 아직 미미하여 척추동물의 근육 구조에 대한

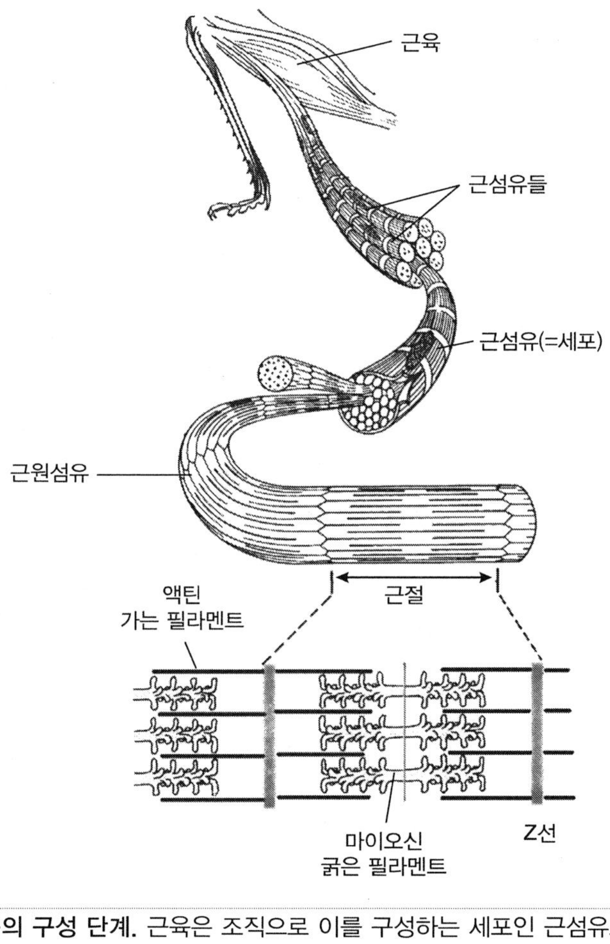

그림 10.2 곤충 근육의 구성 단계. 근육은 조직으로 이를 구성하는 세포인 근섬유로 이뤄지고, 근섬유는 근원섬유로 채워지고, 각 근섬유는 두 종류의 필라멘트로 구성된다. 두 종류의 근필라멘트의 일정한 배열에 따라 나타나는 띠는 근절을 이루며 이 근절은 Z선을 경계로 한다. 원본그림(Rose 등, 2000) 및 사본인가

연구의 기본이 된 개구리의 근육에 비하여 알려진 바가 거의 없다. 일부 곤충에서만, 척추동물의 근육과 매우 유사한 구조라는 것과 유전자 발현에 따른 단백질 역시 상동성이 있음이 보고되었다. 하지만 곤충 근육의 변화무쌍한 기능을 고려하면 구조나 산소공급, 전기 신호 전달과 기계적 결합 등에서 상당한 차이가 있을 것으로 예상할 수 있다. 우선 기본적으로 용어 자체가 일반적인 세포 구조에서 사용하는 용어들이 근육세포에는 다르게 적용된다. 예를 들면, 근육세포의 세포막은 근섬유막(sarcolemma), 소포체는 근소포체(sarcoplasmic reticulum)로 표현된다. 모든 곤충의 근육은 일정한 구조적인 배열 때문에 가로무늬(striated)가 있다. 이 배열은 척추동물의 골격근육에서와 마찬가지로 광학현미경으로 관찰하면 반복되는 밝고 어두운 띠로 나타나게 된다. 척추동물의 내장기관에서 나타나는 평활근은 곤충에서는 관찰되지 않기에 곤충의 근육은 빠른 수축과 함께 늦은 수축이나 근육의 단축이 가능하다.

곤충의 골격근(skeletal muscle)은 다핵세포인 근섬유(muscle fiber)가 모여 구성된다(그림 10.2). 이와 대조적으로 내장근(visceral muscle)은 하나의 핵을 갖는 근섬유로 구성된다. 각 근섬유는 세포질에 해당하는 근형질(sarcoplasm)과 세포막으로 전기적 활성을 띠는 근섬유막(sarcolemma)으로 구성된다. 근섬유내의 근형질은 길이방향으로 배열되어 수축이 가능한 많은 근원섬유(myofibril)를 갖고 있다(그림 10.3). 근원섬유는 두 종류의 근필라멘트로 구성

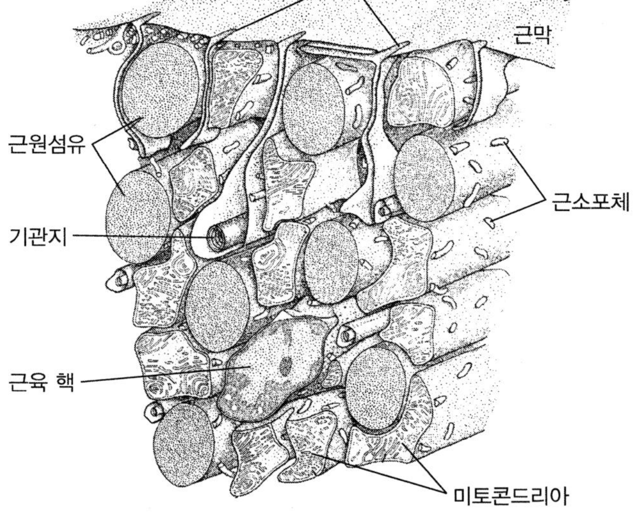

그림 10.3 곤충 근섬유 구조. 단일 핵을 가진 골격근육의 근섬유는 T 가로관을 통한 근막의 함입 구조로 기관지가 미토콘드리아에 가깝게 접촉하게 된다. 근육 세포질(=근형질) 내부에는 다수의 근원섬유과 근소포체를 갖는다. 원본그림(Rose 등, 2000) 및 사본 인가

된다. 하나는 액틴(actin) 단백질로 구성된 가는 필라멘트(thin filament)이고 다른 하나는 마이오신(myosin) 단백질로 구성된 굵은 필라멘트(thick filament)이다.

액틴은 구형의 단백질로 트로포닌(troponin)과 트로포마이오신(tropomyosin)과 함께 가는 필라멘트를 형성한다(그림 10.4). 트로포닌은 액틴과 마이오신 사이의 상호작용을 조절하고, 두 가닥의 나선형인 트로포마이오신은 액틴 필라멘트와 평행하게 필라멘트를 구성한다. 트로포닌 복합체는 3개의 단위체로 구성되며 액틴 필라멘트를 따라 일정한 간격으로 위치하는데, 트로포닌 I(troponin I, TpnI)는 액틴과 결합하고, 트로포닌 T(troponin T, TpnT)는 트로포마이오신과, 트로포닌 C(troponin C, TpnC)는 칼슘과 결합한다.

마이오신 분자는 폴리펩타이드 사슬로 구성되는데 초파리의 경우, 적어도 15 개의 이성체 형태가 조직과 발육단계에 따라 나타나지만 주로 소형 메로마이오신과 중형 메로마이오신으로 구성된다(그림 10.5). 중형 메로마이오신이 근육수축의 힘을 발생시키는데 이는 다시 머리를 구성하고 ATPase의 활성을 갖는 구형의 S1 머리 부위와 필라멘트를 연결하는 막대형의 S2 부위로 나뉜다.

근원섬유에서 액틴과 마이오신이 중첩되어 있는 부위는 빛을 서로 다른 방향으로 복굴절시켜 어둡게 보이기에 A(anisotropic) 띠라 부른다(그림 10.6). A 띠 중앙에는 마이오신 필라멘트만이 있는 약간 밝은 부위인 H 영역이 있다. M 선은 근절 중앙에서 이웃해 있는 굵은 필라멘트를 연결해 주는 위치로 일부 근육에서는 보이지 않기도 한다. 액틴만으로 구성되어 일정한 방향으로 빛을 굴절시키는 구역을 I(isotropic) 띠라 한다.

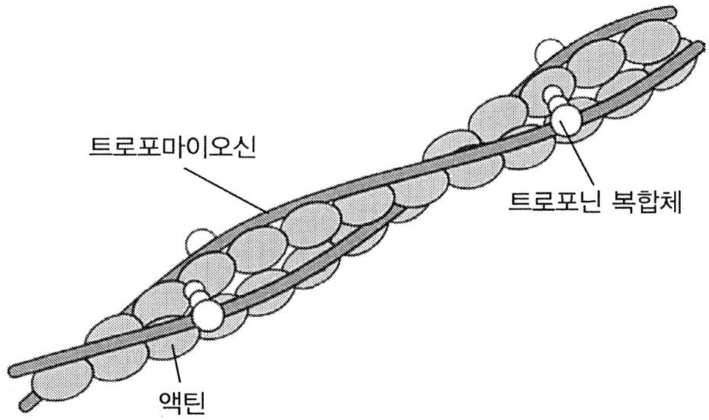

그림 10.4 액틴 근필라멘트 구조. 구형 단백질인 액틴이 연결되어 선형의 가는 필라멘트를 만들고, 이 주변으로 트로포마이오신과 트로포닌이 존재하여 마이오신과의 결합을 조절한다. 원본그림(Rose 등, 2000) 및 사본 인가

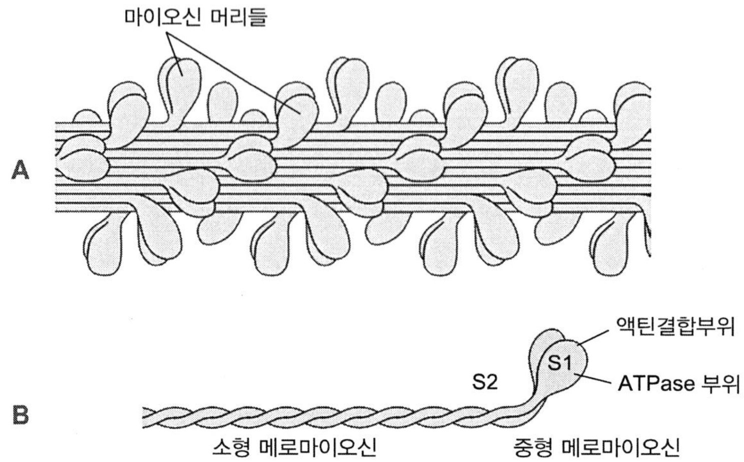

그림 10.5 마이오신 근필라멘트 구조. (A) 구형 단백질인 액틴이 연결되어 선형의 가는 필라멘트를 만들고, 이 주변으로 트로포마이오신과 트로포닌이 존재하여 마이오신과의 결합을 조절한다. 원본그림(Klowden, 2013) 및 사본 인가

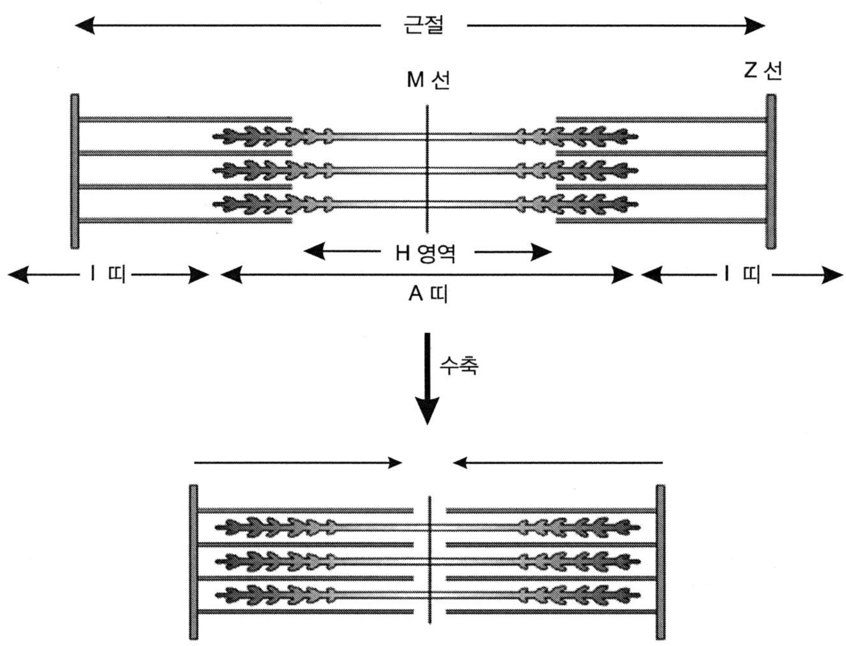

그림 10.6 근절과 근육수축. 근육 수축의 기본 단위인 근절은 액틴과 마이오신 필라멘트의 규칙적 배열에 의해 나타나는 단위 구조이다. 이들의 중복 배열은 어두운 A 띠와 밝은 I 띠를 형성한다. H 영역은 A 띠 가운데 액틴 필라멘트가 없는 비교적 덜 어두운 영역이다. 근절의 경계는 Z 선이 된다. 근육의 수축은 두 필라멘트의 활주에 의해 근절 길이가 짧아지면서 이뤄진다. 원본그림(Klowden, 2013) 및 사본 인가

I 띠는 중앙 부위에서 밀도가 높은 Z 선으로 나뉘어지는데 이곳은 액틴필라멘트가 끝나는 부위이다. 하지만 Z 선은 입체적으로 보면 Z 원판(Z disc)으로 보이게 된다. 인접한 두 개의 Z 원판 사이를 근육 수축의 기능적 최소단위인 근절(sarcomere)이라 한다. 일반 근원섬유는 약 2 μm 길이의 근절이 수 천 개가 연결되어 구성된다. 내장근의 근절은 좀 더 긴 7~10 μm의 길이를 나타낸다. 전체적으로 근육의 수축은 액틴과 마이오신 필라멘트들이 서로 미끌리면서 근절의 수축을 가져오는 활주(sliding) 모델로 해석된다.

액틴과 마이오신 이외의 근육 단백질이 곤충 근육 필라멘트에서 발견된다(그림 10.7). 티틴(titin)은 Z 원판에서 마이오신 몸통 부위까지 연결되어 있는 선형의 단백질로, 굵은 필라멘트를 중앙에 위치하게 하는 구조 기능을 담당한다. 또한 티틴은 굵은 필라멘트의 길이를 조절하고 근절이 신장하는 경우 굵은 필라멘트를 잡아주어 이완에 대한 저항능력을 갖게 한다. 프로젝틴(projectin)은 900 kDa의 필라멘트 단백질로 동시성 근육(synchronous muscle)에서는 A 띠에, 비동시성 근육(asynchronous muscle)에서는 I 띠에 있다. 유사하게 케틴(kettin)도 티틴과 비슷한 단백질로 근육의 신장 활성화에 필수적인 긴장성에 관여하여, I 띠와 이와 연접한 Z 원판의 안정화에 기여한다.

인단백질인 파라마이오신(paramyosin)은 굵은 근섬유의 주요 구성요소로 다른 소량의 단백질과 함께 굵은 필라멘트의 중심부를 형성한다. 근섬유 내 마이오신에 대한 파라마이오신의 비율은 종에 따라 다르며 특정 종에서는 발육단계에 따라 다르다. 초파리 성충의 비행근에서는 이 비율이 1 : 3이지만 유충의 근육에서는 1 : 6으로 나타난다. 플라이티틴(flightin)은 마

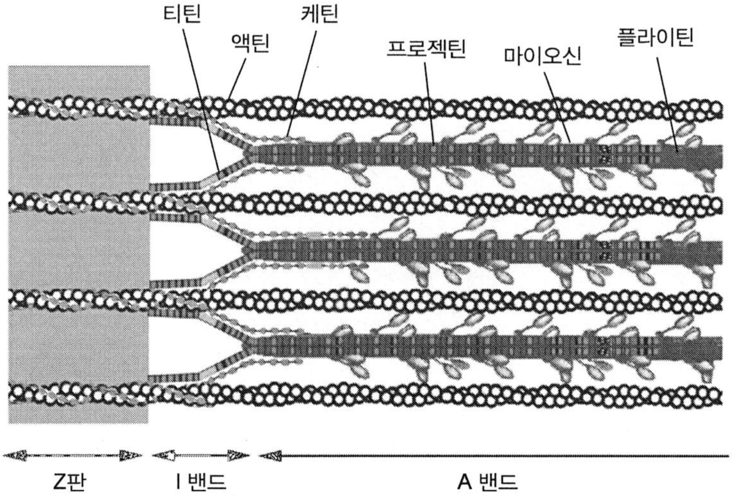

그림 10.7 부속 근육단백질. 원본그림(Klowden, 2013) 및 사본 인가

이오신 결합단백질로 간접 비행근육의 굵은 필라멘트에서만 발견되며 굵은 필라멘트의 구성과 비행근육의 기능에 관여한다. 몇 종류의 칼슘 결합단백질로는 칼모듈린(calmodulin), 트로포닌 C(troponin C)와 Ca^{2+}-의존성 Ca^{2+} 결합단백질(Ca^{2+}-dependent Ca^{2+}-binding protein)이 보고되었다. 아르쓰린(arthrin)은 55 kDa의 단백질로 비동시성 비행근육에서 많이 발견되는 액틴 필라멘트와 관련이 있고 근육의 신장 활성화와 관련이 있어 보인다.

골격근은 천천히 수축하는 느린 근섬유(slow fiber)와 빠르게 수축하는 빠른 근섬유(fast fiber)가 상이한 구조를 가진다(그림 10.8). 느린 근섬유는 긴 근절을 지니며 다수의 미토콘드

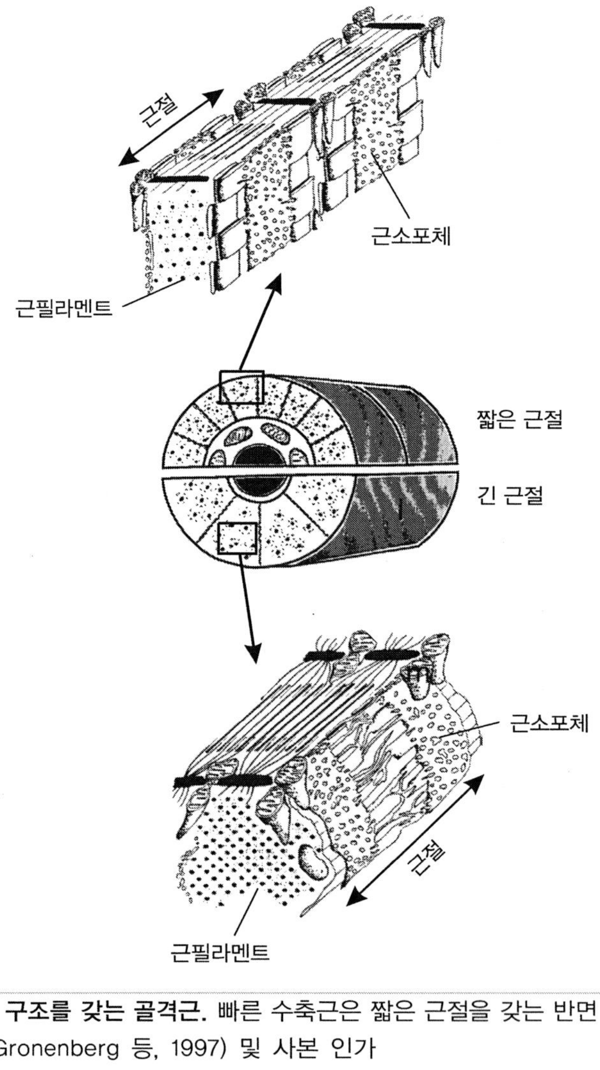

그림 10.8 복합 근절 구조를 갖는 골격근. 빠른 수축근은 짧은 근절을 갖는 반면 느린 수축근은 긴 근절을 보인다. 원본그림(Gronenberg 등, 1997) 및 사본 인가

리아, 적은 수의 근소포체 그리고 I 띠와 A 띠가 6 : 1의 비율을 갖는다. 반면에 빠른 근섬유는 짧은 근절, 적은 수의 미토콘드리아, 과도로 발달된 근소포체 그리고 I 띠와 A 띠가 2 : 1의 비율을 갖는다. 물론 이들 사이의 중간체도 발견된다. 근육에 따라 느린 근섬유 또는 빠른 근섬유만 가질 수 있지만 이들 모두 가지고 있는 근육도 발견된다. 벌목 곤충의 큰턱 근육은 느린 근섬유와 빠른 근섬유를 모두 가지고 있다. 메뚜기의 도약근은 40~140 μm의 굵기를 지니며 느린 근섬유, 빠른 근섬유 및 중간체를 모두 가지고 있다.

척추동물과 달리 곤충의 내장근은 골격근처럼 무늬근이다. 차이점은 골격근은 다핵세포로 구성되지만 내장근은 단핵세포로 구성된다. 또한 골격근에 비해 내장근은 미토콘드리아 수가 적고 근소포체가 덜 발달되어 있다. 골격근은 굵은 필라멘트 주변으로 6개의 가는 필라멘트가 분포하지만 내장근은 12개가 분포한다.

2 근육 수축 기작

골격근육의 수축은 활주모델로 설명되어 지는 데, 이는 액틴과 마이오신 필라멘트들이 서로 반대로 활주하면서 궁극적으로 인접한 Z 원판 간격 즉 근절의 길이가 짧아지게 된다. 근육이 수축할 때 각 성분들의 길이 변화를 살펴보면 개별 근육 필라멘트들의 길이가 변하지 않으면서 I 띠와 H 영역의 길이가 줄어든다. Z 원판과 H 영역 시작부위까지의 길이가 변하지 않는 것은 액틴 필라멘트가 수축동안에 동일한 길이를 유지한다는 것을 보여준다. 근절의 단축 정도는 마이오신 필라멘트의 끝과 Z 원판의 거리에 의해 제한되는데 마이오신 필라멘트의 끝이 Z 원판에 도달하면 일반적으로 단축은 종결된다.

근절의 단축은 결과적으로 근섬유 내부에 액틴 필라멘트와 마이오신 필라멘트간의 상호작용의 결과이다(그림 10.9). 큰 미오필라멘트들이 중첩되어 있는 Z 원판과 H 구역 사이에는 근섬유막이 함입된 T 가로관(transverse tubule)이 있다. T 가로관은 근소포체와 밀접하게 연관되어 있고 근소포체는 칼슘의 저장고의 역할을 한다. 휴지 상태의 근육은 외부와 비교하여 40~60 mV의 휴지전위를 보인다. 신경자극에 의한 근세포막의 탈분극 신호는 T 가로관을 통해 근소포체에 도달하여 내부에 보관하고 있던 칼슘을 근형질로 방출한다. 방출된 칼슘은 칼슘펌프에 의해 다시 근소포체 내로 모아지게 된다. 방출된 칼슘이 트로포닌과 결합하면 트로포닌-트로포마이오신 복합체의 위치 변화가 일어나 액틴 필라멘트와 마이오신의 S1 머리가 결합하게 된다. 이 결합은 마이오신 머리가 굽어지게 하고 이러한 힘으로 액틴 필라멘트가 근절의 중심부로 이동하게 된다. 이어서 마이오신 머리가 ATP와 결합하면 마이오신 머리는 액틴과의 분리되고 ATP를 ADP와 Pi로 가수분해 시키면서 본래의 위치로 돌아와 다음 차례

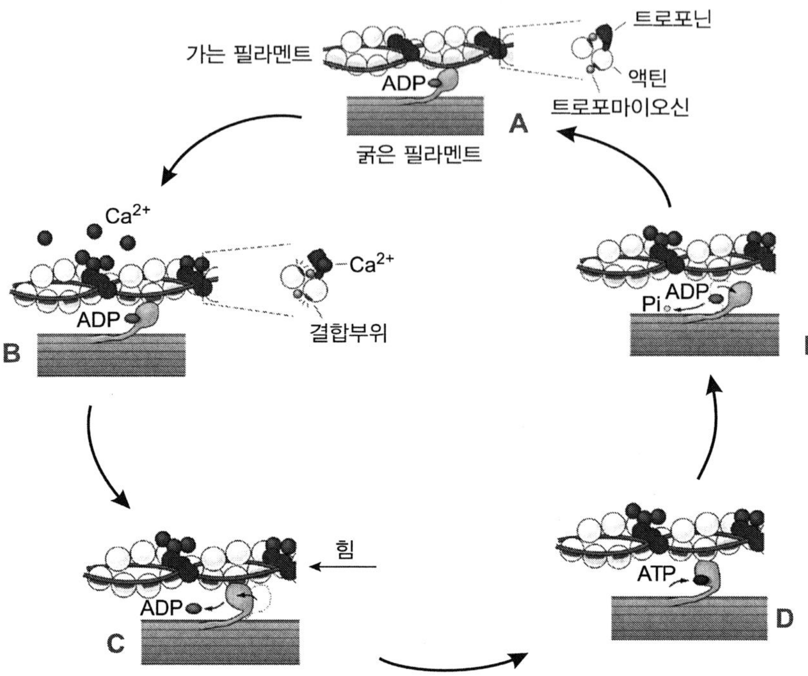

그림 10.9 **근육 수축 과정.** (A) 휴지상태 근육. 액틴과 마이오신이 트로포마이오신의 간섭으로 떨어져 있다. (B) 근소포체에서 칼슘의 방출로 트로포닌이 칼슘과 결합하면서 트로포마이오신을 액틴과 마이오신 사이에서 밀어낸다. (C) 마이오신이 액틴과 결합하면서 ADP를 방출하게 된다. 이때 마이오신 머리를 구조 변경하여 두 필라멘트의 활주를 일으키는 힘을 얻는다. (D) 다시 ATP가 마이오신 머리에 부착된다. (E) 해리된 ADP는 머리구조가 복원된 마이오신에 부착한 상태가 되며 다음 수축 신호를 기다린다. 원본 그림(Klowden, 2013) 및 사본 인가

의 액틴과 결합을 기다리게 된다. 즉 각 마이오신은 액틴과 새로운 자리에서 결합, 구조변경 그리고 분리를 반복한다. 근육의 수축하는 힘은 이들이 결합하는 수에 의해 결정되어 진다. 신경자극이 종료되면 칼슘은 근형질에서 근소포체로 회수되고 칼슘과 분리된 트로포닌은 액틴의 결합부위를 다시 가리게 되면서 근육의 활동은 종료된다. 이렇듯 곤충 근육의 수축은 신경에 의한 근섬유막의 탈분극과 근형질 내 칼슘농도의 상승에 의해 조절된다. 신경의 탈분극은 근육수축을 촉발하고, 상승된 칼슘농도는 수축시기와 수축기간을 결정한다.

3 곤충 근육의 종류

곤충 근육은 크게 소화관을 둘러싸고 있으면 체벽에 부착되어 있지 않은 내장근(visceral muscle)과 근육의 양 끝이 외골격에 부착되어 골격 부위 간 운동을 야기하는 골격근(skeletal muscle)으로 나눌 수 있다. 긴장섬유(tonofibrillae)라 불리는 체벽의 함입 부위는 근육의 부착점이 되어 이곳의 표피세포를 단단하게 하고 긴장을 큐티클까지 전달한다. 덤피(dumpy)는 2.5 MDa에 이르는 큰 부착 단백질로 이곳에서 근육세포를 큐티클과 인대를 통해 연결한다. 긴장섬유는 원표피층을 소화시키는 탈피액에 분해되지 않고, 외표피층과의 부착을 유지하여 탈피과정 중에도 근육의 기능을 발휘할 수 있다. 골격근육은 신경계에 의한 조절 방식에 따라 동시성 근육(synchronous muscle)과 비동시성 근육(asynchronous muscle)으로 나뉜다(그림 10.10).

3.1 동시성 근육

곤충의 근육 대부분은 근육을 지배하는 운동신경의 신경신호에 의해 수축하므로 동시성(synchronous) 근육이라 한다. 하나의 신경신호는 한 번의 근육수축을 일으킨다. 날개 근육의 경우, 잠재적으로 550 Hz까지 수축 주기를 보일 수 있음에도, 일반적으로는 5~30 Hz 정도로 수축한다. 동시성 근육에서 풍부한 근소포체는 근육이 자극받을 때 다량의 칼슘을 방출하

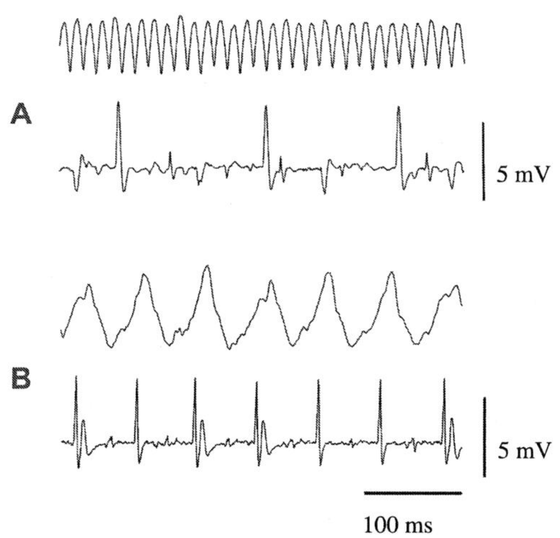

그림 10.10 **신경자극과 근육 수축.** (A) 비동시성 근육 (B) 동시성 근육. 각 그림에서 근육수축파형은 위에 그리고 신경자극 파형은 아래에 나타내고 있다. 원본그림(Josephson 등, 2000) 및 사본 인가

는 것이 가능하게 해 주고 근절은 최대로 수축할 수 있다. 또한 풍부하게 분포하고 있는 근소포체는 근육 이완을 위해 칼슘을 효과적으로 재흡수 하는 것이 가능하게 한다. 동시성 근육은 메뚜기목, 나비목, 잠자리목 곤충의 비교적 원시적인 비행근육에서 발견된다. 소리를 발생시키는 매미의 진동막 근육은 동시성 근육에서의 최대 수축주기인 500 Hz의 수축주기를 보이고, 근소포체의 양은 근육단면의 약 1/3에 이른다. 대부분의 동시성 근육은 일반적으로 원래 길이의 50% 정도 수축 길이로 제한되지만, 일부 특별하게 신장되는 근육은 과신장과 과수축을 할 수 있다. 예를 들면, 몇몇의 곤충에 있는 산란관을 포함하는 복부마디 근육은 본래의 길이보다 10배의 길이로 신장할 수 있고, 본래 길이의 90%나 단축할 수도 있다. 이러한 길이의 변화는 과수축시에는 미오필라멘트가 Z 원판을 통과하여 중첩되고, 과신장시에는 Z 원판이 Z 몸 안으로 분리되기에 가능하다. 과수축하는 근육은 체체파리의 중장을 싸고 있는 근육에서도 발견된다.

3.2 비동시성 근육

보다 현대적인 곤충목이라 할 수 있는 파리목, 딱정벌레목, 벌목과 일부 노린재목 곤충은 큰 날개를 갖는 곤충이 점유할 수 없는 생태적 지위를 차지하기 위해 작은 날개를 갖게 되었다. 이 작은 날개들은 비행에 필요한 공기 부력을 얻기 위해 보다 빠르게 날개짓(wing beat)을 해야 하기에 근육을 지배하는 신경자극에 비해 더 많은 날개짓 빈도수가 필요하다. 동시성 근육은 신경자극 이후에 다음 신호를 정상적으로 받아들이기 위해 막전위가 회복되는 시간이 필요하고, 이때 신경자극에 대한 무반응기를 거치기 때문에 수축 주기가 최대 550 Hz로 제한된다. 그러나 등애모기과의 곤충인 *Forcipomyia*는 신경자극에 의해 발생할 수 있는 근육수축 빈도로 보기에는 너무 빠른 초당 약 1,000회의 날개짓 빈도수를 보인다. 이런 비행근육에서의 빠른 수축을 설명하기 위해서는 근육수축을 위해 개개의 신경자극이 필요한 근육 이외의 다른 근육 유형이 있음을 알 수 있다. 곤충에서만 발견되는 이 특별한 근육은 큰 근원섬유로 구성되기에 원섬유성(fibrillar) 또는 신경자극과 1 : 1로 반응하지 않기 때문에 비동시성(asynchronous)근육이라 부른다.

비동시성 근육을 자극하는 신경신호는 근육의 수축 빈도수보다 적어서 하나의 신경신호에 1회 수축하는 동시성 근육에 비해, 하나의 신경신호에 5~25회의 수축이 일어난다. 비동시성 비행근육은 알려진 곤충 종의 약 3/4에서 보고되고 있으며, 구조적으로 동일하여 동시성 근육과는 독립적으로 진화되어 온 것으로 여겨진다. 동시성 근육에 비해 근절은 보다 조밀하여 마이오신 필라멘트는 Z 원판에 근접해 있고 따라서 I 띠는 짧은 모양을 보인다. 비동시성의 비행근육은 근형질 내에 칼슘 농도를 조절하는 근소포체의 함량이 적어 근육수축에 따른 칼슘펌프에 소요되는 에너지를 줄일 수 있고, 결과적으로 동시성 근육에 비해 산소 소비를 줄일 수 있다. 정확하게 산출된 바는 아니나 척추동물에서는 근육수축에 필요한 총 에너지의 50%가 칼슘 순환에 쓰이고 있다. 근소포체가 적게 존재하므로 근절 내에 보다 큰 근원섬유와 더 많은 미토콘드리아를 함유할 수 있다. 신경 자극의 낮은 빈도는 칼슘농도를 일정하게 유지하게 하며, 자기 리듬으로 진동하는 근육수축은 근원섬유의 특성에 의해 이루어진다. 이것 역시 동시성근육에서 나타나는 칼슘 순환의 높은 비용을 줄일 수 있게 해 준다. 신경 자극은 수축에 관여하는 기구들을 활성화하여 기계적인 신장에 민감하게 하지만 수축의 주기에는 영향을 주지 않는다. 이 신장은 마이오신 머리를 노출시키게 되고 액틴 분자와의 결합이 가능하도록 한다. 액틴과 마이오신 필라멘트는 크게 중첩되어 서로 간 결합되는 지점의 수를 늘려주고 크지 않지만 빠르게 반복되는 수축이 가능해진다. 비동시성 근육의 수축은 동시성 근육의 수축에 비해 I 띠가 3% 정도 짧아지게 되고 경직정도는 높아진다. 반수-배수체 방식으로 성이 결정되는 벌목의 곤충에서 수정된 알은 배수체로 암컷이 되고 미수정된 알은 반수체로 수컷이 된다. 반수체의 발육임에도 수컷의 비행근육은 배수체인데 이러한 배수체 근육의 발달은 근육세포 내의 반수체 DNA가 제공하는 것보다 높은 효율성과 조절 능력을 갖게 해 주는 것으로 보인다.

비동시성 근육에서는 또 다른 구조적인 차이가 있다. 비동시성 근육의 진동하는 수축은 그들의 신장에 의해 활성화되는데, 근섬유들은 작은 길이 변화에 대응할 수 있도록 경직도를 높인다. 이 경직도의 증가는 본 장의 앞에서 언급한 몇 종류의 단백질에 의해 이루어진다. 아르쓰린(arthrin)은 비동시성 비행근육에서 분리된 액틴형태의 단백질로 신장에 의한 근육의 활성화조절에 관여한다. 프로젝틴(projectin)은 Z 선에서부터 I 띠 쪽으로 돌출되어 있으며, 액틴과 마이오신 양쪽에 결합되어 신장활성에 필수적인 경직도 증가에 관여하는 것으로 여겨지는 케틴(kettin)과 함께 위치한다. 플라이틴(flightin)은 비동시성 근육에서 새로 보고된 근원섬유성 단백질 이형체로 우화 후에 성충 초파리의 비행능력을 성숙시킨다. 비동시성 근육의 액틴 필라멘트에서만 고유하게 발견되는 트로포닌 H(troponin H)는 칼슘과 신장에 의한 근육의 활성을 조절한다. 이형체로서의 트로포닌 C(troponin C)도 존재하는데 동시성 근육의 트로포닌 C가 두 군데의 칼슘 결합부위를 갖는데 비해 비동시성 근육에서는 한 군데의 칼슘 결합부위를 갖는다는 점이 다르다. 비동시성 비행근육의 수축을 위한 자극은 그 근육에 대한 길항근육의 신장에 의해 활성화 된다. 소리굽쇠의 진동과 같이, 비동시성 비행근육의 진동은 신경자극으로 일어나는 초기 수축에 의해 시작되지만, 신경자극은 이후 수축 진동수를 결정하지 않는다. 동시성 비행 곤충들은 날개를 잘라내도 날개 진동수가 변화하지 않는데 비해,

비동시성 비행 곤충들의 날개를 잘라내면 조절에 들어가는 근육의 힘이 감소하므로 오히려 날개 진동수가 증가한다.

비동시성 비행을 하는 곤충에서는 흉부의 탄성에너지가 필수적이다. 날개와 직접 연결되지 않은 간접근 수축이 흉부 윗판의 상하 운동을 일으킬 때 날개짓을 하게 되는 데 이때 흉부 자체의 탄력성과 날개 기부 피부판들의 상호작용이 찰칵수축기작(click mechanism)을 보이게 된다(그림 10.11). 흉부 윗판과 흉부 옆판 사이에 날개가 존재하며, 여기에 제1겨드랑판(first axillary sclerite)과 제2겨드랑판(secondary axillary sclerite)이 존재한다. 제1겨드랑판의 한쪽은 윗판 그리고 다른 한쪽은 제2겨드랑판과 붙어 있다. 날개를 지닌 제2겨드랑판은 한쪽은 제1겨드랑판 그리고 다른 한쪽은 흉부 옆판과 접한다. 이때 간접근의 몸길이근 수축으로 윗판이 올라가면 제1겨드랑판이 올라가면서 돌림축을 가진 제2겨드랑판을 내리게 되면 따라서 날개는 내려간다. 다시 간접근의 위-아래근이 수축하면 윗판이 내려가고 이에 따라 제1겨드랑이 내려가고 회전축을 지닌 제2겨드랑판은 올라가서 날개가 올라가게 된다. 이러한 길항적 근육 수축 리듬은 찰칵수축기작에 의해 이뤄지는 데 두 가지 이유이다. 하나는 흉부 표피층의 탄력성이다. 만약 윗판을 평행하게 유지하면 제1겨드랑과 제2겨드랑 사이의 연결은 매우 불안정적으로 흉부 옆면의 탄력성에 기인하여 안정된 연결 상태인 위 또는 아래로 찰칵하고 움직이게 된다. 흉부 옆면 탄력성은 여기에 내재된 레질린(resilin) 단백질에 기인된다. 따라서 근육들은 불안정한 위치까지만 날개를 움직여 주기만 하면, 결과적으로 날개를 완전히 움직일 수 있는 것이다. 둘째로 날개가 찰칵하고 움직이면 길항근들의 자신의 복원력을 바탕으로 상호 교대로 수축을 야기한다. 간접근의 신장은 자체의 탄성으로 다시 원래로 복원하려는 에너지를 축적하게 한다. 여기서 흉부 옆-아래근(pleurosternal muscle)의 수축은 옆면의 탄력성을 유지하는 역할을 담당한다.

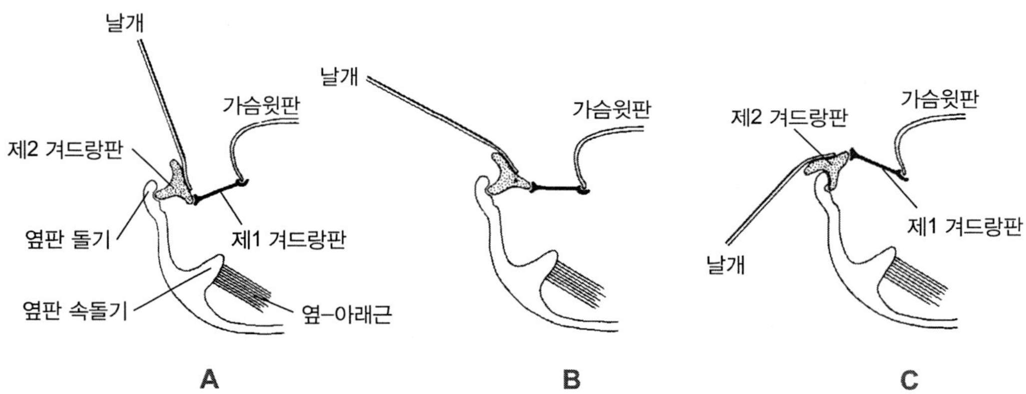

그림 10.11 **비행 간접근 찰칵수축기작.** 원본그림(Klowden, 2013) 및 사본 인가

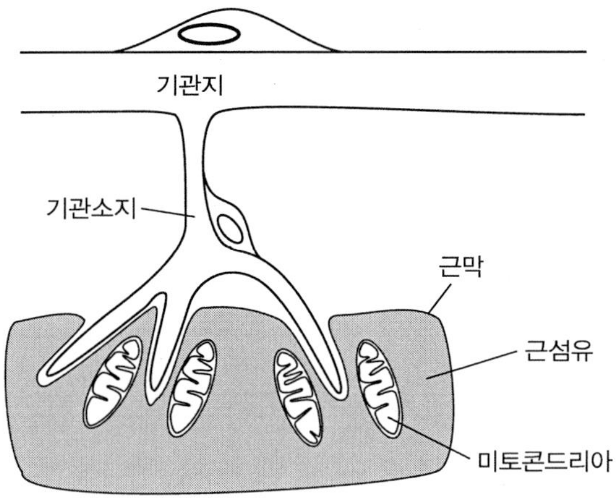

그림 10.12 **비행근 세포와 기관소지 연결.** T 가로관 구조로 기관소지가 비행근 세포 내부 미토콘드리아 가까이 까지 근접하여 산소 전달을 용이하게 한다. 원본그림(Klowden, 2013) 및 사본 인가

근육을 수축하기 위해서는 많은 에너지가 필요하고 따라서 충분한 산소공급이 이루어져야 한다. 곤충의 비행근육은 산소 소모율이 어느 다른 동물보다도 높다고 알려져 있다. 뒤엉벌류가 비행할 때의 산소소모량은 60~70 ml/g/h에 달하여, 벌새가 같은 속도로 움직일 때 필요한, 40~50 ml/g/h의 산소소모량 보다도 많다. 비행 시 근육은 휴식기에 비해 50~200배의 대사율을 보이는데 대단히 많은 에너지를 요구함에도 호흡 방식은 호기성 호흡을 한다. 근육은 산소공급을 원활하게 하기 위해 단면적의 10% 정도를 기관계에 할당한다. 기관소지들은 일반적으로도 근육 가까이까지 편재되지만, 특별히 비행근육에서는 T 가로관의 함입된 구조를 통하여 근육세포 내부의 산소를 필요로 하는 미토콘드리아까지 산소를 공급할 수 있다(그림 10.12). 휴식기에는 미세기관의 내부는 액체로 차 있지만 비행 시에는 액체가 근육세포 내로 흡수되어 빈 기관을 만들어 많은 미토콘드리아로의 산소 공급을 원활히 하는 기관계의 기능을 수행한다. 비행 중에는 공기의 흡입과 배출량이 크게 증가하는데 기관계의 공기주머니는 날개의 움직임에 따라 부피를 변화시키면서 환기량을 늘린다. 또 복부의 수축과 기문의 개방이 동조화되어 공기의 흡배기에 추가적인 힘을 더하게 된다.

4 신경-근육 연접

척추동물의 근육은 수백 개의 신경세포가 관여되지만 각각의 근섬유는 보통 하나의 신경과 만나면서 수축 또는 이완의 양자택일 방식의 활성화를 나타낸다. 수축의 강도는 근육 내에 한 번에 수축하는 근섬유의 수에 의해 결정된다. 하지만 작은 곤충에서는 한 두개의 근섬유만을 갖는 근육도 있기 때문에 수에 의한 조절이 불가능할 수 있어 수축 강도 조절은 다른 방식으로 하여야 한다. 곤충 근육과 연접하는 운동신경은 일정 간격으로 반복되는 신경-근육연접(neuromuscular junction)을 가지며, 한 근섬유는 여러 운동신경과 연접할 수 있도록 되어 있고, 이러한 연접은 신경의 종류에 따라 빠른 신경과 느린 신경으로 구분되어 진다(그림 10.13). 속도의 구분은 신호전달속도 보다는 근육의 수축 속도에 의해 결정된다.

메뚜기 뒷다리의 큰 근육은 10~100 μm 간격으로 두 종류의 흥분성 신경이 근육과 총 약 100,000번의 신경-근육연접을 보이고 있다. 빠른 신경(fast neuron)은 모든 근섬유와 연접하고 빠른 근육수축을 일으키고, 느린 신경(slow neuron)은 부가적으로 근육과 연접하여 작은

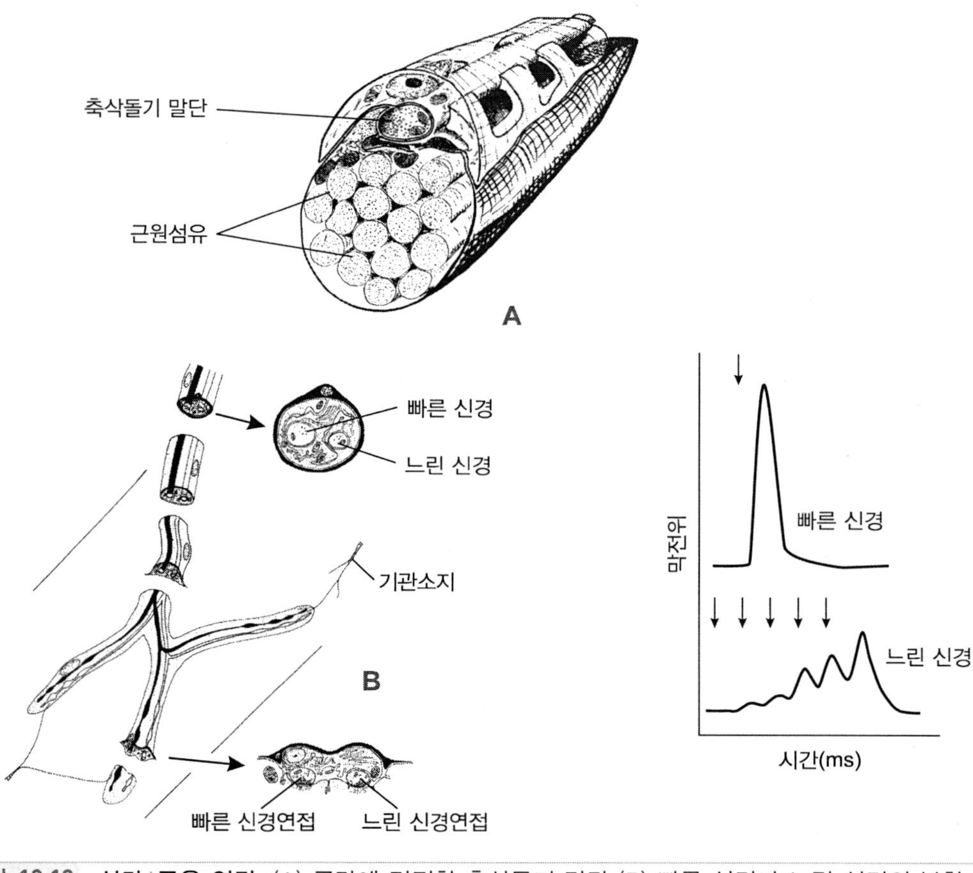

그림 10.13 신경-근육 연접. (A) 근막에 밀접한 축삭돌기 말단 (B) 빠른 신경과 느린 신경의 복합 구성을 보여주는 축삭돌기 단면도. 그래프는 빠른 신경과 느린 신경이 근육 막전위 흥분성 차이를 보여주고 있다. 원본그림(Klowden, 2013) 및 사본 인가

탈분극과 약하고 떨리는 듯한 수축을 일으킨다. 그러나 반복적으로 발생하는 느린 신경의 자극은 탈분극정도가 중첩되어 단계적인 강도의 근육수축을 일으키는 효과가 있다. 메뚜기 뒷다리의 뛰는 근육은 약 30% 정도가 느린 신경에 의해 조절되는데, 도약은 빠른 신경에 의해 조절되고 느린 신경은 일상적인 운동을 조절한다. 골격 근육은 흥분성 신경 외에 막전위의 탈분극을 억제하는 억제성 신경(inhibitory neuron)과도 연접한다. 이 신경은 흥분성 신경에 대한 근육의 반응을 조절하는 억제성의 신경전달물질인 GABA(γ-aminobutyric acid)를 분비한다. 빠른 신경과 느린 신경, 억제성 신경에 의한 근육 조절은 간단한 신경의 조합으로 복잡한 신호를 만들어 보낼 수 있게 해 준다.

신경-근육연접 부위에서의 흥분성 전달물질은 아미노산인 L-글루탐산(L-glumate)이다(그림 10.14). 신경-근육연접에서 글루탐산이 방출되어 근막 수용체에 부착한다. 이러한 결합은 근막의 소듐채널을 활성화하여 소듐 이온을 근세포 내로 유입시켜 탈분극을 유도한다. 이 근막 흥분신경은 근육세포 내부로 함입되어 있는 근막 구조인 T 가로관을 따라 내부에까지 미치게 한다. 억제성 신경이 방출하는 GABA는 막의 과분극을 일으키고 근섬유의 활성을 억제하는 염소이온을 유입시킨다. 일부 골격 근육은 DUM(dorsal unpaired medial) 신경의 지배를 받는데, 이 경우에는 다른 신경전달물질의 효과를 조절할 수 있는 옥토파민(octopamine)이 신경전달물질로 이용된다. 옥토파민이 존재하면, 글루탐산의 효과에 상승 작용을 유발하고 근육세포내의 cAMP의 수준도 증가한다. 풀무치에서는 비행이 시작된 직 후에 DUM 신경에서

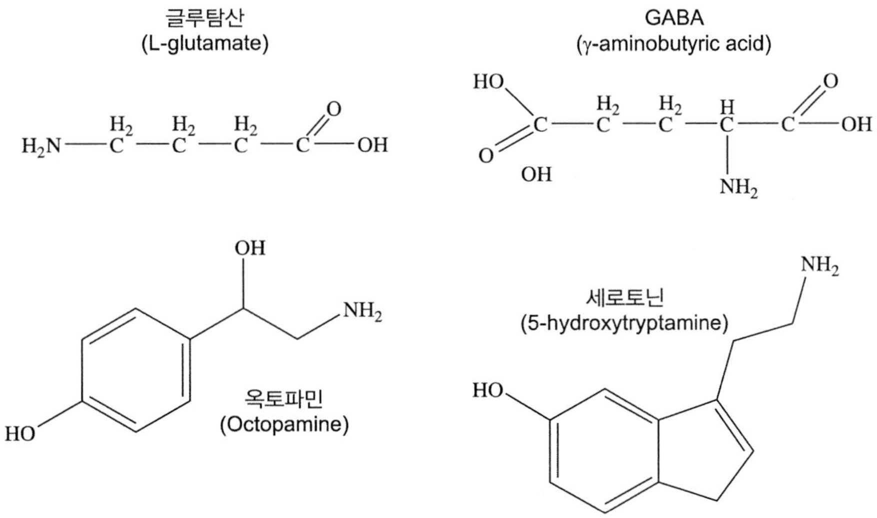

그림 10.14 **신경-근육연접에 작용하는 신경전달물질.** 원본그림(Klowden, 2013) 및 사본 인가

옥토파민의 분비가 시작되었고, 비행과 날개 움직임에 관여하는 신경에 영향을 주었다. 또한 비행근육의 능력을 강화하였고 지질을 비행 에너지원으로 이용하기 위한 지질동원호르몬(adipokinetic hormone)의 분비를 자극한다. 다른 신경전달물질은 5-HT(5-hydroxytryptamine) 또는 세로토닌(serotonin)이 있으며, 이 신경조절물질은 신경전달물질에 대한 근육의 반응을 조절하고 수축과 이완의 비율을 증가시킨다.

골격근과 내장근은 여러 종류의 근육수축 펩타이드에 의해 자극되거나 억제된다. 근육 자극물질의 존재는 바퀴의 심장수축에 대한 실험에서 최초로 제안되었고 이후에 후장과 산란관 등의 내부 기관에서도 보고되었다. 곤충에서 가장 먼저 밝혀진 신경 펩타이드는 다섯 개 아미노산으로 구성된 펜타펩타이드인 프록톨린(proctolin)으로 바퀴 후장의 종주근 수축에 관여한다. 이후에 프록톨린은 여러 곤충의 내장과 골격근의 수축에 관여하는 것으로 보고되었다. 기능은 신경-근육연접부에서 글루탐산의 전달정보를 도와준다. 순환계에서 언급되었던 일련의 심장박동촉진펩타이드(cardioacceleratory peptide: CAP)는 심장근육의 박동을 조절한다. 갓 우화한 담배박각시나방에서 CAP의 분비는 날개를 펼치기 위해 심장박동을 증가시킨다. 마이오키닌(myokinin) 계열의 작은 펩타이드는 후장과 산란관 근육에 대한 주요 자극물질이다. 일부 곤충의 키닌류는 말피기관에서 배설에 작용한다. 척추동물의 타치키닌(tachykinin)과 유사하기에 명명된, 타치키닌 유사펩타이드(tachykinin-related peptide)는 산란관, 전장 및 후장의 수축에 관여하고 풀무치의 카디아카체에서 지질동원호르몬의 분비를 자극한다. 많은 근육수축 펩타이드가 신경에서 분비되어지지만 수컷 생식계의 부속샘에서 분비되고 교미 시 암컷에게 전달되어 산란관의 수축을 유도하는 근육수축 펩타이드도 보고되고 있다.

5 곤충 비행 운동

5.1 곤충 날개의 유래

곤충은 지구상에 비행하는 최초의 동물이었다. 곤충의 비행은 적어도 3억 5천만년 전에 시작된 것으로, 곤충의 진화과정에서 한 번의 변화 과정이 있었을 것이며 모든 유시아강 곤충은 하나의 조상에서 비롯되었을 것이다. 현재와는 다른 환경조건들도 곤충의 비행 행동이 유래되었을 것으로 여겨지는 데 예를 들면, 3억 년 전 당시 대기의 산소농도는 35%로, 21%의 오늘날보다 높아, 날개에 의한 비행력 발생에 유리하게 작용하여 곤충에 비행 진화에 도움이 되었을 것이다. 또한 높은 산소농도는 기관계를 통한 산소공급에도 유리하여 몸 크기가 커질 수 있어, 석탄기에 존재했던 잠자리의 조상은 70 cm의 날개폭과 체중이 무려 200 g에 달하였다. 공중으로 나는 것은 곤충의 진화에서 먹이를 발견하고, 짝을 찾아 교미하고, 새로운 서식처를 발견하고 적으로부터 도망가는데 큰 이점이 되었을 것이다. 중간 단계나 화석이 없는 가운데 날개가 없는 곤충에서 날개가 생겨나는 것을 설명하는 두 가지 가설이 제시되었다. 첫 번째 가설은 가슴날개돌기(thoracic winglet)나 날개가슴 윗판옆돌기(paranotal lobe)에서 체온 조절을 목적으로 신장된 돌기가 날개로 확대되었다는 것으로 보조 날개관절과 근육도 함께 진화되었다는 것이다. 작은 크기의 곤충이 일정 높이에서 도망하거나 추락할 때, 공기 중에 활강하거나 바람을 타고 분산하기 위해 부속지로 날개가 생겨났다는 것이다.

두 번째 가설은 날개가 아가미에서 진화되었다고 제안한다(그림 10.15). 이 경우 원시날개는 수서곤충의 애벌레에서 시작되어 점차 커져, 수중에서 방향키의 역할을 하였을 것으로 생각한다. 그 조상이 물에서 육지로 올라왔을 때는 이것이 운동기관으로 전환되었다. 이 관절아가미설(articulated gill theory)은 몇몇 수서곤충인 강도래목 곤충이 물 표면에서 날개를 펄럭이며 미끄러져 나가는 행동을 한다는 점에서 추정되었는데, 이때 날개를 펄럭이면서도 곤충은 물에 살고 있어, 비행과 수영의 중간단계로 여겨진다. 물속에서 아가미는 노의 역할을 한 것으로 여겨지다 점차 커져서 물 위를 미끄러져 나가는 도구로 이용되고 나중에는 나는 도구가 된 것으로 여긴다. 복부 아가미는 물과 공기가 만나는 수면 부위에서, 수중의 용존산소에

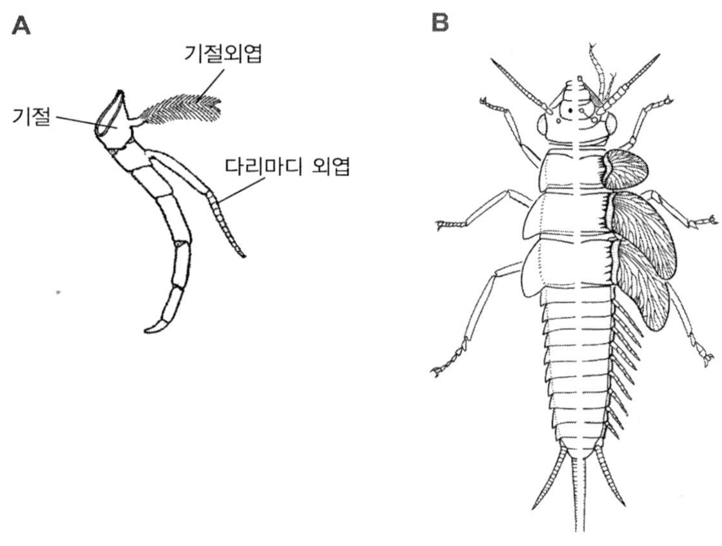

그림 10.15 **곤충날개의 기원 – 관절아가미 가설.** (A) 다리 기절 부속지. 원본그림(Snodgrass, 1935) 및 사본인가 (B) 기절외엽 변형체로서 갑각류의 아가미. 원본그림(Kukalova-Peck, 1991) 및 사본인가

비해 공기 중의 풍부한 산소를 이용할 수 있다는 이점이 있었을 것이고, 수중보다 적은 근육의 도움으로 날개짓이 가능해졌기에 공중으로 떠오르기 전 수면에서의 곤충 날개 형태가 되었을 것이다. 분자생물학적인 자료는 관절아가미설에 대해 많은 증거를 제공한다. 조상형 절지동물의 다리는 다리마디(podite)로 구성되며, 각 마디에서 다시 안팎으로 뻗어 나온 돌기들을 내엽과 외엽으로 부르게 된다. 이 가운데 가장 몸에 가까운 마디를 기절(coxopodite)이라 하며, 이 마디에서 몸 밖으로 뻗어 나온 돌기를 기절외엽(epipodite)이라 하며 새엽형 돌기 구조를 갖는다. 갑각류에서는 기절외엽이 아가미로 변형되기도 한다. 곤충에서 날개에서 특이적으로 발현되는 유전자가 갑각류의 기절외엽 아가미에서 발현되는 것을 미루어 곤충의 날개는 갑각류의 기절외엽에서 유래되었을 것으로 제안된다. 갑각류는 물과 습한 환경에 적응된 집단으로 육상으로 진출하였을 때 기절외엽 아가미는 유시류 곤충 조상에게는 날개로 진화되었을 것이고, 무시류 또는 다지류에게는 그 기능을 잃어버린 것으로 여겨진다.

곤충의 날개는 새와 박쥐에서와 같이 걷는 다리에서 유래된 것이 아니라 체벽이 신장되어 생겨난 것이므로, 혈림프, 신경, 기관계는 두 층의 외표피 내에 덮여 있는 형태이다(그림 10.16). 원표피층이 없기에 날개의 막 부위에는 키틴이 존재하지 않는다.

곤충이 여러 비행 동물과 다른 점은 날개 내부에 내재된 근육이 없다는 것이다. 날개의 운동과 비행 중 날개 모양의 변화는 가슴 부위의 근육에 의해 이루어질 수밖에 없고 날개의 구

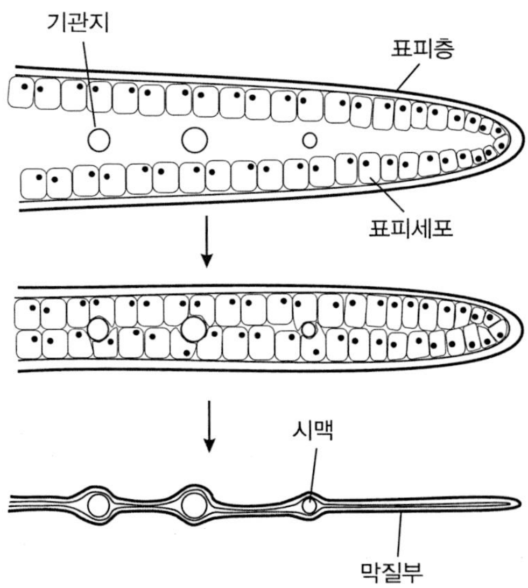

그림 10.16 날개 형성과정. 두 체벽의 융합 및 표피세포층의 퇴화는 막질성의 날개를 형성하게 된다. 원본그림(Klowden, 2013) 및 사본 인가

조 자체의 변형은 공기 역학의 힘에 의해 일어난다. 곤충 날개에 있는 표피세포들은 대부분 성충으로 우화한 후 퇴화되고 비세포성 막은 혈관, 기관지, 신경이 자괴하는 시맥을 남긴다. 세포 퇴화에 따르는 수분 손실은 날개의 펄럭임을 보다 효과적으로 할 수 있게 해 준다. 하지만 유시류 성충의 날개에서 표피세포의 퇴화는 더 이상 탈피할 필요가 없다는 발육상의 뜻도 있어 더 이상의 탈피와 새로운 날개표피 생성은 불가능하다. 자연선택은 성충의 탈피가 갖는 이점보다는 날개의 효율성을 택한 것으로 보인다. 여기에 비행 능력은 빠른 움직임에 따른 신경계의 신속한 정보 처리 도움이 필요하였다. 깜박임 융합 주파수(flicker fusion frequency)는 생물 개체들이 빛 깜박임에 대한 최대 처리 속도를 의미하는데 사람의 경우, 20 Hz 미만이지만 비행하는 곤충은 최대 200~300 Hz에 달한다.

5.2 곤충 날개의 기본 구조

곤충은 성충에서만 완전한 날개가 나타난다. 막질성인 날개에는 신경과 기관이 있고 혈림프에 의해 영양을 공급받는 가로와 세로의 시맥에 의해 견고해 진다. 날개의 접합부위는 유연한 단백질인 레질린을 함유하기도 한다. 딱정벌레목 곤충은 뒷날개를 앞날개인 초시(elytron) 안에 접어 넣기 위해 반복적으로 접히는 부위에 레질린을 포함한다. 표피세포는 없어지고 두 개의 외표피만 남았지만 날개가 부서지는 것을 막기 위해서는 혈림프의 공급이 필요하다. 곤충의 날개는 한 번의 진화로 생겨났다고 여겨져 날개 시맥의 배열은 곤충의 종 동정이나 진화 유연관계를 파악하는데 유용하다. 보다 현대적인 형질의 곤충은 더 작은 날개와 단순한 시맥을 갖는다. 날개는 구부러지는 것을 방지하기 위해 앞 가장자리 뒷부분에서 긴 주름을 형성할 수 있는데, 시맥은 마치 부채살처럼 날개 길이 방향으로 볼록 융기 면의 정점 또는 파진 골 면의 정점에 주기적으로 내재된다. 날개를 접을 때는 외전과 내전 운동으로 날개에 변형을 주어 휴식 시 접을 수 있도록 하여주는데, 이때 겨드랑 피부판(axillary sclerite)들이 날개를 흉부와 연결시켜 주기에 날개를 몸윗면에 접을 수 있다.

날개에는 여러 표면 구조물이 있을 수 있다. 나비와 모기의 날개에는 인편(scale)이 있고 잠자리 날개에는 가시털이 형성된다. 비행에서의 역할은 명확히 알려지지 않았으나 접촉감각과 자기수용감각기(proprioreceptor)도 있다. 인편은 아마도 거미줄 포획을 피하려는 구조물일 수 있다.

5.3 곤충 비행운동 제약점

공기와 물과 같은 매질에서 물체가 움직일 때, 매질의 점성에 따른 마찰력과 움직이는 개체의 관성력의 관계를 레이놀드 수(Reynolds number: Re)로 표현할 수 있다. 낮은 Re는 마찰력이 크고 작은 몸집과 낮은 속도를 반영하고, 높은 Re는 관성력이 크다는 것을 뜻한다. 예로, 이쑤시개는 낮은 Re를 보이기에 물에서 쉽게 나아갈 수 있으나 물의 점성에 의해 추진력이 없어지면 멈추게 되지만, 통나무는 물 위에서 쉽게 움직이지 않으나 일단 움직이면 관성의 힘으로 밀지 않아도 계속 움직일 수 있다. 생물체에서 Re의 범위는 매우 커서 세균의 경우 10^{-6}이고 고래의 경우는 10^{7}에 이른다. 곤충은 상대적으로 작은 100에서 10^{4} 정도의 Re를 보여 움직여야 할 물과 공기에서 마찰력을 비교적 크게 받게 된다. 벌새의 Re는 15,000이나 초파리는 200이고 수중다리좀벌은 15로 매우 작으므로 곤충은 척추동물과는 다른 레이놀드 수 환경에서 살고 있다. 작은 곤충들의 이러한 환경은 꿀 속에서 수영하는 것에 비유할 수 있다. 낮은 Re는 마찰력이 크기 때문에 운동을 위한 에너지 비용이 많이 들어간다. 따라서 곤충과 같은 크기의 동물이 비행하는데 드는 에너지는 큰 동물에 비해 크기 때문에 공기 역학적으로 색다른 전략을 이용한다. 일부 곤충에서 비행 중의 대사율은 휴식기의 100배에 이르고, 가슴 근육에서는 최대의 대사율을 나타낸다. 앞에 언급되었듯이 비행 중인 뒤엉벌의 대사율(산소소모율)은 65 ml/g/h로, 같은 속도의 벌새의 45 ml/g/h 보다 크다. 이는 화학에너지를 기계에너지로 전환하는 효율이 낮다는 것으로 실제 곤충의 비행에는 약 80%가 넘는 에너지가 열로 소모된다. 반면에, 곤충의 작은 몸 크기가 갖는 장점은 상대적인 힘에서 찾을 수 있다. 몸집이 큰 동물이 힘을 발휘하기 위해 근육의 단면을 키우면 몸의 부피는 3차원적으로 증가한다. 따라서 큰 동물의 체적에 대한 상대적인 힘은 적을 수밖에 없기에, 체적과 체중에 대한 상대적인 힘에서 곤충은 작은 몸 크기와 가벼운 외골격의 덕을 보게 된다.

5.4 비행근육

비행근육은 곤충의 몸에서 가장 잘 발달되어 있고 흉부의 대부분을 차지하며, 보통 전체 비행근육은 몸무게의 12% 이상이 되어야 한다. 비행근육은 보통 성충시기에 성숙하게 된다. 일부 잠자리에서는 성충 기간에 가슴근육의 크기를 두 배로 늘린다. 풀무치의 산란관에 있는 종주근의 성장과 성숙은 유약호르몬에 의해 일어나고, 이 근육은 효율적인 산란이 가능하게 한다. 비행근육은 생식이나 휴면을 위해 영양의 재사용을 위해, 때로 분해되기도 한다. 이는 환경의 신호가 유약호르몬 농도를 자극하여 나타나는 세포자연치사 프로그램으로 근육에 직접 작용한다. 비행근육의 분해는 일부 귀뚜라미에서 날개를 떨어뜨리는 현상에 의해서도 시작된다. 귀뚜라미는 분산 다형현상을 보이는 데 분산하지 않는 형태의 경우 날개 근육을 분해하여 생식을 위한 영양분으로 이용한다.

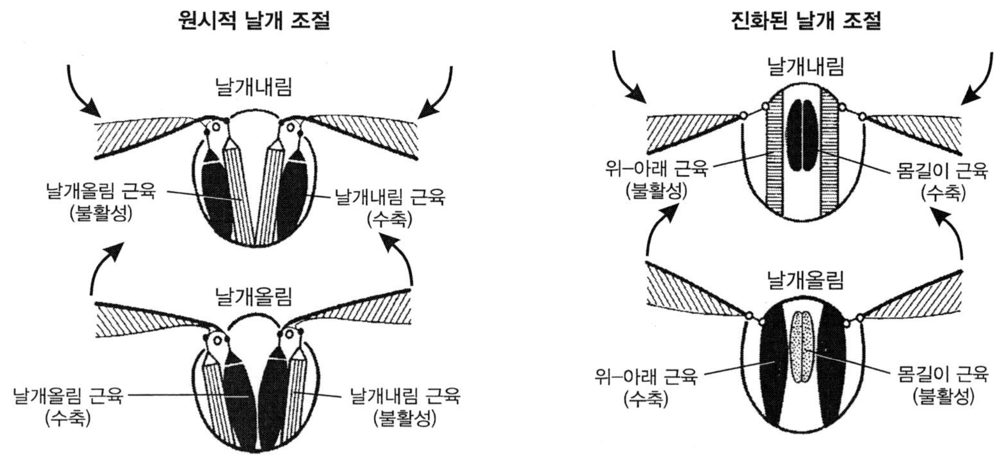

그림 10.17 **날개운동.** 원시 날개는 직접근, 진화된 곤충은 간접근에 의해 각각 날개의 상하 운동을 진행한다. 원본그림(Nachtigall, 1989) 및 사본인가

간접근은 날개를 직접 움직이지 않고 흉부의 모양을 변화시켜 날개를 움직이는 근육으로 윗판과 아랫판을 연결하는 위-아래근(dorsoventral muscle)이 있다(그림 10.17). 이 근육이 당겨져 등판을 내려오게 하면 날개는 위로 올라가게 된다. 다른 간접근은 윗쪽 몸길이근육(dorsal longitudinal muscle)으로 날개가 있는 몸마디의 양 끝 격막(phragma)에 부착되어 수축 시 몸마디가 짧아지고 등판이 위로 올라가면서 날개는 내려간다. 보다 진보된 곤충에서는 이런 등판의 변형으로 날개를 강한 힘으로 내릴 수 있으나 원시적인 곤충에서는 직접근이 날개를 내리는 동작에 사용하므로 이 근육이 상대적으로 퇴화되어 있다. 흉부에서 영향을 주는 보조 근육으로는 옆-아래(pleurosternal)와 옆-위(pleurotergal) 근육이 있어 흉부의 공명과 가슴판의 방향 전환을 일으켜 날개의 힘과 날개짓을 조절한다.

5.5 날개 운동

곤충이 떠오르는 과정을 파악하기는 매우 어렵다. 작은 몸 크기와 빠른 날개짓은 측정을 어렵게 하고, 강제된 곤충은 부자연스러운 자료만을 제공할 수밖에 없어, 자연 속의 곤충을 측정하기는 거의 불가능하다. 일부 모델 연구가 진행되었지만 날개의 탄성운동에 대해 알 수가 없고, 자연 공간으로 적용에 한계가 있을 수밖에 없다. 날개를 고정하고 활강 비행할 수 있는 새와 달리, 곤충은 날기 위해 항상 날개를 움직여야 한다. 하지만 단순하게 날개를 펄럭이는 것은 위, 아래의 상반된 방향으로 날개에 의한 힘을 상쇄시키기에 비행력을 얻을 수 없을 것이다. 따라서 하강하는 힘보다 큰 상승하는 힘을 만들기 위해서는 날개짓을 하는 동안에 날개의 변형이 필요한데 이는 날개각을 뒤트는 것과 날개의 앞과 끝에 이르는 외연과 전연실을 구부림으로 날개를 변형시킬 수 있다. 곤충은 날개의 표면적을 변화시키기 위해 날개짓을 하는 동안 두 쌍의 날개를 다양하게 겹쳐지게 한다. 비행은 날개짓의 빈도수와 보조근육에 의한 흉부의 기계적인 특성에 의해 조절된다. 비행근육은 날개에 힘을 주는 것만이 아니라 날개의 수평면의 각도를 조절한다. 위로의 날개짓과 아래로의 날개짓은 각각 날개올림근(elevator)과 날개내림근(depressor)의해 일어나는데 이때의 날개의 운동은 앞내리기(pronation)와 앞올리기(supination) 운동으로 앞내리기 운동을 하는 경우에는 아래로 날개짓을 할 때 날개 앞쪽을 아래쪽을 향하게 하고 앞올리기 운동을 하는 경우에는 날개를 올릴 때 날개 앞 부위를 위로 향하게 한다. 비행기나 새, 곤충에서 상승력은 날개의 상하부위 공기압의 차이에 의해 생기는데 날개 위의 공기압이 날개 아래의 공기압보다 낮을 때 상승력을 얻는다. 초파리에서, 날개의 회전은 회전 방향에 반하는 공기의 순환을 발생시키는데, 이에 따라 이전 날개짓에 대한 와류가 발생하고 이 와류를 이용하여 비행을 위한 강한 기류를 만들어낸다. 이 기류는 아래쪽과 뒤쪽으로 흐르기에 곤충을 앞으로 밀어주거나 위로 떠오르게 한다.

작은 곤충이나 나비의 날개 운동 방식을 박수치기(clap and fling) 방식이라 부른다. 이 날개 운동은 날개를 위로 올려 날개의 앞 끝이 닿으면서 시작되어 날개가 거의 수직 판이 되도록 한다. 이어 날개를 빠르게 펼쳐 두 날개의 틈으로 공기가 빠르게 유입되도록 하고 날개를 벌리고 뒤트는 동안 공기의 와류가 생기게 한다. 생겨난 와류는 통상의 날개짓에 의해 발생한 기류에 더해진다. 작은 레이놀드 수의 조건에서 나는 곤충은 공기의 점성이 중요하게 작용해 공기의 순환은 어렵고 생겨난 와류는 오래가지 못한다. 보다 큰 곤충은 날개의 앞 끝을 예리한 각도로 유지하여 상승을 위해 생성한 낮은 공기압과 함께 와류를 바짝 붙여 만들어내는 정지연장(delayed stall) 현상을 이용할 수도 있다. 동일한 방식의 비행기 날개는 상승력을 잃고 속도를 떨어뜨리겠지만 곤충에서는 날개의 앞가장자리의 와류는 추가적인 상승력을 생성한다. 항적포획(wake capture)은 직전의 날개짓에 의한 기류를 이용하는 이점이 있고 회전순환(rotational circulation)은 날개짓 직후에 날개의 회전이 생성한 공기 순환을 곤충이 위로 상승하는 데 이용할 수 있다. 이는 야구에서 홈 플레이트로 던져진 휘어지는 커브의 작용과 유사하다. 이러한 세 가지 메커니즘은 보다 큰 곤충이 공중에서 생활하는 것이 가능하도록 많은 기여를 한다.

5.6 날개연결

곤충은 계통적으로 진화하면서 날개 수와 크기의 감소 경향을 나타낸다. 원시적인 조건에서는 두 쌍의 날개가 인접한 흉부 마디에 위치함에도 독립적으로 날개짓을 하도록 되어 있었는데, 이는 뒷날개가 앞날개에 의한 난기류에 영향을 받을 수밖에 없으므로 효율적이라 할 수 없다. 좀 더 진전된 방식은 날개 쌍을 줄이거나 두 개의 날개를 결합시켜 하나의 기능단위로 움직이도록 하게 하는 것이다. 많은 딱정벌레목 곤충은 앞날개가 닫혀있을 때는 강하고 단단한 덮개기능을 하다가 비행 시에는 앞날개를 펼쳐 둔 상태에서 뒷날개를 펄럭이며 비행한다. 벌목과 나비목의 곤충에서는 두 날개가 기계적으로 돌기나 가시돌기에 의해 날개 기부에서 연결되어 있다. 일부 나비목 곤충은 앞날개의 기부의 날개걸이(jugal lobe)에 의해 앞날개가 뒷날개와 겹쳐져서 함께 움직인다(그림 10.18). 또 다른 나비목 곤충은 뒷날개의 기부에 있는 날개가시(frenulum)에 의해 뒷날개를 앞날개와 결합시킨다. 많은 벌목의 곤충은 뒷날개

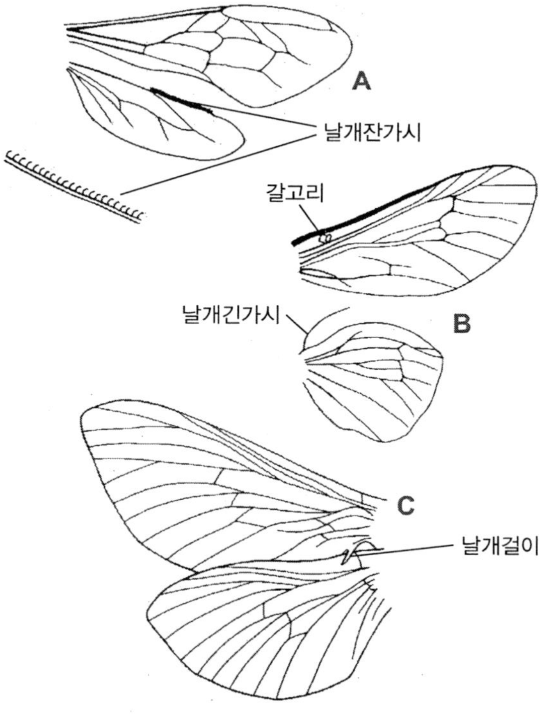

그림 10.18 날개 연결 방식. (A) 뒷날개 전연부 잔가시(hamuli)를 이용한 앞날개와 연결 (B) 뒷날개 전연부 긴가시(frenulum)와 앞날개의 갈고리(hook)와 연결 (C) 앞날개의 날개걸이(jugal fold)와 뒷날개 기부 앞 가장자리와의 연결. 원본그림(Romoser와 Stoffolano, 1998) 및 사본인가

의 가장자리에 있는 한 줄의 고리인 날개잔가시(hamuli)를 앞날개의 경화된 접힌 부위에 결합하게 한다. 파리목 곤충은 날개를 결합시키기보다 뒷날개를 퇴화시켰다. 뒷날개는 주걱모양의 평균곤(haltere)으로 변형되어 비행 중에 앞날개와 반대로 움직인다.

많은 자기수용감각기들이 비행 중에 날개와 몸의 위치를 감지한다(그림 10.19). 파리류의 평균곤은 자이로스코프와 같이 기부에 있는 감각기로 비행 중의 균형을 감지한다. 검정파리에는 비행 중 몸의 회전에 의한 몸의 편향을 감지하는 300개가 넘는 감각기가 평균곤에 분포한다. 감각기에 감지된 신경신호는 비행근육을 지배하는 신경으로 직접 전달되어 균형을 유지하기 위해 날개짓을 조절한다. 풀무치는 날개의 신장수용기는 날개의 최대 운동 범위까지 펴질 수 있게 하고 현음기관(chordotonal organ)은 날개의 접힘에 반응한다. 이 둘은 비행근육을 활성화하는 운동신경을 조절한다. 비행근육의 대사비행은 낮은 레이놀드 수의 상황과 에너지 전환의 비효율의 문제로 많은 에너지가 필요하다. 곤충의 비행근육은 현재 완전한 호기성 호흡을 하고 화학에너지의 약 10% 정도 이 비행에 필요한 기계에너지로 이용되고 나머

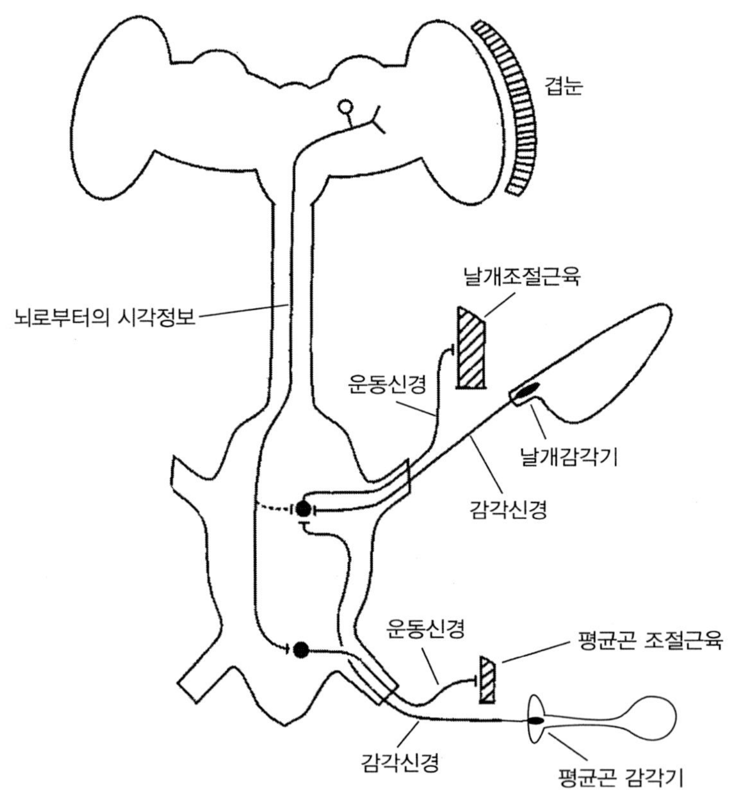

그림 10.19 비행 중 신경계 반응과 날개 행동 조절 회로. 원본인가(Chan 등, 1998) 및 사본인가

지는 열에너지로 소모된다. 이 열은 외부 온도가 낮을 경우에 비행을 위해 적절한 근육활성을 확보하기 위한 체온조절에 이용되기도 한다.

5.7 비행근육 대사과정

비행근육의 수축을 위한 에너지는 몇 종류의 에너지원으로부터 얻어진다. 이상적으로는 이러한 에너지원은 근육에서 바로 이용되기 위해 근육 안이나 가까운 곳에 있어야 하나 이 경우에는 근육 무게가 증가하여 무게에 대한 근육의 힘의 효율이 감소하기 때문에 다른 에너지원의 저장소가 필요하다. 소량의 에너지원은 비행의 시작을 위해 근육 내에 있지만, 근육세포 내의 ATP는 비행 시작 후 몇 초 정도만 사용할 수 있는 정도의 양이므로 짧은 기간의 비행을 위해서는 알지닌인산(arginine phosphate)으로부터 ADP로 인산기를 공급받게 된다. 이 방식은 척추동물 근육에서 크레아틴인산(creatine phosphate)이 이용되는 것과 유사하다.

비행근육은 에너지원으로 프롤린, 글리코겐, 중성지질을 이용한다(그림 10.20). 먼저 혈림프에 들어 있는 영양원을 먼저 이용하는 대 이당류인 트레할로오즈, 혈중 지질인 다이글리세라이드 그리고 일부 곤충은 혈중 다량으로 포함하고 있는 프롤린이 각각 비행 에너지원으로 이용된다. 이들은 지방체에 저장되어 있다가 혈림프 내의 적정 농도를 유지하기 위해 방출되는데 혈림프의 삼투압이 이들 에너지원의 농도가 과다하게 높아지는 것을 조절한다. 장기간 비행하는 곤충은 지속적으로 에너지원을 지방체에서 혈림프로 방출하여 근육세포가 이용하게 한다. 이 경우 에너지원의 종류는 곤충 목에 따라 다양해서 파리목이나 벌목의 곤충들은 지방체 내의 글리코겐을 트레할로오즈로 전환하여 이용하고, 장거리 이동하는 메뚜기목 곤충은 지방체 내의 중성지질을 다이글리세라이드로 전환하여 혈림프로 분비한다.

비행근육은 무산소호흡이 없으므로 탄수화물을 완전히 분해하여 이산화탄소와 물로 만든다. 곤충의 비행근육에서의 해당과정은 다른 동물과 유사하지만 몇 가지 특징이 있다. 하나는 대사계에서 언급하였던 글리세롤 인산 운반 경로이다. 해당과정 동안 glyceraldehyde phosphate은 1,3-bisphosphoglycerate로 전환되는데 NAD^+는 수소 수용자로의 역할을 하고 NADH로 전환되므로 해당과정이 지속되기 위해서는 재 산화된 NAD^+가 필요하다. 척추동물의 근육과 비행과 관련이 없는 곤충의 근육에서는 산소가 부족하여 젖산발효를 통해 피루브산을 젖산으로 전환하면서 NAD^+를 재생산하게 된다. 곤충의 비행근육에서는 glycerol phosphate dehydrogenase에 의해 dihydroxyacetone phosphate가 글리세롤-3-인산(glycerol-3-phosphate)로 전환되는 과정에서 NADH가 산화되므로 이러한 산소 부채가 발생하지 않는다. NADH와 달리 glycerol-3-phosphate는 미토콘드리아로 이동하여 dihydroxyacetone phos-

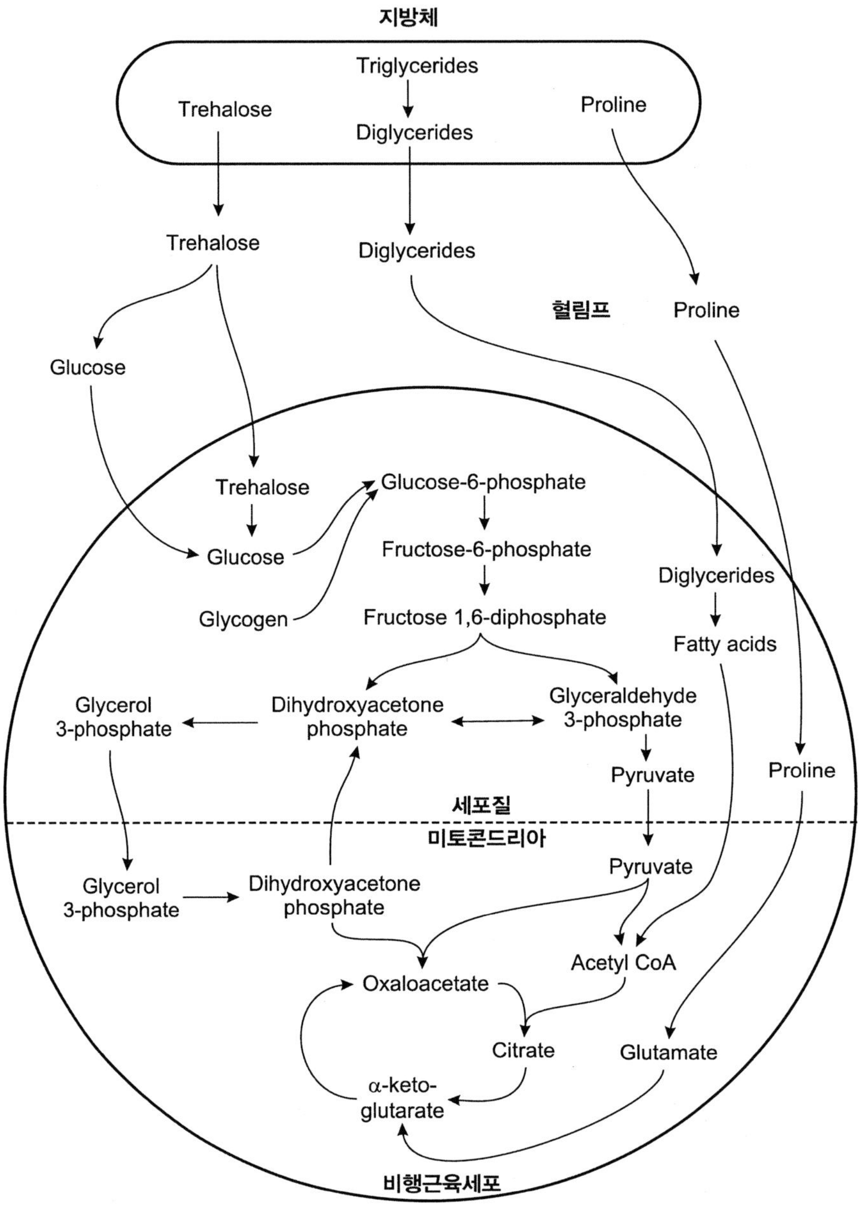

그림 10.20 비행 근육세포에서 일어나는 에너지 대사. 원본그림(Suarez 등, 2000) 및 사본인가

phate로 재산화된 후 미토콘드리아에서 세포질로 이동하여 NADH를 다시 산화시킨다. 그러므로 글리세롤 인산 운반 경로는 산화적 인산화 반응에 필요한 전자를 미토콘드리아로 수송하고 해당과정을 위한 NAD^+를 만들어낸다.

곤충들은 프롤린을 여러 방식으로 비행 연료로 이용한다. 검정파리(*Phormia regina*)는 장기 비행의 연료로 사용되는 TCA 중간체를 만들기 위해 프롤린을 우선 이용한다. 반면에 체체파리(*Glossina*)는 비행의 주원료로 프롤린을 이용한다. 체체파리가 비행을 시작하면 혈림프 내 프롤린은 감소하고 알라닌은 증가하며 피루브산의 농도도 빠르게 증가한다. 높은 농도의 피루브산은 프롤린산화효소의 활성화하여 TCA 회로의 시작이 되는 중간체를 공급하여 에너지 생산율 높이게 된다. 글루탐산은 피루브산과 아미노산을 교환하여 프롤린을 α-ketoglutarate로 전환하여 TCA 회로에 들여보내게 된다. 프롤린이 완전히 산화되지 않으며 두 개의 탄소를 잃고 알라닌으로 전환된 후 지방체에서 지방산과 만나 프롤린으로 다시 만들어진다. 따라서 프롤린의 이용은 두 개의 탄소단위를 지방체에서 비행근육으로 수송하는 방법이 된다.

나비목 곤충은 지질이나 탄수화물을 이용하는데 에너지원의 선택은 먹이 섭취와 관련이 있다. 일반적으로 곤충이 장거리 비행을 하는 경우에는 지질을 에너지원으로 이용하고, 초기의 짧은 시간 동안에 탄수화물을 이용한다. 많은 날개 진동수를 갖는 곤충이나 비동시성 근육에서는 탄수화물을 이용하는 경향이 있고, 동시성 근육에서는 지질을 이용하는 경우가 많다. 지질은 고에너지 효율의 연료로 하루에 10시간의 비행을 하는 풀무치의 경우 70 mg의 저장된 지질을 소모한다. 만약 글리코겐을 이용한다면 500 mg이나 체중의 30% 가량이 산화되어 소모될 것이다. 글리코겐은 지질에 비해 수화되어 있어 같은 열량의 지질에 비해 8배가 무겁다. 많은 장점에도 불구하고 비행연료로 지질을 사용하는 데는 두 가지 단점이 있다. 탄수화물을 지질로 변환하여 저장하였다가 다시 탄수화물로 이용하기 위해서는 에너지가 많이 소모된다. 지질로 전환되지 않고 바로 사용되는 탄수화물은 약 20% 정도의 높은 에너지를 발생시킨다. 이런 이유로 많은 나방들은 먹이를 섭취하였을 경우에는 탄수화물을 직접 이용하고, 굶었을 경우에만 지질을 사용한다. 또 하나의 단점은 지질을 비행연료로 사용하기 위해서는 혈림프 내에 용해되지 않는 지질을 근육까지 운송해야 한다는 점이다. 따라서 다이글리세라이드를 지방체에서 근육세포까지 운반하는 단백질인 리포포린(lipophorin)이 필요하다. 풀무치의 경우, 비행 중에 에너지 대사는 옥토파민에 의해 시작되고 지질동원호르몬(adipokinetic hormone: AKH)에 의해 조절된다. 비행 초기에는 트레할로오즈가 주 연료로 이용되지만 혈림프 내 트레할로오즈 농도가 감소하면 카디아카체 내의 옥토파민성 신경이 활성화되어 AKH의 분비를 자극한다. AKH는 아데닐레이트 사이클레이즈를 활성화시켜 cAMP의 높이게 되고 연속적으로 단백질 인산화효소를 활성화시킨다. 단백질 인산화효소는 라이페이즈(lipase)를 인산화하여 활성화시킴으로 지방체내에 저장되어 있는 트리글리세라이드를 다이글리세라이드를 형태로 방출시키게 된다. 또한 지방체에서 지질운송단백질을 분비시켜 다이글리세라이드를 혈림프를 통해 비행근육세포까지 운반할 수 있도록 한다. AKH가 분비되어

지질이 운반되는 동안에는 비행근육 내에 저장되어 있는 탄수화물의 대사는 저해되어 지질이 독점적으로 사용되도록 한다. 옥토파민은 비행 행동에서 또 다른 효과를 나타내는데 비행을 지속하도록 하는 연합신경을 자극하며, 비행력을 증가시키거나, 비행 중 자기수용체의 감각 자극을 활성화시킨다. 이 아민류는 척추동물에서 스트레스에 반응하여 분비되는 호르몬으로 호전적 운동성을 높여주는 내분비 신호로 기능며 곤충에서는 각성 수준을 높이는 효과가 있는 것으로 여겨진다.

6 육상 운동

곤충은 관절이나 막질성 표피층을 제외하면 굽힐 수 없는 단단한 외골격을 가지고 있다. 다리에 있는 하나의 관절은 한 면으로의 움직임만이 가능하지만 복잡한 삼차원적인 움직임이 관절의 배열을 통해 가능하다. 신경과 근육의 의한 각각의 다리의 단순하면서 제한된 운동이 가능하지만 이 단순한 시스템을 가지고 곤충은 고르지 않은 지형을 걸을 수 있는 운동기능이 필요하다. 다리에는 부절을 고려하지 않더라도 적어도 3개의 관절이 존재하는데 흉부와 기절을 연결하는 관절(thorax-coxa joint), 기절과 전절을 연결하는 관절(coxa-trochanter joint), 그리고 퇴절과 경절을 연결하는 관절(femur-tibia joint)이 있다. 6개의 다리가 있으므로 총 18개의 관절이 걷기 위해 이용된다. 척추동물에 비해 많은 다리 수는 이동 중 균형을 잡는데 도움이 될 뿐만 아니라 조정의 기회를 제공한다.

운동 프로그램은 각 다리가 있는 흉부 마디에 있는 신경절 내에 내재된 중앙패턴발생기(central pattern generator)에 의해 일련의 근육에 전달되는 감각수용에 의해 조정되고 수정 가능한 운동명령을 내리게 된다. 이 운동을 촉발하는 리듬 있는 운동 패턴은 말초감각으로부터 들어오는 정보에 의해 변형이 가능하다. 각 관절에는 관절의 위치와 각도에 대한 신호를 인지하는 기계감각기가 있어 정보를 중앙신경계에 보내 즉각적인 운동방식의 조정이 가능하게 된다. 한 다리에 과도한 무게가 실려지게 되면 이를 감지하고 다른 다리가 이를 분담하게 되어 안정적인 이동이 가능해 진다. 걷는 동작을 위해서 각 다리는 각각의 고유한 운동 패턴 발생기가 필요하고 각 패턴 발생기는 동등한 상태에서 상호 정보교환이 가능하다. 다리 운동의 세밀한 조절은 빠른 신경과 느린 신경의 근육지배로 가능해진다. 천천히 걷는 운동이 필요한 경우에는 느린 신경이 주도적으로 작용을 하고, 빠른 걸음이 필요한 경우에는 보다 빠른 신경이 작용한다. 몸 내부와 외부에서 얻어지는 정보로 이루어지는 피드백은 중앙신경계를 거쳐 운동 명령을 근육에 내린다. 인간은 걸을 때 동적 안정성을 유지하게 되는데, 끊임없는 조절을 통해 균형을 유지하고 이 조절이 실패하면 넘어지게 된다. 곤충은 다리의 배치를 안정적으로 유지하는 방법으로 전형적인 정적 안정성을 사용한다. 땅을 딛고 있거나 들려진 다리는 바닥을 차고 앞으로 나가기 위한 힘을 발휘한다. 다리가 들려지면 몸의 무게중심은 낮아지고, 안정성은 이례적으로 변하여 근육은 바닥을 차고 몸을 들려지게 한다.

여섯 개 다리를 갖고 있는 곤충은 삼족교대걸음(alternating tripod gait)의 방식으로 걷는데 한쪽 편의 앞다리와 뒷다리, 그리고 반대 쪽 편의 가운데 다리를 하나의 단위로 하여 교대로 삼각대와 같이 땅을 딛고 움직인다(그림 10.21). 이 삼각대의 운동방식은 걷는 동안에 흉부 신경절의 조절에 의한 안정성을 높여준다. 다리 근육은 빠른 신경과 느린 신경이 공동으로 지배하여 다양한 속도로의 이동이 가능하다. 곤충의 걸음에서 삼각대 방식의 걸음은 주로 빠른 걸음에 이용되는 것으로 보이고 느린 속도의 걸음에는 후시성 물결보행(metachronal wave gait)을 이용하는데 마치 천천히 걷는 것과 같이 곤충의 양쪽면의 다리가 출렁이는 것과 같다. 곤충의 다리 중 하나가 없어지면 다른 방식의 적합한 방식을 보이게 된다. 뛰는 방식은 모든 다리가 땅에서 떨어지는 상태를 말하므로 엄밀히 말하자면 곤충은 뛴다고 할 수 없다. 그럼에도 매우 빠르게 이동할 수 있는 곤충들도 있다. 또 다른 자유로운 걸음을 하는 곤충으로 소금쟁이가 있는데 물 위에 떠 있을 뿐만 아니라 다리를 노처럼 사용하여 와류를

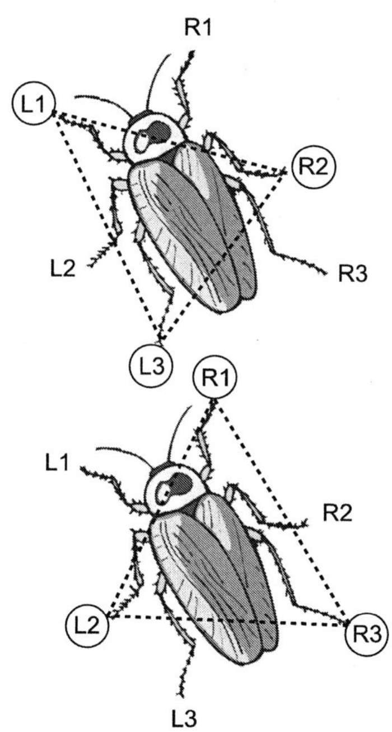

그림 10.21 곤충의 삼족행보. 왼쪽(L) 및 오른쪽(R) 조합의 세 다리를 교대로 걷게 된다. 원본그림(Klowden, 2013) 및 사본 인가

일으켜 추진력을 만들어 앞으로 나아갈 수도 있다.

나비목 곤충의 애벌레는 앞으로 이동할 때에 우선, 마지막에 위치하는 허족(proleg)을 앞으로 움직여 두고, 몸마디의 근육을 수축시켜 물결치듯이 몸을 당기면서 앞쪽의 허족을 앞으로 움직여 고정해 둔다(그림 10.22). 이어서 애벌레는 혈림프의 압력(유체골격)으로 머리를 앞으로 이동시킨다. 수압골격에 의한 운동능력은 생화학적으로 앞의 움직임과 동시에 이루어질 수 없기 때문에 애벌레들은 상대적으로 느린 운동을 할 수밖에 없다. 다리가 없는 파리목 곤충의 애벌레는 주로 혈림프의 압력을 이용하는 유체골격의 운동으로 이동하는 다리를 이용하는 나비목곤충의 애벌레에 비해 단위 무게 당 4배의 에너지를 소모한다. 이들은 연동 수축과 접혀 들어가는 몸마디 구조를 조합하여 기어간다.

몇몇 곤충은 매끄러운 수직면을 걷거나 거꾸로 움직일 수 있는데 이는 이들의 부절 마디에

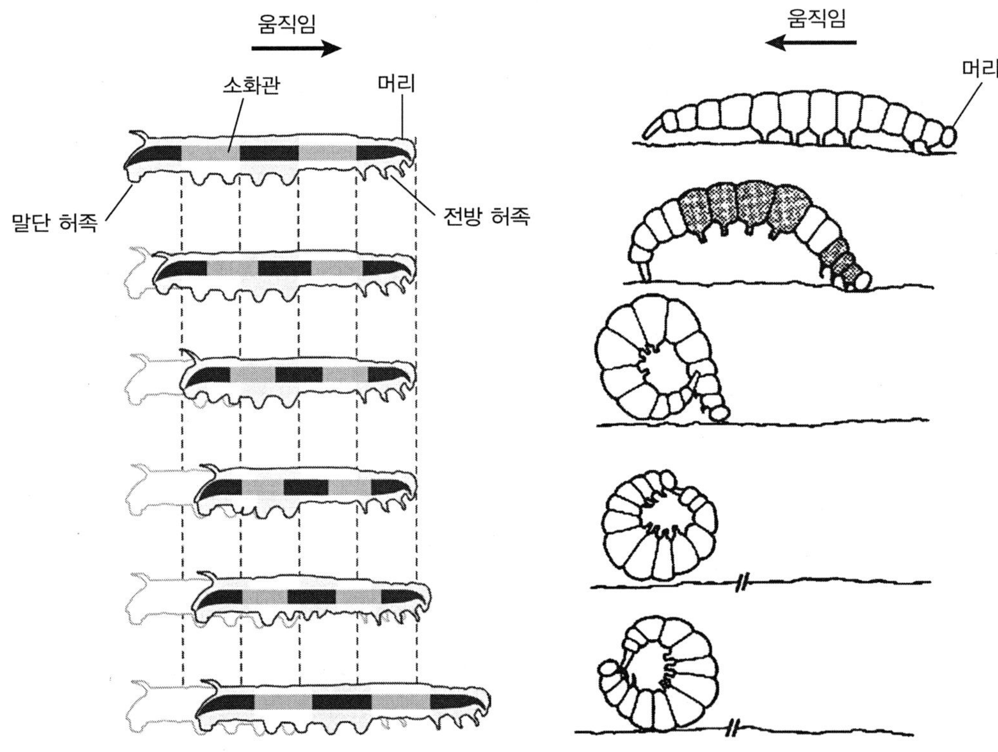

그림 10.22 나비목 유충의 행보. 전방 행보 – 원본그림(Sutton, 2010), 후방움직임 – 원본그림(Brackenbury, 1997) 및 사본인가

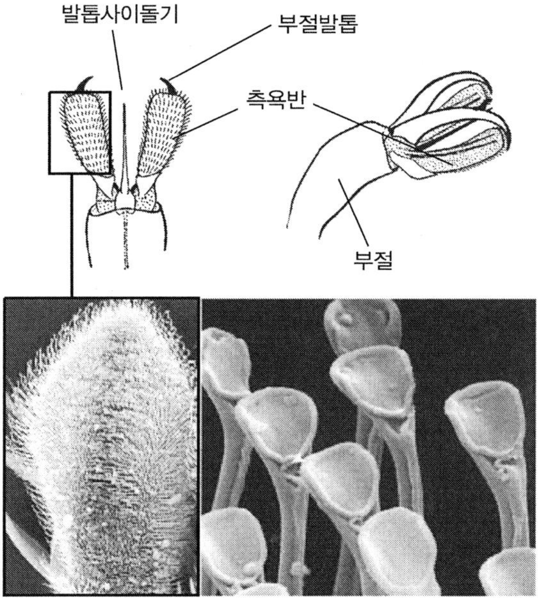

그림 10.23 **부착형 발끝 모양.** 미끄러운 면 위에 부착하거나 걸어 다니는 곤충의 다리 부절발톱 및 분비성 털 구조. 도형 – 원본그림(Snodgrass, 1935), 사진 – 원본그림(Gorb와 Beutel, 2001) 사본인가

서 액체성 분비물을 내어 모세관현상을 만들어내어 수직면에 부착할 수 있기에 가능하다(그림 10.23). 부절 발톱 아래에 평편한 돌기 형태의 측욕반(pulvilli)은 센털로 덮여 있고 센털의 말단에서 점착성의 물질을 분비한다. 말단 분비판들은 발자국과 같은 특성의 부착력을 나타내는데, 세정 용액에 파리의 부절을 닦아내면 부착 능력은 현저하게 상실된다.

제 11 장

신경계

Nervous System

다세포동물로서 곤충은 특정한 생리 반응을 보이기 위해 몸의 여러 부위가 서로 공통의 목표로 조율하는 경우가 필요하다. 이를 위해서는 상이한 몸 부위 사이에 체내 통신이 필요하다. 이러한 목적으로 이용하는 체내 통신은 크게 내분비신호와 신경신호를 포함하게 된다. 몸 전체가 비교적 장시간에 걸쳐 하나의 신호로 함께 조율해야 하는 생리반응이 있다. 예를 들어, 탈피를 하려는 경우 이는 몸 전체에서 일어나는 생리현상으로 내분비 신호를 통해 몸 전체에 퍼져있는 표적세포들이 같은 생리신호 아래 반응하게 된다. 반면에 또 다른 생리반응은 특정 몸 부위만 반응을 하되 신속하게 대처해야 하는 경우가 있다. 예를 들어, 천적으로부터 회피행동을 보여야 하는 경우 내분비 신호로 회피행동을 조율하게 된다면 시간적인 면에서 불리하다. 이러한 경우 몸의 서로 다른 부위를 조율하는 데에는 신경을 통해 빠르게 전달할 수 있는 생체 전기 자극을 이용해야 한다. 또한 몸 여러 부분에서 감지되는 감각신호는 이러한 신경계의 도움으로 인지되게 된다. 나아가 몸의 중추적 역할을 하는 뇌에서는 이러한 몸의 여러 정보를 통합하여 특정 생리 반응을 결정하는 도구로 신경계를 이용하게 된다. 따라서 본 장에서는 곤충의 신경계의 특성을 구조와 기능면에서 살펴보고 나아가 신경기능을 바탕으로 작동하는 감각기의 다양성을 알아보고자 한다.

1 일반 신경 구조

1.1 뉴런

신경의 기본단위는 뉴런(neuron)이다. 뉴런은 하나의 세포로서 핵과 세포질로 구성된다. 다른 세포와 동일하게 핵에는 DNA 그리고 세포질에는 소포체, 미토콘드리아 및 골지체와 같은 세포소기관을 가지고 있다. 그러나 다른 세포 구조와 달리 세포질이 길게 늘어진 모양을 져 형성된 신경돌기(neurite)를 지니고 있다. 또한 다른 세포에 비해 다수의 이온 통로를 지니고 있어 전기적으로 흥분하기 쉬운 성질을 가지고 있다.

신경자극이 핵 쪽으로 들어오는 신경돌기를 수상돌기(dendrite)라 하며 반면에 핵을 기준으로 신경자극이 나가는 신경돌기를 축삭돌기(axon)라 칭한다. 핵 주변은 세포몸(perikaryon)으로 부르게 된다. 따라서 뉴런은 수상돌기, 세포몸 그리고 축삭돌기로 구성된다.

신경돌기는 다시 가는 분지를 만들 수 있는데 이때 처음 신경돌기를 1차 신경돌기(primary neurite)라 하며 여기서 빠져나온 돌기를 2차 신경돌기(secondary neurite)로 각각 부르게 된다. 뉴런은 1차 신경돌기의 숫자에 따라 1개이면 단극성(monopolar), 2개이면 양극성(bipolar) 그리고 3개 이상이면 다극성(multipolar)으로 나뉘게 된다(그림 11.1). 다시 기능면에서 감각

A

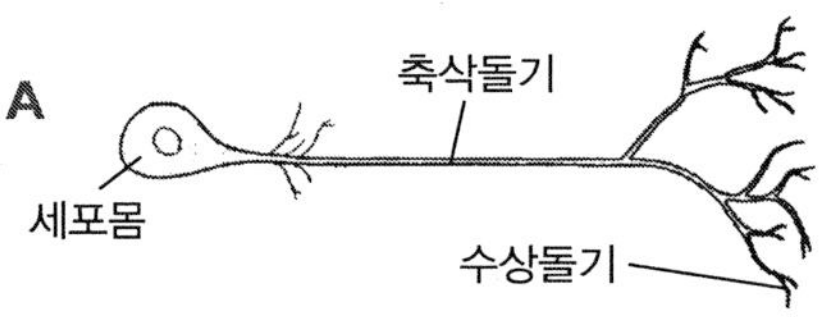

B

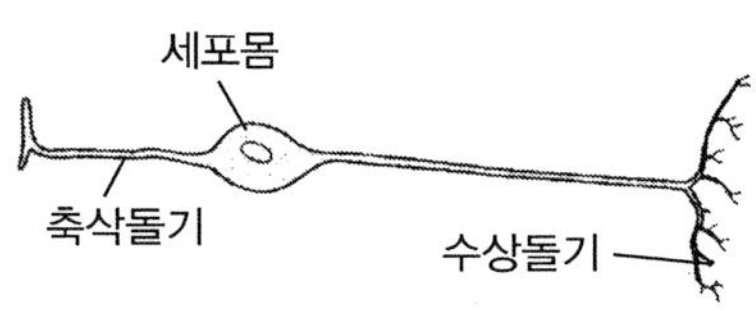

C

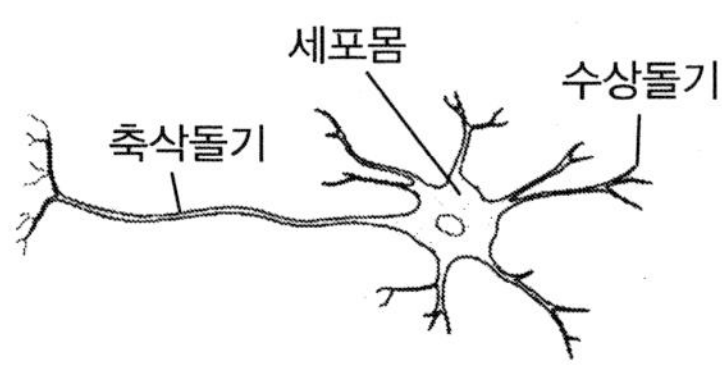

그림 11.1 곤충 신경 세포 종류. (A) 단극성 (B) 양극성 (C) 다극성. 원본그림(Klowden, 2013) 및 사본인가

기로부터 신경자극을 받아 중앙신경 쪽으로 보내는 구심성의 뉴런을 감각신경(sensory neuron), 반면에 중앙신경에서 빠져나와 근육까지 연결하여 주는 뉴런을 운동신경(motor neuron)으로 나누게 된다. 주로 중앙신경계에서 이들 감각신경과 운동신경 사이 또는 자체적으로 연결하여 주는 연합신경(interneuron)이 존재하게 된다. 따라서 가장 간단한 신경회로는 감각신경, 연합신경 및 운동신경으로 이어지는 반사궁(reflex)을 떠올릴 수 있다. 일부 뉴런은 신경펩타이드를 분비하는 신경분비세포(neurosecretory cell)로 분화된다.

1.2 신경

전기적 자극을 전달하는 뉴런 주변에서 영양분을 공급하고, 물리적으로 신경 구조를 유지시켜주고 더불어 뉴런 주변에 일정한 이온 환경을 조성하여주는 신경교세포(glial cell)가 존재한다(그림 11.12). 따라서 우리가 보게 되는 신경은 뉴런과 더불어 다수의 신경교세포들의 복합체이다. 여기에 신경 전체를 둘러싸는 신경외막이 존재하는 데 이 외막은 비세포성 신경판막(neural lamella)과 신경주위세포층(perineurium)으로 구성된다. 세포들 사이에 세포밀착구조를 지닌 신경주위세포층은 혈림프와 신경내부의 물질 이동을 억제하여 뉴런 주변에 일정한 이온 환경을 유지시켜주게 된다.

1.3 신경절

신경들이 모여 상호 연접하는 장소가 신경절(ganglion)이다(그림 11.13). 따라서 신경절에

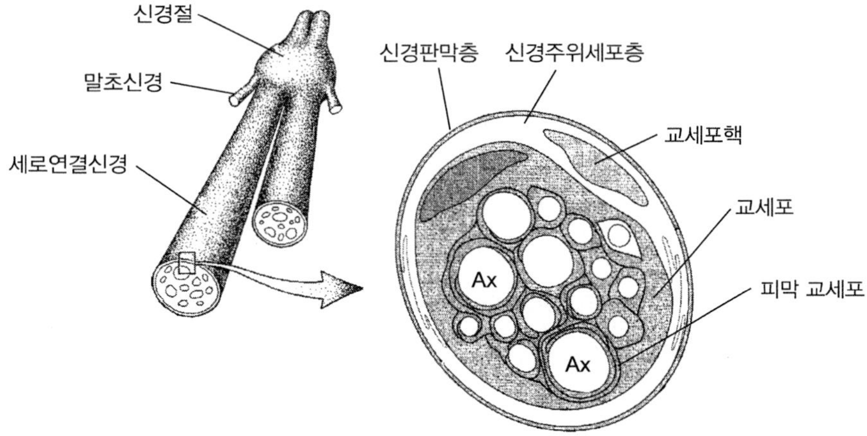

그림 11.2 곤충의 신경 가닥 및 내부 구조. 원본그림(Klowden, 2013) 및 사본인가

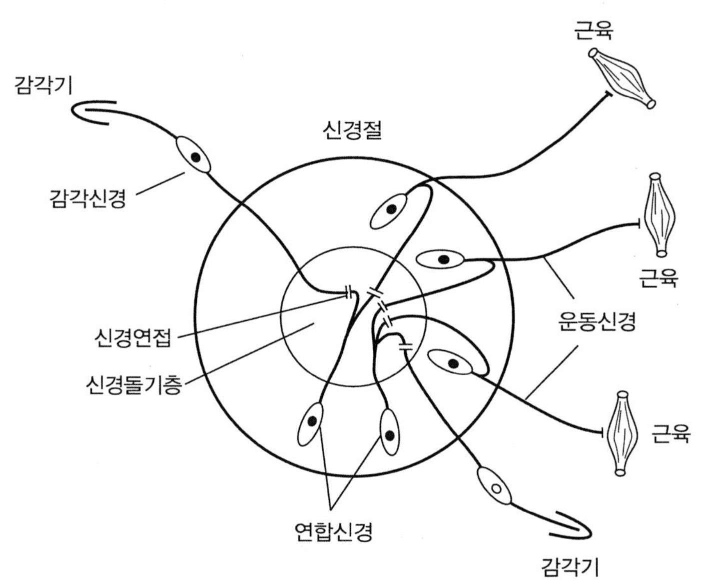

그림 11.3 **곤충의 신경절 구조.** 원본그림(Klowden, 2013) 및 사본인가

는 다수의 뉴런과 신경교세포가 존재하게 된다. 곤충의 경우는 신경절 단면을 보면 중앙에 신경돌기다발(neuropil)이 존재하고, 주변으로 신경 세포몸이 위치하게 된다.

2 곤충 신경계 구조

2.1 중추신경계

곤충의 중추신경계는 뇌(brain)와 복면신경삭(ventral nerve cord)으로 이루어져 있다. 원시 환형동물 조상으로부터 진화해 온 곤충의 중추신경계는 몸의 재조직화와 더불어 각 기능군으로 구분된 개별 신경세포들로 구성되어 있다. 신경세포는 자극성과 전도성을 띈 외배엽성 세포에서 분화하였다. 원시 신경계는 두 가닥 띠의 형태였지만, 각 체절을 따라 부분적으로 융합하여 신경절로 발달하였다. 가장 앞쪽의 신경절들은 다시 통합되어 원시뇌(archicerebrum)의 역할을 담당하게 되었다(그림 11.4). 이는 곤충의 조상인 원시 절지동물이 몸 앞쪽에 있는 체절들을 융합하여 머리를 구성하면서 각 체절의 부속지를 지배하던 신경계가 통합됨에 따라 재조직된 것으로 간주된다. 이들 부속지는 모두 곤충 머리의 입틀로 분화된다. 따라서 구기 부속지를 지배하는 신경은 원시뇌로부터 지배를 받게 된다.

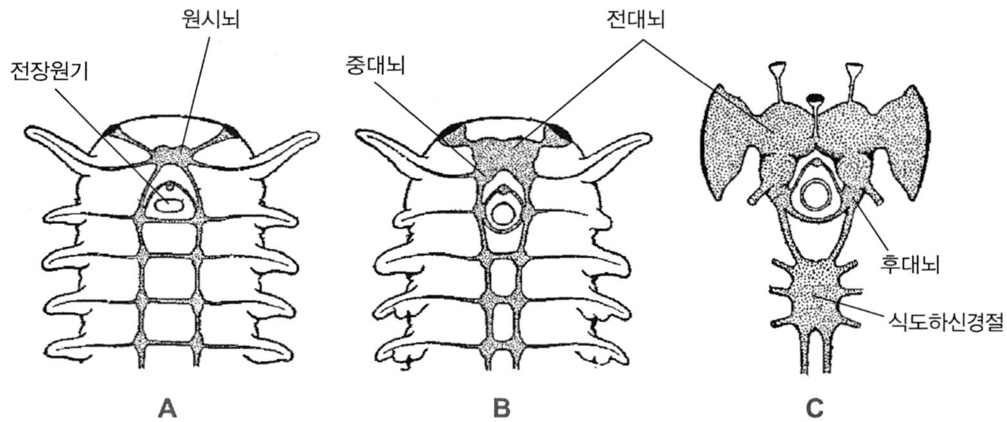

그림 11.4 **곤충 뇌의 진화과정.** (A) 원시뇌 (B) 시엽과 촉각엽을 포함한 뇌 (C) 현재 곤충의 복합뇌 – 후대뇌의 발달. 원본그림(Snodgrass, 1935) 및 사본인가

곤충의 뇌는 식도 위에 자리하며 많은 신경세포들로 구성되어 있다(그림 11.5). 이 때문에 식도상신경절(supraesophageal ganglion)이라고도 한다. 뇌는 조상형 환형동물의 원시뇌로부터 일부분 유래한 혼합 구조이지만, 현재 뇌 모양의 기원에 관해서는 아직 완전한 의견 일치를 보지 못했다. 곤충의 머리를 구성하는 원시 체절의 정확한 수는 여전히 논쟁의 대상이다. 곤충의 뇌는 전대뇌(protocerebrum), 중대뇌(deutocerebrum) 및 후대뇌(tritocerebrum)

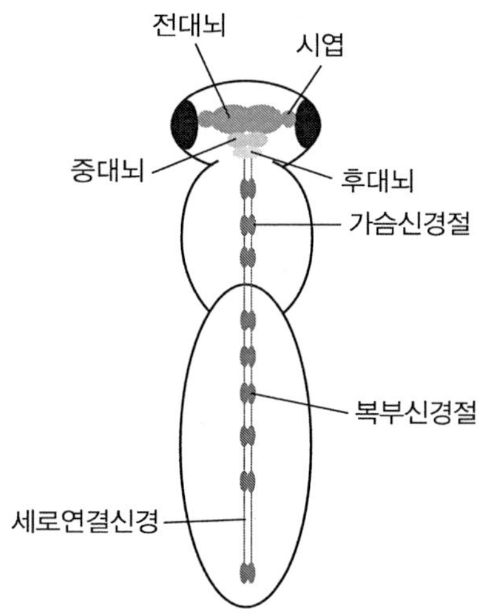

그림 11.5 **곤충의 중추신경계.** 원본그림(Klowden, 2013) 및 사본인가

의 세 부위로 구성된다. 이들은 각각 다른 체절로부터 유래하여 머리로 융합되는 과정에서 모였을 것으로 추정한다. 하지만, 중대뇌가 원시 전대뇌의 촉각엽에서 진화했을 것이라고 생각하는 사람들도 있다. 곤충 뇌의 신경세포 수는 바퀴의 경우 약 120만 개에서 꿀벌의 경우 95만 개, 초파리의 20만 개까지 다양하다.

전대뇌는 겹눈, 홑눈 및 몇몇 체벽성 감각수용기들과 인접해 있다(그림 11.6). 전대뇌 중심부 등쪽에 뇌간부(pars intercerebralis)가 있다. 뇌간부에는 신경세포는 물론이고 신경분비세포도 자리한다. 신경분비세포가 신경분비물질을 만들어 카디아체와 알라타체로 보내고 거기서 혈림프로 분비된다. 사구체(glomerulus)는 신경연접이 밀집되어 있는 뇌의 한 영역을 일컫는 데 뇌간부 양쪽 옆에 있는 한 쌍의 사구체를 유병체(corpus pedunculata 또는 mushroom body)라고 부른다(그림 11.7). 각 유병체는 자루(stalk)와 갓(calyx)으로 구성된다. 갓 위에는 케년(Kenyon)세포라고 불리는 수지상 신경돌기가 고밀도로 존재한다. 수많은 다양한 케년세포군들이 밝혀졌지만, 이들의 기능적 연관성은 여전히 알려져 있지 않다. 꿀벌의 뇌에

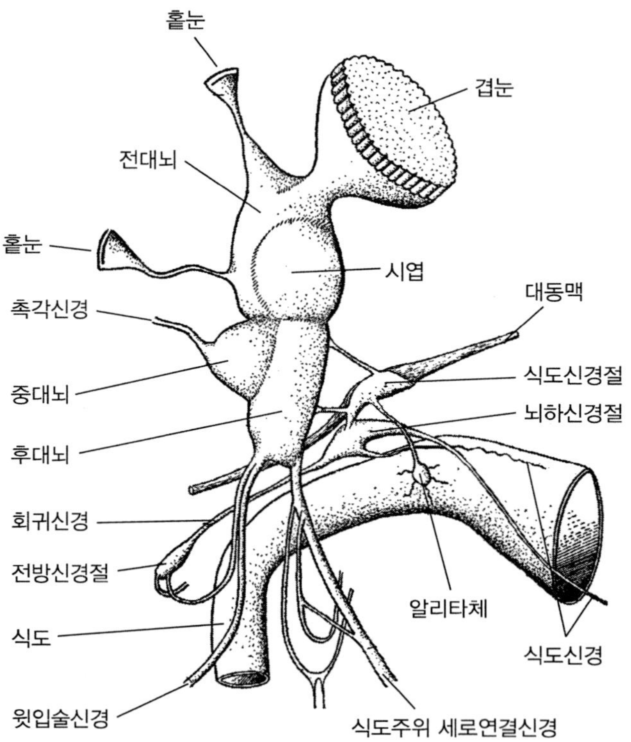

그림 11.6 곤충의 뇌와 주변 신경계 연결. 원본그림(Klowden, 2013) 및 사본인가

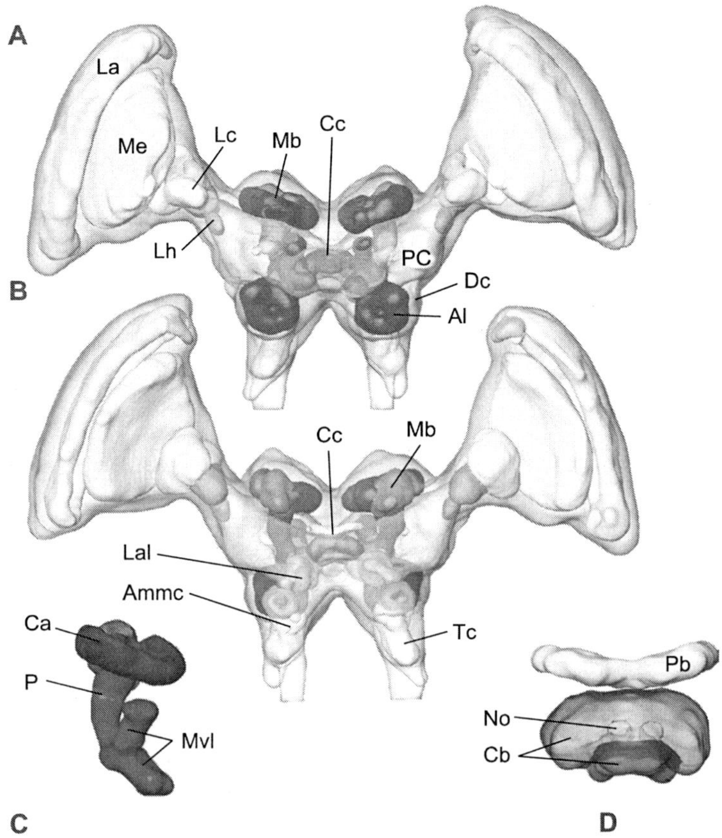

그림 11.7 메뚜기 뇌. (A) 앞모습 – 잎새신경절(La), 외수질(Me), 내수질(Lc), 유병체(Mb), 중심복합체(Cc), 뇌간부(PC), 촉각엽(Al). (B) 뒷모습 – 중심복합체, 유병체, 측면부속엽(Lal), 후대뇌(Tc), 전방기계감각기 운동중추(Ammc) (C) 유병체 세부 구조 – 갓(Ca), 자루(P), 중앙수직돌기(Mvl) (D) 중심복합체 세부 구조 – 전대뇌교(Pb), 소낭(No), 중심체(Cb). 원본 그림(Menzel과 Giurfa, 2001) 및 사본 인가

는 적어도 3개의 케년세포군이 있는데, 이들은 축삭돌기와 수상돌기의 형태가 서로 다르고 이용하는 신경전달물질 또한 서로 다르다. 이들은 후대뇌에서 들어오는 기계감각과 맛감각 정보뿐만 아니라 촉각엽의 감각 신경돌기층과 같은 여러 신경돌기층으로부터 들어오는 풍부한 정보도 수신한다. 또한 이들은 냄새 정보처리와 냄새 기억의 저장에 필수적인 것으로 여겨지고 있다. 이들은 또한 이동활동과 방향 설정의 시각적 조정에 필요한 작업을 통제하는 데에도 관련되어 있다. 유병체와 이 독특한 케년세포는 뇌의 정교한 상호연결이 가능하게 하는 신경세포 체계를 형성한다.

유병체 양쪽 옆으로 시엽(optic lobe)이라는, 겹눈 쪽으로 이어진 전대뇌의 일부분이 있다.

각 시엽에는 겹눈을 통해 받은 감각정보를 처리하는 세 개의 신경돌기층군이 있다. 가장 바깥에 있는 신경돌기층인 잎새신경절(lamina)은 겹눈에 있는 광감각기를 통해 직접 들어오는 정보를 받아들이고, 중간에 있는 외수질(medulla)을 지나 맨 안쪽에 있는 내수질(lobula)로 연결된다.

중대뇌는 촉각에 있는 감각수용기 및 근육과 연결되어 있다. 중대뇌는 많은 신경연접이 일어나는 여러 사구체로 구성된다. 이곳은 촉각에서 오는 수십만 개의 감각수용기 신경세포들이 수백 개의 연합신경세포들과 신경 수렴이 이뤄진다. 연합신경들은 다시 전대뇌의 유병체로 뻗어있는 다른 연합신경세포들과 신경연접을 이룬다. 사구체의 수는 곤충에 따라 다르다. 풀무치는 약 1,000개, 미국바퀴는 약 125개의 사구체를 가지고 있다. 각각의 사구체들은 일정한 위치를 점유하고 있는데다가 특정 감각 신경세포의 신호를 받아들이기 때문에, 사구체마다 각기 개별적인 기능적 독자성을 가지고 있을 것으로 보인다. 이러한 사구체 내의 신경세포들은 촉각 수용기가 페로몬이나 먹이냄새에 의해 자극받으면 반응을 한다.

후대뇌는 중대뇌 뒤쪽에 자리 잡고 있으며 뇌에서 가장 작은 부분이다. 후대뇌는 전방신경절을 통해 중추신경계와 내장신경계를 연결시키고, 식도주위세로연결신경(circumesophageal connective)을 통해서는 중추신경계와 복면신경삭을 연결시킨다. 후대뇌는 또한 윗입술로부터 전해지는 신경을 받는다. 그밖에 후대뇌의 기능에 대해서는 그리 알려진 바가 없다.

뇌 이외의 각 체절마다 본래 신경절을 하나씩 가지고 있었다. 신경절은 각 체절의 활동에 관여하는 신경세포 다발을 말한다. 신경절에는 감각수용기로부터 들어오는 정보를 종합하고 체절 내의 근육을 조절하는 수백에서 수천 개의 신경세포들이 있다. 식도하신경절(subesophageal ganglion)은 복면신경삭의 첫 번째 신경절인 동시에 머리에 있는 유일한 신경절이다. 이 신경절은 큰턱, 작은턱, 아랫입술 체절의 신경절들이 융합되어 만들어진 일종의 복합신경절이다. 이곳에서 한 쌍의 신경이 각각의 구기 부속지들로 나가고 침샘으로 뻗어있다. 그 이외의 복면신경삭 부위는 측면세로연결신경(lateral connective)에 의해 합쳐진 일련의 신경절 쌍으로 이루어져 있다. 여기에는 운동신경세포와 연합신경세포의 세포몸들이 분포한다. 처음 세 개의 신경절은 가슴에 있어서 날개와 다리를 조절하는 운동 중추의 역할을 한다. 어떤 곤충에서는 가슴에 있는 신경절들이 병합되어 하나의 중흉신경절(metathoracic ganglion) 복합체를 형성하기도 한다. 원시적인 좀목류는 8개의 복부신경절을 가지고 있지만, 그 수가 감소하는 쪽으로 진화되어 대부분의 곤충들은 이 보다는 적은 수의 신경절을 가지고 있다(그림 11.8). 중흉신경절은 처음 세 개의 복부신경절이 융합되어 있고, 7번째와 8번째 복부신경절이 융합되어 말단복부신경절(terminal abdominal ganglion) 복합체를 주로 형성한다. 이 말단 복부신경절은 후장과 생식기관을 관장하며 암컷의 산란행동과 암수 모두의 교미행동을

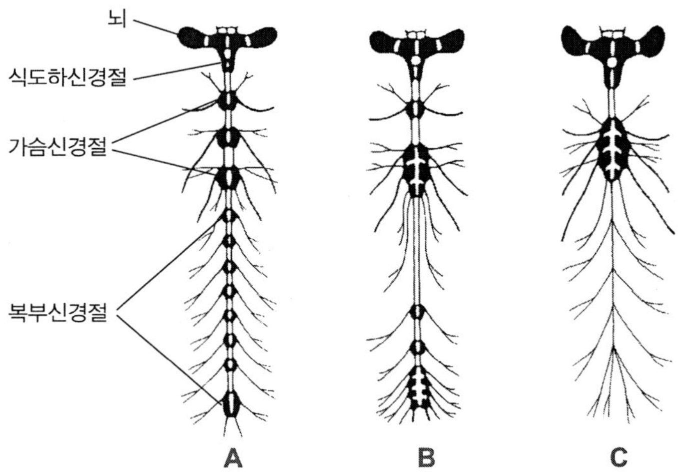

그림 11.8 **복부신경절의 병합.** (A) 딱정벌레목 (B) 벌목 (C) 파리목의 한 예. 원본그림(Klowden, 2013) 및 사본인가

조절한다.

말초신경계(peripheral nervous system)는 중추신경계에서 뻗어나간 모든 신경들을 일컫는다. 이 말초신경들은 근육활동을 지배하는 운동신경과 감각기 신호를 받아들이는 감각신경으로 구성된다.

2.2 내장신경계

곤충의 몸속 상태를 유지하고 내부의 다양한 기능을 조정하는데 내장신경계(visceral nervous system)가 관여한다. 마치 척추동물의 자율신경계와 흡사한 것으로 곤충의 소화관, 심장, 내분비샘 등을 지배하면서 소화과정과 관련된 말초 신경계를 형성하고 있다. 전장신경계(stomatogastric nervous system)는 전장과 중장에만 특별히 분포하는 내장신경계의 일부이다(그림 11.9). 내장신경계의 주 신경절은 후대뇌에서 나온 전방세로연결신경에서 유래한 전방신경절(frontal ganglion)이다. 전방신경절은 전장에 분포하면서 소낭이 비는 것을 통제한다. 이것은 뇌 아래를 지나는 회귀신경(recurrent nerve)을 발생시키고 알라타체, 카디아체, 전장, 중장에 분포하는 뇌하신경절(hypocerebral ganglion)로 확장한다. 말단자율신경계(caudal autonomic system)는 후장 및 생식기에 분포하는 신경으로 구성되며, 주로 복부 말단신경절 복합체에서 유래한다.

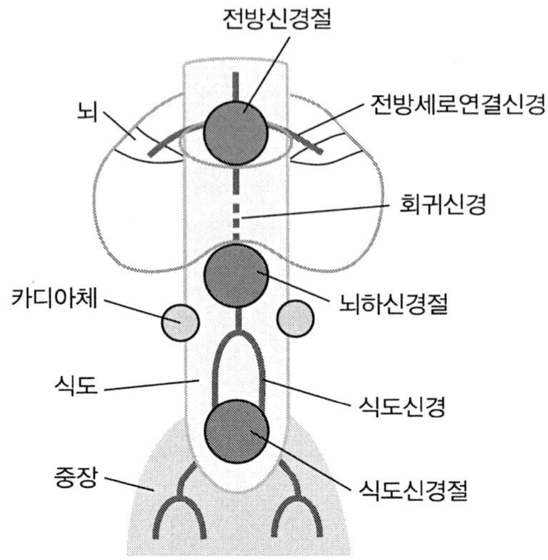

그림 11.9 내장신경계. 원본그림(Hartenstein, 1997) 및 사본인가

3 신경자극 전달기작

곤충은 광, 냄새, 맛, 접촉 등 자극 종류에 따라 각각 다른 감각기를 통해 환경변화를 받아들인다. 여기서 감각기는 여러 종류의 외부 자극에너지를 모두 전기에너지로 전환시키는 변환기 역할을 담당하게 된다. 이렇게 형성된 전위차를 단계전위(graded potential)라 한다. 일정 임계치가 넘은 단계전위는 축삭돌기를 따라 일정한 신경자극인 활동전위(action potential) 형태로 신경절에 전달되고 신경연접을 통해 다른 신경세포들에게 전파된다. 따라서 신경세포들이 신경자극을 생성하여 전도시키려면 신경돌기 내외에 이미 전압차이가 형성되어 있어야 한다. 비활동기의 신경세포가 보여주는 이런 전압차이를 휴지전위(resting potential)라 하며 모든 동물세포에서 측정된다. 다만 신경세포와 근육세포 등 흥분성 세포에서는 다른 세포보다 더 큰 전압차이를 보일 뿐이다.

3.1 휴지전위

신경세포 내에 미소전극을 집어넣어 세포막 내외의 전압차이를 측정해 보면 세포내가 −40 ~−70 mV 정도의 음전위를 나타낸다. 이 전위차는 세포가 특별한 활동을 하지 않는 한 같은 수준에 유지되기 때문에 휴지전위라 한다. 많은 경우 이 전위차는 K^+ 이온에 대한 막투과성 때문에 형성된다. 즉, 세포내의 K^+ 이온농도는 세포 밖에 비해 약 10배 정도로 높은 수준에 있어서 이 이온이 세포막을 통과해 유출되기 때문에 세포 내는 음전위를 띠어 전기화학적 평형이 이루어지는 것이다. 이와 같이 화학적 농도구배로 발생되는 전위차를 그 이온의 평형전위라 한다. 따라서 세포막의 휴지전위는 실질적으로 K^+ 이온의 평형전위와 비슷하다. Na^+ 이온은 K^+ 이온과 반대 경향의 농도로 분포하지만 휴지 시 이 이온에 대한 세포막 투과성이 매우 낮아 휴지전위 생성에는 큰 역할을 담당하지 못한다. 그러나 낮은 수준이나마 Na^+ 이온도 자신의 농도구배에 따라 세포 내로 들어오고 K^+ 이온은 세포 외로 나가기 때문에 오랫동안 방치해 두면 결국 이 이온들의 세포내외 농도는 같게 될 것이다. 이것을 방지하는 것이 소듐펌프이다. 즉 세포막에 있는 Na^+/K^+−ATPase(=소듐펌프)는 ATP를 가수분해해서 생기는 에너지를 이용하여 Na^+ 이온을 세포 밖으로 보내고 K^+ 이온을 세포내로 이송시켜(보통 3개 Na^+ 이온 대 2개 K^+ 이온)하여 이 두 이온의 농도구배를 유지시킨다. 신경세포가 소비하는 에너지의 약 70%는 이 소듐펌프에 이용되며 동물의 다른 세포에서도 전체 에너지 요구량의 거의 50%는 이 펌프가 소모한다.

3.2 활동전위

인근의 신경자극이 전달되어 오면 특정지점의 신경세포막은 약 −70 mV의 휴지전위 극성을 잃고 탈분극(depolarization)을 진행하게 된다. 이후 바로 재분극(repolarization)되어 원래의 극성을 되찾게 된다. 이 두 과정을 통해 신경자극이 형성된다. 이를 활동전위라 한다. 생체 전기형성은 이온의 흐름에 의해 형성되기 때문에 활동전위를 만드는 데에는 신경세포막을 사이로 Na^+ 이온과 K^+ 이온들이 흐름이 관여하게 된다.

먼저 탈분극은 소듐이온의 이동에 의해서 발생한다. 휴지전위 상태에서 세포밖에 높게 Na^+ 이온이 존재하지만 인지질 이중층으로 구성된 세포막을 투과할 수 없기 때문에 세포내로 들어 올 수 없었다. 그러나 Na^+ 이온이 세포내로 들어올 수 있는 경로는 전위차의존이온통로(voltage-gated ion channel)인 소듐채널(sodium channel)을 이용하는 방법이다. 휴지전위 때 닫혀있던 이 통로가 인근의 전위차로 열리면 세포밖에 높게 유지되었던 Na^+ 이온이 세포내로 들어올 수 있다. 더욱이 세포내부가 (−) 극성을 띠고 있었기에 더욱 용이하게 들어올 수 있다. 이때 유입된 Na^+ 이온에 의해 세포 내부는 (−) 극성을 잃고 세포 밖에 비해 오히려 (+) 극성을 띠게 된다. 이 상태가 탈분극이다. 이후 인근의 또 다른 전위차의존이온통로인 K^+ 채널(potassium channel)이 열리게 된다. 원래 세포 내부가 세포 밖에 비해 높게 K^+ 이온이 유지되었기에 K^+ 채널을 통해 쉽게 세포 밖으로 빠져나갈 수 있다. 더욱이 먼저 들어온 Na^+ 이온 때문에 세포 밖이 세포 내부에 비해 (−) 극성을 띠어 더욱 용이하게 K^+ 이온이 유출될 수 있다. 이 K^+ 이온 유출을 통해 다시 세포 내부는 원래의 휴지전위 상태로 전위차로 되돌아오게 된다. 이 상태가 재분극이다. 재분극을 통해 전위차는 휴지전위 상태의 전위차를 회복하였지만, 이온은 정반대 상황으로 세포 내부는 Na^+ 이온이 높게 분포하고 있고, 세포밖은 K^+ 이온이 높게 유지되고 있다. 이온의 원상복귀를 위해 소듐펌프를 이용하여 Na^+ 이온을 세포 밖으로 보내고 K^+ 이온을 세포내로 이송시키게 된다. 따라서 활동전위는 탈분극, 재분극 및 이온의 원상복귀를 모두 포함하는 과정으로 구성되며 이 기간이 약 1/100초 소요된다. 이 기간 동안은 또 다른 자극이 들어올 때 다시 활동전위를 만들 수 없기 때문에 불응기(refractory period)로 간주된다. 불응기 덕택에 활동전위 자극전도는 후진하지 않고 한쪽 방향으로만 진행될 수 있다.

3.3 단계전위

신경세포막은 활동전위뿐만 아니라 자극크기에 비례하는 일시적인 막전위 변화도 능동적으로 생성한다. 이와 같은 단계전위는 수용전위(receptor potential)이라고도 부르며 감각신경세포의 수상돌기(광이나 화합물 등의 자극에 반응하는 수용전위)나 신경연접(신경연접 전세포 끝에까지 전도되어온 활동전위 자극에 대한 신경연접 후세포에 발생되는 신경연접 후전위)에서 나타나는 전기자극이다. 단계전위는 막전위가 탈분극되는 경우 외에 과분극되는 경우도 있으며 그 크기는 자극세기에 비례된다. 활동전위는 전달 거리와 시간에 관계없이 크기가 일정하게 유지되기에 원거리 통신에 적합한 반면 단계전위는 전위의 세기가 시간과 거리에 따라 지수적으로 감소되기 때문에 단거리 통신에서만 이용되고 뇌의 인지를 위해서는 활동전위로 변환되어야 한다.

3.4 신경연접

신경세포들은 각각 독립된 구조이기 때문에 신경세포 사이 또는 신경세포와 근육 등 작용기관의 세포 사이에는 신경돌기에서와 같은 방법으로는 신경자극이 전달되지 못한다. 즉 전연접(presynapse)세포와 후연접(postsynapse)세포는 매우 좁지만 5~50 nm 정도의 간격으로 떨어져 있고 더불어 두 개의 세포막이 가로 놓여 있다. 따라서 전연접세포 끝까지 전도되어온 활동전위가 후연접세포로 이어지려면 전기저항이 매우 낮은 이온통로가 마련되어 있어야 한다. 그 한 가지 방법이 같은 조직을 이루는 세포들 사이에 무기이온이나 분자량이 작은 대사물질들이 통과할 수 있는 세포접합 구조인 간극연접(gap junction)이 발달하는 경우이다. 이때는 두 세포막이 매우 근접(약 2 nm)하고 이온통로가 발달하여 한 세포의 이온전류가 직접 다음 세포로 전달될 수 있어 시간의 지연 없이 정보를 빨리 전달할 수 있다. 이와 같은 경우를 전기적 신경연접(electrical synapse)이라 한다. 그러나 곤충은 물론 다른 동물에서도 대부분의 신경연접은 화합물(신경전달물질)을 이용하는 화학적 신경연접(chemical synapse) 방법을 이용한다. 이 경우 정보전달에 더 오랜 시간이 소요되지만 여러 신경세포들(흥분성, 억제성, 조절성)이 종합적으로 작용할 수 있다는 점에서 정보종합에 더 많은 가능성을 부여해 주는 이점이 있다.

3.4.1 전기적 신경연접

전기적인 신경전달 방법이 이용되는 경우들은 활동전위가 동시에 발생해야 되는 경우, 즉 활동리듬의 동시성이 중요하거나 정보전달 속도가 빨리 요구되는 경우 등에서 보고되었다. 예를 들면 지렁이나 갑각류의 거대 축삭돌기, 거머리의 거대 신경세포, 바닷가재의 심장신경절에 있는 박동원 신경세포 사이, 전기뱀장어의 운동신경세포 사이, 소리를 내는 물고기(toad fish)의 소리근육을 지배하는 운동신경세포, 가재의 거대 축삭돌기 사이 등에서 전기적 신경연접이 확인되었다.

곤충 신경계에서도 이와 같은 전기적 신경연접이 발견되는데 한 예가 풀무치 등에서 겹눈의 정보를 수집한 내수질 운동탐지 거대세포(lobula giant movement detector: LGMD)와 이를 운동중심인 흉부신경절로 전달하는 DCMD(descending contralateral movement detector) 사이이다. 파리류, 꿀벌, 메뚜기 등의 내수질에는 대형의 연합신경이 분포한다. 이들은 일정한 방향으로 운동하는 경우나 조그만 물체의 갑작스런 운동에 특히 민감하게 반응하기 때문에 이들을 시운동(視運動) 신경세포라 한다. 양쪽 내수질에 하나씩 분포하는 LGMD는 또 다른 거대연합신경세포와 신경연접을 보인다. 이들이 전대뇌 뒤측에 신경세포몸이 하나씩 분포하는 DCMD와 DIMD(descending ipsilateral movement detector)들로 메뚜기 목연결신경에서 직경이 가장 큰 돌기들이다. LGMD와 DCMD는 전기적 신경연접을 보여 활동전위가 1 : 1로 발생하고 또한 신경연접에서의 시간 지연이 없다. DCMD는 LGMD와 전기적인 신경연접 후 몸 반대쪽 복면연결신경을 통해 내려와 흉부신경절에서 가지를 치지만 특히 중흉과 후흉신경절에 있는 다리의 도약운동신경세포들을 지배한다. 이외에도 유병체의 케년세포 사이 및 같은 근육에 상승적으로 작용하는 운동신경 사이에도 전기적 신경연접이 보고되었다.

3.4.2 화학적 신경연접

신경전달 화학물질을 이용하는 신경연접은 곤충을 포함하여 모든 동물에서 잘 발달되었다.

곤충의 중추신경계는 물론 신경과 근육, 신경과 분비샘 등의 연접에서도 대부분 화합물을 매개체로 하여 정보를 전달한다. 이들 화학적 신경연접의 구조는 기본적으로 비슷하다. 즉 전연접세포 말단 세포질에 신경전달 물질들을 함유하는 신경연접 소낭(vesicle)이 있고 5~50 nm의 간극을 두고 후연접세포와 인접한다.

활동전위가 전연세포 돌기 끝까지 도달하여 그곳의 막전위가 탈분극되면 역시 전위차의존 이온통로의 하나인 Ca^{++} 이온통로가 열려 Ca^{++} 이온이 돌기 내로 들어간다(그림 11.10). 평상

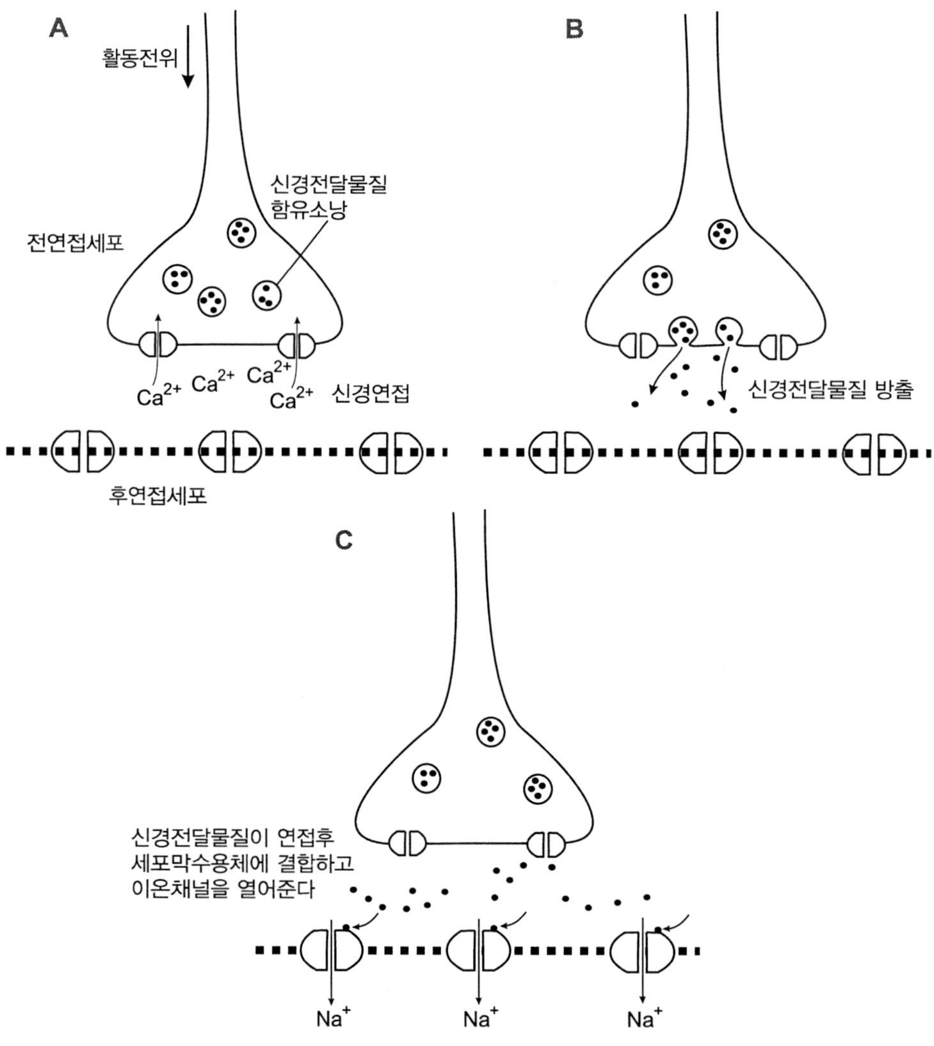

그림 11.10 신경연접 자극 전달과정. (A) 활동전위가 전연접세포막에 도착하면 Ca^{2+} 이온이 유입되고, (B) 소낭에 들어있던 신경전달물질이 신경연접으로 방출된다. (C) 방출된 신경전달물질이 후연접세포막에 있는 수용체와 결합하여 막전위에 변화를 일으킨다. 원본그림(Klowden, 2013) 및 사본인가

시 세포질 내 Ca^{++} 이온농도는 10^{-7} M 이하로 매우 낮게 유지되고 세포외 농도는 10^{-4} M 정도로 매우 높아 Na^{+} 이온보다도 훨씬 더 높은 구배를 갖고 있어 쉽게 Ca^{++} 이온이 돌기 내로 들어간다. 이 Ca^{++} 이온 유입은 세포내 엑소사이토시스(exocytosis)를 유발하여 신경연접 소낭(직경 40~60 nm)이 신경돌기세포막과 융합되고 함유하고 있던 신경전달 물질을 연접간극으로 방출한다.

방출된 신경전달 물질은 신경연접간극을 통해 확산해 가서 후연접세포막에 있는 수용체와 결합한다. 이 신경전달물질-수용체의 복합체는 후연접세포막에 있는 이온통로나 아데닐레이트 사이클레이즈(adenylate cyclase)를 자극하여 후연접세포의 전기적 반응을 유기시킨다. 이때 나타나는 막전위 변화가 탈분극 방향이면 흥분성 연접후전위(excitatory postsynaptic potential: EPSP), 과분극 방향이면 억제성 연접후전위(inhibitory postsynaptic potential: IPSP)라 한다. 왜냐하면 막전위가 탈분극되어 임계치를 넘으면 활동전위가 쉽게 생성되지만 과분극되면 임계치와 더 멀어져 신경충격의 발생이 더 어려워지기 때문이다. 신경연접에서의 반응이 EPSP 또는 IPSP가 발생하는 원인은 신경전달 물질과 수용체의 복합체가 활성화시키는 이온통로 종류에 따라 결정된다. 흥분성인 경우는 막전위를 탈분극시켜야 되기 때문에 보통 Na^{+} 이온이 들어가게 된다. 반면에 억제성 신경연접은 막전위를 과분극시키는 것으로 보통 Cl^{-} 이온이 유입되기 때문이다.

신경전달 물질들은 신경연접간극에 방출된 후 확산과정 중에는 물론 수용체와 결합했다가 가역반응의 법칙에 따라 해리되면서 그 부근에 산재해 있는 가수분해 효소에 의해 분해되거나 아니면 주변의 신경세포와 교세포들에 의해 능동흡수된다. 따라서 그 농도가 낮아져 더 이상의 작용은 중단된다.

지금까지 보고된 신경전달 물질은 여러 가지 종류가 있다. 그 중 가장 잘 연구된 것이 아세틸콜린(acetylcholine: ACh)으로 곤충 중추신경계에서의 흥분성 전달물질이다. 곤충 외에도 ACh은 무척추동물과 포유류의 신경전달 물질로 이용되며 특히 척추동물의 신경-근육연접에서의 흥분성 전달물질이다. ACh은 그 수용체인 아세틸콜린 수용체(acetylcholine receptor: AChR)와 반응 후 떨어져 아세틸콜린에스터레이즈(acetylcholinesterase: AChE)에 의해 가수분해(그림 11.11)되어 초산은 주변으로 확산되고 콜린(choline)은 전연접세포로 능동흡수되어 ACh 합성에 재이용된다. 유기인계와 카바메이트계 살충제들은 모두 AChE와 결합하여 그 작용을 억제하기 때문에 한 번 방출된 ACh이 분해되지 못하고 오랫동안 후연접세포를 자극하여 신경독으로 작용하게 된다. 한편 니코틴계 살충제는 AChR와 결합하여 ACh과 동일한 후연접세포막에 있는 양이온통로를 활성화시킨다. 반대로 칼탑(cartap)은 AChR와 결합하여 ACh길항제로 작용한다.

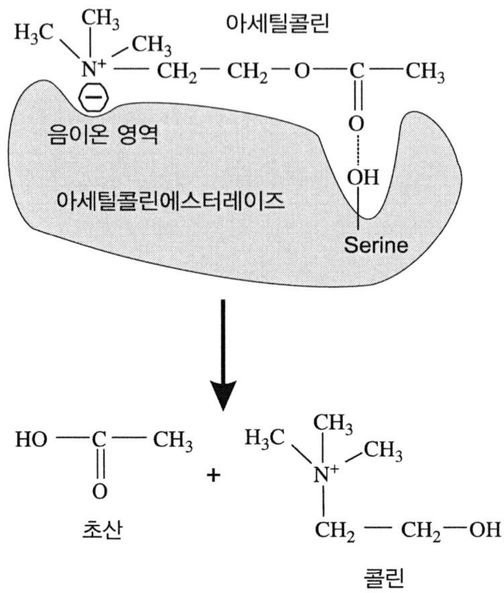

그림 11.11 **신경연접에서 아세틸콜린에스터레이즈의 작용.** 원본그림(Klowden, 2013) 및 사본인가

3.5 신경전달물질

무척추동물과 척추동물의 신경연접에서 다양한 신경전달물질(neurotransmitter)과 신경조절물질(neuromodulator)들이 신경자극 전달에 관여한다(그림 11.12). 이 물질들은 약 10억년 전에 처음 나타나 동물계 전반에 걸쳐 주요한 신호 분자로 유지되어온 것으로 여겨진다. 앞에서 설명된 ACh은 가장 일반적인 흥분성 신경전달물질이다. 아미노산인 글루탐산(glutamate)은 신경근육연접에 있는 주요 흥분성 신경전달물질이다. 반면에 신경연접과 신경-근육연접에서 모두 억제성 신경전달물질은 GABA(gamma-aminobutyric acid)이다. 펩티드성 신경전달물질에는 프록톨린(proctolin), 타치키닌(tachykinin), FMRF 유사펩타이드(FMRFamide-related peptide) 등이 있다. 일산화질소(nitric oxide, NO)는 포유류에서와 마찬가지로, 곤충류에서도 이차전달자이자 신경전달물질의 기능을 한다. NO 합성효소는 곤충의 뇌에 존재하는데, 대벌레의 경우 기억 기능에 NO의 전구체인 알지닌(L-arginine)이 필요한 것으로 보아, NO는 아마도 학습과 기억형성에 관련된 신경전달물질인 것으로 보인다.

바이오아민류(biogenic amine)들 가운데 몇몇은 신경조절물질의 기능, 즉 신경세포의 기능에는 영향을 미치지만 신경전달물질로서의 역할은 하지 않는다. 여기에는 히스타민(histamin), 도파민(dopamine), 세로토닌(serotonin), 타이라민(tyramine), 옥토파민(octopamine)이 있다. 노르아드레날린(noradrenaline)과 구조가 유사한 옥토파민은 비행근육과 감각수용

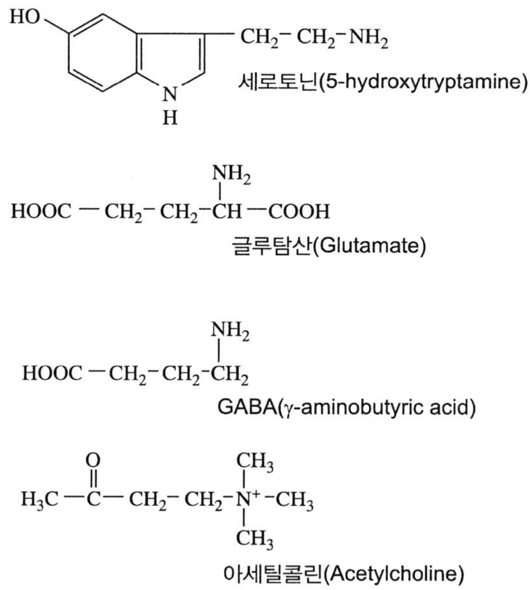

그림 11.12 **곤충의 일반적인 신경전달물질과 신경조절물질.** 원본그림(Klowden, 2013) 및 사본인가

기의 반응을 조절할 뿐만 아니라, 혈림프로 분비되어 호르몬으로도 작용하는 다기능성으로 알려져 있다. 옥토파민의 작용점은 감각기관들과 중추신경계 내의 신경돌기들로, 이들에 작용하여 감각신호를 조절한다. 옥토파민을 분비하는 DUM(dorsal unpaired median) 신경은 모든 몸마디의 신경절에서 발견된다. 이 신경은 골격근육과 내장근육 뿐만 아니라 내분비샘과 감각기도 자극하고 그 반응도 조절한다. 어떤 DUM 신경은 신경혈액기관을 만들어 근육과 혈림프로 옥토파민을 분비한다. 타이라민은 타이로신으로부터 옥토파민을 합성하는 과정에서 나온 중간 산물로 모든 옥토파민성 신경에서 만들어진다. 타이라민은 옥토파민의 반대효과를 가진다는 것 외에는 곤충류에서 그 역할이 알려진 바가 거의 없다. 옥토파민이 작용세포의 이차전달자의 수치를 높이고 근육 수축을 강화하는데 반해, 타이라민은 이 두 가지 모두를 감소시킨다. 타이라민은 말피기관의 성상세포에서도 합성 및 분비되는데, 주세포에 작용할 경우 염소의 전도성을 증가시킨다.

한 신경세포가 둘 혹은 그 이상의 신경세포들 또는 근육세포들과 신경연접으로 연결되면서 신경계의 신경전달 방식이 훨씬 더 복잡한 양상으로 통합하게 된다(그림 11.13). 근육세포와의 신경연접에서는 흥분성 또는 억제성 신경전달물질을 가지는 다수의 운동신경세포가 하나의 근육세포를 자극한다. 예를 들어, 바퀴의 꼬리털에는 수백 개의 기계감각수용기들이 있는데, 이들이 회피반응을 매개하는 하나의 연합신경세포로 수렴한다. 모든 감각신경세포들에

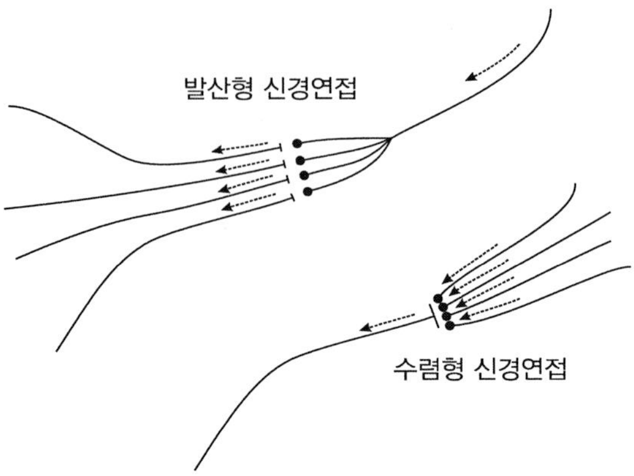

그림 11.13 **신경연접에서 일어나는 신경통합 방식.** 발산형 신경연접 – 한 축삭돌기가 여러 개 수상돌기 자극. 수렴형 신경연접 – 서로 다른 신경세포에서 들어온 여러 개의 축삭돌기가 하나의 축삭돌기 자극. 원본그림(Klowden, 2013) 및 사본인가

의해 분비되는 신경전달물질이 동일할 경우에는 흥분이나 억제가 부가적으로 발생할 수 있다. 반면에, 흥분성 및 억제성 연결이 혼재되어 있을 경우에는 신경연접에서의 반응이 흥분이나 억제 한 가지 반응으로 나타나거나 중간 효과가 나타날 수도 있다. 하나의 신경세포가 둘 이상의 연합신경세포를 자극하는 발산형 연접의 경우에는 하나의 수용기로부터 정보를 받아 여러 신경세포로 정보를 전달한다. 운동신경세포나 감각신경세포의 출력신호를 조절하도록 되먹임을 하는 환상회로가 존재할 수도 있다.

4 곤충 감각기 일반적 특성

곤충의 체벽은 수분 손실과 외부 인자들로부터 내부를 보호하여 주는 역할을 담당한다. 여기에 환경 변화를 감지하는 감각기가 갖추어져 있어 적절한 생리 반응을 나타낼 수 있다. 페로몬과 같은 화학신호는 자기 짝의 위치를 알려주고, 기주식물이나 동물에서 나오는 냄새는 먹이와 산란장소를 알려준다. 또한 다른 개체로부터 나오는 다양한 신호들은 경보반응이나 집합 반응을 유발할 수 있다. 즉, 감각기는 이러한 외부 자극을 수용하여 몸 체내에 신경계에 연결하여 곤충이 환경변화를 인식하게 한다. 단, 감각기가 몸의 내부를 외부로 노출시키는 통로가 되기에 수분 손실의 우려가 발생한다. 이를 최소화하기 위해 곤충은 감각기에 작은 구멍을 노출 노출시켜 수분 손실을 최소화한다. 또한 감각기들이 몸 전체에 균일하게 분포하는 것이 아니라 구기, 촉각, 다리, 미모와 같이 자극을 받아들이는 몇몇 부위에만 집중되어있다.

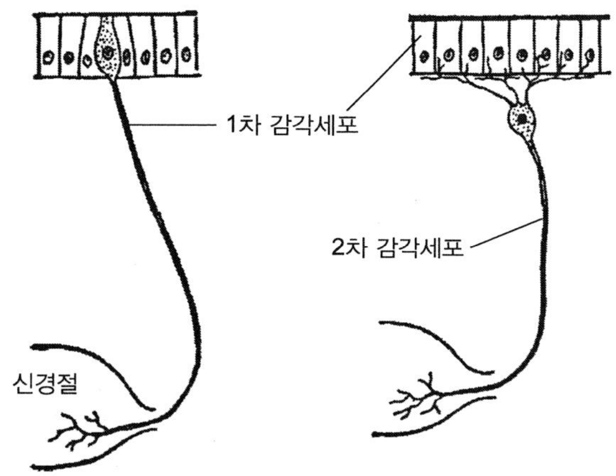

그림 11.14 1차 감각세포와 2차 감각세포의 차이. 1차 감각세포는 자극을 직접 수용하고, 비신경성 기원이 2차 감각세포는 1차 감각세포에 연결되어있다. 원본그림(Snodgrass, 1935) 및 사본인가

이러한 방법을 통해 수분 손실을 최소화하면서 외부 자극을 수용할 수 있게 된다.

곤충 감각기는 모두 1차 감각세포(primary sense cell)이다(그림 11.14). 반면에 척추동물은 맛, 촉감 및 시각에 반응하는 2차 감각세포(secondary sense cell)를 가지고 있다. 2차 감각세포는 비(非)신경세포로 수신하여 신경세포에 연결한다. 즉, 척추동물 피부에 있는 촉각 감각기는 표피세포가 변형된 것으로, 수용전위를 만들어 이를 신경세포로 전달한다. 자극을 받은 세포가 양극성 1차 감각세포이면, 수용전위와 활동전위를 모두 만들기 때문에 두 번째 신경세포는 필요가 없다. 결국 곤충은 세포 하나가 척추동물의 세포 두 개 몫, 즉 감각세포와 신경세포의 기능을 모두 하는 셈이다.

감각기(sensillum)는 감각수용의 기본단위이다. 다른 신경계 조직과 같이 감각기도 외배엽성이다. 감각기 줄기세포(sensillum progenitor cell)로부터 여러 감각기가 분화된다. 기본적으로 감각기는 감각신경(sensory neuron), 소켓을 만드는 외부피막세포(tormogen cell), 털자루를 형성하는 중간피막세포(trichogen cell), 그리고 축삭돌기들을 서로 격리시키고 신경세포에 이온과 영양분을 제공하는 내부피막세포(thecogen cell)로 구성된다(그림 11.15). 감각기 내의 감각 신경세포들은 양극성으로, 수상돌기는 체벽 쪽으로 반면에 축삭돌기는 중추신경계 쪽으로 뻗어 있다. 냄새감각기에는 1~5개의 감각신경의 수상돌기들이 분포한다. 대부분의 감각기가 외부 표면에 놓여 있지만, 신장수용기 등을 비롯한 몇몇 수용기들은 체내 기관 혹은 체벽 내부에 존재한다.

감각기는 이들의 외부형태에 따라 분류할 수도 있다. 그러나 구조만으로는 그 기능을 결정

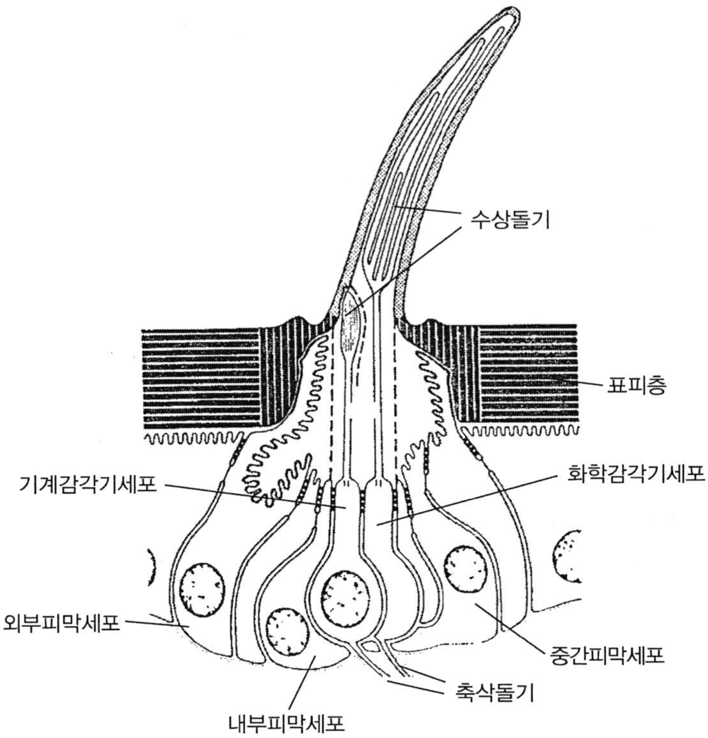

그림 11.15 **큐티클성 감각기의 기본구조.** 원본그림(Altner와 Prillinger, 1980) 및 사본인가

하기에는 충분하지 않은 것이 보통이다. 전체적인 감각기 구조는 비슷하더라도, 감각기의 미세구조는 감각 방식에 따라 상당히 다를 수도 있다. 그럼에도 불구하고, 곤충 감각기를 구조적으로 분류하는 방법이 여전히 가장 일반적이다(그림 11.16). 털감각기(trichoid sensillum)는 외부 표피층 구조가 긴털 모양을 하고 있으며 두꺼운 큐티클로 덮여있는 비분지(非分支) 수상돌기를 1~3개 가지고 있다. 원추형감각기(basiconic sensillum)는 털감각기에 비해 비교적 짧은 외부 표피층구조를 지니며 분지(分支) 수상돌기가 1~3개 있다. 판상감각기(placoid sensillum)는 분지 수상돌기가 2~50개 있는 판모양의 외부 표피층 구조를 지닌다. 그리고 함몰형감각기(coeloconic sensillum)는 외부 표피층 구조가 주변 표피세포층에 비해 몸 안으로 함입될 구조를 지니며 이 홈 속에 쐐기 모양의 털이 자리하는 것이 보통이며, 여기에 3~5개의 비분지 수상돌기가 분포한다. 이들 감각기를 분류하는 다른 방법으로는 수용기가 반응할 것으로 여겨지는 자극의 종류에 따라 기능적으로 분류하는 방법이 있다.

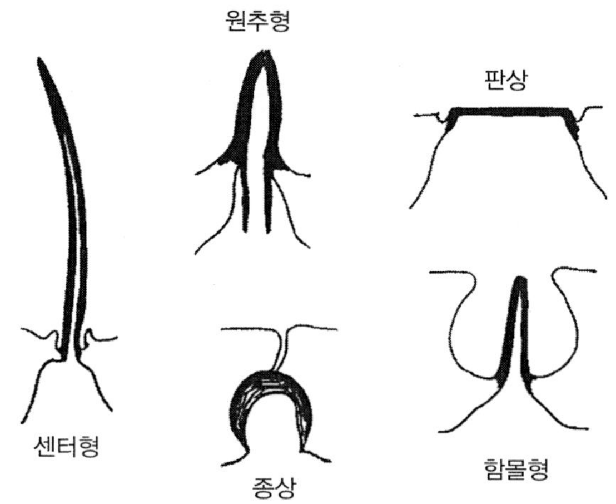

그림 11.16 **감각기의 다양한 외부구조.** 원본그림(Zacharuk, 1980) 및 사본인가

5 기계감각기

기계감각기(mechanoreceptor)는 물리적 자극에 대해 감지하는 감각기이다. 즉 압력, 중력, 진동 그리고 근육에 의해 생기는 내부의 힘 같은 에너지가 몸을 변형시킬 때 이를 감지한다. 단단한 외골격을 이용하여 이러한 물리적 자극을 수용하는 데 이용된다. 기계감각기로 접촉, 위치, 소리 및 빛을 감지하게 된다.

5.1 접촉감각 및 감각수용

접촉감각기(contact receptor)는 표피층 외부구조가 자극에 반응하는 털감각기로 주로 이루어져있다. 이 강모들은 화학감각수용기의 감각기들과 유사하게 생겼지만, 구멍이 없고 한 개의 신경세포만이 분포한다. 어떤 화학감각수용기들은 기부에 화학감각신경과 더불어 접촉감각기를 가지고 있는 경우도 있다. 흔히 소켓세포라 불리기도 하는 외부피막세포는 탄력성 단백질 레질린을 함유한 한 층의 연결막을 분비하여 강모의 움직임을 유연하게 만들어준다. 강모가 움직이면서 수상돌기의 관상체(tubular body)를 변형시켜 수용전위를 발생시키고(그림 11.17), 이어서 축삭돌기에 활동전위를 유발시킨다. 이러한 기계적 자극은 수상돌기막을 변형시켜 이온에 대한 막투과성을 변화시키는 것으로 추측된다. 예를 들어, 기계감각기의 털을 어떤 특정 방향으로 밀면 수상돌기 내에 수용전위가 생성된다. 이 수용전위는 자극세기에 비례해서 크기가 달라지고 또한 자극전달도 거리와 시간에 따라 감소한다. 수용전위의 탈분

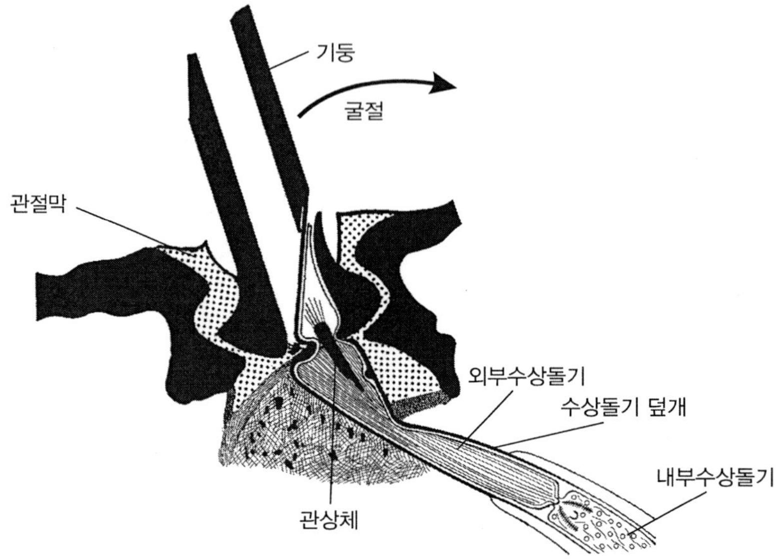

그림 11.17 접촉기계감각기. 강모가 화살표 방향으로 움직일 때 활성화 된다. 내부큐티클성 관상체의 뒤틀림이 수용전위를 유발한다. 원본그림(Klowden, 2013) 및 사본 인가

극정도가 임계막전위를 지나면 활동전위가 생성된다. 이곳에서의 막전위변화를 발전전위라 하는데 곤충 기본감각기에서는 수용전위와 발전전위를 구별할 수 없다.

계속되는 자극에 대한 감각세포들의 적응현상에 따라서 감각기들을 두 종류로 대별한다. 한 종류는 매우 빨리 적응하는 소위 위상성 감각기(phasic receptor)이고, 다른 종류는 느리게 적응하는 긴장성 감각기(tonic receptor)이다. 위상성 감각기는 자극이 시작될 때와 끝날 때에 주로 반응을 보여 on-off 감각기라고도 부르는 데, 간단한 운동 등 짧은 기간의 자극수용에 적합한 감각기이다. 청각세포 등도 이와 비슷한 적응형태를 보인다. 반면에 긴장성 감각기는 오랫동안 지속되는 자극탐지에 적응된 구조로 곤충의 망막세포나 근육의 신장수용기 및 관절에 있는 기계감각기 등이 그 예이다. 물론 이들도 지속되는 자극에 적응현상을 보여 최초자극시보다는 낮은 수용전위 수준과 활동전위 빈도수를 보이게 된다. 따라서 이들은 장기간 낮은 빈도수의 활동전위를 보내지만 위상성 수용기는 짧은 기간에 높은 빈도수의 활동전위를 내보낸다. 한편 곤충의 일부 감각기들은 이 두 가지 특징을 갖는 위상-긴장성 반응을 보인다. 그 한 예가 배추흰나비 암컷의 교미낭벽에 있는 신장수용기이다. 이 수용기는 교미 결과 교미낭이 정자주머니로 채워지면 그 정보를 중추신경계에 전달해서 더 이상의 교미행동을 억제하게 해 준다. 인위적으로 교미낭에 실리콘 기름을 채우면서 그 반응을 측정해 보면 적

은 양(3 μl 이하)에서는 위상성 반응을 보이다가 그 이상이 되면 체적의 대수치에 비례하는 긴장성 반응을 보인다. 실제 배추흰나비 암컷이 교미거절행동을 보이는 경우는 교미낭이 약 4 μl 이상 채워진 이후에 나타나는 점으로 보아 이 신장감각기의 긴장성 반응이 교미거절행동을 유발하는 것 같다.

5.2 위치감각

위치감각은 일종의 자기수용(proprioception)으로 자신의 몸의 위치 정보를 수신하게 된다. 곤충은 여러 기계감각기를 이용하여 몸 내외부이 자기수용을 수행하고 있다.

종상감각기(campaniform sensillum)는 얇은 종 모양의 구조로 주로 연결 부위나 평행곤 같은 구조 근처에 위치하며, 뒤틀림과 표피층 변형에 반응한다(그림 11.18). 큐티클로 덮여있는 막대구조(scolopale) 안에 한 개의 신경세포가 존재하며, 인접 표피층에서 압축력이 발생할 때 변형되면서 자극을 받게 된다. 이 막대구조에는 액틴 섬유에 둘러싸여 있는 미세소관이 막대의 길이 방향으로 배열되어있다. 귀뚜라미 미모에 있는 종상감각기는 미모자루가 움직이면서 감각기를 변형시키면 다리를 이용한 발차기 반응을 유발한다.

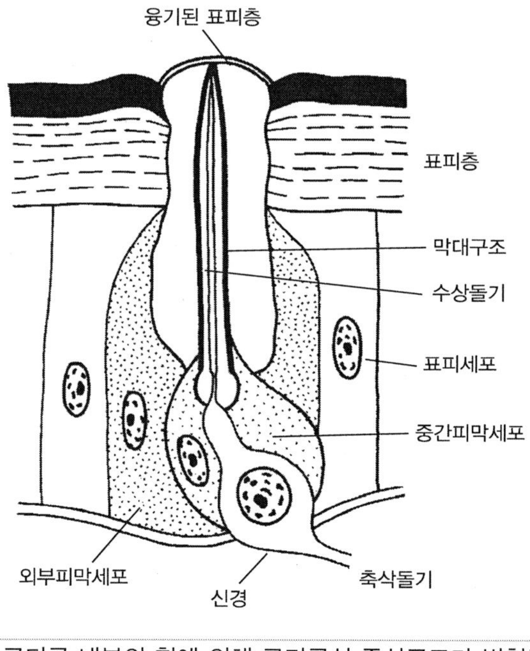

그림 11.18 **종상감각기.** 큐티클 내부의 힘에 의해 큐티클성 종상구조가 변형된다. 막대구조의 움직임으로 수상돌기에 수용전위가 발생한다. 원본그림(Klowden, 2013) 및 사본인가

현음기관(chordotonal organ)에는 막대감각기(scolopidium)라는 특별한 감각기가 표피세포 밑에 배치되어 있다(그림 11.19). 막대감각기는 큐티클층의 변화를 감지하는 기계 감각변환 장치로서의 역할을 한다. 각각의 막대감각기는 하나 이상의 양극성 감각신경세포, 하나의 신경교질세포, 하나의 부착세포, 그리고 하나의 막대구조로 구성된다. 보통 양쪽 끝부분이 큐티클에 부착되어 있어서 큐티클의 뒤틀림 정도를 측정할 수 있다. 체벽의 움직임으로 인해 막대구조가 늘어나면, 수상돌기가 눌리게 되고 이온채널이 열리면서 수용전위가 발생한다. 현음기관은 내부 감각기관이며 외부의 큐티클성 돌기와 연결되지 않는다. 현음기관은 자기수용기로 자주 사용되는데, 구부림, 중력, 공기 진동 또는 공기 흐름 등에 의한 큐티클의 뒤틀림에 반응하여 몸의 상대적인 위치를 측정한다. 많은 노린재목 곤충들이 식물을 진동신호의 매개체로 이용하는데, 퇴절과 경절에 있는 현음기관을 통해 주로 신호를 받아들인다.

신장감각기(stretch receptor)는 다극성 신경세포를 가지고 있으며 내부기관 전체에서 발견된다(그림 11.20). 신장수용기는 근육과 연결조직의 몇몇 부위, 또는 어떤 기관을 둘러싼 기저막 내부에 그 끝이 뻗어있는 수상돌기들로 대부분 이루어져 있다. 측정되고 있는 구조체의

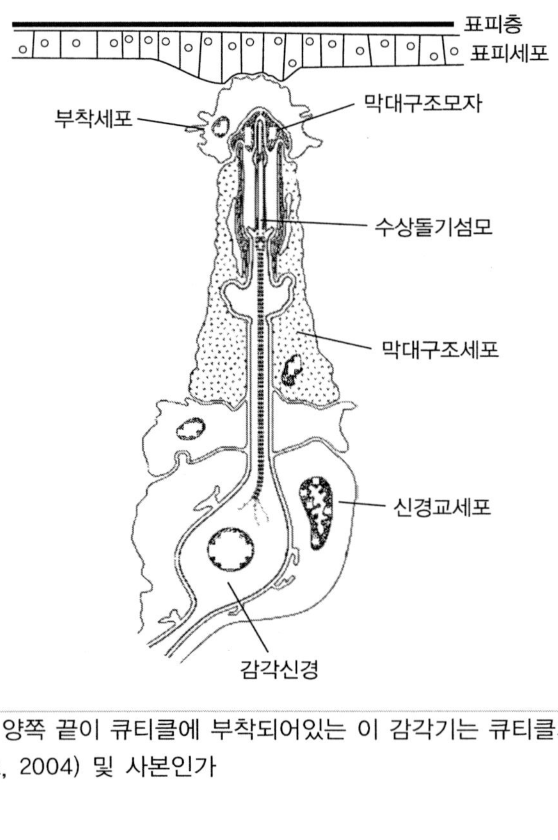

그림 11.19 **현음기관.** 양쪽 끝이 큐티클에 부착되어있는 이 감각기는 큐티클의 뒤틀림 정도를 측정할 수 있다. 원본그림(Yack, 2004) 및 사본인가

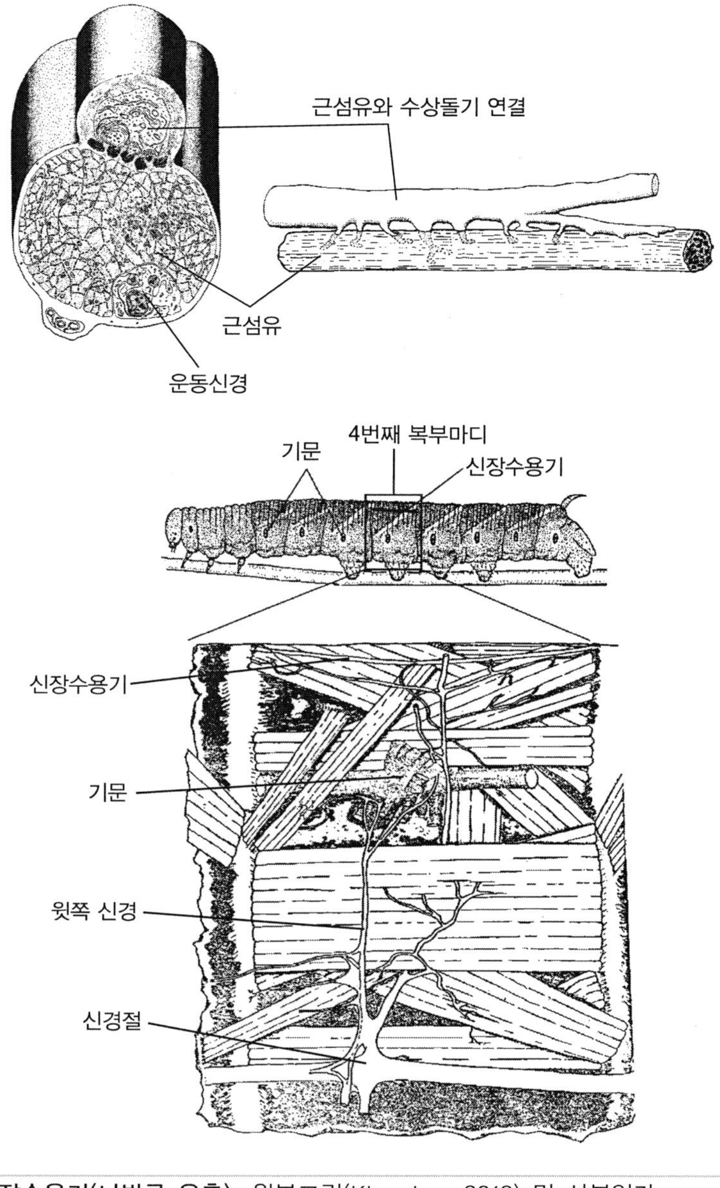

그림 11.20 **신장수용기(나방류 유충).** 원본그림(Klowden, 2013) 및 사본인가

모양이 변하면서 자기수용을 위한 되먹임 정보가 제공된다. 전장에는 장운동과 장팽창에 반응하는 다극성 신경세포들이 주로 분포되어있다. 복부 내에는 윗면 몸길이근 신장수용기가 각 체절마다 존재하며 체절 사이로 뻗어있다.

5.3 청각

현음기관은 곤충의 청각에 관여한다. 여러 곤충의 촉각 둘째마디(병절, pedicel)에서 발견되는 존스턴기관(Johnston's organ)은 채찍마디(편절, flagellum)의 미세한 움직임에도 반응을 한다(그림 11.21).

파리목의 여러 곤충에서 촉각자모(arista)라 불리는 촉각 센털이 진동을 받아서 촉각자루(antennal shaft)로 넘기면 그 아래에 있는 일군의 막대감각기가 신호를 전달받게 된다. 이런 방식으로 다른 성(性)이 만들어 내는 진동을 측정할 수 있을 뿐만 아니라 비행시 촉각을 변형시키는 공기 흐름을 통해 전해지는 되먹임도 감지할 수 있다. 모기류 곤충에서는 존스턴기관이 마치 조이스틱 같은 기능을 하는데, 긴 채찍마디가 진동을 받아서 둘째마디 안에 고리 모양으로 배열된 막대감각기들에 전달한다. 모기 수컷은 7,000개 이상의 막대감각기로 이루어

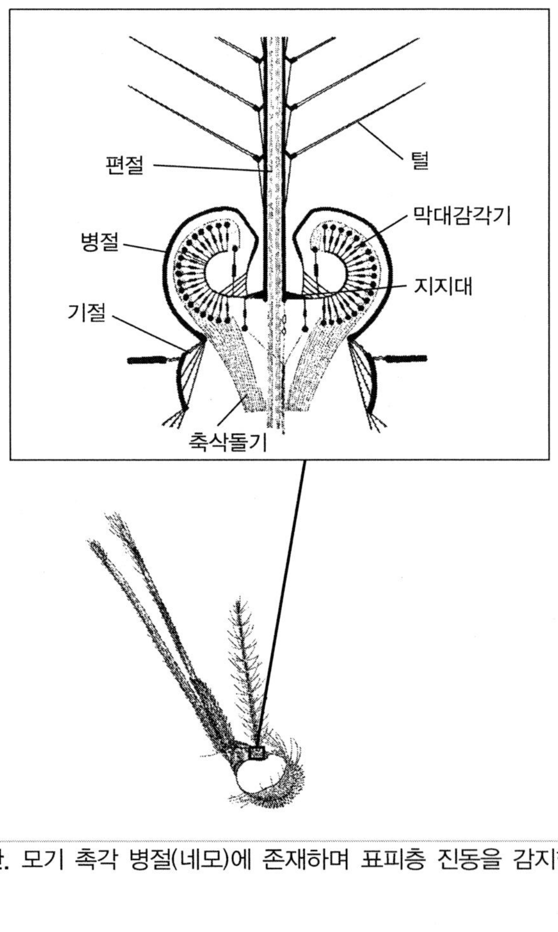

그림 11.21 **존스턴기관.** 모기 촉각 병절(네모)에 존재하며 표피층 진동을 감지한다. 원본그림(Klowden, 2013) 및 사본인가

진 존스턴기관을 이용하여 암컷의 비행 음색과 날개짓 빈도수를 바탕으로 짝을 찾아낸다. 등에모기(*Corethrella* 속)는 촉각에 있는 존스턴기관을 이용해 개구리의 울음소리를 듣고 그들의 위치를 알아 내 피를 빨아 먹는다.

무릎아래기관(subgenual organ)은 많은 곤충의 경절에 위치하는 현음기관으로 한쪽 끝은 큐티클에 다른 한쪽 끝은 기관지(trachea)에 부착되어 있지만 다리관절과는 아무런 관련도 없다(그림 11.22). 무릎아래기관은 다리의 진동에 반응을 하는데, 이는 곤충이 움직일 때 혈림프 흐름이 발생하기 때문이다. 이 기관은 진동 감지 및 청각 기능을 수행하며, 특히 곤충이 포식자 접근과 같은 민감한 자극을 감지하는 데 도움을 준다. 바퀴의 경절에 위치한 무릎아래기관은 1.8 kHz의 소리에 가장 잘 반응하고 음파 파장의 2 nm 차이까지도 구분한다. 풀잠자리목에 속하는 많은 종들은 무릎아래기관으로 매질을 통한 진동을 측정할 수 있어서 종 구별과 짝짓기에 이용한다.

고막기관(tympanal organ)은 소리 진동을 측정하는 현음구조로 기관지와 연결된 구조로 보아 무릎아래기관에서 진화한 것으로 추정된다. 고막기관은 한 개에서 여러 개의 막대감각기를 가진 현음기관과 함께 얇은 표피층 막인 고막(tympanum)으로 구성되어 있다(그림

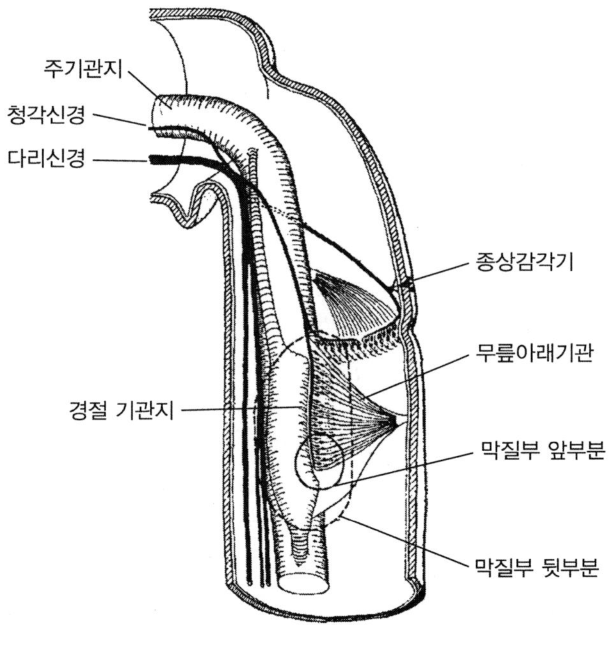

그림 11.22 **곤충 다리 경절 내부에 있는 무릎아래기관.** 한쪽 끝은 큐티클에 붙어있고, 다른 한쪽 끝은 기관지(trachea)에 부착되어있다. 원본그림(Field와 Matheson, 1998) 및 사본인가

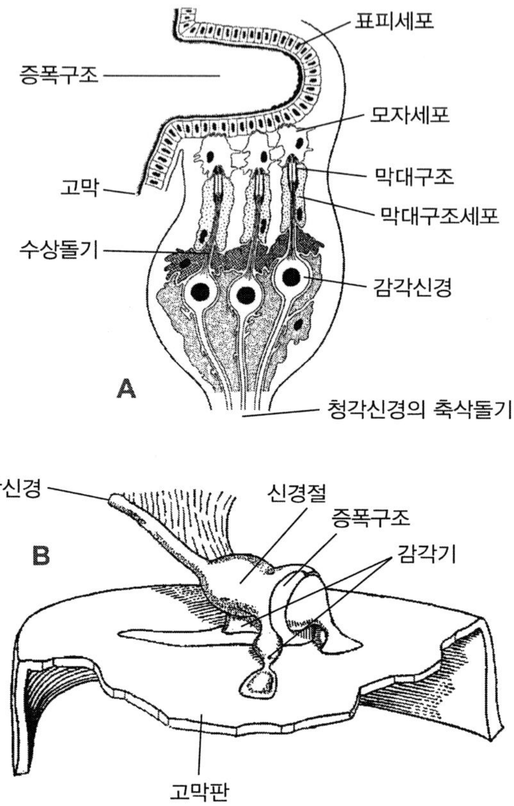

그림 11.23 **고막기관.** (A) 고막기관 밑에 위치한 감각기의 횡단면 (B) 고막기관의 내부표면. 원본그림 (Gray, 1960) 및 사본인가

11.23). 이곳의 막대감각기들은 고막의 움직임을 감지할 수 있도록 안쪽에 부착되어 있다. 소리가 고막을 진동시키면 막대감각기가 그 진동을 감지하는 것이다. 이 고막으로 곤충은 2~140 kHz에 이르기까지 넓은 범위의 주파수에 반응할 수 있으며, 그중 민감도가 가장 높은 범위는 30~60 kHz이다. 고막은 서로 멀리 떨어져 쌍을 이루는 위치에 존재하는 경우가 많아서 자극의 방향성을 측정할 수도 있다. 두 고막의 강도를 비교하는 방식으로 곤충은 음원의 방향을 결정할 수 있다.

귀뚜라미의 고막기관은 앞다리 경절에 존재한다. 몇몇 메뚜기류의 고막기관은 복부 제1마디 양쪽 옆에 위치한다. 사마귀는 가슴 아랫면 중앙선에 1개의 귀를 가지고 있다. 풀잠자리는 부풀어 있는 방사상 시맥에 작은 고막을 가지고 있으며 고막 위쪽에 액체로 찬 공간이 있는 점이 다른 곤충들의 고막과 다르다.

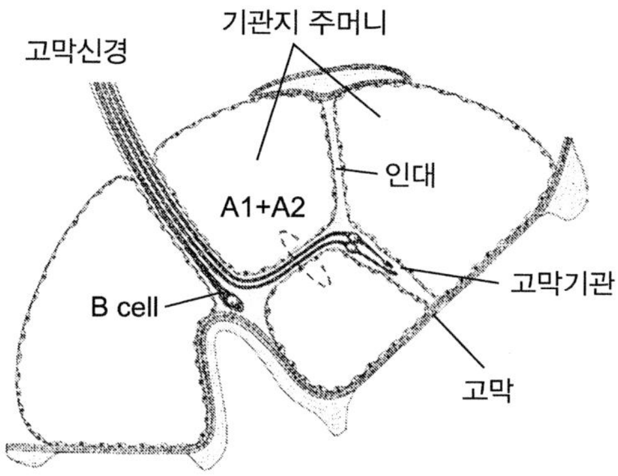

그림 11.24 **나방의 고막.** 민감도가 다른 두 가지 감각신경세포(A1과 A2)가 분포하는 고막으로 구성되어 있다. 원본그림(Yager, 1999) 및 사본인가

나방과 박쥐의 상호작용은 공진화(coevolution)의 예로 잘 알려져 있다. 밤에 날아다니는 나방은 박쥐가 먹이를 찾을 때 사용하는 초음파를 감지하여 회피행동을 취할 수 있고, 반면에 박쥐도 이러한 나방의 방어를 극복하기 위해 자신들의 신호를 바꿔왔다. 나방에는 가슴과 복부가 인접한 부위에 고막을 가지고 있다(그림 11.24). 여기에 서로 감도가 상이한 2개의 막대감각기(A1과 A2)가 존재한다. A1 세포는 A2 세포보다 소리에 더 민감하여 먼 거리에서 (5 m 이상) 들려오는 소리에 반응하여 감지한 나방이 박쥐로부터 멀어지는 행동을 유발한다. 반면에 민감도가 낮은 A2 세포가 초음파를 감지하게 되면 박쥐가 (5 m 이내 있다는 것이고 이는 즉각적인 회피 다이빙 행동을 유발하게 한다. 박쥐가 나방의 감지력 떨어뜨리기 위해 고주파수를 이용할 수도 있지만, 가청범위는 줄어드는 단점이 있다.

5.4 온도 및 습도 감지

온도와 습도는 촉각에 위치한 동일한 감각기에서 감지된다. 이 감각기에 온도와 습기 수용체가 존재하게 된다. 감각기 구조는 주로 함몰형으로 큐티클성 홈 안에 작은 쐐기 모양을 한 원추형감각기의 형태를 띠고 있다. 이들은 실온을 측정할 수 있을 뿐만 아니라, 습도로 인해 큐티클성 감각기가 수화되면 형태가 변하면서 전형적인 기계감각기와 같은 기능도 할 수 있다. 초파리 유충의 머리와 몸 표면에 있는 감각신경세포들은 추워지면 자극 빈도가 증가하고 따뜻해지면 감소한다. 날개를 펼쳐 태양으로부터 오는 열을 흡수하는 나비는 둔시맥(anal wing vein)을 따라 위치한 온도감각기를 이용해 온도가 위험할 정도로 높으면 날개를 적절히 움직여 조절한다.

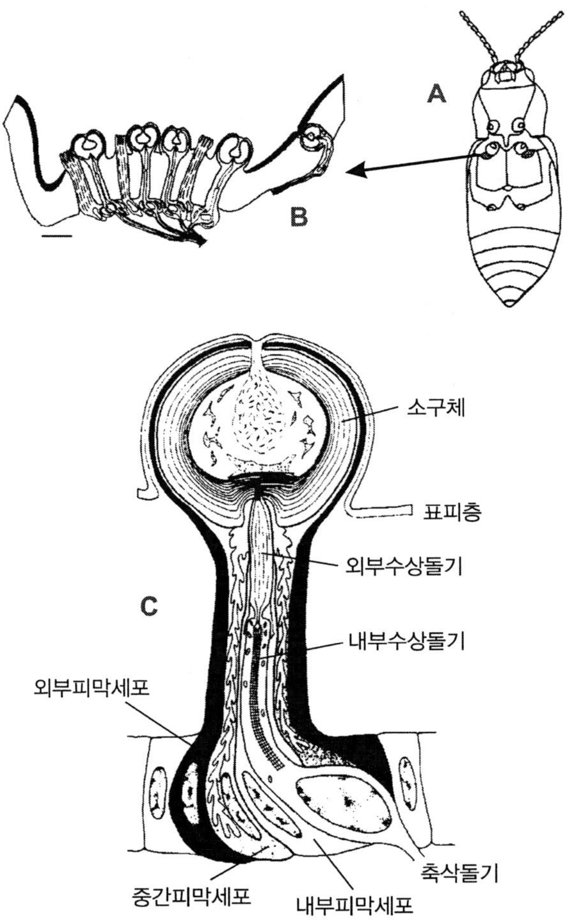

그림 11.25 적외선 감각기. 비단벌레류의 큐티클성 함몰기관(A, B)에 위치하는 적외선감각기(C)는 산불에서 방사되는 적외선에 반응한다. 원본그림(Vondran 등, 1995) 및 사본인가

딱정벌레 중에는 산불로 최근에 죽은 나무에서만 자라는 비단벌레류가 있다. 이 딱정벌레의 가슴에는 쌍으로 존재하는 함몰기관이 있으며 적외선을 감지하는 것으로 알려져 있다(그림 11.25). 이 곤충은 비행시 노출되는 중흉 기절 근처에 쌍으로 존재하는 함몰형감각기에 위치한 판모양의 감각기를 이용하여 산불에서 방사되는 2~4 μm 파장 범위의 적외선에 반응한다. 각 함몰기관에는 렌즈모양의 큐티클 구조를 가진 50~100개의 감각기가 있다. 적외선에 노출되면서 부피가 변하게 되고 그 밑에 있는 기계감각기의 수상돌기가 변형된다. 이 감각기들은 산불에서 나오는 적외선에 특이적으로 자극을 받으며, 촉각에 있는 다른 감각기들은 연기에 존재하는 페놀 화합물에서 나오는 후각 정보에 반응한다.

5.5 자기장 감지

이주성 대왕나비, 꿀벌, 바퀴, 개미 등을 포함한 일부 곤충들은 지구 자기장(magnetic field)을 느낄 수 있고 자기장의 세기에 근거해 방향을 잡는 것으로 알려져 있다. 대왕나비는 자철광(Fe_3O_4)이라는 자기성 입자를 몸속에 가지고 있다. 이 물질은 성충으로 의변태시 가슴에서 합성된다. 대왕나비를 실험실 자기장에 잠깐 노출시키면 이내 방향을 잃는다는 점은 확인되었지만, 지구자기장을 이용해 방향을 잡는 지에 대한 직접적인 증거는 아직 없다. 꿀벌도 밀원 위치를 파악할 때 다른 정보의 보강 차원에서 자기장을 이용한다. 지방체 내의 지방세포에 철과립이 분포하는데, 자기장에 따라 과립이 퍼지거나 모이면서 일벌에 신경반응을 유발한다. 복부에 자석을 인위적으로 부착하면 채집 행동에 장애가 발생한다. 흰개미를 잡아 먹는 이주성개미의 일종인 *Pachycondyla marginata*는 촉각과 복부에 자성을 띄는 산화철(iron oxide)을 가지고 있는데, 자기장에 평행하도록 방향을 잡는 능력이 아마도 이 때문인 것으로 여겨진다. 자기장에 대한 반응은 빛에 대한 반응에 의해 보강되는 경우가 많다. 갈색거저리(*Tenebrio molitor*)는 빛이 추가적으로 존재할 때에만 자기장에 따라 방향을 잡는다.

자기장에 의한 방향잡기 행동이 많은 곤충에서 보고된바 있지만, 자기장이 어떻게 신경계에 영향을 주는 지를 설명하는 확실한 감각변환 작용기작은 여전히 알려진 바가 없다. 다른 동물들에서는 자기성 입자들이 신장수용기나 광 감각수용기에 들어있어서 자기장 존재 시에 광 민감도가 변하기도 한다.

5.6 시각

곤충처럼 운동성이 강한 동물은 복잡한 환경 속에서 필요한 사물을 정확히 인지하기 위해 시각 정보가 필요하다. 시각 자극에 대한 감도는 곤충의 생태적 필요성에 부합하는 범위의 민감도와 해상도를 제공하는 다양한 여러 감각기들을 통해 가능하다. 빛 자체를 감지하는 것만으로는 충분하지가 않다. 여러 방향에서 들어오는 빛을 비교하여 공간적 시각을 제공하는 능력도 수반되어야한다. 빛에 반응하는 단순한 광감각기라도 공간적 시각을 함께 제공해야만 방향을 잡는데 있어서 빛이 도움이 된다.

많은 생물들은 주변 환경을 볼 수 있는 눈을 진화시켜왔다. 동물체의 광감각기는 65회의 독립적 진화 사건을 통해 현재의 다양성을 발달시켰을 것으로 추정하고 있다. 하지만 분자생물학적 증거를 보면 척추동물과 곤충의 눈 발달 경로가 서로 유사하여 모든 동물의 눈이 사실상 단계통적으로 진화해왔을 것이라는 주장도 제기된다. 호메오 유전자인 *Pax6*는 인간과 생쥐 모두에서 눈의 발달을 조절한다. 초파리에도 *Pax6*에 해당하는 유전자인 *eyeless*가 있는 데, 이것도 역시 궁극적으로는 눈의 발달을 조절한다. 생쥐의 *Pax6* 유전자를 초파리에 발현시키면 주입 부위에서 추가적 겹눈이 형성된다. 이는 모든 후생동물의 눈이 공통조상에서 유래한 것을 뒷받침하고 있다. 하지만, 이러한 단계통 가설은 척추동물의 섬모성 간상체와 추상체 광감각기가 존재하지만 곤충은 감간소체만을 가지고 있어 분명한 차이점은 존재한다. 그런데, 곤충과 척추동물의 가장 최근 공통조상인 갯지렁이류에서 두 종류의 광감각기가 확인됨에 따라 동물의 눈은 사실상 적어도 두 번 이상 진화했을 것으로 추정된다.

곤충의 광감각기들은 홑눈 또는 겹눈으로 분류될 수 있다. 홑눈에는 날개 달린 성충에서 많이 발견되는 윗홑눈(dorsal ocellus)과 완전변태류 유충의 옆홑눈(stemmata)이 있다. 완전변태류의 성충과 불완전변태류의 유충 및 성충에 존재하는 겹눈(compound eye)은 훨씬 높은 해상도를 제공하고 움직임 측정이 더 원활한 다중 광학계를 가지고 있다.

5.6.1 윗홑눈

가시광선 범위의 빛에 반응하는 수용기 중에서 윗홑눈(dorsal ocellus)이 가장 단순한 시각 구조 복합체이다. 윗홑눈(그림 11.26)은 대부분 곤충의 날개 달린 성충과 불완전변태류 유충에서 두 겹눈 사이에 삼각형 패턴으로 군집을 이루는 모양을 하고 있다. 하지만 한 개씩 생기는 경우도 있다. 전형적인 윗홑눈은 투명한 볼록 렌즈 모양의 각막렌즈(corneal lens)와 그 아래 수백 개의 광감지 망막세포(retinula cell) 군집으로 이루어져 있다. 감간체(rhabdom)라 불리는 망막세포의 한 부분에는 시각 색소인 로돕신(rhodopsin)이 있어서 빛을 흡수하고 수

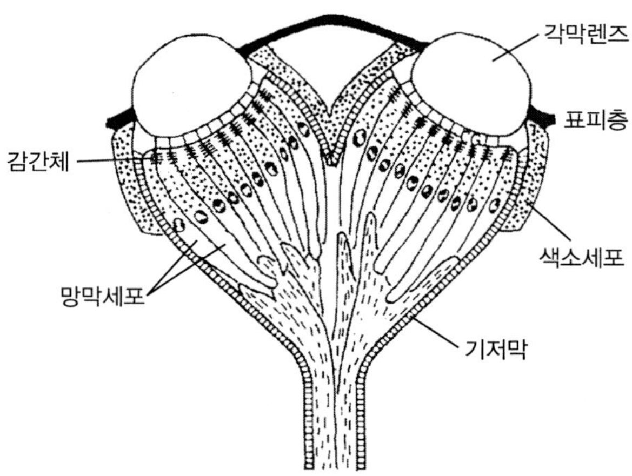

그림 11.26 **윗홑눈.** 원본그림(Toh와 Tateda, 1991) 및 사본인가

용전위를 만들어 낸다. 바로 아래에 있는 한 층의 세포들은 요산염(urate) 결정이나 단단히 결집된 기관지(trachea)를 가지고 있어서 반사층(tapetum)의 기능을 한다. 이러한 망막세포에서 나온 축삭돌기들은 소수의 연합 신경세포와 신경연접을 이루어 감각기에 존재하던 감각세포 수 보다 더 적은 수의 축삭돌기들을 통해 뇌로 들어감으로 해서, 해상도를 훨씬 더 효과적으로 높인다. 파리에서는 3개의 윗홑눈이 하나의 홑눈신경세포에 의해 전대뇌와 연결되어 있다. 풀무치에서는 600~800개의 망막세포들이 단지 6개의 연합신경과 신경연접을 이룬다. 따라서 윗홑눈은 상인지 측면 보다는 빛 세기를 감지하여 단순히 시야를 훑어봄으로 비행시 방향 탐지를 위한 기본적인 정보를 제공하는 것으로 보인다. 윗홑눈은 겹눈과 합동하여 곤충의 공간 회전을 유지하는 회전 측정기로서의 역할을 한다. 자외선에 민감한 윗홑눈은 수평 측정기의 역할도 하는데, 받아들인 상을 바탕으로 하여 이동을 촉진하기 위해서는 겹눈에서 들어오는 자극의 처리와 상호작용을 한다.

5.6.2 옆홑눈

옆홑눈(lateral ocellus 또는 stemmata)은 비교적 단순한 눈으로 완전변태류 유충에 존재하는 유일한 광감각기이며 성충으로 변태할 때는 일반적으로 사라진다(그림 11.27). 그 모양은 이름과는 달리 윗홑눈 보다는 겹눈과 더 비슷하지만, 이미지의 질은 겹눈 보다는 미약하다.

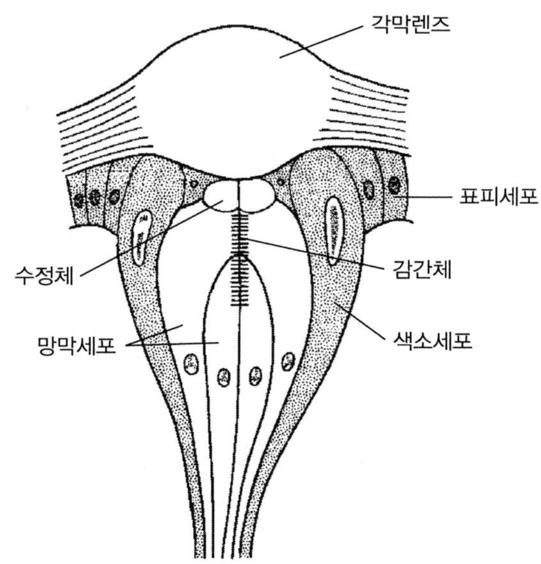

그림 11.27 **옆홑눈.** 원본그림(Klowden, 2013) 및 사본인가

옆홑눈과 연관된 수용기의 수가 너무 적은 것이 일반적이어서 거친 모자이크상 밖에는 형성하지 못한다. 이런 옆홑눈을 가진 완전변태류 유충들은 주로 기어 다니기에 성충 겹눈에서처럼 고성능 시력은 필요로 하지 않는다. 성충은 날아다니고 짝을 찾기 위해서 더 나은 이미지 처리 능력을 필요로 한다. 일반적으로 옆홑눈은 수정체(crystalline cone) 위에 큐티클성 각막렌즈를 가지고 있으며, 이들이 시각의 구성 요소로서의 역할을 한다. 윗홑눈에서 처럼 망막세포 원형질막의 일부분이 감간소체로 분화되어 있으며 여기에 시각 색소를 함유한 수많은 미세융모가 존재한다. 감간소체가 제공하는 넓은 표면적으로 인해 이들 신경세포들에는 풍부한 시각색소가 가득 차있을 수 있다. 여기에는 다양한 광색소계가 있어서 색 구분도 가능하게 된다. 가시광선 영역 중에 서로 다른 영역에 맞춰진 2개 이상의 로돕신으로 인해 곤충은 파장에 따른 시각자극들을 구별할 수 있다. 옆홑눈은 편광도 감지할 수 있다.

곤충 종에 따라 한 개의 홑눈에 3개에서 5,000개까지 다수의 망막세포가 모여 감간체를 형성한다. 곤충의 옆홑눈은 군집하거나 혹은 낱개로 존재하면서, 주변 환경으로부터 거친 모자이크상을 만들지만, 윗홑눈 보다는 훨씬 나은 해상도를 보인다. 길앞잡이류 딱정벌레의 유충은 옆홑눈 중에 가장 큰 것을 가지고 있으며 이례적으로 해상도가 높다. 머리 양쪽에 각각 6개 단위씩 존재하며 6,000개 이상의 망막세포가 자리하고 있다. 호랑나비 유충도 머리 양쪽에 각각 6 단위의 옆홑눈이 있으며, 각 홑눈에 존재하는 7개의 망막세포가 하나로 융합된 감간소체를 형성한다. 홑눈 내부의 망막세포들은 초록색, 파란색 또는 자외선을 감지한다.

유충의 옆홑눈은 변태시 모두 퇴화되지 않는다. 초파리 성충에서는 옆홑눈이 Hofbauer-Buchner 눈구멍으로 알려진 겹눈의 뒤쪽 가장 자리에 존재하며, 이와 유사한 것들이 몇몇 다른 곤충에도 존재한다. 눈구멍(eyelet)은 다양한 미세융모를 가진 색소 함유 기관으로 구성되어 있으며, 미세융모는 감간소체의 형태로 배열되어 있으며 시각 색소와 clock 단백질을 가지고 있다. 이러한 추가 망막 광 감각수용기(extra retinal photoreceptor)는 뇌의 한 영역으로 연결되는데, 이곳에 일주기 리듬 조정 장치가 있어서 성충의 일주기리듬을 인지하고 위치이동 행동과 일치시키는 역할을 하는 것으로 여겨진다.

생식기 광감각기(genital photoreceptor)는 많은 나비 성충에서 발견되었으며 번데기 기간 동안 발달한다(그림 11.28). 이 감각기는 해상도는 그리 좋지 않지만 산란행동에 관여하는 것으로 알려져있다. 산란관이 알을 낳기에 충분할 정도로 길게 뻗어있는지를 암컷에게 알려주는 것이다. 이 감각기는 교미할 때에도 암컷의 질이 수컷의 생식기와 적절히 결합되었는지도 감지한다. 이들 광감각기의 구조는 지렁이 표피에서 처음 발견된 원시적인 광 감각수용기인 광체(phaosome)의 구조와 흡사하다. 광 감각색소가 생식기 광감각용기에 존재하는지는 아직 확실치가 않다.

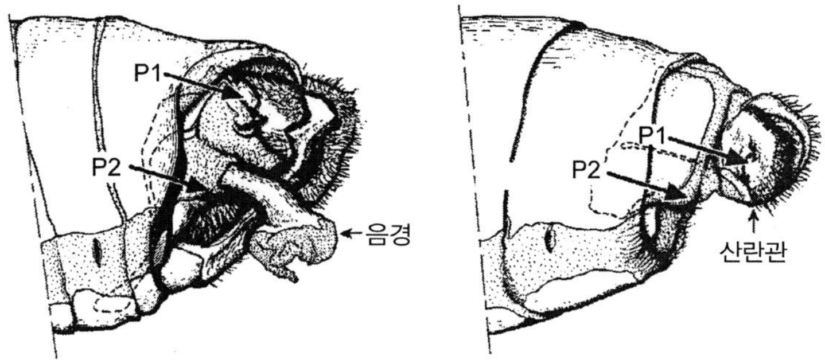

그림 11.28 **생식기 광감각 수용기.** 나비목 수컷(왼쪽) 및 암컷(오른쪽). 원본그림(Arikawa, 2001) 및 사본인가

5.6.3 겹눈

겹눈(compound eye)은 성충과 불완전변태류 유충의 주요 시각 감각기이다(그림 11.29). 이들은 머리 양쪽에 쌍을 이룬 구조로 홑눈의 단일 시각과는 달리 복합 시각계로 구성된다. 겹눈은 그 자체로 독립적인 시각 단위인 낱눈(ommatidium)을 몇 개에서 몇 천개까지 가지고 있다. 개별 낱눈에는 자체의 렌즈와 그 밑에 광 수용체를 가지고 있다. 잠자리 머리의 대부분을 차지하는 겹눈에는 30,000개 정도의 낱눈이 있으며, 초파리는 800개, 땅속 곤충들은 있다 하더라도 20개 이하로 존재한다. 원시 낫발이목과 좀붙이목에는 겹눈이 전혀 존재하지 않는다. 몇몇 곤충의 낱눈은 겹눈의 위치에 따라 다른 크기를 가지기도 한다. 예를 들어, 물속에 사는 물매미류 딱정벌레는 수면 위로 드러나는 등 쪽에 한 쌍의 눈을, 그리고 수면 아래를 보는 배 쪽에 한 쌍의 눈을 가지고 있다. 주변 환경과 접하는 모든 면면이 다 동일하게 반응하는 것도 아니다. 꿀벌 겹눈의 낱눈들마다 시각 정보를 다르게 처리하기도 한다. 모양 확인, 패턴, 색깔 구별에 있어서 앞쪽으로 보이는 시야의 아랫부분이 가장 잘 보인다. 각 렌즈가 시야를 작은 상들로 만들고 중추신경계에서 각 상들이 모두 합쳐진다.

눈은 3차원의 세상을 2차원의 화면에 상을 투사하는 방식으로 감지하는 감각기이다. 그런데 이러한 화면의 특성이 곤충과 척추동물에서 서로 다르다. 척추동물에서는 눈 속 수용체 표면이 오목해서 망막 앞에 있는 한 개의 렌즈로부터 하나의 상이 만들어진다. 절지동물에서는 감각수용체의 표면이 볼록하고, 이곳에 빛이 수직으로 들어오도록 개별 낱눈이 허용할 때에만 상이 형성된다. 각 낱눈의 렌즈가 수용체 표면에 거꾸로 된 상을 맺더라도, 뇌가 수용하는 전체 상은 모든 낱눈의 개별적 시야로 만들어진 똑바로 된 상이다. 이는 상의 해상도가 눈 굴곡의 반지름에 기본적으로 비례한다. 각 낱눈의 시야는 약 1도 범위를 갖는데, 반지름이 커

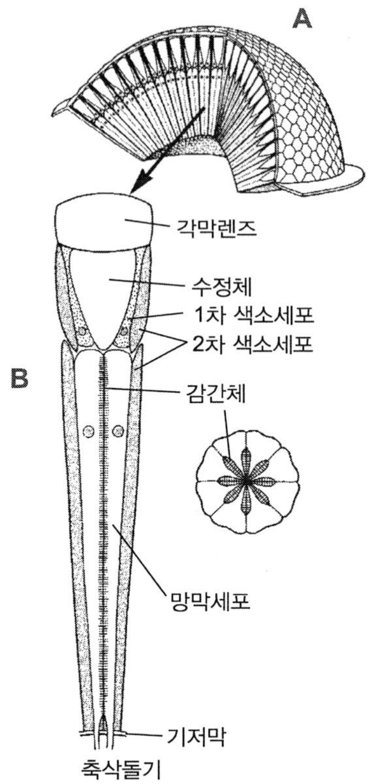

그림 11.29 겹눈. (A) 절단면. 낱눈의 위치를 보여준다. (B) 낱눈의 횡단면. 원본그림(Klowden, 2013) 및 사본인가

지면 해상도는 증가하지만 표면이 커지게 되어 곤충 머리에 붙어있을 수 있는 눈 크기에 제한이 가해진다. 해상도가 2배 증가하려면 눈 크기는 4배 증가해야 하기 때문이다. 이를 해결하기 위해 몇 개의 낱눈만 굴곡 반지름이 큰 중심와(foveal region)를 형성하여 이곳에 표적물을 맞추어 정확한 상을 처리하게 한다. 겹눈은 세상을 파노라마와 같은 시야로 볼 수 있도록 해준다. 머리 양쪽에 상대적으로 작은 수의 눈을 가진 개미의 경우에도 가슴과 복부 아래를 제외한 위와 아래 거의 전부를 다 볼 수 있다. Diopsidae과에 속한 파리는 눈자루에 겹눈을 가지고 있다. 각 눈에 2,500개의 낱눈이 있어서 눈자루가 없는 파리들에 비해 더욱 입체적인 시각을 발달시켰다.

겹눈은 곤충의 활동시기에 따라 상이하게 발달되었다. 주로 낮에 활동하는 곤충의 경우 연립상눈(apposition eye)과 밤에 활동하는 곤충은 중복상눈(superposition eye)을 갖는다.

5.6.4 연립상눈

연립상눈은 낮 동안 활동하는 곤충에 가장 흔하며 아마도 겹눈의 조상형이다. 낱눈을 둘러싼 색소막에 의해 각 낱눈은 광학적으로 서로 분리되어있다. 빛이 좁은 각도를 가진 단일 렌즈를 통과해 들어올 때에만 빛에 민감한 감간체가 자극을 받기 때문에 각 감간체는 마치 외부로 초점이 맞춰진 개별 카메라들을 가지고 있는 것처럼 자신만의 시각계를 가지고 있다. 여러 상들이 동시에 처리되기 때문에 빠른 움직임을 측정하고 인지하도록 설계되어 있다. 연립상눈의 해상도는 인접 낱눈과의 각도, 렌즈의 지름, 그리고 눈을 이루는 낱눈의 총 개수에 의존한다. 곤충의 겹눈이 인간 눈이 가진 해상도에 미치려면 터무니없을 정도로 커야만 할 것이다.

연립상눈의 렌즈 부분은 표피층이 변형되 형성된 지름 10~25 μm 크기의 각막렌즈(corneal lens)이다(그림 11.30). 이 렌즈는 표피세포의 변형체인 각막세포(corneagen cell) 2개에 의해 만들어진다. 각막세포는 발달 후기에 낱눈 바깥쪽 모서리로 이동하여 빛가리개 색소를 만드는 1차 색소세포가 된다. 원뿔 돌기모양의 강모가 각막 위 혹은 모서리에 존재하여 눈의

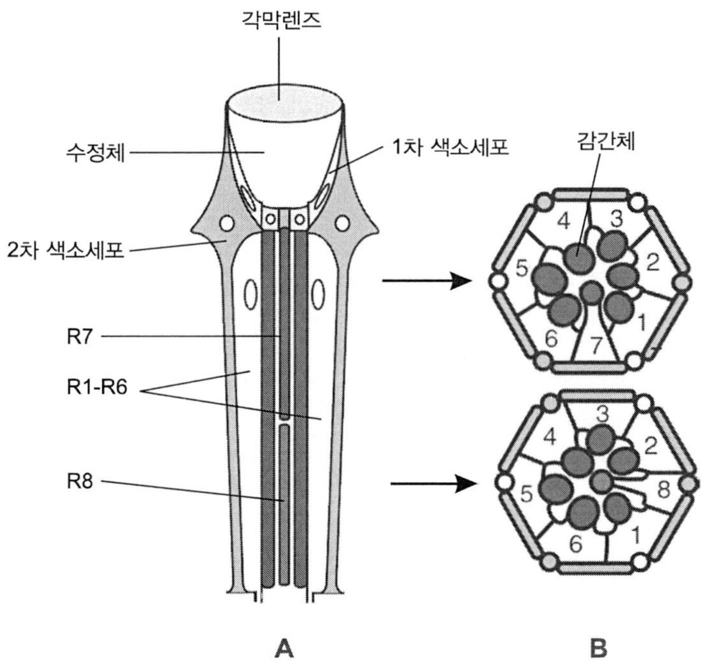

그림 11.30 연립상 겹눈의 낱눈 구조. (A) 초파리 낱눈 (B) 망막세포 8개로 구성된 감간체. 원본그림(Wang과 Montell, 2007) 및 사본인가

시력을 증가시키고, 반사는 감소시켜 위장에 도움을 준다. 셈퍼세포(Semper cell)는 2차 렌즈인 수정체(crystalline cone)를 만든다. 수정체는 색소세포들에 둘러 싸여 있다. 각막렌즈와 수정체는 함께 광학 활성을 갖는 낱눈의 수용체에 빛을 모아 주며 이 둘은 색소세포에 의해 이웃 구성원들과 따로 떨어져 있다.

8~12개의 집단으로 이루어진 길쭉한 망막세포는 낱눈의 장축을 따라 놓여 있으며, 이들의 세포막이 감간소체(rhabdomere)로 표면적을 넓히기 위해 미세융모가 발달되어 있다(그림 11.31). 촘촘히 붙어있는 망막세포에 있는 감간소체들은 서로 들러붙어 빛이 모이는 감간체를 형성한다. 옆홑눈에서 처럼 감간체에도 시각색소 로돕신이 있어서 빛을 흡수하면 활성화된다. 개별 낱눈은 길이가 약 200~300 μm이고 약 30개의 세포로 구성되어있다.

연립상눈은 각 낱눈이 적은 양의 빛을 모으기에 상 밝기가 감소한다. 파리목과 매미목의 일부 곤충들은 빛을 보다 효율적으로 모으는 소위 신경중복상눈(neural superposition eye)이라 불리는 변형된 연립상눈을 가지고 있다(그림 11.32). 광학적 배치는 연립상눈과 동일하나 수용체가 다른 방식으로 구성되어 있다. 망막세포에 개별 감간소체가 융합된 전형적인 감

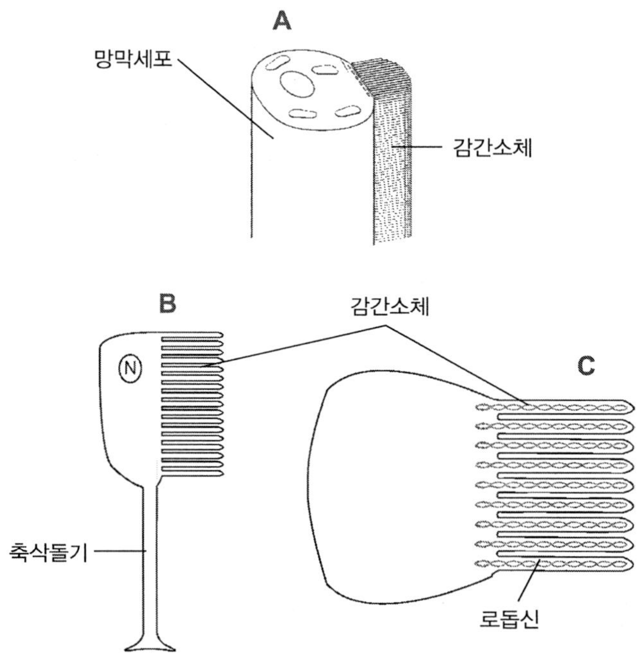

그림 11.31 망막세포 구조. (A) 미세융모형 감간소체 (B) 망막세포 세로 단면도 (C) 망막세포 가로 단면도. 원본그림(Klowden, 2013) 및 사본인가

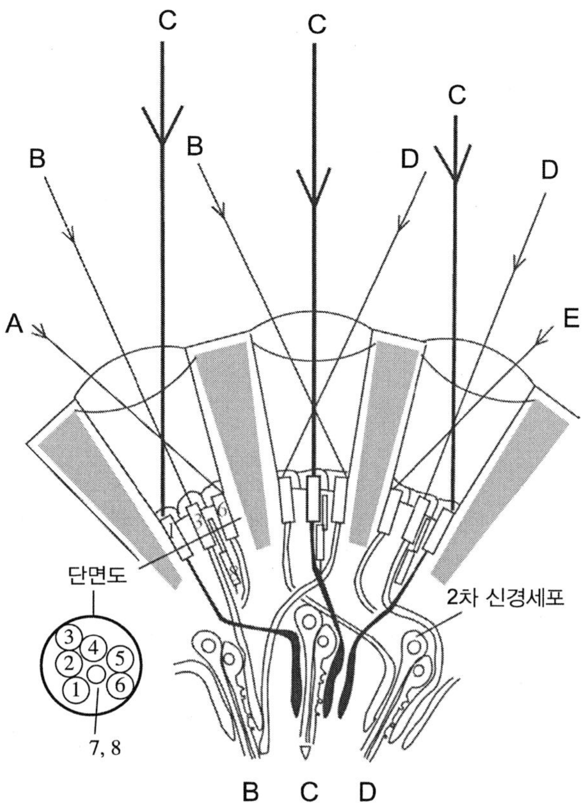

그림 11.32 신경중복상눈. 서로 다른 3 개의 낱눈의 시각 정보가 한 개의 연합신경(2차 신경세포)과 연결되어 신경적 신호 중첩을 이루고 있다. 원본그림(Horridge, 2005) 및 사본인가

간체 대신에, 감간소체가 융합되어있지 않고 수용한 상을 개별적으로 전송해 신경적으로 재구성하는 것이다. 그래서 동일한 점을 본 서로 다른 낱눈의 감간소체들은 동일 신경연접에서 만나 신경적 구성에 의해 중복상을 만드는 것이다. 중복상눈과 마찬가지로 시야의 한 지점에서 들어온 공간정보가 여러 낱눈에 의해 모여지고, 신경적으로 겹쳐져 최종상을 만든다. 시야에 있는 각점은 인접한 낱눈에 있는 7개의 감간소체를 자극하고, 신경연결에 의해 동일시야를 보고 있는 각 축삭돌기가 연합신경세포와 동일한 연결을 형성하여 7배나 더 강한 신호를 만들어 내게 된다. 이런 능력이 없는 경쟁자와 포식자들은 황혼녘과 새벽녘에 활동이 뜸한데, 이러한 신경 중복상눈을 가진 곤충은 이 시간대에도 시야를 비교적 잘 확보할 수 있다.

연립상눈을 밖에서 보면 헛동공(pseudopupil)이 자주 관찰되기도 한다. 이 작고 까만 점은 외부의 시점이 변화함에 따라 시야를 가로 질러 움직인다. 헛동공은 빛을 흡수하는 낱눈의 색소가 있는 부분을 지칭하는 것으로, 곤충과 관찰자 사이의 공통 시선을 공유한다. 이 부분이 관찰자 방향에서 오는 빛을 흡수하기 때문에 검게 보이는 것이다.

5.6.5 중복상눈

곤충의 시각계는 밝은 빛에서 사물을 인지하는데 잘 적응되어있고, 대부분의 비행곤충은 연립상눈을 가지고 있어서 낮 시간에 활동한다. 하지만 조도가 낮아지면 눈의 기능도 둔해진다. 만약 흐린 빛에서도 활성이 유지되는 능력이 있다면, 낮에 활동하는 포식자를 피하여 밤에 피는 꽃을 이용한다든지 하는 장점을 가질 수 있을 것이다. 원래 낮에 활동하던 곤충 가운데 행동이 변하여 야행성으로 진화한 종들은 여전히 연립상눈을 지니고는 있지만 높은 광민감도가 발달하였다. 예를 들어, 야행성 말벌의 일부는 다른 주행성 말벌들보다 25%나 많은 낱눈을 가지고 있어서 빛을 모으는 능력을 최고로 끌어올렸다. 야행성인 한 꼬마꽃벌류(*Megalopta genalis*)는 감간체 단면이 주행성 꿀벌보다 16배나 크고 낱눈의 지름은 거의 2배 가까이 커서 광수집 능력이 총 30배나 높다. 시신경절에는 분지된 연합신경세포가 추가로 존재하는데, 이는 여러 개의 낱눈에서 들어오는 시각정보를 신경차원에서 종합하도록 해 주는 작용기작의 일환으로 여겨지고 있다.

연립상 겹눈의 감간체는 보통 낱눈의 기저막에서 수정체 쪽으로 뻗어있으며, 이를 둘러싸고 있는 색소세포 내의 차단색소는 다른 낱눈으로부터 들어오는 빛이 감간체와 연립상눈 색소를 자극하지 않도록 막아주지만, 세포 내에서 움직이지는 않는다. 반면에 중복상 겹눈의 감간체는 수정체와 더 멀리 떨어져 투명대(clear zone)라 불리는 공간이 그 안에 존재하며, 낱눈은 서로 동일한 간격으로 분리되어 있지 않다(그림 11.33). 어둠속에서는 1차 및 2차 색소세포에 있는 모든 색소 과립들이 위쪽으로 움직여 이웃하는 낱눈과의 분리 간격이 줄어든다. 그래서 여러 개의 낱눈으로 들어오는 상이 하나의 공통 수용기에 맺히게 된다. 색소과립들은 수정체와 수정체 사이에 집중되며, 어둠에 완전히 적응하는 데까지 1시간이 채 안 걸린다. 이렇게 적응한 곤충의 투명대에는 빛이 통과하는 데 방해가 되는 색소가 없다. 암적응 중복상 겹눈은 많게는 30개의 낱눈으로부터 빛을 퍼지게 할 수 있어서, 감도는 증가하지만 해상도는 감소하고 상 중복 부위에서는 흐려짐이 증가한다. 눈 색소가 없어 해상 능력이 떨어지는 초파리 돌연변이들은 행동실험에서 독특한 행동을 보이는데, 이는 받아들인 빛이 더 넓은 시야로 퍼지기 때문이다. 색소가 빛에서 멀어지는 방향인 원래 위치로 이동하고 기존의 연립상 시각이 이용된다. 수정체 아래 부분과 감간체 자체를 자극하는 자외선은 색소의 이동을 유발한다.

주행성 꼬리박각시(*Macroglossum stellatarum*)에는 고해상도, 고감도의 독특한 중복상 겹

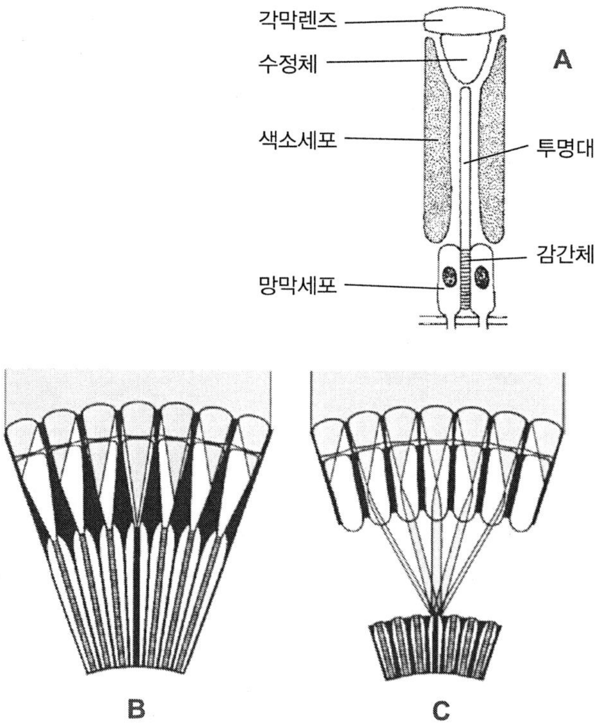

그림 11.33 **중복상 겹눈.** (A) 감간체와 렌즈 부위 사이 분리되어 투명대 형성 (B) 연립상 겹눈의 광자극 작용기작. 색소세포는 이웃 낱눈 빛 격리 (C) 중복상 겹눈에서는 이웃 낱눈 빛을 감지. 원본그림(Warrant 등, 2004) 및 사본인가

눈이 있다. 이 눈에는 일반적인 낱눈은 없지만 렌즈 아래에 감간체가 4개까지 존재한다. 또한 렌즈를 촘촘히 배열하는데 있어서 변이가 존재하는데, 이는 겹눈의 부위에 따라 해상도와 감도가 다른 기울기를 만든다. 감간체는 전형적인 낱눈 매질에 방해받지 않고 큰 중복상 조리개의 기울기를 만들어, 바람에 흔들리는 꽃의 입구도 정지 화면처럼 볼 수 있는 향상된 시력을 유지할 수 있다.

5.6.6 시각색소

세균으로부터 인간에 이르기까지 빛에 반응하는 거의 모든 종류의 생물체에는 광감각 색소가 존재한다. 현존하는 생물들에서 조사된 시각계는 구조적으로 비슷한 광 수용체 분자를 공유하고 있어 광감각 수용기의 진화가 오래전에 일어났을 것으로 추정하고 있다. 세포막 단백질 가운데 하나인 옵신(opsin)은 활성화되면 세포 내부의 소형 G 단백질(small G protein)

을 활성화한다. 초파리 겹눈에서는 7개의 옵신 유전자가 발현되는데 이 옵신 분자들은 각각 독특한 분광 특성을 가지며 특정 낱눈과 연관되어 있다. 이 시각 색소의 흡수 스펙트럼에 따라 색소를 발현하는 광감각기의 분광 민감도가 결정된다. 옵신은 비타민 A에서 유래한 레티노이드(retinoid)와 결합하여 시각 색소인 로돕신(rhodopsin)을 형성한다. 곤충은 레티노이드인 11-cis-retinal(A1)이나 11-cis-3-hydroxyretinal(A3) 둘 중에 하나를 이용한다. A1은 대부분의 곤충에 존재하는 원시적인 레티노이드로 여겨지고, A3는 약 6,500만년 전에 곤충에 의해 채택된 것으로 여겨지고 있다. 두 가지 레티노이드를 모두 사용하는 곤충도 있다. 로돕신은 감간소체의 미세융모막에 특이적으로 위치하며, 파란색, 초록색 또는 자외선에 대한 민감도에 따라 분류하기도 한다. 이러한 색상 민감도 차이는 옵신의 아미노산 서열 차이에 기인된다. 무척추동물이 자외선을 볼 수 있는 것은 아미노산 하나가 달라졌기 때문인 것으로 여겨지고 있다. 서로 다른 옵신들은 독특한 흡수 파장이 있어서 어떤 파장의 빛이 흡수되는지를 결정하게 되고, 광감각수용 신경세포에 따라 다른 옵신들이 존재하기 때문에 볼 수 있는 색깔의 범위도 달라진다. 400 nm 이하 자외선 파장에 민감한 옵신은 꿀벌 홑눈과 겹눈의 감간체 뿐만 아니라 뇌의 시엽과 촉각엽에서도 발견된다.

시각 색소가 빛을 흡수하면 11-cis retinal이 trans 이성질체로 바뀌면서 색소의 로돕신 부분이 메타로돕신(metarhodopsin)으로 활성화된다. 이 활성화된 메타로돕신이 소형 G 단백질을 활성화하고 이어서 phospholipase C(PLC)가 활성화된다. PLC는 막에 있는 phospholipid phosphatidyl-4,5-bisphosphate가 inositoltrisphosphate와 diacylglycerol로 분해되는 것을 촉매하고 궁극적으로 순간수용전위(transient receptor potential: TRP) 통로를 열어 Na^+ 이온과 Ca^{2+} 이온을 유입하여 수용전위를 발생시킨다. 초파리 광감각기는 가장 빠른 G-단백질 신호전달경로로 알려져 있는데, 포유동물의 눈에 있는 간상체 보다 10배나 빨리 반응할 수 있다. 활성화를 위해 단지 광흡수만이 필요한 척추동물의 시각 처리속도와는 달리 곤충의 메타로돕신은 열에 안정적이고 2차 광자를 흡수하여 활성 로돕신을 재생산한다. 눈 안으로 확산되는 빛에 의해 메타로돕신이 로돕신으로 다시 변환된다. 척추동물과 마찬가지로 인산화된 메타로돕신이 어레스틴(arrestin)과 결합하여 불활성화된다.

초파리 낱눈 각각에 있는 8개의 광감각 망막세포들은 사다리꼴 모양으로 배열되어 있어서 분광 민감도가 3단계로 나뉘어 자리하고 있다. 바깥쪽에 있는 6개의 광감각 수용기들은 파란색 파장에 민감하고 가운데 있는 2개의 신경세포들은 파란색-초록색 또는 자외선 파장에 민감하다. 겹눈의 어떤 부위에 있는 낱눈에는 이들 색소의 일부가 없다. 대부분 곤충의 윗쪽 낱눈은 초록색 수용기가 부족한데, 꿀벌에서는 이 부위에 파란색과 자외선에 대한 수용기만 있어서, 아마도 하늘 자체나 하늘을 배경으로 물체를 감지하는데 잘 적응된 것이 아닐까 추측

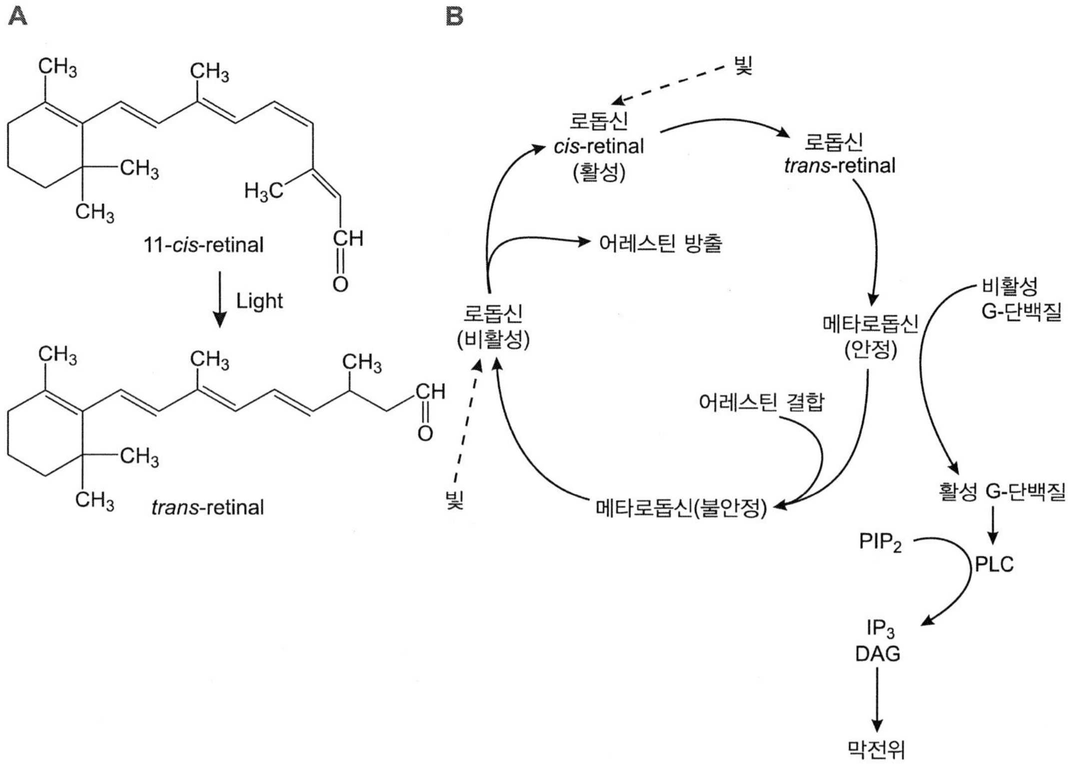

그림 11.34 시각 신호 형성. (A) 옵신과 결합하여 로돕신을 만드는 레티날의 두 가지 구조-11-cis retinal은 불안정한 구조로 광자를 흡수하면 trans 구조로 바뀐다. (B) 로돕신 활성화 및 막 탈분극에 관여하는 생화학 경로. 불안정한 cis-retinal이 광자를 흡수하면 trans 구조로 바뀐다. 메타로돕신이라는 안정된 구조로 변환되면 G-단백질을 활성화시켜 최종적으로는 막 탈분극이 일어난다. 메타로돕신이 인산화되고 어레스틴 단백질과 결합하여 불안정 구조로 되면, 메타로돕신은 G-단백질을 더 이상 활성화할 능력을 상실한다. 빛에 의해 메타로돕신이 불활성 로돕신으로 변환되고 어레스틴이 떨어져나가면 다시 빛을 받아들일 수 있는 상태가 된다. 원본그림(Klowden, 2013) 및 사본인가

하고 있다. 시각색소의 공간 배열에 따라 분광 민감도가 달라지기도 한다. 융합된 감간체에서는 다른 색소를 함유한 감간소체들이 서로에 대해 측면 여과 역할을 한다. 층형 감간체에서는 주변 수용기들이 안쪽에 있는 수용기에 도달하는 빛을 걸러준다. 많은 곤충이 융합 및 층형 감간체 모두를 조합해서 가지고 있다. 초파리의 감간소체는 열려 있으며 독립적인 빛 안내 기능을 수행한다. 반면에 벌, 모기, 딱정벌레의 일부 곤충들에서는, 감간소체가 융합되어 있으며 동일한 시각축을 공유하고 있다. 야행성 말라리아모기(*Anopheles gambiae*)는 상밝기에 기여하는 것으로 보이는 융합시스템을 가지고 있는 반면, 주행성인 *Toxorhynchites brevipalpis*의 감간소체는 융합되어 있지 않다. 이는 *spacemaker*(*spam*) 유전자의 발현과 관련이

있는 데 이는 이 유전자 발현물이 감간소체 융합을 억재하기 때문이다. 따라서 *T. brevipalpis*가 *spam* 유전자를 발현하는데 반해, *A. gambiae*는 발현하지 않는다.

5.6.7 편광 감지

태양에서 오는 빛은 편광(polarized light)된 빛이 아니어서 모든 방향으로 진동을 하지만, 지구 대기를 통해 이동하면서 부딪히는 입자들로 인해 편광화, 즉 특정 방향으로만 진동하는 빛이 될 수도 있다. 편광도는 태양의 위치와 관찰자의 방향에 따라 변하는데, 이러한 편광으로 인해 구름으로 빛이 가려져있을 때 조차도 하늘의 일부가 보이기만 한다면 태양의 위치를 알아내는 것이 가능하다. 많은 곤충들이 이러한 현상을 편광측정에 의한 방향 탐지에 이용하고 있다. 이러한 능력은 먹이를 찾아 이동했다가 둥지를 찾아 다시 돌아와야만 하는 벌, 개미, 말벌 등과 같은 많은 사회성 벌목 곤충에 존재한다.

편광을 감지하는 능력은 감간소체 내에 있는 시각색소의 방향과 주로 관련이 있다(그림 11.35). 일부 길쭉한 감간소체에 있는 미세융모 안에는 로돕신이 동일한 방향으로 배열되어 있다. 그리고 빛이 이 색소의 방향과 동일한 방향으로 편광되었을 때 빛의 흡수가 최고점에 달한다. 곤충이 수직축을 따라 회전함에 따라 수용기가 움직이게 되면, 미세융모가 빛과 평행이 되는 방향으로 수용기의 반응이 조정된다. 각도 서로 다른 수용기들은 편광장 내에서 회

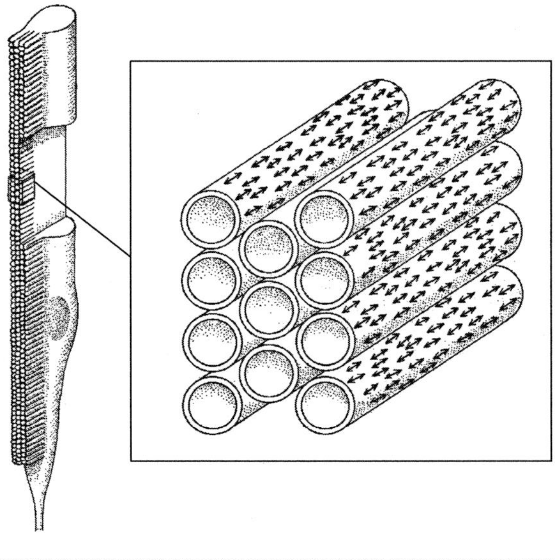

그림 11.35 **편광 감지.** 감간소체에 일정한 방향으로 로돕신이 배열된 구조. 원본그림(Wehner, 1976) 및 사본인가

전에 따른 다른 반응을 기록한다. 하늘을 쭉 훑어보면서 곤충은 자신의 수용기에 기록되는 패턴을 통해 편광도를 측정한다. 그리고 나서 기억 속에 기록된 패턴과 하늘의 패턴을 맞추어 방향을 잡는 것이다. 물은 반사광을 편광화 시킬 수 있어서, 수서곤충은 수면인지 아닌지를 확인하기 위해 편광 측정을 이용하기도 한다.

편광에 민감성을 보이는 벌과 개미들은 겹눈 위쪽 가장자리에 특화된 낱눈 군집을 가지고 있는데, 편광 측정에 관여하는 것으로 알려져 있다. 이 위쪽 가장자리 부위 내의 감간체들은 횡단면이 넓고 길이가 짧으며, 여기에 방향성을 가진 색소를 함유한 미세융모가 서로 90도 각도로 배열되어 있다. 많은 다른 곤충들도 낱눈의 위쪽 가장자리에 이러한 부위를 가지고 있기는 하지만, 편광을 측정할 수 있는지에 대해서는 아직 연구된 바가 없다.

6 화학감각기

주변의 화학에너지에 반응할 수 있는 화학감각수용기에는 일반적으로 두 가지 종류가 있다. 우리가 흔히 맛이라고 부르는 것에 작용하는 맛감각기(gustatory chemoreceptor)는 비교적 고농도의 용액 상태이면서 가까운 범위에 존재하는 물질에 반응한다. 이 감각기는 구기, 다리, 산란관 등에 대부분 집중되어 있다. 이 맛감각수용기에서 뻗어 나오는 축삭돌기들은 각 체절에 있는 신경절의 연합신경세포로 연결된다. 촉각 및 구기의 부속 수염에 존재하는 냄새 감각기(olfactory chemoreceptors)는 우리가 냄새라고 간주하는 것을 받아들이는 데, 비교적 저농도의 기체 상태이면서 좀 더 먼 거리에서 유래하는 물질에 반응한다. 이러한 냄새 감각수용기의 축삭돌기들은 중대뇌로 이어진다. 초파리 성충의 양 촉각에는 각각 약 1,200개의 냄새 감각 수용신경이 있다.

맛 화학감각수용기와 냄새 화학감각수용기의 감각기들이 모두 털 모양의 돌기나 작은 쐐기 같이 외부로 돌출된 비슷한 모양을 하고 있는 경우가 종종 있다. 그러나 자루 상에 존재하는 구멍 수에 있어서 차이점을 보인다. 맛 감각수용기는 털감각기의 세포몸이 털 밑에 놓여 있고 수상돌기가 자루 쪽으로 뻗어나가 털 끝에 있는 한 개의 구멍에 이른다. 다리에 있는 맛 감각수용기는 이와 함께 기계감각기성 수상돌기도 추가로 가지고 있다. 소화관 안에서도 체벽 내부성 맛감각수용기가 발견된다.

6.1 화학감각기 감각변환

신경계에서 감각변환(sensory transduction)이란 외부 다양한 환경 에너지들을 모두 전기

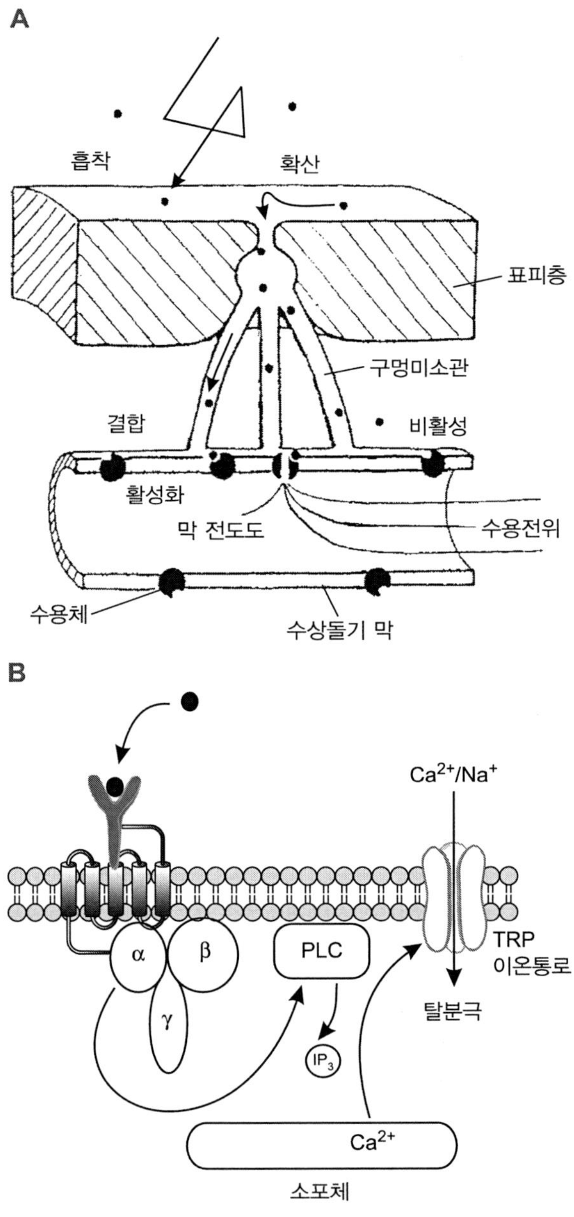

그림 11.36 화학자극 감지. (A) 화합물이 표피층에 흡착되면 미소관으로 확산되어 들어간다. 이후 감각액에서 냄새물질결합단백질과 결함 한 후 수상돌기에 있는 세포 표면 수용기에 특이적으로 결합하여 전기자극을 발생시킨다. (B) 감각변환. 원본그림(Steinbrecht, 1997) 및 사본인가

에너지로 전환하는 과정을 말한다. 감각변환의 과정에 있어서 몇 가지 뚜렷한 단계들이 냄새 감각기에서 잘 밝혀져 있다(그림 11.36). 외부의 냄새 분자를 수상돌기 표면으로 운반하는 작

용기작은 매우 효율적이어서, 큐티클 표면에 흡수된 단일 냄새분자 하나로도 사실상 활동전위를 발생시키기에 충분하다. 우선, 공기 중의 냄새 분자가 큐티클 벽에 흡착된다. 이후 이 냄새 분자는 표피층을 통과해 감각기 자루의 구멍과 미소관 안으로 확산되어 들어간다. 미소관을 타고 감각기 내의 공간으로 들어간 냄새 분자는 감각액을 거쳐 수상돌기에 있는 수용기 부위에 도달한다. 냄새분자가 이 수용기 부위에 결합하면, 수용기의 구조적 변화 및 활성화로 이어 진다. 활성화된 G-단백질 연결 수용기가 막전위 변화를 유발하여 활동전위를 생성한다. 인산화로 활성화된 수용기는 어레스틴(arrestin)과 결합하여, 추가 반응을 억제한다. 마지막으로, 전달 기능을 마친 냄새분자의 대사가 일어나 불활성화된다. 감각액과 큐티클 표면에는 에스터레이즈가 냄새분자의 분해를 촉진시킨다. 감각액 내에 존재하는 냄새 물질 결합단백질도 분해과정에 관여한다.

6.2 화합물 식별

보통 수천 가지의 수용기가 존재하는데, 그 중 대부분이 한 가지 자극에도 다양한 민감도를 보이는 것이 보통이다. 주변에 존재하는 화학물질을 정확히 판독하기 위해서는, 냄새 분자에 의해 어떤 수용체가 활성화되는지 또 어느 정도로 활성화 되는지를 뇌가 식별해야만 한다. 따라서 다양한 종류의 주변 분자들을 인지하기 위해서는 수많은 수용체 단백질들이 필요하다. 또한 신경세포에는 특정 냄새 물질과 결합하는 특정 수용체가 있어야 한다. 그런데, 수천 개의 감각수용신경세포와 셀 수도 없이 많은 냄새 물질을 생각해 볼 때, 초파리 유전체에 존재하는 14,000여개의 유전자만으로는 수용체 단백질의 다양성을 설명하기란 쉬운 일이 아니다. 신경세포 수용체의 이러한 다양성은 혈림프에 있는 면역인식단백질의 다양성에 대한 설명과 같은 방식으로 해석할 수도 있을 것이다. Dscam(Down syndrome cell adhesion molecule)은 면역글로불린류에 속하는 수용체의 일종인 것으로 인간에서 처음으로 발견되었으며 다운증후군과 연관된 동일염색체에 자리하는 것으로 알려져 있다.

초파리의 Dscam 유전자의 두 대립유전자가 신경세포 수용기의 특이성을 설명해 줄 것이라는 주장이 있다. 이 대립유전자가 교호 스플라이싱(alternative splicing)의 방법을 통해 38,000가지 이상의 서로 다른 mRNA 이성체를 만들 수 있기 때문이다. 세포 표면단백질인 Dscam은 발달중인 신경세포와 관련이 있으며 발달 기간 동안 축삭돌기의 유인과 수상돌기의 패턴화에 필요하다. mRNA 이성체들은 신경세포에 정체성을 부여하고 신경들이 연결되는 과정에서 이들의 공간자리 잡기 상호작용을 매개하여 기능을 갖춘 신경망을 형성하도록 해준다.

뇌가 감각 수용기로부터 정보를 인지하는 기작은 일반적으로 세 가지 방법이 있다(그림 11.37). 페로몬 같은 몇몇 특정 화합물에 특이적 반응을 보이는 전문감각기들을 이용하는 방법으로 소위 지정회로(labeled line)라 부른다. 특정 전문감각기가 자극을 받으면, 뇌는 특정 화합물이 존재한다는 것을 알아차리게 된다. 이 화합물만으로도 자극이 생기고 그에 따른 행동 반응이 만들어지기 때문이다. 하지만 아무리 수용기가 다양하더라도, 감각계 자체의 수상돌기에 있는 수용기만으로는 생길 수 있는 모든 자극 분자들을 일일이 다 수용하기란 사실상 불가능하다. 여기에 변형된 정보처리 방식이 조합지정회로(combinatorial labeled line)로 나방류의 성페로몬 성분 혼합물을 인식하는 여러 개의 전문수용기가 관여하여 자신의 종의 성페로몬을 인지하는 데 관여한다.

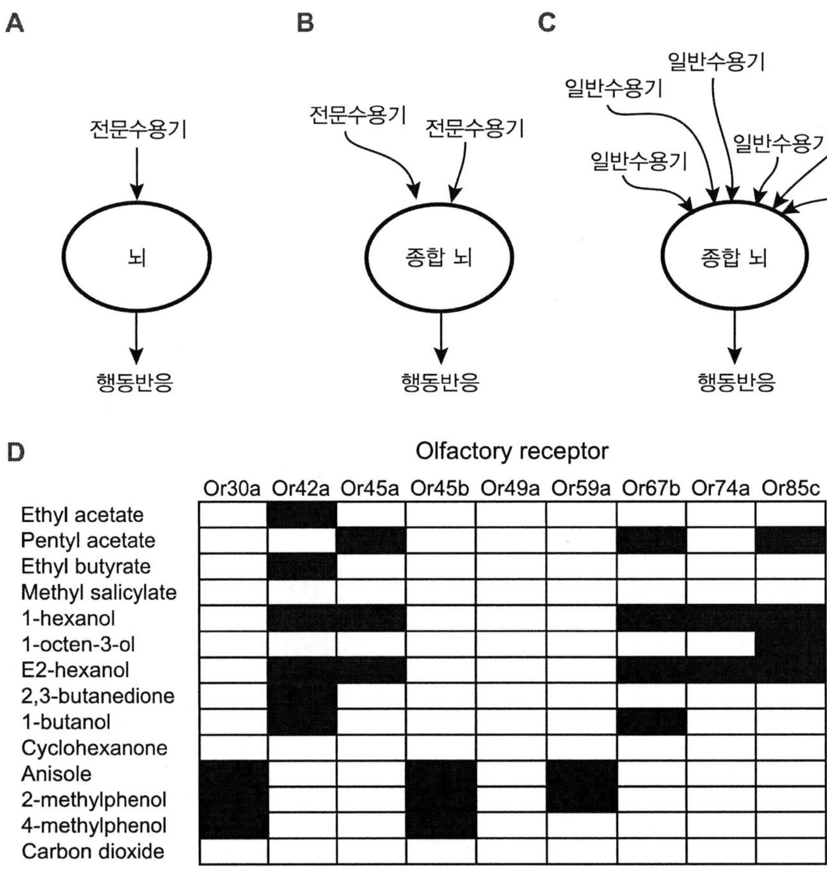

그림 11.37 뇌의 세 가지 화합물 인지 기작. (A) 지정회로방식 (B) 조합지정회로방식 (C) 통합회로방식 (D) 일반감각기를 이용한 중추신경계의 조합형 감각 패턴. 검은색으로 채워진 상자가 수용기의 반응을 의미함. 원본그림(Kreher 등, 2005) 및 사본인가

수용기 중에는 민감도가 다양하면서 그 반응 범위도 훨씬 더 넓은 수용기도 있다. 특정 화학물질이 특정 수용기에 결합하기 보다는 여러 종류의 일반수용기(generalist receptor)에 방응하되, 화합물 마다 반응된 조합의 일반수용기 차이를 보이게 된다. 이렇게 일반수용기들의 조합적 반응을 통합한 신경반응을 토대로 물질을 식별하는 방식을 통합회로방식(across-fiber pattern)이라 한다. 이러한 방법을 통하면, 냄새 분자마다 따로 반응해야 하는 수많은 특정수용기들이 없어도 수많은 다양한 자극물질로 다양한 신호 양상을 만들어 중추신경계에서 해독하게 된다. 자극물질의 농도에 따라서도 수용기의 신호가 변하기 때문에, 한 물질을 탐지하는 여러 수용기들이 같은 이 물질을 기능적으로는 전혀 다른 물질로 받아들일 수도 있다.

이러한 화합물 인지 반응이 기주를 선택하는 데 관여한다. 콜로라도감자잎벌레와 풀무치를 비롯한 몇몇 식식성 곤충은 어느 하나의 수용기가 먹이를 선택 또는 거부하는데 관여하는 것이 아니라, 부속지의 수염에 있는 수많은 접촉 및 화학감각기들이 기주식물의 질을 결정한다. 반면에, 배추흰나비를 비롯한 몇몇 곤충들은 작은턱에 있는 맛 감각기들이 글루코시놀레이트(glucosinolate)에 특이성이 있어서 이 수용기들이 자극을 받으면 섭식행동이 일어난다. 이와 비슷하게, 섭식기피물질은 지정회로 방식을 통해 작용하거나, 섭식 행동에 필요한 정상적인 통합회로 방식을 방해함으로써 작용할 수 있다.

6.3 맛감각기

맛 감지에 관여하는 감각기(그림 11.38)에는 당, 물, 고농도의 염에 각각 특수화된 맛감각수용신경(gustatory receptor neuron, GRN)이 있다. 쓴맛의 기피 물질은 당수용기는 억제하고 고농도의 염에 특화된 GRN은 자극한다. 초파리의 맛 감각수용기에는 G-단백질 연결 수용체의 일종인 Gr 유전자군에 속하는 70개 이상의 수용체 유전자가 있는 것으로 추정되며, 모기(*Anopheles gambiae*)의 경우에는 76가지의 AgGr 유전자가 알려져 있다. 이러한 맛감각수용기들은 맛 감각기관에서 발현되고 GRN에 특이적으로 위치한다. 한 가지 예로, Gr5a 유전자는 당의 일종인 트레할로오즈에 대한 수용기를 발현한다.

머리에 있는 대부분의 맛감각기에서 나오는 축삭돌기는 신경연접을 거치지 않고 바로 식도하신경절로 이어진다. 부절에 있는 축삭돌기는 가슴-배 복합신경절로 뻗어있다. 한 가지 냄새 감각수용기만을 발현하는 냄새 감각신경세포와는 달리, 맛 감각신경세포는 몇 가지 다른 종류의 맛 감각수용기들을 발현한다. 이들은 또한 맛의 다른 측면에도 관여한다. 초파리 수컷 앞다리의 맛 감각기에서 발현하는 Gr68a 유전자는 비휘발성 접촉성 페로몬에 대한 수용기를 만들며 구애행동에 관여한다.

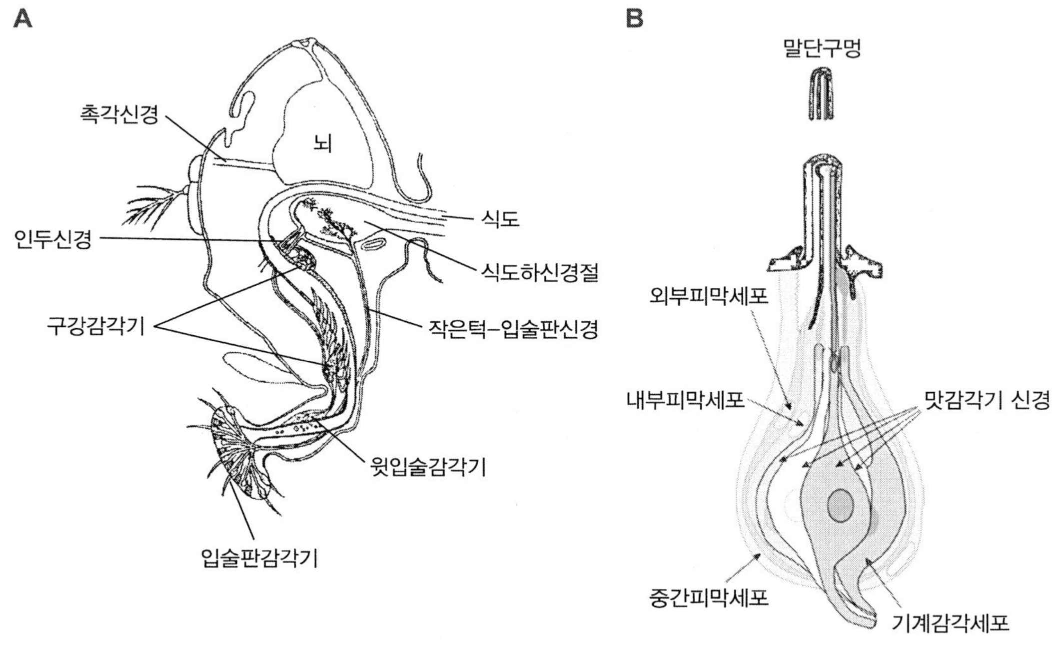

그림 11.38 맛감각기 위치와 구조. (A) 파리의 구기 및 소화관에 있는 맛감각기. 원본그림(Mitchell 등, 1999) 및 사본인가 (B) 맛감각기. 원본그림(Ishimoto와 Tanimura, 2004) 및 사본인가

6.4 냄새감각기

냄새 화학감각수용신경(olfactory chemoreceptor neuron, ORN)은 끝이 뭉뚝한 털이나 짧은 원뿔 모양의 원추형감각기 내에 위치하거나, 촉각과 작은턱 수염에 있는 털감각기 내에 자리하고 있다(그림 11.39). 냄새 감각기가 맛 감각기와 다른 점은 자루를 따라 수많은 구멍이 나 있으며 그 안에 1~5개의 ORN이 들어있다는 점이다. 초파리 성충의 양 촉각에는 각각 약 1,200개의 ORN이 있으며, 작은턱 수염 각각에는 약 120개가 있다. 60개의 냄새 수용체(odorant reception: Or) 유전자가 다양한 종류의 Or 단백질을 만들어 ORN 상에 위치시키며 신경의 반응 특징을 결정한다. 초파리의 Or 유전자들은 3~50개로 이루어진 ORN 무리에서 발현하는데, 여기에는 축삭돌기를 중대뇌의 촉각엽으로 연결하는 동일 냄새 감각수용기를 발현하는 ORN도 포함한다. 여기에서 다시 2차 냄새 감각 신경세포가 정보를 유병체로 보내고, 유병체의 갓 부위에 있는 3차 신경세포가 이 경로들을 종합한다.

ORN의 수상돌기들은 K^+ 이온의 농도가 높은 감각액(sensillum lymph)에 적셔져 있다. 감각액에 있는 고농도의 K^+ 이온은 용액 내의 무코다당류와 함께 물분자와 결합하여 전체적인

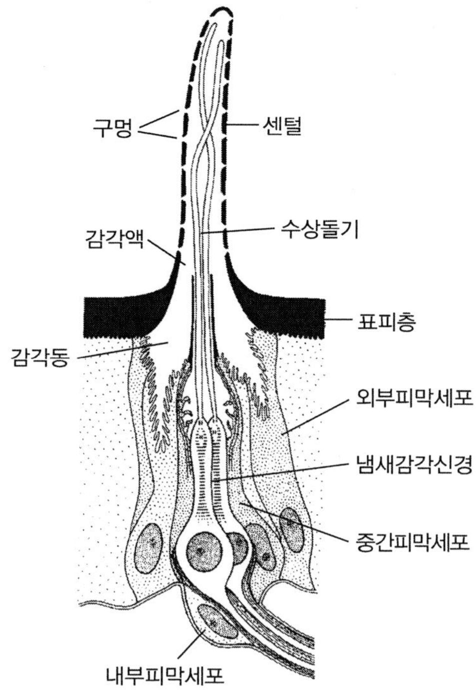

그림 11.39 **냄새수용 털감각기.** 원본그림(Zacharuk, 1985) 및 사본그림

수화작용을 조절한다. 감각액에는 냄새 분자의 수송과 불활성화에 중요한 냄새 물질 결합단백질(odorant binding protein, OBP)도 존재한다. 이 단백질들은 감각기 보조세포에서 합성되어 감각액으로 분비된다. 감각액 내에 존재하는 OBP는 냄새 분자들을 구별해 내는 또 하나의 여과기 역할을 한다. 이들은 곤충 후각의 특이성과 민감성에 주로 관여하여, 냄새 분자를 붙잡는 비율을 높이고 주로 소수성 냄새 분자를 수상돌기 주변의 수용성 부위에 잘 스며들게 해준다. 세 가지 종류의 OBP가 나비목 성충의 촉각에서 발견되었는데, 두 가지는 일반 냄새 감각수용기들의 분포와 일치하는 일반 냄새 분자 결합단백질(general odorant binding protein)이고, 나머지 한 가지는 나방 암컷의 성페로몬에 반응하는 수컷 촉각의 수많은 감각기 내에 주로 존재하는 페로몬결합단백질(pheromone binding protein)이다. 냄새 물질의 종류에 따라 그것을 식별하는 냄새 물질 결합단백질이 따로 존재하기도 한다. 초파리에는 50가지 이상의 OBP가 있는데, 여기에는 페로몬에 반응하는 감각기에서 발현되어 페로몬 결합단백질로 간주되는 OBP도 포함된다. 산누에나방(*Antheraea polyphemus*) 수컷의 촉각에는 60,000개 이상의 감각기가 존재하는데, 이 가운데 약 70%가 암컷이 내는 성페로몬에 반응한다.

거의 모든 생물체는 이산화탄소를 만들어 내는데, 이것을 받아들이는 편에게는 의미있는 정보가 되기도 하는데, 실제로 많은 곤충이 이산화탄소를 감지하는 감각 구조를 가지고 있다. 이러한 CO_2 수용기는 수염에 주로 위치하며, 나비목의 유충과 성충, 그리고 모기 성충의 암수에서 발견된 바 있다. 모기(*Aedes aegypti*) 암컷의 작은턱 수염에 있는 원추형감각기는 150~300 ppm 범위의 저농도 CO_2에 반응하며 거의 50 ppm만 증가해도 감지가 가능하다. CO_2에 반응하는 촉각감각기는 벌목과 침파리류(*Stomoxys* sp.)에서도 발견되었다.

감각기의 반응은 전기생리학적으로 측정된다. 어떤 냄새 분자에 의해 수용기가 활성화되면서 촉각의 기부와 말단 사이에 생기는 전위차를 측정하면 된다. 이러한 전위차는 촉각 전체에서 발생하는 수용전위의 총합을 측정하는 촉각전도도(electroantennogram)의 형태로 기록

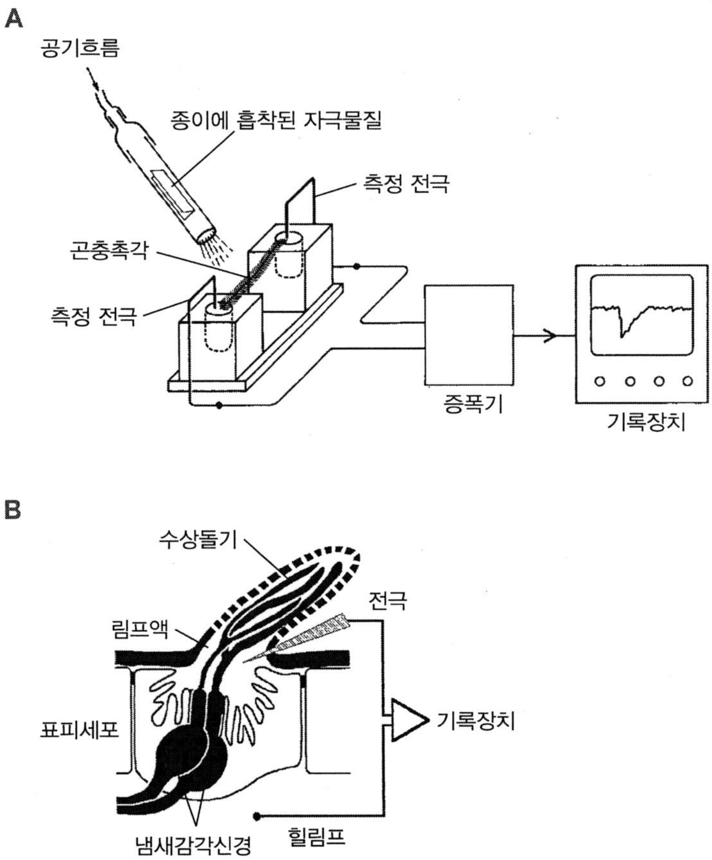

그림 11.40 화학감각기 기능 분석 기술. (A) 전기촉각전도 (B) 단일세포기록기술. 원본그림(Klowden, 2013) 및 사본인가

할 수 있다. 전극을 한 감각기의 기부에 꼽아 단일수용기로부터 발생하는 신호를 측정하는 방법도 있는데, 이를 단일세포기록기술(single cell recording)이라 하며 개별 감각기의 반응을 보다 정확하게 측정하는 방법이다. 이 방법은 개별 감각기 내에 있는 ORN들의 민감성과 특이성을 측정할 수 있게 해 준다. 이 두 가지 방법 모두 곤충 자체의 행동 반응을 대변하지는 않지만 유인물질이나 기피물질 후보를 스크리닝하는 데 있어서 1차 기능 정보를 제공해 줄 수 있어 널리 이용되고 있다.

제 12 장

통신계

Communication System

몸 내부에서 세포들 사이의 통신도 생리적으로 중요하지만 몸 밖으로 개체들 사이의 의사소통 또한 생명 현상을 유지하는 데 필수적으로 요구된다. 이러한 의사소통은 사회성 동물은 물론이고 비사회성 생명체에서도 다양한 영역에서 나타나게 된다. 즉, 양성생식을 보이는 종들의 경우 종족 번식을 위해 배우자를 찾아야 하는 데 단순한 물리적 접촉 보다는 통신을 이용하면 훨씬 빠르고 정확하게 이뤄질 수 있다. 생태계에서 일어나는 먹이 사슬 속에 천적과 같은 위험으로부터 회피는 필수적 방어적 통신이 된다. 또한 동일한 니이체에 서식하는 개체들 사이에 일어나는 경쟁을 인식하기 위한 개체들 간의 인식 통신이 요구된다.

생물체의 통신에 대해서 하나로 정의 내리가 어렵다. 이는 생명체의 의사소통을 구체적으로 살펴보면 하나의 정의에 대해서 여러 예외 상황이 많기 때문이다. 더욱이 통신 수단이 다양하여 일정한 형태 및 인식 부호로도 정의내리기 어렵다. 그러나 포괄적으로 통신이라 하면 송신자의 발생 신호가 수신자에게 전달되고 전달 받은 수신자는 이 신호에 따라 행동 변화가 수반될 때 비로서 의사소통이 이뤄졌으며 이를 통신으로 정의내릴 수 있다. 곤충에서 일어나는 통신도 다양하며 감각신호의 형태에 따라 크게 시각 통신, 소리 통신, 접촉 통신 및 화합물 통신으로 나눌 수 있다.

1 시각 통신

먹이를 찾거나 배우자 인식할 때 그리고 행동 방향성을 유지하려 할 때 시각 신호는 유용하다. 곤충은 사람의 눈과 같이 인식 능력이 우수한 겹눈을 가지고 이러한 시각통신(visual communication)이 가능하게 된다. 이러한 시각 통신은 신호전달 속도가 빠른 장점을 가지게 된다. 그러나 장거리 통신이나 장애물이 사이에 있을 경우에는 제약을 받는 단점도 지니는 특징을 갖는다.

1.1 사물인식 통신

색에 대한 인식 및 분별 능력을 갖는 곤충들은 체색을 통해 종족 및 집단 내부의 계급을 분간하게 된다. 예를 들어, 일부 집단 기생봉류는 몸에 있는 황색 띠를 이용하여 집단 인식이 가능하며, 일부 벌목 곤충은 3색(340, 440, 540 nm 파장)을 구분할 수 도 있다. 심지어 호랑나비류의 경우는 8가지 색상을 구분할 수 있는 감각기를 지니게 된다.

먹이감을 찾는 사마귀는 머리 양쪽에 있는 겹눈을 통해 피식자의 위치 및 거리까지 인식할 수 있다. 이를 수행하기 위해 사마귀는 먹이감이 자신의 겹눈 중심부(fovea: 망막중심오목)에 위치하게 하기 위해 머리를 돌리는 유동추적(saccadic tracking) 행동을 보이게 된다. 먹이감이 약 25 mm의 거리로 들어오게 되면 이때 포획용 앞다리로 먹이를 잡게 된다. 이 보다 원거리에 있는 먹이를 추적하기 위해 머리를 돌려가며 추적하려는 사물을 겹눈 중심부로 오게 한다. 이후 머리 이동을 멈추고 현재 먹이가 자신으로 떨어진 거리를 양쪽 시각 정보를 종합하여 분석하게 된다. 이러한 시각 추적 행동은 비행하거나 걸어 다니는 파리류에서도 나타나, 이동에 따른 많은 시각 정보를 처리하기 보다는 특정 목표 사물에 대해서 고정된 추적 시각을 통해 사물 인식의 정확도를 높이게 된다.

1.2 보호색 통신

시각 신호로 천적으로 하여금 자신을 보호하려는 시각 통신이 일부 곤충에서 발견된다. 네발나비류(*Nymphalis io*)는 앞날개 양쪽에 포식성 조류의 눈 문양을 가지고 있어 천적이 다가오는 경우 앞날개를 펴서 위협하게 된다. *Catocala* 속에 속한 밤나방은 뒷날개에 반짝이는 보호 색깔을 띠어 새와 같은 천적이 자신을 물 경우 뒷날개를 가리고 있던 앞날개를 펴서 순간적으로 놀라게 하여 새의 부리로부터 탈출하게 된다.

보호색은 천적으로 부터 시각적으로 보호를 받게 한다. 콩진딧물은 녹색과 적색의 두 종류 체색을 지니게 된다. 녹색을 지닌 진딧물은 딱정벌레 천적으로 부터 보호를 받으나 기생봉 천적에 의해 쉽게 인식된다. 반면에 적색을 지닌 진딧물은 그와 반대로 보호받게 된다. 이 체색을 이루는 물질은 화학색으로 카로티노이드 색소물질에 기인되는 데, 이는 진딧물이 합성하는 것으로 이 유전자의 기원은 곰팡이의 유전체에 있던 색소 합성 유전자가 약 3~8억 년 전에 보호색의 기능으로 진딧물 게놈에 전달된 것으로 추정된다.

1.3 생물발광(Bioluminescence)

시각적으로 배우자를 찾으려는 경우 주변으로부터 눈에 띠게 나타나야 상호 인식이 가능하다. 그러나 이는 다른 한편으로 천적에 용이하게 노출될 수 있는 위험요소가 존재한다. 이러한 위험 요소를 최소화하기 위해 일부 곤충은 밤에 발광을 통해 상호를 시각적으로 인식하는 방식을 취하고 있다. 가장 많이 사용하고 있는 발광은 루시페린(luciferin)을 산화하는 방식으로 세균류에서 나타나듯이 일종의 항산화반응에서 기원된 것으로 보고 있다.

생물발광을 보이는 곤충류는 크게 5개 목(톡톡이목, 노진재목, 파리목, 그물날개목, 딱정벌레목)에 속한 최소한 9개 과에서 나타난다. 그러나 대부분은 딱정벌레목에 속한 방아벌레과(Elateridae)와 반딧불이과(Lampyridae) 곤충류가 대표적이다. 반딧불 곤충은 복부 말단에 위치한 발광기관에서 550~580 nm 파장의 황녹색 빛을 발산한다. 이 빛을 이용하여 배우자를 찾게 된다. 반면에 톡톡이류의 발광은 교미보다는 방어적 목적으로 이용된다.

발광하는 패턴은 곤충 종에 따라 다양하다. 일부 곤충은 암컷이 발광하여 수컷을 유인하는 반면 다른 종은 수컷이 발광하고 암컷이 이를 보고 반응하는 발광을 통해 상호 교미교신이 이뤄지게 된다. 발광은 주로 해가 진 저녁 무렵에 시작되고 이를 인식하는 배우자는 투명대 눈을 지니고 있어 비교적 어두운 밤에도 배우자의 빛을 인식하게 된다. 배우자가 발산하는 빛의 색과 지속 기간은 종 특이적 인식 신호이다. 예를 들어, 반딧불이(*Photinus pyralis*) 수컷은 6초 간격으로 500 ms 지속 기간의 빛을 발산한다. 이로부터 2초 정도 암컷의 신호를 기다리고 암컷에 접근한다. 암수 간에 이러한 빛 신호를 주고 받으며 상호의 위치를 인식하게 되고 결국 배우자들의 만남이 이뤄지게 된다. 반면에 *Photuris*에 속한 반딧불이는 공격적의태(aggressive mimicry) 방식으로 다른 반딧불이의 불빛 신호를 모방할 수 있다. 우화한 암컷은 먼저 발광신호로 수컷을 찾고 교미한 후 다른 반딧불이과의 발광신호를 모방하여 타 종의 수컷을 유인하고 포획하여 섭식하게 된다.

발광세포(photocyte)는 지방체 세포가 변형된 것으로 투명한 표피층과 표피세포 내부에 존재한다(그림 12.1). 이 발광세포 세포질에는 많은 입자들이 존재하며 다수의 미토콘드리아가 기관소지 주변에 몰려있다. 전체적으로 발광세포들의 배치는 중앙에 신경과 기관지가 축을 이루고 주변에 장미꽃 모양으로 배열하게 된다. 기관지와 발광세포에 접한 부위에 기관소지 말단세포(tracheole end cell)가 위치하여 신경과 기관지를 발광세포에 연결하는 중간구조를

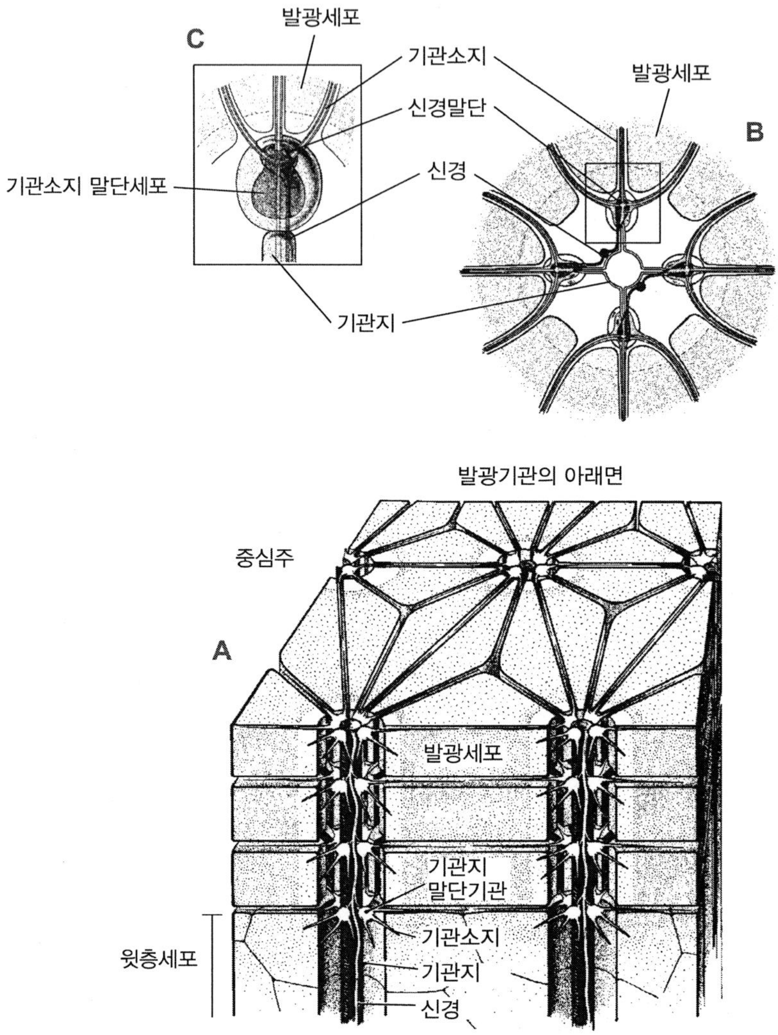

그림 12.1 반디불이의 발광기관. (A) 전체 발광기관 단면도 (B) 발광세포들의 장미꽃 배열 (C) 발광세포에서 신경과 기관소지가 만나는 지점. 원본그림(Buck, 1966) 및 사본인가

이루게 된다. 발광세포 뒤에는 윗층세포(dorsal layer cell)가 존재하는 데 이 세포 내부는 요산으로 채워져 발생하는 빛의 반사면 기능을 담당하게 된다.

발광기작은 신경자극으로 부터 시작되어 공급되는 산소의 양에 의해 결정된다. 발광하기 전에 발광세포에 이르는 기관소지 내부는 물로 채워져 있다. 그러나 기관소지 말단세포에 신경자극이 오면 이 기관소지 내부의 물이 흡수되어 기관지를 통해 들어오는 산소를 기관소지가 받아 발광세포로 전달할 수 있게 한다. 또한 일산화질소(nitric oxide: NO)가 발생하여 세포들의 미토콘드리아 산소 이용을 억제하여 발광세포에 공급된 산소가 최대한으로 발광에만 이용되게 한다.

발광 즉 빛의 생성은 루시페린(luciferin) 기질을 산화시키는 루시퍼레이즈(luciferase)의 효소 촉매 작용에 기인된다. 루시퍼레이즈는 약 60 kDa 크기로 545~550 nm 파장의 빛을 생성한다. 이 단백질의 아미노산 서열 차이는 상이한 빛 색깔을 만들게 한다. 루시페린은 벤젠 고리에 질소와 황을 포함한 펜텐 고리 두 개가 연결된 benzothiazoyl-thiazole 유도체 모습을 지니게 된다(그림 12.2). 이 루시페린은 루시퍼레이즈 촉매 작용으로 ATP에서 피로인산

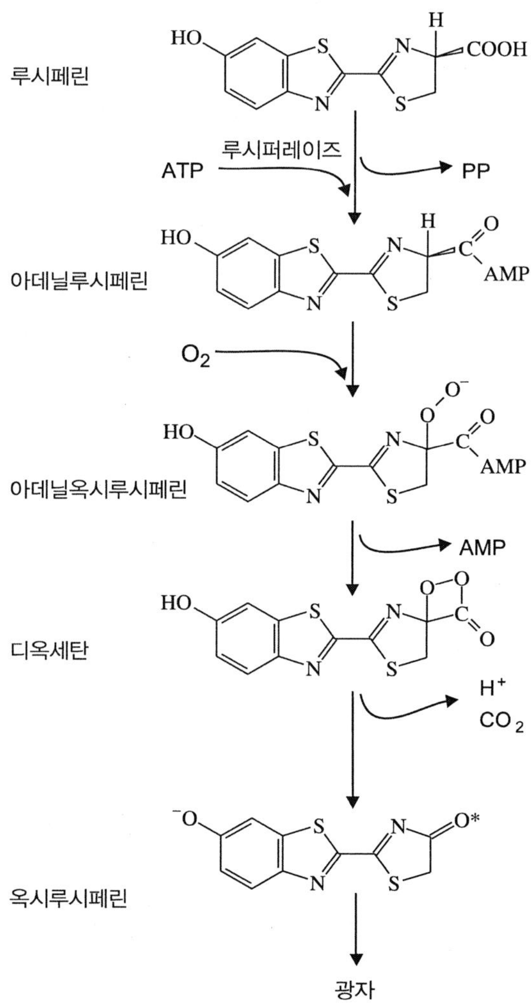

그림 12.2 **빛을 내는 루시페린 산화과정.** 원본그림(Wood, 1995) 및 사본인가

(pyrophosphate)이 분리된 AMP와 연결되면서 아데닐루시페린(adenylluciferin)을 형성한다. AMP 연결은 말단 thiazole 고리에서 일어나는 데 여기에 산소가 다시 결합하여 아데닐옥시루페린(adenyloxyluciferin)을 만들게 된다. 이때 AMP가 분리되면서 연결된 산소는 불안정한 과산화고리(peroxide ring)를 지닌 다이옥세탄(dioxetane)을 이루면서 이 과산화고리는 탄소와 연결되어 이산화탄소 형태로 루시페린 골격에서 분리된다. 결국 에너지가 높은 옥시루시페린(oxyluciferin)이 형성된다. 이때 옥시루시페린은 형광 반응을 통해 빛을 발생시킨다. 이 형광 반응은 열 손실을 최대한으로 줄이고 거의 모두 빛에너지로 전환되는 높은 효율(> 90%)의 발광반응이 된다.

2 소리 통신

다양한 곤충이 소리를 만들고 이 소리를 같은 종의 곤충이 인식하여 교미와 같은 의사소통을 나타나게 된다. 곤충의 소리 인식 즉 청각은 감각생리 편에서 기술한 바와 같이 종에 따라 촉각에 존재하는 청각기관인 존스턴기관(Johnston's organ), 다리에 존재하는 청각기관이 무릎아래기관(subgenual organ) 그리고 복부에 존재하는 청각기관인 고막(tympanal organ)을 포함하게 된다. 모든 청각수용기는 음파수용기(chordotonal sensorium)로 구성된다. 따라서 일반적으로 소리통신(acoustic communication)은 소리를 만들어 내는 방식에서 대별된다.

2.1 마찰음

몸의 두 부분을 비벼서 나오는 소리를 마찰음(stridulation sound)이라 한다. 몸이 한 부분은 줄(file) 모양(=pars stridens)이고 다른 부분은 긁개(scraper) 모양(=plectrum)으로 구성되어 긁개가 줄을 비비고 지나 갈 때 소리가 만들어 진다. 줄 모양은 여러 개의 돌기로 구성되는 데, 긁개가 하나의 돌기를 긁을 때 특정 주파수를 갖는 음박(音拍, pulse)이 형성되고 음박이 모여 음절(音節, syllable)을 이룬다. 따라서 음절은 줄에 있는 여러 개의 돌기 모임체로부터 파생된다.

메뚜기목과 노린재목에 속한 여러 곤충류가 마찰음 소리를 낸다. 주로 날개와 다리에 이들 마찰음 발생 구조를 지니게 된다. 귀뚜라미상과와 여치상과에 속한 곤충은 초시 모양의 양쪽 앞날개를 비비면서 주로 2~30 kHz 주파수의 소리를 발생시킨다(그림 12.3A). 메뚜기상과는 뒷다리 퇴절에 긁개가 앞날개에 발달된 줄에 비비면서 2~50 kHz 범위의 소리를 만들게 된다(그림 12.3B). 노린재류는 가슴 아랫면에 줄과 다리의 긁개, 또는 날개의 줄과 가슴 윗면의

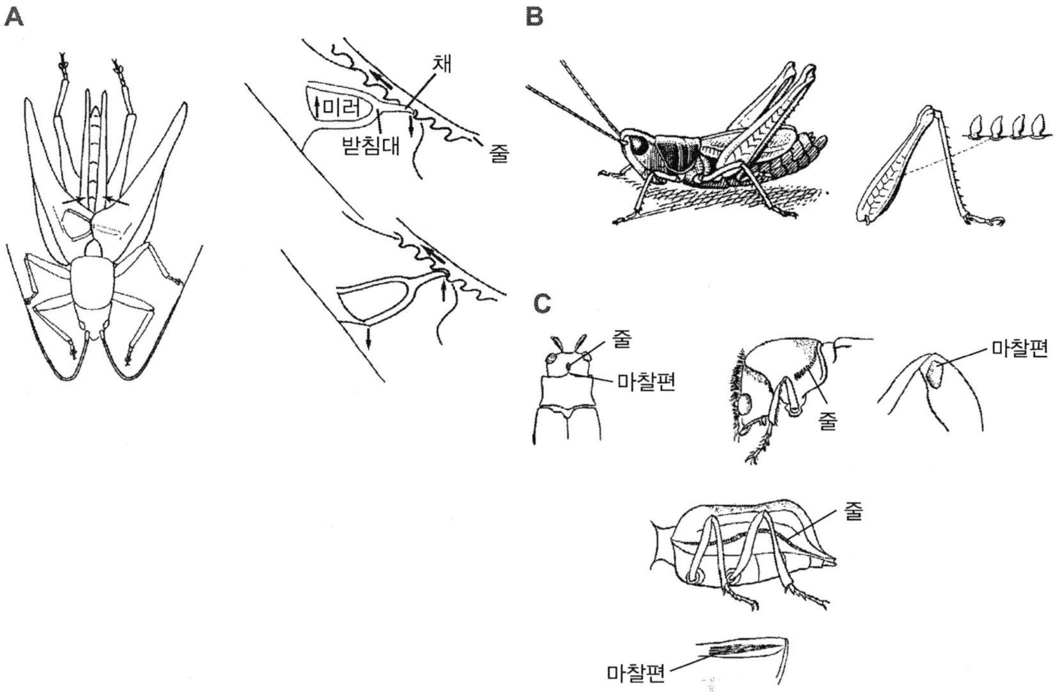

그림 12.3 **마찰음 발성기관 종류.** (A) 여치. 원본그림(Ewing, 1989) (B) 메뚜기 (C) 딱정벌레. 원본그림(Klowden, 2013) 및 사본인가

긁개를 비비면서 소리를 발생시킨다. 딱정벌레들도 소리를 만드는 경우가 많은 데 이러한 경우 대부분 다리와 앞날개를 비비면서 소리를 발생시킨다(그림 12.3C). 물속에서 구애소리를 발생시키는 꼬마물벌레류(*Micronecta scholtzi*)는 수컷의 외부생식기에 줄 모양이 발달되고 이를 복부에 있는 긁개와 비벼서 소리를 형성하게 되는 데 전체 동물계에서 몸 크기에 비해 가장 큰 소리를 만든다.

2.2 진동음

매미 울음소리와 같이 얇은 진동막(tymbal)을 빠르게 흔들게 하면서 발생시키는 소리를 진동음(vibration sound)이라 일컫는다. 진동막은 키틴 재질의 막성 구조로서 복부 첫 마디 옆면에 존재한다. 바깥쪽으로 불룩 튀어나온 모습을 하면서 탄력성을 주기 위해 막 중심부는 간헐적으로 두꺼운 부위를 만들고, 주변은 경화된 고리를 갖는다. 진동막 안쪽은 기관지의 공기주머니가 발달되어 진동막의 수축에 따른 공명음 형성은 물론이고 몸 내부로 음파에너지

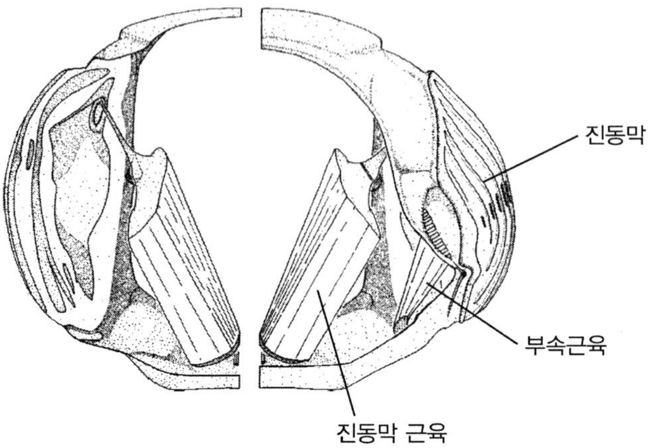

그림 12.4 진동막 구조. 원본그림(Simmons와 Young, 1978) 및 사본인가

전달을 차단하는 역할을 담당한다. 진동막 중심에 진동막 근육(tymbal muscle)이 부착되어 있고 여기에 한 개의 빠른신경(fast neuron)이 신경근육연접을 이루고 있다. 이 신경을 통해 진동막 근육을 수축하면 진동막이 몸 안쪽 공기주머니로 굽어지면서 찰깍 소리를 내게 되고 다시 근육을 이완하면 진동막의 탄력성으로 몸 안 밖으로 흔들리며 진동음을 내게 된다. 진동막 근육은 동시성 근육으로 초 당 120회의 신경자극에 따라 120회의 근육 수축을 일어나는 데 양쪽 진동막이 번갈아가면 수축하기에 전체적으로 초 당 240회의 진동막 근육 수축이 일어나게 된다. 이를 통해 매미는 4~7 kHz의 소리를 발생시킨다. 소리 세기의 경우 암컷이 수컷의 소리를 감지하는 한계가 30 dB인데 수컷은 주로 1 m 거리에서 약 100 dB 정도의 세기로 소리를 만들어 교미를 위한 유효한 의사소통을 이루게 된다.

2.3 충돌음

충돌음(percussion sound)은 몸 표면에 딱딱한 표피층을 서로 부닥치거나 또는 다른 표면을 치면서 소리를 만들어 내는 경우이다. 호주산 휘파람나방으로 불리는 *Hecastesia thyridion* 수컷은 앞날개 전연맥(costa)이 경화되어 소형 망치 모양으로 변형되어 있어 비행중 날개를 올릴 때 이 두 앞날개가 부닥치면서 소리를 만들고 이 소리는 날개 움직임과 더불어 멀리 공명되어 암컷에게 전달되게 한다.

또 다른 방식은 몸의 일부분을 기질에 충돌시켜 소리를 만드는 경우이다. 흰개미류 또는 강도래류의 경우 복부를 땅에 두드리면서 소리를 만든다. 여기서 강도래의 경우는 복부 9번째 마디에 막대 또는 망치 모양이 있어 이를 이용하여 바닥을 두드리게 된다. 사회성 개미 또는 불개미류는 머리를 땅에 두드리면서 소리를 내어 동료들에게 경보음을 나타나게 된다. 수컷 여치(*Meconema thalassinum*)는 뒷다리 부절을 기질에 두드리면서 소리를 만들게 된다.

2.4 기질음

기질음(substrate sound)은 기주 식물체 잎이나 줄기를 통해 소리를 전달하는 경우이다. 다리 부절 또는 복부를 식물체 표면을 두드리는 경우 낮은 주파수가 발생되고 이는 식물체 기질을 통해 전달되어 같은 식물체에 위치하는 개체들에게 상호 존재 인식신호, 교미신호 또는 경보음으로 이용되게 된다. 흰개미류는 이와 같은 기질음으로 먹이의 질을 동료들에게 알릴 수 있고, 병정개미는 머리를 식물체에 두드려 경보음을 발생시킬 수 있다. 소리 수용자들은 주로 다리에 존재하는 무릎아래기관을 통해 소리를 인식하게 된다.

2.5 휘파람소리

일부 바퀴류(*Gromphadorhina* 속)는 주변의 위협 속에서 또는 교미할 때 기관지 공기를 복부 4번째 기문을 통해 배출하면서 휘파람 소리(hissing sound)를 만들 수 있다. 이때 효과적 소리 발생을 위해 다른 기문들은 모두 닫히게 한다. 체체파리(*Glossina* 속)의 경우도 섭식 또는 교미할 때 기관지로 부터 공기 배출을 통해 초음파를 발생하게 된다.

3 접촉 통신

근거리 의사소통으로 접촉 신호가 이용될 수 있다. 이 접촉 통신(contact communication)는 주로 교미 또는 집단 밀도 측정에 이용된다. 진딧물의 경우 주변 동료들과 접촉할 경우 상호 발로 차며 자신의 영역을 확보하려 한다. 파리류에서는 접촉 통신이 근거리 교미 신호로 이용된다. 시각 통신으로 암수가 가까워지면, 서로 접촉을 통해 체 표면에 존재하는 탄화수소의 화합물 신호를 감지하게 한다. 집파리와 체체파리의 경우 수컷 표면에는 앱스티논(abstinon) 물질이 존재하여 수컷끼리의 교미를 방지하는 접촉 화합물신호로 이용된다.

사회성 곤충(개미, 흰개미류)은 체표면에 자기 무리의 특징적 탄화수소 물질을 지니고 있다. 비교적 어두운 갱도에서 살아가면서 촉각과 수염 등을 이용하여 접촉하는 개체의 특징적 화합물 인식을 통해 동류 인지를 파악하게 된다. 그렇지 않을 경우에는 상대방에 대한 공격적 행동을 보이게 된다.

이동성메뚜기(*Schistocerca gregaria*)는 무리의 집단 밀도에 따라 단독형 또는 이동형의 다현현상(polyphenism)을 보이게 된다. 개체수가 증가함에 따라 접촉 횟수가 늘어나고 이에 따라 뒷다리 퇴절에 존재하는 접촉감각기에 대한 자극이 늘어나게 된다. 이를 통해 집단의 밀도를 파악하게 되면 점진적으로 발육 변이를 보이면서 단독형에서 이동형으로 발달하게 된다.

4 화합물 통신

곤충은 다양한 화합물을 이용하여 교미, 동족 인식, 먹이 위치 및 경보 신호 등의 의사소통을 이룬다. 이 통신화합물은 크게 호르몬과 신호물질(semiochemical)로 나뉜다. 호르몬의 개체의 몸 내부에서 기관 대 기관 사이의 조절 물질이다. 신호물질은 몸 밖으로 나와 개체와 개체 사이의 의사를 전달하는 전체 화합물을 칭한다. 신호물질 가운데 동종끼리 신호를 전달하는 데 사용하는 것을 페로몬(pheromone)이라 하며 서로 다른 종끼리 교신하는 경우는 타감물질(allelochemical)이라 부르게 된다. 다시 타감물질은 화합물 발신자와 수신자 사이에 유불리를 가려 수신자만 유리하면 카이로몬(kairomone), 발신자만 유리한 경우 알로몬(allomone), 발신자와 수신자 모두가 유리하게 되는 경우는 시노몬(synomone)이라 칭하게 된다.

4.1 페로몬 다양성

단세포성의 원생동물들은 같은 종끼리 페로몬을 이용하여 상호 정보를 교환한다. 이들이 다세포동물로 진화하여 왔다면 다세포동물의 발육을 조절하는 호르몬은 원시 단세포동물이 이용했던 페로몬으로 간주될 수 있으며, 이는 페로몬이 호르몬의 화학적 조상형이라는 것을 의미한다. 페로몬은 표피세포가 변형된 외분비샘(exocrine gland)에서 생산되며 동일 종 내의 서로 다른 개체 사이에 교신하는 화학 통신물질이다.

최초의 곤충 페로몬인 봄비콜(bombykol)(그림 12.5)은 1950년대 중반에 30만 마리 이상의 누에나방에서 분리되었다. 이와 같이 많은 개체들에서 추출된 봄비콜의 양은 겨우 5.3 mg이었다. 꽃바구미류(*Anthonomus grandis*)의 페로몬 성분을 동정하는데 4백만 마리가 이용되었는데, 이때 이용된 곤충의 무게는 무려 55 kg이었다. 분석 장비가 발달함에 따라 페로몬의 분리와 동정에 이용되는 곤충의 수는 점차 감소되었고 동시에 효율은 증가되었다. 지금까지 3,000종 이상의 곤충에서 페로몬이 동정되었으며 나비목 곤충에서만 1,700여 종의 페로몬이

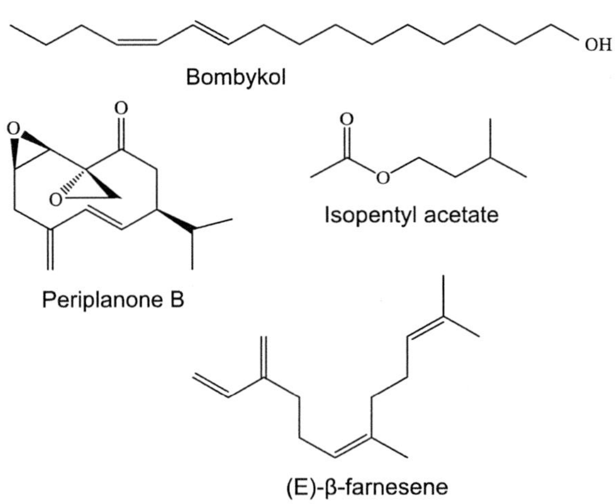

그림 12.5 **다양한 화학 구조의 곤충 페로몬.** 원본그림(Klowden, 2013) 및 사본인가

동정되었다. 천연페로몬을 모방한 많은 파라페로몬(parapheromone)이 합성되어 해충 방제의 도구로 이용되고 있다.

페로몬이 분비샘에서 나오고 호르몬과 같은 생리적인 효과를 가지기 때문에 처음에는 페로몬을 외부호르몬(ectohormone)이라 불렀지만 페로몬은 호르몬과 달리 분비한 생물체 밖에서 영향을 미치게 된다. 그러나 호르몬은 내부에 분비되는 물질을 의미하는 것이므로, "외부호르몬"이라는 이름은 용어상으로 모순된 것으로 여겨져 pheromone(그리스어 - phereum(운반하는 것) + horman(흥분시키는 것))이라는 이름이 대신 채택되었다.

페로몬은 종 특이적 혼합물을 이용하여 매우 낮은 농도에서 활성을 가진다. 혼합물을 구성하는 개별 성분은 여러 종에서 공통적으로 발견되지만 각 성분의 정밀한 비율에 따라 종 특이성을 갖게 된다. 같은 종이라도 지리적으로 격리된 개체군 간에 페로몬 성분의 비율이 다른 경우가 꽤 흔하다. (Z)-7-dodecenyl acetate는 126종 이상의 곤충이 성페로몬의 성분으로 이용되는 데 심지어 척추동물인 아시아코끼리 암컷이 교미할 준비가 되었음을 알리기 위해 오줌 속에 생산하는 페로몬의 성분이기도 하다. 한편, 배란 중인 아프리카코끼리 암컷은 나무좀의 집합페로몬인 frontalin, exo-brevicomin, endo-brevicomin 등을 생산한다. 코끼리가 이런 신호물질들을 어떻게 이용하는가는 아직 밝혀지지 않았다.

수많은 화학물질로 둘러싸인 복잡한 환경 속에서 자신의 화학신호를 구별하는 전략은 종 특이적인 성분조성을 이용하는 것이다. 초기에는 곤충에서 동정된 최초의 페로몬인 봄비콜(bombykol)이 한 가지 성분으로 구성되어 있었기 때문에, 다른 곤충의 페로몬도 한 가지 성분으로 구성되었을 것으로 기대하였다. 실제로 몇몇 종은 한 가지 성분만을 페로몬으로 이용한다. 이질바퀴(*Periplaneta americana*)는 수컷을 유인하기 위하여 periplanone B만을 이용한다. 그러나 많은 곤충에서 한 가지 성분만으로는 활성이 나타나지 않았으며 같은 성분이 다른 종에도 존재한다는 것이 밝혀졌다. 비록 단일 성분이 전기촉각전도도(electroantennogram)에 의해 감각기 반응을 보였다고 할지라도, 이 성분을 인식하는 것만으로는 전체 행동을 보이지 않았다. 그 이후에 많은 곤충의 페로몬은 여러 성분들로 구성된 것으로 화학적으로 밝혀졌으며 수컷의 행동 반응은 이들 성분들의 특이적 비율에 의해 결정된다는 것이 점차 밝혀졌다. 잎말이나방류인 *Archips argyrospilus*와 *A. mortuanus* 페로몬은 여러 가지 성분으로 구성되며 이들의 구성비 차이가 유사종을 선택적으로 구분하는 데 좋은 예이다. 이들 페로몬은 4 가지의 같은 화합물을 생산하지만, 이들의 구성 비율은 60 : 40 : 4 : 200과 90 : 10 : 1 : 20이다. 앞의 2가지 성분이 두 종 사이의 생식적 격리를 유지하는 데에 가장 중요한 역할을 한다. 이러한 페로몬의 성분비 다양성은 성페로몬을 생산하는 효소계의 변화에서 기인된 것으로 본다. 페로몬 성분의 동일한 합성과정에 관여하는 효소가 유사종 사이에서 변화가 발생할 경우 페로몬 혼합물 조성에 차이를 초래할 수 있다. 물론 이것은 수용하는 수컷의 감각기에서도 변화가 동반되어야만 한다.

페로몬은 작용방식에 따라 세분될 수 있다. 행동유기페로몬(releaser pheromone)은 중추신경계를 통한 직접적인 행동반응을 자극한다. 반대로 생리변화페로몬(primer pheromone)은 신경계 또는 다른 생리적인 체계에 작용하여 늦게 나타나는 생리적인 변화를 중재한다. 생리변화페로몬은 주로 사회성 곤충의 상호작용을 조절하기 위하여 이용된다. 행동유기페로몬 성분이 생리변화페로몬으로도 이용된다. 여왕벌에서 9-oxo-(E)-2-decenoic acid는 일벌의 시중드는 행동반응을 유지하게 하는 페로몬 혼합물의 구성 성분임과 동시에 일벌의 난소발육을 억제하는 생리변화페로몬이기도 하다.

행동유기페로몬은 다양한 화학물질로 구성되며 각각의 기능에 따라 성페로몬(sex pheromone), 집합페로몬(aggregation pheromone), 경보페로몬(alarm pheromone), 길잡이페로몬(trail pheromone), 분산페로몬(dispersal 또는 spacing pheromone)으로 구분된다.

4.1.1 성페로몬

성페로몬은 한쪽 성에 의해 생산되는 화학물질로서 반대 성의 행동반응을 유도해 낸다. 성페로몬은 교미하기 위하여 같은 종의 다른 개체들을 유인한다. 페로몬의 생산과 인식 기작은 곤충 종에 따라 매우 다양하다. 원거리 탐색행동에 이용되는 물질은 성유인제(sex attractant), 근거리 구애행동에 이용되는 물질은 최음제(aphrodisiac)로 불린다. 페로몬은 암수 어느 한쪽

성에 의해 생산되며 어떤 경우에는 양쪽성에 의해 생산되는 페로몬에 의해 교미행동이 일어난다. 휘발성인 성페로몬은 주로 특정 시간과 나이에 주로 방출되며 교미하자마자 방출이 끝난다. 페로몬이 잘 발산되도록 페로몬 샘을 밖으로 돌출하는 행동을 부름행동(calling behavior)이라 하는데, 이것은 성적으로 성숙한 곤충에서만 일어난다.

곤충 중에서는 나방의 성페로몬에 대한 연구가 가장 많다. 보통 암컷이 수컷을 자극하는 원거리 유인제를 방출하면 수컷은 바람이 불어오는 쪽을 향하여 화학연무(plume) 속으로 비행한다. 연무는 산들바람이 불 때 굴뚝에서 나오는 연기와 같이 공기 중으로 퍼져 나간다. 수컷이 공기 중의 연무필라멘트(filament)와 만나게 되면 수컷은 연무 안팎을 지그재그로 비행하면서 연무의 근원지인 암컷을 찾아간다. 도착한 수컷은 암컷을 유인하기 위해 단거리성의 최음제를 방출하고 이후 교미행동으로 이어진다.

4.1.2 집합페로몬

한쪽 성에만 작용하는 성페로몬과 달리 집합페로몬은 양쪽 성에 작용하여 집단형성을 유

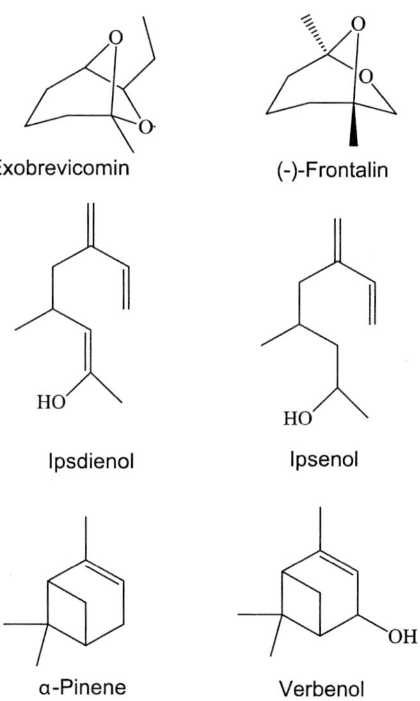

그림 12.6 나무좀의 집합페로몬. 원본그림(Klowden, 2013) 및 사본인가

도한다. 집합페로몬은 개체군 내에서 교미가 일어날 가능성을 높이기 때문에 성페로몬의 활성과 비슷하다. 집합페로몬은 주로 딱정벌레목 곤충에 의해 생산되는데, 이것은 포식자에 대한 방어와 기주식물의 저항을 극복하기 위해 이용된다. 예를 들면, 나무좀 암컷은 나무속으로 들어간 후 집합페로몬(그림 12.6)을 방출하여 수컷과 암컷 모두를 유인한다. 양쪽성이 집단을 형성하면 교미 확률이 증가될 뿐만 아니라 이들이 곰팡이를 나무에 접종시키면서 나무의 송진과 독소물질의 방어기작을 극복할 수 있기 때문에 나무좀의 생존에 이롭다. 무당벌레는 많은 수컷과 암컷을 월동 장소로 유인하기 위하여 집합페로몬을 생산한다. 이것은 곤충이 모였을 때 형성되는 경계색(aposematic coloration)으로 포식자의 공격을 피할 수 있기 때문에 무당벌레의 생존을 이롭게 해준다. 여왕벌은 큰턱샘에서 집합페로몬을 생산하여 일벌의 시중 반응을 향상시키고 분봉할 때 여왕벌 주변의 콜로니를 안정화시킨다.

4.1.3 경보페로몬

경보페로몬은 주로 사회성 곤충에서 다른 개체에게 위험을 알려 콜로니를 방어하는데 이용된다. 일벌은 침을 쏘아 공격할 때 isopentyl acetate 등 20가지 이상의 물질을 방출하는데, 이것은 다른 일벌들의 맹렬한 공격을 이끌어낸다. 아프리카산 꿀벌도 침샘에서 3-methyl-2-buten-1-yl acetate를 생산한다. 개미는 큰턱샘에서 경보페로몬을 합성하여 위험에 처했을 때 방출하여 다른 콜로니 구성원을 모집한다. 베짜기개미(*Oecophylla* 속)의 일개미는 나뭇잎을 쳐서 다른 일개미들에게 위험을 알려준다(그림 12.7). 진딧물과 뿔매미는 경보페로몬을 분비하여 먹이에서 떨어져 천적에 의한 포식을 피하도록 도와준다. 복숭아혹진딧물(*Myzus persicae*)은 포식자의 공격을 받을 때 뿔관(cornicle)에서 경보페로몬인 (E)-β-farnesene를 분비

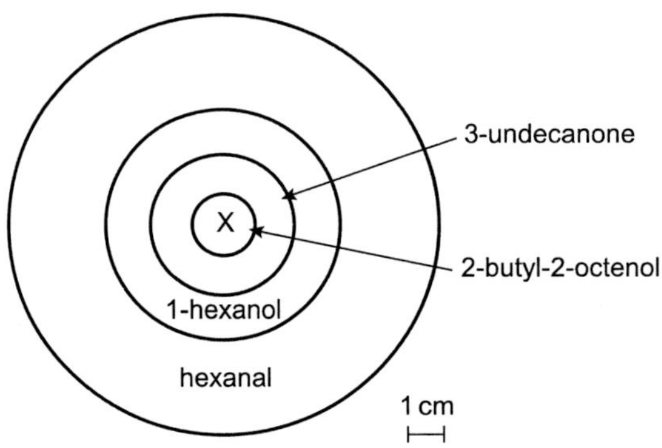

그림 12.7 **베짜기개미의 다양한 경보페로몬 활동영역.** 원본그림(Bradshaw 등, 1975) 및 사본그림

한다. 일반적으로 경보페로몬은 분자량이 낮고 휘발성이 높은 물질로 구성되는데, 이것은 위험의 시작과 종료를 콜로니를 통해 신속히 알리는데 효과적이다.

4.1.4 길잡이페로몬

길잡이페로몬도 대부분 사회성 곤충에서 발견된다. 일개미는 먹이를 찾아 콜로니로 돌아올 때 자국을 남겨놓아 다른 일개미들이 먹이를 발견하는 데 이용할 수 있도록 한다. 비행하는 곤충들은 길잡이 페로몬을 이용하여 콜로니 구성원들이 벌통으로 들어가도록 자극한다. 꿀벌은 둥지 입구를 나소노프샘(Nasonov gland)에서 나오는 물질로 표시하여 일벌이 들어가도록 유도한다. 꿀벌과 기생봉의 부절에서 나오는 물질도 둥지 입구에서 길잡이 페로몬으로 이용되는 것으로 추정되고 있다.

독개미는 침을 이용하여 독샘에서 나오는 물질인 길잡이페로몬으로 남겨둔다. 반면 독이 없는 개미는 듀퍼샘(Dufour gland) 또는 장 안에서 페로몬을 합성한다. 일개미의 왕래 횟수에 따라 길잡이페로몬 축적강도가 달라지기 때문에 길잡이페로몬은 먼 거리에 존재하는 먹이의 양을 알려주는 지표로도 이용된다.

길잡이페로몬은 원래 대사 부산물이었던 것을 신호로 이용하는 것으로 보이며, 각 종마다 특이적인 페로몬 혼합물이 존재할 것으로 추정된다. 뿔개미류(*Myrmica*)의 몇몇 종은 독샘에서 생산되는 3-ethyl-2,5-dimethylpyrazine을 길잡이페로몬으로 이용하지만, 일부 다른 종은 이 성분 외에 다른 성분을 추가로 이용한다.

4.1.5 분산페로몬

분산페로몬은 먹이의 수용 가능한 수준 이하로 집단 크기를 유지시키기 위해 이용한다. 과실파리류의 암컷은 과실 속에 산란한 직후 다른 암컷이 알을 낳는 것을 방지하기 위하여 과실표면에 분산페로몬을 남겨놓는다. 나무좀에서는 암컷이 방출한 집합페로몬에 의해 모인 수컷의 수가 많아지면 그들이 분산페로몬을 생산하여 그 이후에 개체수가 지나치게 불어나는 것을 방지한다.

4.1.6 장례페로몬

장례페로몬은 죽은 개체를 둥지 밖으로 내보내도록 자극하는데 이용된다. 즉, 죽은 개미는 포화지방산의 추출물로 덮히게 되는데, 이것이 콜로니 구성원을 자극하여 둥지 밖으로 사체를 제거하게 만든다.

4.2 페로몬 생합성

페로몬 합성은 성충 전체기간에 걸쳐 일어나지만 합성된 페로몬의 방출은 어떤 정해진 환경과 생리적인 상황에만 일어난다. 나무좀은 낮에 페로몬을 방출하지만 야행성인 나방은 밤에 방출한다. 몇 회에 걸쳐 교미하는 암컷은 주기적으로 페로몬을 방출하지만 오직 한번 교미하는 암컷은 교미 후에는 페로몬을 방출하지 않는다.

4.2.1 페로몬 분비샘

일반적으로 페로몬은 몸의 다양한 곳에서 발견할 수 있는 변형된 표피세포에서 생산된다. 변형된 표피세포들이 집단으로 모여 외분비샘을 만들어 합성한 물질을 체외로 방출한다. 일반적으로 외분비샘은 구조에 따라 두 가지의 유형으로 분류된다. I형 외분비샘은 표피세포에서 직접 유래된 것으로서, 단순한 표피층에 의해 형성되거나 분비물을 일시적으로 저장하는 내부의 저장고와 연결된다. II형 외분비샘은 분비세포와 도관세포로 구성되어 있으며, 분비물이 도관을 통해 체외로 방출된다.

메뚜기류(*Schistocerca greharia*) 수컷 성충에 의해 생산된 페로몬은 분비세포에서 만들어져 표피를 통해 분산된다. 많은 나비목 곤충의 암컷은 I형 외분비샘에서 페로몬을 방출하는데, 이것은 복부 8번째와 9번째 마디 사이에 있는 체절간막 안쪽에 위치하는 표피세포가 변형되어 형성된다. 이들 샘은 깊게 함입되어 있지만, 암컷이 구애행동을 보일 때 샘들이 돌출되어 휘발성 분비물이 체외로 방출된다. 밤나방류 수컷은 구애할 때 복부 끝의 모필기관(hair pencil)을 부채모양으로 펼친다. 경보페로몬을 생산하는 개미의 듀퍼샘과 흰개미의 이마샘과 같은 세포는 내부에 존재한다. 이 샘 세포들이 생산한 페로몬은 큐티클로 연결된 저장고에 저장된다. II형 외분비샘인 꿀벌의 큰턱샘은 경보페로몬, 성페로몬 및 콜로니의 일벌의 난소발육을 억제하는 여왕물질을 생산한다. 일부 독개미의 독샘은 길잡이페로몬을 생산한다.

4.2.2 페로몬 합성과정

곤충 페로몬은 매우 다양한 화학성분으로 구성되어 있다. 일반적으로 경보페로몬과 같이 빠르게 분산되어야 하는 것들은 분자량이 작은 물질을 이용하며, 성페로몬과 같이 좀 더 지속적 노출이 필요한 경우에는 분자량이 큰 물질을 이용한다. 페로몬 성분의 활성은 분자의 모양, 크기, 작용기 및 불포화 정도에 의해 결정된다. 페로몬 합성의 기작에 관한 연구는 대부분 나비목 곤충의 성페로몬에 집중되어 있다. 일반적으로 나비목 페로몬 성분은 탄소수 10~18개 지방산으로부터 만들어지는데, 작용기로 알코올, 아세테이트 또는 알데히드를 가지고 있고 1~3개의 이중결합이 상이한 위치에 존재한다.

양배추은무늬밤나방(*Trichoplusia ni*)의 성페로몬은 포화지방산 및 불포화지방산의 아세테이트 에스테르(acetate ester)의 혼합물로 이루어진다. 혼합물의 6가지 성분은 지방산에서 시작하여 11 번째 탄소에 이중결합을 형성하는 Δ11-불포화효소(desaturase)의 작용, 사슬단축 반응, 환원, 및 아세틸화(acetylation)에 의해 생산된다. 이와 같이 페로몬의 구성성분들은 몇 가지 생합성 단계를 통해 생산되며, 페로몬 진화는 합성과정을 촉매하는 효소의 변형에서 야기된다. 이와 같은 페로몬에 의한 종분화는 *Ostrinia* 속의 근연종인 조명나방(*O. furnacalis*, Asian corn borer(ACB))과 유럽형 조명나방(*O. nubilalis*, European corn borer(ECB))에서

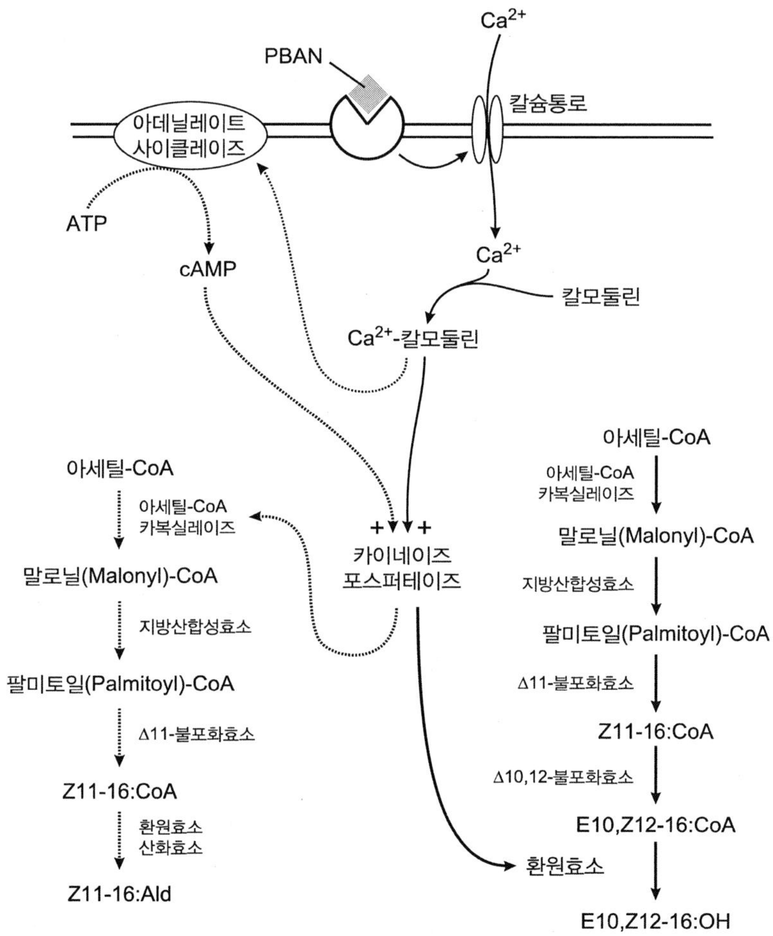

그림 12.8 두 종의 나방류에서 PBAN의 상이한 작용점. (A) *Helicoverpa* (B) *Bombyx*. 원본그림(Klowden, 2013) 및 사본인가

찾아 볼 수 있다. 두 종은 서로 다른 경로를 거쳐 hexadecanoic acid로부터 탄소수 14개의 불포화지방산을 형성하고 여기에 에세테이트(Ac) 작용기를 첨가시켰다. 그러나 이중결합(Z: cis형, E: trans형)의 위치가 달라 ACB는 (Z/E)12-14:OAc를, ECB는 (Z/E)11-14:OAc를 합성한다. 이러한 이유는 ACB에서는 14번째 위치에서 이중결합을 만드는 Δ14-불포화효소가 합성에 관여하였고, ECB에서는 11번째 위치에서 이중결합을 만드는 Δ11-불포화효소가 합성에 관여하였기 때문이다. 즉, 불포화효소 유전자 변이가 이러한 페로몬 조성의 변화를 주었고, 이는 궁극적으로 유사종의 생식적 고립을 유도하였다.

4.2.3 페로몬 합성 조절

나방의 성페로몬 방출은 밤 시간에 일어나며, 주로 일주기리듬을 따르며 여러 다른 생리적 요인에 의해 조정된다. 페로몬 합성은 식도하신경절에서 합성되는 페로몬합성촉진신경펩티드(pheromone biosynthesis activating neuropeptide: PBAN)에 의해 조절된다. PBAN은 33~34개의 아미노산으로 구성된 펩타이드로서 최종 생산물의 합성에 관여하는 효소를 활성화시켜 페로몬 생합성을 조절한다. PBAN은 1984년에 밤나방류인 *Helicoverpa zea* 암컷에서 처음으로 동정되었으며 그 후에 6종 곤충류에서 보고되었다. C-말단의 아미노산 서열이 FXPRL-NH_2로 동일한 다른 펩타이드들도 성페로몬 합성을 자극하며 이들은 PBAN/pyrokinin 펩타이드 집단으로 분류된다. 이 집단에 속하는 펩타이드들은 멜라닌 합성, 소화관 수축, 휴면과 같은 다른 기능들도 가지고 있다. PBAN 유전자 발현 산물은 번역후 가공 단계를 거쳐 5개의 독립된 단백질로 나눠진다. 이 가운데 두 개는 PBAN과 휴면호르몬(diapause hormone)이며 다른 세 가지는 신경펩타이드이지만 아직 기능은 알려져 있지 않다. 누에(*Bombyx mori*)의 알 휴면은 이 휴면호르몬에 의해 유도되고, 일부 밤나방류에서 휴면호르몬은 용 휴면을 종결시킨다. 이런 종들의 휴면은 유충기간 동안의 단일조건에 의해 시작되는데, 이것은 뇌가 PTTH를 생산하지 못하여 전흉샘에서 탈피호르몬이 생산되지 않아 유발된다. 휴면호르몬은 엑다이손을 생산하는 전흉샘에 작용하는데, 이것이 없으면 엑다이손이 생산되지 않아 용 휴면이 유지된다.

PBAN 활성화의 기작은 종에 따라 다양하다. *H. zea*와 누에에서 PBAN은 페로몬 샘 세포막에 있는 세포막 수용체에 결합하여 칼슘(Ca^{2+})의 유입을 활성화한다(그림 12.8). 누에에서는 칼슘이 칼모듈린(calmodulin)에 결합한 후에 탈인산효소(phosphatase)를 자극하며, 이것이 bombykol 생합성의 최종단계 환원효소(reductase)를 활성화한다. 밤나방류(*Helicoverpa*)에서는 Ca^{2+}-calmodulin은 에데닐레이트 사이클레이즈(adenylate cyclase)를 활성화하여 cAMP의 세포내 농도를 증가시키고, 이 세포내 이차전달자는 단백질인산화효소(kinase)를 활성화하여 생합성 경로의 맨 처음인 acetyl-CoA carboxylase를 자극한다. 밤나방류인 *Sesamia nonagrioides*에서 PBAN은 acetyl transferase를 활성화하여 페로몬 주성분인 (Z)-11-hexadecenyl acetate를 생산한다.

페로몬 생합성의 억제는 PBAN 분비를 억제하여 일어나게 된다. 교미한 암컷의 경우 수정낭에 정자가 채워지면 신경성 신호와 체액성 신호에 의해 식도하신경절로 교미가 이뤄졌다는 정보가 전달된다. 이때 식도하신경절에서 PBAN의 방출을 억제하여 페로몬 생합성이 일어나지 않게 된다. *Helicoverpa* 수컷이 생산하는 페로몬억제펩타이드(pheromone suppression peptide: PSP)인 Hez-PSP는 이러한 교미 정보를 전달하는 체액성 요인이 된다.

딱정벌레류에서는 유약호르몬이 페로몬 생합성의 조절에 관여한다. 나무좀류인 *Ips*가 소나무류를 섭식하면 알라타체가 활성화되어 JH III를 생산되고, JH III는 두 가지 중요한 효소인 3-hydroxy-3-methylglutaryl-CoA(HMG-CoA) 합성효소와 HMG-CoA 환원효소를 활성화한다. 이 효소들이 메발로네이트(mevalonate)의 합성을 촉진하고, 이어서 이소프렌 합성 경로가 활성화되어 성페로몬과 집합페로몬인 ipsdienol과 ipsenol을 합성한다.

4.3 생리변화페로몬

생리변화페로몬은 행동유기페로몬에 비해 동정된 것이 많지 않다. 생리변화페로몬의 효과는 포착하기가 매우 힘들기 때문에 생물검정을 수행하기가 어렵고 소요시간도 길다. 이것은 주로 사회성 곤충이 콜로니 활동을 조절하기 위해 이용한다. 꿀벌 콜로니에는 가임성인 여왕벌 1 마리와 불임성인 수천 마리의 일벌이 존재한다. 여왕벌은 큰턱샘에서 여왕봉큰턱샘페로몬(queen mandibular pheromone: QMP)을 생산하는데, 이것은 (E)-9-keto-2-decenoic acid, (R,E)-(-)-9-hydroxy-2-decenoic acid, (S,E)-(+)-9-hydroxy-2-decenoic acid, methyl *ρ*-hydroxybenzoate, 4-hydroxy-3-methyoxyphenylethanol로 구성된다. QMP는 일벌의 난소발육을 억제하여 생식할 수 없는 상태를 유지시켜 새로운 여왕벌의 출현을 억제한다. 일벌은 나이가 들어감에 따라 콜로니 내부에서의 행동적인 역할이 변화되는데, 이러한 변화는 QMP 노출로 뇌의 유전자 발현에 많은 변화가 일어나기 때문에 일어난다. 유전자들의 활성과 억제에 의해 일벌의 행동적인 역할을 바뀐다. 즉, QMP는 일벌의 시녀행동과 연관된 유전자를 활성화시키며 사역행동과 연관된 유전자는 억제시킨다. QMP는 행동유기페로몬과 같은 기능을 하기도 하는데, 이 물질은 시녀벌을 유인하여 여왕벌에게 끊임없이 주의를 기울이도록 만든다.

만약 여왕벌이 없어지게 되면, 콜로니 내의 QMP 수준이 감소되고 일벌들은 크게 동요되어 새로운 여왕벌을 사육할 준비를 시작한다. 일벌들은 새로 부화한 유충이 들어 있는 방을 확장하여 왕대(王臺)를 만들고 암컷 유충에게 큰턱샘에서 분비되는 왕유(royal jelly)를 먹여 여왕벌로 발육하도록 만든다. 유충이 왕유의 섭취하면 JH 방출에 영향을 주며 특정 기간의 JH 존재 여부에 따라 유충의 발육형태가 결정된다. 유충의 마지막 탈피 직후에는 일벌 유충이나 여왕벌 유충이나 동일한 난소를 가지고 있지만 그 후 24시간 이내에 일벌의 난소소관은 퇴화된다. 또한 왕유 속에는 벌통의 방 안에 저장된 먹이를 보존시켜주는 물질도 포함되어 있다.

꿀벌에는 다른 생리변화페로몬도 있다. 유충 큐티클에는 10가지 지방산 에스테르의 혼합물이 포함되어 있는데, 이것은 일벌의 혀샘(hypopharyngeal gland)에서 단백질이 합성되는 것을 촉진시킨다.

불개미류(*Solenopsis invicta*) 여왕은 독샘에서 생리변화페로몬을 생산하는데, 아직 이 성분이 동정되지는 않았다. 이 물질은 교미하지 않은 여왕개미의 난소 발육을 억제시키는 생리변화페로몬이며 일개미를 여왕에게 유인하는 행동유기페로몬으로도 작용한다. 또한 이것은 유충을 사육하는 일개미의 행동에 영향을 주어 계급 결정에 간접적으로 관여하는데, 생리변화페로몬에 반응하여 일개미는 암컷 유충의 먹이 양을 제한시켜 유충이 일개미로 발육하도록 만든다.

비사회성 곤충에서도 생리변화페로몬에 대한 증거가 있다. 메뚜기류(*Schistocerca gregaria*) 수컷 성충은 큐티클 표면에 생리변화페로몬을 생산하여 수컷과 암컷 약충의 성장을 촉진시킨다.

4.4 알로몬

알로몬은 일차적으로 방어를 위해 이용되는 화학적 대응수단이다. 이러한 알로몬은 생산자에게는 유익하지만 수신자에게는 그렇지 않다. 포식자에 대항하는데 이용되는 알로몬은 배설물, 독소 등 매우 다양하다.

많은 메뚜기목 곤충과 나비목 유충은 위험에 처했을 때 타액 분비물과 소화관 내용물로 이루어진 구강 분비물을 방출한다. 일부 딱정벌레목 곤충은 포식자를 만나면 자동출혈(autohemorrhage)로 위험을 벗어나는데, 알로몬이 포함된 혈림프를 체절간막을 통해 방출한다. 어떤 종의 병정 흰개미는 독성의 모노터펜 탄화수소를 큰턱에 가지고 있다가 싸울 때 적에게 내뿜는다. Nasutitermitinae 아과의 병정개미는 뾰쪽한 머리의 이마샘에서 점착성의 라텍스 물질을 내뿜을 수 있다. 딱정벌레류인 *Brachynus*는 공격자를 향해 뜨거운 퀴논을 내뿜는다(그림 12.9). 과산화수소(hydrogen peroxide), 하이드로퀴논(hydroquinone), 퍼옥시데이즈(peroxidase) 및 카탈레이즈(catalase)가 두 개의 작은 방에 따로 저장되어 있다가 반응실에서 서로 혼합되면 100℃에서 폭발성의 벤조퀴논(benzoquinone)이 만들어져 체외로 방출된다(그림 12.9). 사회성 벌목 곤충들은 벌침 장치로 변형된 산란관을 가지고 있어 독성 분비액을 포식자의 피부에 효과적으로 주입할 수 있다. 물방개류는 척추동물 호르몬과 동일한 스테로이드 혼합물을 합성하여 척추동물 포식자를 방어하기 위해 물 속으로 배출한다.

일부 곤충의 페로몬이 알로몬으로 이용되는 예도 있다. 야생감자는 복숭아혹진딧물의 경보

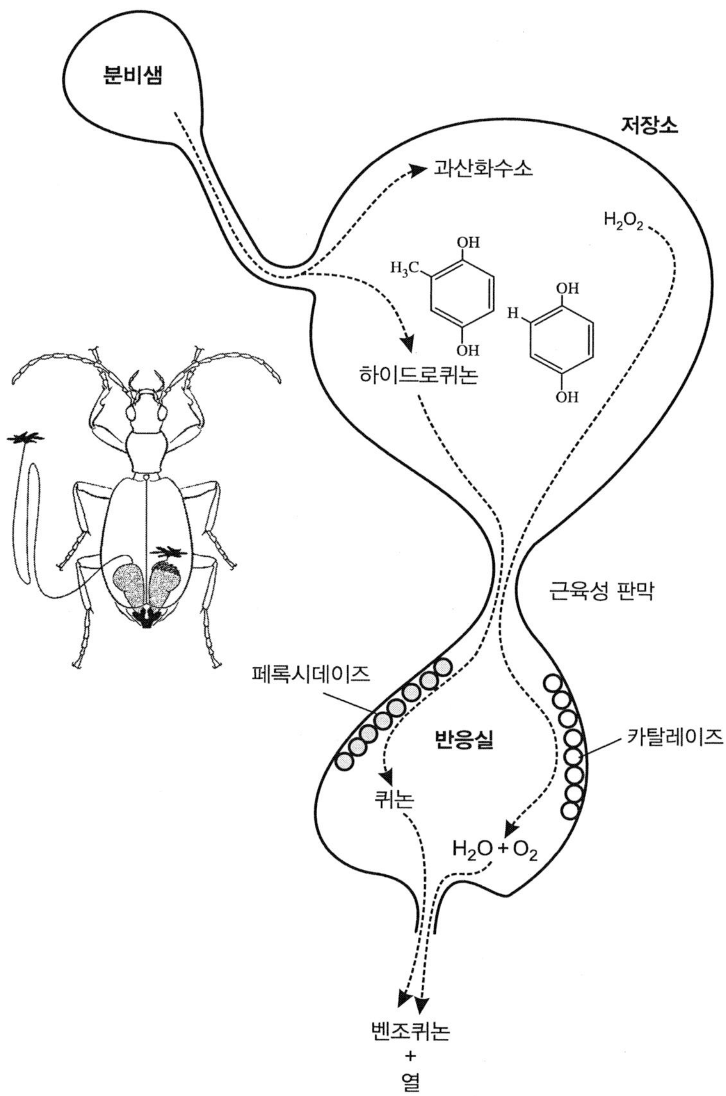

그림 12.9 **폭탄벌레(Brachynus)의 고온성 벤조퀴논(benzoquinone) 생산.** 원본그림(Klowden, 2013) 및 사본인가

페로몬인 (E)-β-farnesene을 생산하여 진딧물의 섭식을 피한다. 난의 꽃은 많은 휘발성 물질을 생산하여 수정벌을 유인한다. 볼라스거미(bolas spider)는 나방의 성페로몬을 생산하여 수컷나방을 거미줄로 유인한다. 반날개류는 흰개미의 큐티클성 탄화수소를 모방하여 집을 차지하고 먹이를 얻는다. 풀잠자리류(*Chrysopa sloaaonae*) 유충은 진딧물의 큐티클성 왁스를 등에 뒤 짊어 쓰는데, 이렇게 변장한 풀잠자리 유충은 진딧물을 보호하려는 개미의 공격을 효과적으로 피할 수 있다. 이것을 "양가죽을 쓴 늑대" 전략이라고 하는데, 풀잠자리가 스스로 큐티클성 탄화수소를 합성하는 것이 아니라 진딧물의 분비물을 이용하는 것으로 매우 희귀한 예이다.

4.5 카이로몬

카이로몬(그리스어 - kairos(기회주의적))은 생산자보다는 수신자에게 이롭다. 카이로몬은 별개의 화학적 신호로 분류하지 않으며 한 종에서는 정상적으로 이용되는 호르몬, 페로몬 또는 알로몬이 다른 종에서는 카이로몬으로 활용될 수 있다. 한 종에서는 정상적인 대사산물인 것이 다른 종에서는 기주를 찾는 단서로 이용될 수 있다. 예를 들면 많은 식식성 곤충은 식물의 이차산물을 카이로몬으로 이용하여 기주를 찾는다. 모기는 이산화탄소와 척추동물의 정상적인 대사 과정 중에 생산되는 다른 화학물질을 카이로몬으로 이용하여 기주를 찾아 피를 빨아먹는다. 꿀벌응애(*Varroa jacobsoni*)는 꿀벌 유충에 존재하는 지방산 에스테르를 단서로 수벌 유충을 찾아가며, 토끼벼룩은 토끼의 호르몬을 카이로몬으로 이용하여 기주의 위치를 찾는다.

한 종에서는 정상적으로 이용되는 페로몬을 다른 종이 카이로몬으로 이용하는 경우도 있다. 포식성 딱정벌레와 파리는 나무좀의 집합페로몬을 단서로 먹이인 나무좀의 위치를 찾는다. 고치벌류는 사과과실파리가 생산하는 분산페로몬을 이용하여 기생할 알을 찾는다. 일부 딱정벌레, 바퀴, 응애는 개미가 땅위에 남겨놓은 길잡이페로몬을 이용한다.

4.6 시노몬

시노몬은 생산자와 수신자 모두에게 이익을 주는 화합물이다. 화분매개곤충을 유인하는 꽃향기는 곤충과 식물 모두에 이익이 된다. 알 기생봉류인 *Trichogramma*는 토마토에서 나오는 물질을 단서로 기생하기에 적당한 곤충(토마토 해충) 기주를 찾을 수 있다. 소나무가 생산하는 터펜은 나무좀이 기주를 찾는데 이용하는 카이로몬이지만, 동시에 나무좀의 천적인 금좀벌류도 유인하는 시노몬이다.

전문 용어

A band(A띠) 액틴 단백질로 형성된 근육 근절 내 어두운 띠

Abductor muscle(외전근) 몸으로부터 멀리 떨어지도록 부속지를 움직이는 근육

Accessary gland(부속샘) 수컷과 암컷 생식계의 일부분인 분비샘. 암컷에서는 시멘트, 독샘물질 그리고 윤활유성 물질을 분비하며 수컷에서는 정액물질, 정자주머니 및 암컷에 영향을 주는 활성 펩타이드를 분비한다.

Accessary pulsatile organ(부속박동기관) 날개, 다리 및 촉각 기부에 존재하는 보조 심장으로 체강 내 혈림프의 이동을 보조하여 준다.

Acetylcholine(아세틸콜린) 전연접 신경으로부터 방출되는 신경전달물질로서 후연접 신경의 수용체에 붙어 이들 신경 사이의 활동전위 이동을 연결하여 준다.

Acetycholinesterase(아세틸콜린에스테라아제) 신경연접에 존재하여 아세틸콜린을 아세테이트와 콜린으로 분해하는 효소로서 아세틸콜린 수용체가 새로운 전달물질에 반응하게 한다.

Acrosome(첨체) 골지체로부터 파생되어 정자말단에 존재하는 세포소기관으로 정자가 수정을 위해 알에 침입할 때 난각을 분해시킨다.

Across-fiber patterning(통합회로방식) 여러 신경자극 양상을 통합하여 물질을 식별하는 방식

Actin(액틴) 근육 근섬유를 구성하는 단백질로 마이오신과 더불어 근육 수축에 관여한다.

Actin potential(활동전위) 수상돌기의 탈분극에 의해 야기되는 신경 막전위의 일정한 크기 변화. 이 활동전위는 축삭돌기를 따라 신경연접에 이르게 된다.

Acyl carrier protein(아실전달단백질) 지방산 합성과정에서 중간 생성물의 연결 단백질

Adipohemocyte(지방혈구) 작은 핵과 지방과립으로 채워진 세포질을 갖는 곤충 혈구세포의 일종

Adipokinetic hormone(지질동원호르몬) 주로 카디아체에서 생산되는 호르몬으로 지방체에 작용하여 저장된 지질을 혈림프로 방출하게 한다.

Aedeagus(음경) 교미 시 수컷의 삽입 기관

Aeropyle(기공) 가스 교환이 일어나게 하는 난각의 일정 구조

Aggressive mimicry(공격적 의태) 포획을 위해 먹이의 일정 부분을 모방하는 행동

Alarm pheromone(경보페로몬) 같은 종의 다른 개체에게 경보 신호를 주는 화학물질

Alary muscle(익상근) 체강 내 심장을 지지

하는 근육 쌍

Allatostatin(알라토스타틴) 뇌에서 분비되어 알라타체의 유약호르몬 생산을 억제하는 호르몬

Allatotropin(알라토트로핀) 뇌에서 분비되어 알라타체의 유약호르몬 생산을 촉진하는 호르몬

Allele(대립유전자) 특정 유전자의 대응 변이체

Allomone(알로몬) 발신자의 생존력을 높이고 수신자의 생존력을 낮추는 물질

Allozyme(알로자임) 대립유전자에 암호화되어 있는 효소 변이체

Ametabolous(무변태의) 변태 없이 발육하는 형태. 무시류에서 발견되며 크기를 제외하고는 성충과 미성충이 서로 매우 유사하며 같은 생태적 서식처를 갖게 된다.

Amniotic cavity(양막강) 배자발육 동안 양막주름에 의해 갇힌 공간. 배대를 둘러싸고 배자 장막으로부터 분리되어 있다.

Amplification(증폭) 특정 DNA 사열의 복제수 증가

Anabolism(동화작용) 섭취된 먹이로부터 단백질, 탄수화물 및 지질의 대사산물

Anthropomorphism(인격화) 인간 이외의 동물에 대한 인간의 속성을 부여하려는 경향

Apneustic(무기문식) 기문이 없는 기관계

Apolysis(표피층분리) 덮고 있는 표피층으로부터 표피세포층의 분리. 표피층분리는 탈피의 시작을 알리게 된다.

Apomictic parthenogenesis(비감수분열형 단위생식) 난모세포가 감수분열을 진행하지 않고 이배체로 남아있는 생식 형태로서 배자는 어미의 동일계통(클론)으로 발달한다.

Apoptosis(세포자연치사) 세포의 미리 예정된 치사 과정

Apposition eye(연립상눈) 각 낱눈이 색소세포에 의해 둘러싸여 이웃 낱눈으로부터 들어오는 빛이 단절되는 겹눈 형태로 낮에 활동하는 곤충에서 나타난다.

Apyrene sperm(무핵정자) 나비목 수컷에서 발견되며 핵이 없는 정자

Archicerebrum(원시뇌) 뇌로 분화되는 원시적 신경절 뭉치

Arrhenotoky(수컷생산 단위생식) 수컷 자손만 생산하는 단위생식의 한 형태

Arthrodial membrane(관절간막) 표피층의 유연성을 주는 두 경판 사이 체절막. 관절간막은 외원표피층이 거의 없이 내원표피층과 외표피층으로 구성된다.

Asynchronous muscle(비동시성근육) 분화된 비행근으로 중추신경계로부터 단지 주기적 활성만을 요구하며 일단 신경자극에 의해 활성화되면 길항근의 이완은 상대방 근육의 수축을 유도하게 된다.

ATP(ATP) 아데노신삼중인산으로 세포내 화학에너지를 저장하고 전달하는 주요 분자

Atrium(기실) 기문 바로 아래 공간

Autocrine signaling(자가분비신호) 분비세포 자신이 분비물질에 영향을 받는 신호

Autogeny(자가생산) 생식을 위한 먹이 섭취 없이 알을 생산하는 능력

Automictic parthenogenesis(감수분열형 단위생식) 정자 수정 도움 없이 진행되는 생식 형태로 알은 반수체이나 극체와 결합하여 이배체를 이루게 된다.

Axoneme(축사) 편모 운동에 의해 정자의 추진력을 주는 소기관. 추사는 일련의 미소소관으로 구성된다.

Basement membrane(기저막) 혈구에 의해 분비되어 연속된 연결조직층으로 형성되며

표피층의 가장 아래 층에 위치하여 체벽과 몸의 내강을 분리한다.

Behavioral fever(행동열) 기생자에 감염된 곤충이 체온을 올리려는 행동반응

Bivoltine(이화성) 1년에 2세대를 갖는 곤충 종

Blastoderm(포배엽) 배자발생 초기에 알을 둘러싸는 일련의 세포층으로 분열핵으로부터 파생되어 세포 주변으로 이동하여 형성된다.

Blastokinesis(배자운동) 더 많은 난황을 이용하기 위해 알 내 배자의 이동

Bombyxin(봄빅신) 소형 PTTH로 초기에 동정된 인슐린과 유사한 펩타이드로 PTTH 활성은 갖지 않는다. 다른 기능도 갖고 있지만 봄빅신은 혈림프 탄수화물 수준을 조절한다.

Brachial chamber(아가미방) 잠자리 유충의 직장에 있는 구조로서 항문을 통해 들어온 물로 부터 산소를 얻는 기관아가미가 존재한다.

Buccal cavity(구강) 외부 입에서 식도 입구까지의 부위

Bursa copulatrix(교미낭) 일부 암컷류에서 보이는 주머니 모양의 생식기관 부위로 정자가 수정낭에 저장되기 전에 머무는 장소

Bursicon(경화호르몬) 표피층 경화에 관여하는 호르몬

Cadherin(캐드헤린) 칼슘이온에 의존하여 세포와 세포를 연결시켜주는 세포막 단백질

Calyx(난소받침) 측수란관으로 연결되는 난소 소관의 기부

Campaniform sensillum(종상감각기) 표피층구조 변화를 탐지하는 돔 구조의 감각 수용체

Cap cell(모자세포) 난소 줄기세포 니이체에 존재하는 세포로서 줄기세포들이 이곳에 유지되도록 붙잡아 주는 역할을 담당한다.

Cardioacceleratory peptide(심장박동촉진 펩타이드) 등핏줄의 수축 속도를 조절하는 펩타이드

Cardioblast(심장아세포) 등핏줄의 일부분으로 발달하는 배자 세포

Catabolism(이화작용) 섭취된 유기물을 분해하여 유출되는 에너지를 ATP로 전환하고, 나머지는 배설물로 이끄는 대사과정

Cecropin(세크로핀) 외래 침입자에 대한 체액성 면역반응을 중재하는 일종의 혈림프 단백질 계통

Cement layer(시멘트층) 피부샘에서 형성되는 외표피층의 제일 바깥층으로 도료칠과 같은 표면 처리로 구성된다. 시멘트층은 왁스층을 덮고 물리적 손상으로부터 보호 역할을 담당한다.

Cerebral ganglion(뇌신경절) 머리에 합체된 신경절로 뇌를 구성한다.

Chitin(키틴) N-acetylglucosamine으로 구성된 다당류로 물, 묽은 알칼리용액, 알코올류, 유기용매에 불용이고 진한 산과 뜨거운 알칼리 용액에 용해된다. 키틴 사슬은 단백질과 연결되어 표피층 단백질 안정화에 기본 골격 구조를 이루게 된다.

Chitosan(키토산) 높은 온도에서 진한 알칼리로 처리되면 키틴은 탈아세틸화되어 키토산이 된다. 요오드와는 보라색을 형성하게 하여 이전에 키틴의 존재를 알리게 된다.

Chordotonal organ(현음기관) 표피층에 한쪽 또는 양쪽이 부착된 막대감각기가 단위체가 되어 구성된 몸 내부 감각기. 외부 요동은 막대감각기를 변형시켜 수상돌기의 탈분극을 야기시킨다.

Choriogenesis(난각형성) 난각 또는 알껍질의 합성 및 구축

Chorion(난각) 곤충 알의 외부껍질. 난모세포를 둘러싸고 있는 난포세포가 퇴화하기 전 마지막 단계에서 난각 형성을 하게 된다.

Chromosome puff(염색체 부풀음) 광학현미경에서 관찰되는 염색체 부위로 mRNA 전사 과정이 진행된다.

Cibarium(구강) 입을 통해 소화관으로 들어가기 전에 음식이 머무는 전구강

Circumesophageal connectives(식도주위세로연결신경) 뇌와 복면신경색 사이의 신경 연결

Citric acid cycle(TCA 회로) 탄수화물, 지방산 및 단백질을 궁극적으로 이산화탄소와 물로 분해하는 일련의 유기 생화학 반응으로 이를 통해 방출되는 에너지를 ATP로 전환시킨다.

Clathrin(클레쓰린) 세포내외로 이동하는 소낭에 피막을 씌우는 단백질

Claudin(클라우딘) 세포사이 밀착연접에 존재하는 단백질

Click mechanism(찰깍기작) 날개의 올림과 내림운동 기작으로 중간의 불안정지점을 지나면 자동적으로 다른 방향으로 날개를 움직이게 하는 기작

Cleavage(분할) 단일 수정체를 배자로 전환시키는 체세포분열 과정

Colleterial gland(아교질샘) 알이 외부 기질에 부착되는 데 사용되는 시멘트 물질을 생산하는 암컷 부속샘

Columnar cells(기둥세포) 곤충 중장세포의 가장 일반적인 세포 형태로 소화관 내강 쪽으로 풍부한 미세융모가 발달되어 있다.

Commitment(유기) 특정운명으로 세포가 발육하는 과정으로 특수화 및 결정단계를 포함한다.

Complementary sex determination(보상성결정) 벌목과 같은 반수체-이배체 성결정 기작으로 *complementary sex determiner* 유전자가 이형접합체이면 암컷, 이 유전자가 반수체로 있거나 동형접합자이면 수컷으로 결정된다.

Compound eye(겹눈) 기본 단위가 낱눈으로 구성된 광 수용체

Compressible gas gill (수축성 가스아가미) 대기중에서 산소를 취하는 수서곤충의 호흡 방식으로 대기중에서 얻은 공기 방울이 수중에서 궁극적으로 붕괴 될 때까지 이용한다.

Corazonin(코라조닌) 심장수축촉진제로 바퀴류에서 발견된 11개 아미노산으로 구성된 신경펩타이드. 근육수축과 색소화 관여

Corneagen cell(각막세포) 겹눈의 각막을 형성하는 표피세포 변형체

Corneal lens(각막) 겹눈의 렌즈

Corpora allata(알라타체) 도관이 없는 분비샘으로 주로 쌍으로 이루어(단수는 corpora allatum) 유약호르몬을 합성하고 방출한다.

Corpora cardiaca(카디아카체) 뇌 신경분비세포들의 신경혈액관문이며 또한 자신의 분비세포도 지니고 있다. 쌍으로 된 구조이며(단수는 corpora cardiacum) 뇌에 합성된 다양한 신경호르몬을 저장하고 방출한다.

Corpora penduncul ata(유병체) 뇌의 전대뇌에 존재하는 버섯모양 엽상조직. 여러 신경세포몸과 연합신경을 갖고 있다. 이들의 크기는 행동의 복잡성과 관련되어 다양한 행동양식을 갖는 사회성 곤충에서 발달된 구조를 보인다.

Countercurrent heat exchange (역류열교환) 따뜻한 가슴을 유지하기 위한 온도조절기작. 복부로부터 오는 차가운 혈림프가 가슴으

로 들어올 때 동시에 복부로 가는 따뜻한 가슴 기원의 혈림프와 교차로 만나게 하여 데워진 따뜻한 혈림프가 가슴으로 들어가게 한다.

Crystal cell(결정혈구) 초파리의 혈구세포 일종으로 페놀옥시데이즈를 포함하여 외래침입자에 대한 멜라닌합성 반응에 관여한다.

Crystalline cone(수정체) 딱딱하고 투명한 겹눈의 굴절 구조

Crytonephridium(숨은 배설관) 건조한 환경에 서식하는 곤충류에 있어서 변형 배설계. 말피기관의 말부끝이 직장과 접하게 하여 물과 염분을 배설하기 전에 재흡수하려는 장치.

Cytochrome(시토크롬) 생체 산화과정에 있어서 전자전달로서 작용하는 미토콘드리아의 호흡계 효소

Cystoblast(포낭아세포) 배아줄기세포의 불균등분할에 의해 형성된 세포

Cytoneme(사이토넴) 세포사이에 신호물질을 교환하는데 이용되는 세포돌기

Cutaneous respiration(표피호흡) 체벽을 통해 산소를 섭취하는 능력

Cuticulin(큐티쿨린) 외표피층의 하나로서 외부 외표피층으로도 명명된다. 몸쪽 내면에 외표피층이 축적된다.

Cystocyte(포낭세포) 줄기세포로부터 기원된 포낭아세포의 분열에 따른 세포

Defensin(디펜신) 체액성 면역을 중개하는 펩타이드

Dermal gland(피부샘) 방어물질 또는 페로몬뿐만 아니라 시멘트층을 생산하는 변형표피세포

Determination(분화결정) 미분화세포를 이들의 특정 분화 상태로 비가시적 유기

Deuterotoky(양성생산 단위생식) 수컷 또는 암컷을 생산하는 단위생식의 일종

Deutocerebrum(중대뇌) 곤충 뇌의 중간 부위로 촉각으로 가는 신경들이 분포한다.

Differentiation(분화) 일정 세포의 특정 발육 과정으로 가시적 생리 유기

Diploid(이배체) 각 염색체가 두 개의 사본을 갖는 생명체

Direct flight muscles(직접 비행근) 날개와 직접 연결된 흉부 근육

Discontinuous gas exchange(비연속 가스 교환) 휴지 상태의 곤충이 보이는 호흡 방식으로 거의 적은 양의 이산화탄소만 배출하는 가스교환

Diuretic hormone(이뇨호르몬) 말피기관의 활동을 증가시키는 호르몬

Diverticulum(맹낭) 소화된 음식을 저장하기 위해 소화관의 함입성장에 의해 형성된 끝이 막힌 주머니

Dorsal closure(등갇힘) 배자 외배엽이 배자의 등쪽으로 성장한 배자발육 상태

Dorsal ocelli(윗홑눈) 겹눈 사이의 머리 두정에서 발견되는 단순한 눈 구조

Dorsal vessel(등핏줄) 혈림프를 복부에서 머리로 전행하게 하는 펌프 구조. 등핏줄의 후반부는 심장이고 전반부는 대동맥이 된다.

Dyar's rule(Dyar의 법칙) 나비목 유충의 두폭 길이 성장을 예측하게 하여 유충 영기 수를 판단하게 하는 Harrison Dyar(1890)의 연구 결과를 일반화한 것

Dynein(다이네인) 섬모와 편모에서 발견되는 수축성 단백질로 곤충 정자 꼬리의 성분이 된다.

E-box(E 박스) 호르몬 수용체와 같은 핵수용체가 DNA에 붙는 영역으로 궁극적으로 유전자 발현을 조절하는데 역할을 담당한다.

Ecdysial line(탈피선) 내원표피층이 충분히 소화되는 시점에 곤충이 남은 헌 표피를 쉽게 깨도록 약하게 형성된 표피층 부위

Ecdysiotropin(엑디지오트로핀) 엑디스테로이드 합성 촉진 호르몬

Ecdysis(허물벗기) 탈피 말미 무렵 헌 표피층을 벗는 과정

Ecdysis triggering hormone(허물벗기유기호르몬) 외기관지샘으로부터 방출되는 호르몬으로 복면신경색의 세포에 작용하여 탈피 전 행동의 초기 발현과 우화호르몬의 방출을 유도하게 된다.

Ecdysteroid(엑디스테로이드) 엑다이손 유도체의 총칭. 엑디스테로이드는 유전자 발현에 영향을 주어 주로 표피층분리와 난황소전구체 생성을 유도한다.

Eclosion(우화) 성충으로 탈피와 알로부터 제1령충으로 부화

Eclosion hormone(허물벗기호르몬) 탈피와 연관된 미리 프로그램된 행동을 야기시키는 펩타이드

Ectoderm(외배엽) 배자의 외부 배아층

Ectoperitrophic space(위식막 외강) 중장의 위식막에 의해 형성된 공간

Ectothermy(외온조절) 태양광과 같은 외부 열원을 이용한 체온 조절

Ejaculatory duct(사정관) 수컷 생식기관의 수정관을 통합하는 공통 외배엽성 통로. 정자는 수정으로부터 사정관을 지나 암컷으로 들어가게 된다.

Electroantennogram(촉각전도도) 냄새물질에 대한 촉각의 신경자극을 감지하는 장치

Electrophoresis(전기영동) 전기장에서 전기적 전하에 의해 분자들 분리

Embryogenesis(배자발생) 배대의 형성을 시작으로 배자 등간힘으로 끝나는 알 내부 발육 시기

Embryonic primordium(배자원기) 배자로 발육 될 포배엽의 비대한 부위

Endochorion(내난각) 기둥 망상구조의 내부 내난각층과 지붕 망상구조의 외부 내난각층으로 나뉘어지는 난각의 중간 부위

Endocrine gland(내분비샘) 체내 호르몬을 생산하고 분비하는 분비샘

Endocuticle(내원표피층) 표피세포에 의해 분비되는 표피층 가장 안쪽 층으로 경화되지 않아 탈피시기에 재흡수가 된다.

Endoderm(내배엽) 중장을 발생시키는 배자의 내부 배아층

Endonuclease(엔도뉴클리에이즈) 핵산 내부의 포스포다이에스테르 결합을 분해하는 효소

Endoperitrophic space(위식막 내강) 위식막에 의해 형성된 소화관 내부 공간

Endoplasmic reticulum(소포체) 세포질에 막으로 둘러싸여 형성된 세포소기관. 조면소포체는 리보솜이 부착되나 활면소포체는 없다.

Endopodite(내지) 분지된 부속지의 몸 안쪽 가지

Endopterygote(내시류) 날개 발육이 몸 내부에서 진행되는 변태를 보이는 곤충류

Endoskeleton(내골격) 체벽의 함입 성장을 통해 견고성과 근육의 부착점을 제공하게 된다.

Endothermy(내온조절) 몸을 데우기 위해 비행근육으로 발생된 열의 이용

Energid(분열핵) 중황난의 부분할에 의해 수정체 핵으로부터 체세포 분열에 의해 형성된 딸세포 핵으로 세포질 조각이 둘러싸여진다.

Epicuticle(외표피층) 표피층의 최외각의 얇

은층으로 내부외표피층, 외부외표피층, 왁스층 및 시멘트층으로 구성된다.

Epideictic pheromone(분산페로몬) 한 개체로부터 생산된 화학물질로서 같은 종의 다른 개체들에게 미쳐 적절한 밀도를 유지하게 한다.

Epidermis(표피세포) 표피층을 분비하는 단일세포층

Epitracheal gland(외기관지샘) 기관지와 연결된 신경분비세포군으로 탈피유기호르몬을 분비한다.

Esophagus(식도) 전장 일부분으로 소낭으로 이어지는 단순한 관 형태

Esterase(에스테라아제) 에스테르 결합을 분해하는 효소

Eupyrene sperm(유핵정자) 핵을 갖는 나비목 곤충류의 정자류로 수정에 참여한다.

Exochorion(외난각) 난각의 단백질성 최외각층

Exocrine gland(외분비샘) 화합물을 체외로 방출하는 분비샘

Exocuticle(외원표피층) 경화되어 재흡수 될 수 없는 외부 원표피층

Exopterygote(외시류) 날개 발육이 몸 외부에서 진행되는 변태를 보이는 곤충류

Exoskeleton(외골격) 곤충의 경화된 체벽

Exuviae(허물) 탈피과정 동안 벗겨지는 낡은 겉껍질. 항상 복수 형태로 사용된다.

Exuvial space(탈피간극) 탈피과정 동안 낡은 내원표피층의 소화에 의해 표피세포와 벗겨질 표피층 사이에 형성된 영역

Fate map(운명도) 배자 포배엽상의 해부학적 발육 예정 지도로 추후 특정 발육이 진행될 영역을 가리킨다.

Fast neuron(빠른 신경) 강력한 근육 수축을 일으키기 위해 다량의 신경전달물질 뭉치를 방출하는 신경종류

Fertilization(수정) 배수체 수정체를 생산하기 위한 반수체 알과 정자의 융합

Fixed action pattern(고정행동양식) 선천적으로 프로그램된 운동양식

Follicular epithelium(난포세포) 난모세포를 둘러싸는 세포로 난황단백질을 모으고 난각을 형성한다.

Foregut(전장) 곤충 소화관의 주요 영역 가운데 첫 번째 부위로 전장은 입으로 시작하여 전위로 이어진다.

Fovea(중심와) 겹눈의 중심부의 여러 낱눈 모임으로 고도의 시각 분해능을 갖는다.

Freeze-susceptible(동결감수성) 혈림프의 내동결물질 생산하는 곤충류로 과냉각 기작으로 체내 얼음 결정체를 만들지 않고 액체 상태를 유지하여 생존하는 전략

Freeze-tolerant(동결저항성) 세포외 얼음 결정체를 견딜 수 있는 곤충류로서 체액의 과냉각점을 올려주고 세포외 빙핵 형성에 촉매로서 작용하는 빙핵단백질을 합성한다.

Fusome(합체) 난소에서 포낭세포가 고리관으로 연결된 구조

G-protein(G-단백질) 신호연결단백질 군으로 활성화된 세포막 수용체와 세포내 발현체 사이에서 중개체로서 작용한다.

Gamete(배우자) 배우자세포로서 정자 또는 난자

Gap gene(Gap 유전자) 배자의 여러 체절의 넓은 영역에서 발현되는 유전자. 이들 유전자의 돌연변이는 발육패턴의 결함을 야기시킨다.

Gastric caecae(중장맹낭) 중장의 앞 부위에 존재하는 주머니 모양의 막힌 관으로 소

화효소 분비와 이온 이동이 일어난다.

Gastrulation(낭배기) 내배엽으로부터 낭배를 형성하는 배자 발육 기간

Gene duplication(유전자 중복) 특정 유전자를 암호하는 DNA 조각의 복제로서 개체로 하여금 훨씬 많은 양의 특정 단백질을 생산하게 한다.

Genome(게놈) 한 개체가 갖는 모든 유전정보

Germ band(배대) 장차 배자로 발육될 두꺼운 포배엽 영역

Germline stem cell(배아줄기세포) 줄기세포니이체에 존재하며 스스로의 세포형성은 물론이고 배우자로 분화되는 줄기세포

Germarium(증식실) 난원세포에서 난모세포를, 정원제포에서 정모세포를 형성하는 암수 생식계의 앞쪽 영역

Glial cell(신경교질세포) 뉴런을 둘러싸고 영양분을 제공하거나 절연체로서 작용하는 부속세포

Glycerol-3-phosphate shuttle(글리세롤-3-인산운반회로) 세포질과 미토콘드리아 사이에 수소원자를 전달함으로 NADH에서 NAD^+를 재생하는 생화학경로

Glycogen(글리코겐) 탄수화물을 저장하기 위해 동물체에 의해 사용되는 가지친 다당류

Gnathal segment(입틀마디) 추후 구기가 되는 부속지를 갖는 몸 마디

Goblet cell(배상세포) 나비목 유충의 중장에 존재하는 세포로 칼륨이온을 내강으로 분비하여 소화관에 물의 이동을 형성하게 한다.

H zone(H 영역) A 띠의 중앙에 보여지는 영역으로 액틴 없이 마이오신 필라멘트로 구성된다.

Halloween gene(할로윈 유전자) 엑다이손 생합성에 관여하는 CYP450 효소유전자

Haltere(평균곤) 파리류 뒷날개

Hamuli(날개잔가시) 벌목에서 나타나는 구조로서 뒷날개 앞에 잔가시가 앞날개 뒷부분과 연결되는 구조

Haploid(반수체) 각 염색체의 단일 복제수만 갖는 세포

Haploid parthenogenesis(반수체단위생식) 난모세포가 반수체를 형성하기 위해 감수분열 방식으로 분열하는 생식의 일종으로 수정 또는 무수정으로 발달하게 된다.

Hemimetabolous(불완전변태류) 점진적으로 또는 불완전변태를 갖는 곤충으로 몸 밖에서 날개의 발육이 이뤄진다.

Hemocoel(혈강) 내부 기관과 혈림프를 포함하는 체강

Hemocyte(혈구) 곤충의 다양한 혈액 세포 가운데 하나

Hemolin(헤몰린) 세균표면에 붙은 항생 펩타이드로서 면역 시작 관련 단백질

Hemopoietic organ(조혈기관) 혈구를 생산하는 기관

Heterogametic sex(이형배우자 성) 다른 성염색체를 포함하는 배우자를 생산하는 성. 수컷 곤충은 종종 이형배우자로 이들의 배우자는 X 또는 Y 염색체를 생산한다.

Heteromorphosis(이형변태) 유충시기에 보다 다른 모양으로 탈피하는 현상

Hexamerin(헥사머린) 혈림프에 존재하는 저장단백질

Hillock(둔덕) 축삭돌기로 연결되는 세포몸의 일부분

Hindgut(후장) 소화관의 뒷부분에 위치하는 후장원기의 함입성장에서 파생

Histoblast(조직원기) 특별한 조직을 파생시키는 세포 소그룹

Hofbauer-Buchner eyelet(Hofbauer-Buchner 눈구멍) 일주기리듬을 훈련시키는 외망막 일주기 광수용체

Holoblastic(전할식) 배자발육 동안 전체 알이 분열되는 일종의 핵분열

Holometabolous(완전변태류) 복잡한 변화가 유충과 성충 사이에 일어나고 용 발육기를 갖는 변태의 종류. 날개의 발육은 몸 내부에서 일어난다.

Holopneustic(완전기문식) 두 개의 가슴 기문과 8개의 배 기문의 모든 기문이 열려있고 기능적인 호흡계 방식

Homeobox(호메오박스) 모든 호메오 유전자에 존재하는 180개의 보존적 염기서열

Homeotic gene(호메오 유전자) 배자발육 동안 몸 마디의 특징을 규정하는 유전자

Homeotic mutant(호메오 돌연변이) 한 몸 부위가 다른 상동체로 뒤바뀌는 돌연변이

Homologous(유사성) 공통 진화적 기원을 갖는 구조

Homozygous(동형접합자) 특정 유전자의 두 개의 동일한 대립유전자를 포함하는 배수체 세포

Hormone(호르몬) 특정 조직에서 생성되는 화학물질로 혈액으로 분비되어 몸 내부의 다른 영역의 목표 조직에 영행을 주게 된다.

Hub(허브) 정소에서 배아줄기세포와 체성포낭줄기세포를 지지하여 주는 세포

Hypermetamorphosis(과변태) 용화되기 전에 유충이 자신과 다른 몸의 형태로 바꾸는 내시류 곤충

Hypocerebral ganglion(뇌아래신경절) 내장신경계의 일부분으로 전방신경절에서 시작하여 뒤쪽으로 진행되면서 소화관에 신경지배를 이루는 신경세포 모임체

Hypopharynx(혀) 머리 내부 덩어리로 발달하여 전구강을 먹이공간과 침샘공간으로 나누는 혀와 같은 구조

I band(I 띠) 액틴 필라멘트로만 구성되며 세포단면도에서 보여 지는 근육 띠

Imaginal disc(성충원기) 유충발육 동안 격리된 세포 그룹으로 용 발육시기에 성충 기관이 파생된다.

Incompressible gas gill(비수축성 가스아가미) 기문주위 소수성털로 덮힌 큐티클구조로 물속에서 붕괴되지 않는 공기방울을 유지시키는 아가미 구조

Indirect flight muscles(간접 비행근육) 가슴에 존재하는 상하 또는 윗면 세로근육으로 가슴의 구조를 바꾸고 간접적으로 날개를 움직이게 한다.

Individualization(개별화) 정자발육의 마지막 단계로서 개별 정세포로 나눠지는 과정

Inner chorionic layer(내부 난각층) 난황막 위에 존재하는 얇은 단백질성 난각 내부층

Instar(령) 두 발육시기의 표피층 분리 사이의 기간

Integument(체벽) 기저막, 표피세포 및 표피층으로 구성되는 외골격 성분

Interneuron(연합신경) 모두 신경절 내부에 위치하는 신경세포로 다른 신경세포로부터 자극을 지령하는 전환자로서 작용한다.

Intron(인트론) 전사후과정동안 제거되는 RNA 영역을 암호하고 있는 진핵세포 DNA 영역

Ion channel(이온통로) 특정 이온을 세포 안팎으로 이동하게 하는 세포막 구멍

Isozyme(동위효소) 동일한 다중체 효소의 다른형태. 알로자임에 비해 동위효소는 대립유전자의 차이보다는 단위체 구조 차이점에서 기인된다.

JAK-STAT(JAK-STAT) Janus K inase-signal trans and activator of transcription의 준말. 면역 신호의 일종.

JH binding protein(유약호르몬결합단백질) JH를 결합하는 단백질로 JH가 혈림프를 순환하는 동안 분해되는 것을 막는다.

JH response element(유약호르몬염색체반응부위) JH 반응 유전자의 프로모터에 위치한 짧은 DNA 서열

Johnston's organ(존스턴기관) 촉각의 두 번째 마디에 존재하는 감각기로 촉각의 모양 변화를 탐지한다.

Juvenile hormone(유약호르몬) 알라타체에 합성되는 세스퀴테르펜 화합물로 변태과 생식 생리에 걸쳐 다양한 효과를 주게 된다.

Kairomone(카이로몬) 방출자가 아니라 수신자에게 유리한 종간 화학교신물질

Kenyon cell(케년세포) 유병체에 존재하는 신경세포 무리

Kinesis(운동성) 자극에 대한 개체의 비방향성 반응

Lamellocyte(판막혈구) 초파리 혈구세포 일종으로 외부 기생체 표면에 붙는 혈구

Laminar(박막) 여러 단층으로 구성된 복합 구조

Laminar organ(잎새신경 기관) 일주기리듬 후반에 관련된 외망막기관

Lateral ocelli(옆홑눈) 완전변태류 유충이 갖는 단순 눈 형태

Lateral oviduct(측수란관) 난소받침으로부터 중아수란관까지 뻗어 나온 관으로 배자 중배엽 기원

Lectin(렉틴) 탄수화물 결합 단백로서은 면역반응에서 세균벽에 부착된다

Lipophorin(리포포린) 혈림프에서 지질과 결합하여 이들을 지방체로부터 표적 조직으로 전달하는 단백질 운송체

Locus(유전좌위) 염색체상 특정 유전자 위치

Long germ band(긴배대) 포배형성 말기에 체절 패턴이 설정되는 배자 발육

Luciferase(루시퍼라아제) 빛을 생성하기 위해 산소와 ATP 존재하에 루시페린 기질에 작용하는 효소

Luciferin(루시페린) 빛을 생산하기 위해 루시퍼라아제에 의해 산화되는 분자 물질

Lymph gland(림프샘) 초파리 조혈기관

Malpighian tubule(말피기관) 곤충 배설기관으로 중장과 후장이 만나는 점에서 기원

Maternal effect gene(어미효과유전자) 어미에서 유래된 mRNA가 수정체의 배자발육에 영향을 주는 유전자

Meconium(용변) 번데기 기간의 저장배설물질로서 우화할 때 배설하는 변

Median oviduct(중앙수란관) 측수란관이 만나는 관으로 알을 암컷의 몸 밖으로 배출하게 한다. 중앙수란관은 외배엽에서 기원하며 알을 배양하기 위한 생식주머니로 변형될 수 있다.

Meiosis(감수분열) 이배체 세포로부터 반수체 생식세포를 만드는 세포분열과정

Melanin(멜라닌) 표피세포에 의해 축적되는 어두운 색깔의 유기 색소

Meroblastic(부분할) 배자 핵분열 형태로 궁극적으로 포배엽 세포들의 다핵질체를 형성하게 한다.

Meroistic(영양난소소관) 난모세포에게 영양을 공급하는 영양세포를 포함하는 난소소관의 형태

Mesocuticle(중원표피층) 내원표피층과 외원표피층의 사이에 존재하는 원표피층

Mesoderm(중배엽) 외배엽과 내배엽의 상호작용으로부터 파생된 중간 배자층 조직

Metabolism(대사) 음식이 몸 조직과 배설물로 전환되는 과정

Metamorphosis(변태) 몸의 형태를 바꾸는 후배자 발육

Metapneustic(후기문식) 최종 복부마디에 있는 기문만이 기능적인 호흡계의 일종

Metarhodopsin(메타로돕신) 빛에너지 흡수로 활성화된 로돕신

Methoprene(메소프렌) 곤충성장조절제로서 사용되는 유약호르몬 유사체

Micropyle(정공) 수정을 위해 정자가 들어가는 난각 구멍

Midgut(중장) 전장과 중장 사이 중심부에 존재하며 대부분의 소화가 이곳에서 일어난다. 중장은 내배엽에서 파생된다.

Mitosis(체세포분열) 한 세포가 두 딸 세포로 분열되는 과정

Molting gel(불활성 탈피액) 탈피과정 동안 낡은 표피층을 소화할 목적으로 표피세포가 생산하는 효소로서 초기에 불활성한 상태로 분비되나 새로운 표피층이 형성되면 활성화된다.

Morphogen(형태유전자) 농도 구배를 통해 세포들의 이동과 유전자발현에 영향을 주는 물질

Motor neuron(운동신경) 근육운동을 지령하는 뉴런

Muscle fiber(근섬유) 다핵질의 근육세포로 세포질에 근원섬유를 포함한다.

Mushroom body(유병체) 신경연합이 밀집해 있는 뇌간부 영역

Myofibril(근원섬유) 근섬유의 세포질에 존재하는 수축성 단백질로 근육필라멘트, 미오신 및 액틴으로 구성된다.

Myofilament(근육필라멘트) 근육에 각각의 근육필라멘트를 구성하는 미오신 또는 액틴 분자

Myogenic(근원성) 신경자극과 무관하게 일어나는 근육 수축

Myosin(미오신) 근육세포의 굵은 필라멘트를 구성하는 대형 구형단백질

Myotropin(근육수축촉진인자) 근육 수축을 유발하는 펩타이드

Nanogram(나노그람) 1 g의 10억분의 1

Nephrocyte(비뇨세포) 주로 심장주위강에 존재하는 세포로서 비입자성 콜로이드를 섭취하고 혈림프로 대사물을 배출한다.

Neural signaling(신경신호) 신경자극으로 세포 간 통신 신호

Neural superposition eye(신경중첩상눈) 광학적으로는 연립상 겹눈이나 이들의 뉴런이 통합되어 이웃하는 홑눈의 빛이 기능적으로 중첩되게 한다.

Neuroblast(신경아세포) 뉴런을 발생시키는 세포

Neurohormone(신경호르몬) 신경분비세포가 생산하는 호르몬으로 신경혈액기관으로부터 혈림프로 방출된다.

Neuromodulator(신경조절자) 다른 신경자극이 전달 또는 수용되는 조건을 변형시키려는 신경전달물질로 시냅스로 방출된다.

Neuropil(신경돌기층) 신경절에 존재하는 신경다발

Neuropeptide(신경펩타이드) 신경분비세포가 생산하는 짧은 길이의 펩타이드

Neurosecretory cell(신경분비세포) 혈강으로 방출하는 호르몬을 생산하는 특수 신경세포

Neurotransmitter(신경전달자) 신경연접으로 방출되는 화합물로 신경활성이 이웃 뉴런에 연결되도록 한다.

Nidi(둥지) 중장에 존재하는 재생세포 뭉치(단수, nidus)

Nodule(소낭) 소형 외래물질을 혈구에 의해 둘러싸 격리시키는 세포성면역 기작

Nuclear receptor(핵수용체) 외부신호를 받아 직접 DAN에 결합하여 유전자발현에 관여하는 단백질

Odorant binding protein(냄새결합단백질) 촉각 감각액에서 냄새 화합물질과 결합하여 수상돌기 수용체까지 전달하는 기능을 맡는다.

Oenocyte(편도세포) 주로 기저막과 표피세포 사이에 존재하는 분화된 혈구세포로 왁스 또는 엑디스테로이드를 합성할 수 있다.

Oenocytoid(편도혈구) 편도세포와 유사한 혈구세포

Ommatidium(낱눈) 겹눈을 구성하는 단위

Oocyte(난모세포) 난원세포로부터 부화된 암컷 배우자

Oogonia(난원세포) 일차 암컷 배아세포로부터 난모세포 분화의 첫 단계

Ootheca(알주머니) 난괴를 덮기 위해 합성된 단백질

Operculum(뚜껑) 곤충 난각에 미리 예정된 연약한 부위로 제1령충이 알로부터 탈출하게 한다.

Opsonization(옵소닌작용) 식균작용을 돕기 위해 외래물질을 둘러싸는 현상

Optic lobe(시엽) 전대뇌의 측면에 위치하며 겹눈에 신경을 분포시키는 장소

Osmosis(삼투) 저장액에서 고장액으로 반투막을 통한 용매(주로 물)의 확산

Ostia(심문) 혈림프가 심장으로 들어가게 하는 판막 구조(단수, Ostium)

Ovariole(난소소관) 난소를 구성하는 소관으로 난모세포를 갖고 있으며 이들은 알로 발육하게 된다.

Ovary(난소) 쌍으로 된 암컷 생식기관

Oviparity(난생) 가장 흔한 곤충의 발육 형태로 알이 산란될 때 수정되고 어미 몸 밖에서 발육하게 된다.

Oviposition(산란) 알이 어미 몸 밖으로 나가는 것

Ovoviviparity(난태생) 중앙수란관에서 알이 유지되면서 발육하는 특수한 형태의 발육 양상으로 산란되면서 알은 부화하게 된다.

Ovulation(배란) 난모세포가 난소소관에서 측수란관으로 나옴

Oxidation(산화) 물질에서 전자를 제거하여 에너지를 방출하는 과정

Paedogenesis(유생생식) 미성숙 시기에 난소가 성숙되는 특별히 분화된 생식형태로 유충이 단위생식으로 알을 낳는다.

Pair rule genes(Pair rule 유전자) 배자의 포배엽을 따라 부체절의 마디 걸러 띠 모양으로 발현되는 유전자

Panoistic(무영양형) 간호세포가 없이 난포세포를 통해 난모세포에 영양을 공급하는 난소소관

Paracrine signaling(이웃분비신호) 표적세포가 가까이 있어 분비하는 신호

Parasegment(부체절) 배자발육 동안 보이는 표피 마디로 pair rule 유전자에 의해 조절되나 진정한 배자마디는 아니다.

Pars intercerebralis(뇌간부) 전대뇌의 중심부에 위치하며 신경분비세포를 갖고 있다.

Parthenogenesis(단위생식) 수컷 배우자의 수정없이 일어나는 난 발육

Patency(개방화) 난포세포들 사이의 이간 현상으로 혈림프의 난황소전구체의 난모세포로 유입을 허용하게 한다.

Path integration(경로통합) 경로학습의 일환으로 움직인 거리의 총계 인식

PBAN(페로몬 생합성 촉진 신경 펩타이드) 페로몬 생합성에 있어서 효소의 활성화를 이루는 페로몬 생합성 촉진 신경 펩타이드

Pericardial cell(위심세포) 심장 주위에서 혈액을 걸러주는 분화세포

Pericardial sinus(심장주위강) 등면격막으로 형성된 체강으로 심장 주위의 혈강

Perikaryon(세포몸) 핵을 갖는 신경세포몸

Perineural sinus(신경주위강) 복면격막에 의해 형성된 공간으로 복면신경색 주변의 혈림프 공간으로 구성된다.

Perineurium(주변세포층) 일군의 신경을 감싸는 시초

Peripheral nervous system(말초신경계) 주로 감각 신경으로 구성된 신경계

Periplasm(주변세포질) 난모세포의 난황막 바로 아래 존재하는 세포질 영역

Peripodial epithelium(위지막 상피세포) 성충원기를 감싸는 상피세포

Peritracheal glands(기관지주위샘) 기관지 주변에 위치한 적은 수의 신경분비세포들

Peritreme(기문주위벽) 기문을 둘러싸는 표피판

Peritrophic matrix(위식막) 중장세포에 의해 분비되는 미세한 키틴성 기질로 세포를 보호하고 장내 소화영역을 형성한다.

Perivisceral sinus(내장주위강) 등면격막과 복면격막으로 형성된 체강으로 소화관 주변의 혈림프 공간으로 구성된다.

Phagocyte(식세포) 혈림프에 존재하는 외래 물질을 포획하는 혈액 세포

Pharate(전이 발육태) 표피층 분리 이후 허물벗기 전까지의 영 단계로서 낡은 표피층이 내부에 숨겨있다.

Phasic response(위상성 반응) 활동전위가 감각기가 변형될 때만 발생하는 신경 또는 감각기반응

Phenoloxidase(페놀옥시데이즈) 페놀을 퀴논으로 전환시키는 효소

Pheromone(페로몬) 동일종의 개체에 의해 생산되는 화합물로 다른 개체의 행동을 변화시킨다.

Phragma(격막) 근육의 부착을 위해 표피세포의 함입성장으로 형성된 내부 돌출 구조

Phylogeny(계통발생) 생명체의 진화과정

Phytoecdysteroid(식물성 엑디스테로이드) 식물체에서 유래되어 생산되는 엑디스테로이드

Plasma(혈장) 혈림프의 비세포성 액체 부위

Plasmatocyte(부정형혈구) 곤충 혈구의 기본 형태로 크고 많은 혈구세포군

Plastron(모반기층) 수서곤충에서 발견되는 물리적 아가미구조로 공기방울이 소수성 털에 놓이고 수중 산소를 얻게 한다.

Plectrum((현악기) 채) 막을 문지르는 구조로 구성된 마찰기구의 일부분

Pole cell(극세포) 알 발생 초기에 후 말단 부위로 옮겨진 난황핵으로 추후 성충의 생식세포로 분화된다.

Polyacrylamide gel electrophoresis(폴리아크릴아마이드젤 전기영동) 크기와 전하량으로 분자를 나누는 방법

Polyembryony(다배발생) 하나의 알에서 여러개의 배자가 생산되는 생식 형태로 일부 벌목 또는 부채벌레목에서 발견된다.

Polyphenism(다현현상) 한 집단에서 여러

표현형이 존재하는 것으로 유전적 영향이 아니라 환경 영향으로 결정된다.

Polytene chromosome(다사염색체) 분리 없이 복제에 의해 형성된 염색체

Polytrophic meroistic(다영양실형) 난소소관의 형태로 난포에 간호세포가 난모세포와 함께 있고 영양분을 공하게 된다.

Pore canal(공관) 표피세포로부터 표피층을 통해 외표피층 까지 연결된 작은 관으로 왁스와 같은 물질을 운송한다.

Preoral cavity(전구강) 구기로 둘러싸인 공간으로 기능적 입 앞에서 위치하며 소화가 시작되는 부위이다.

Primary sense cell(일차감각세포) 연합신경에 의한 중개 없이 신경이 직접 연결된 감각기

Primary urine(일차배설물) 말피기관에 의해 생산되어 후장으로 옮겨지는 배설물 형태로 직장에서 변형되어 이차배설물로 전환되어 최종 배설된다.

Primer pheromone(생리변화페로몬) 한 종의 개체에서 생산되는 화합물로 같은 종의 다른 개체의 생리작용을 변화시킨다.

Prizbram's rule(Prizbram 법칙) 곤충의 체중은 표면적과 부피비의 결과에 따라 매 탈피마다 두 배로 증가한다는 곤충 발육의 일반화

Proctodeum(후장원기) 표피세포의 함입성장에 따라 형성된 조직으로 배자 발생 말기에 후장으로 발달된다.

Procuticle(원표피층) 원표피층과 외표피층으로 분화될 미분화 키틴성 표피층

Prohemocyte(원시혈구) 작고 구형인 혈구세포로 여기서 다른 혈구세포가 분화된다.

Projectin(프로젝틴) 비동시성 비행근육에서 나타나는 탄력성 단백질

Promoter(프로모터) 유전자 전사과정을 유발하는 DNA 영역

Pronymph(전약충) 일부 불완전변태류에서 보이는 갓 부화한 비섭식 발육기로 이후 약충기 보다는 덜 발달되어 있다. 유약호르몬의 발육 시기별 생산에 의해 전약충기로 부터 유충기로 진화된다.

Propneustic(전기문식) 몸 앞쪽 기문만 열리고 기능을 하는 기관계 형태

Proprioreception(자기수용) 한 개체의 몸의 위치가 어떠한 지를 감지하는 것

Prothoracic gland(전흉샘) 엑디스테로이드를 합성하고 분비하는 내분비샘

Prothoracicotropic hormone(전흉샘촉진호르몬) 뇌의 신경분비세포에 의해 생산되는 호르몬으로 전흉샘을 촉진시켜 엑디스테로이드를 생합성하게 한다.

Protocerebrum(전대뇌) 뇌의 전방에 위치한 복잡한 부위로 전대뇌엽과 시엽으로 구성된다.

Proventriculus(전위) 소낭의 뒷부분의 분화 영역으로 음식물이 중장으로 들어가는 통로를 조절하는 판으로 작용하며 소화에 앞서 음식물을 잘게 부수는 모래주머니로 변형되기도 한다.

Ptilinum(두기낭) 파리목에서 발견되는 두부기낭으로 우화 때 공기팽창압으로 번데기 표피층을 깨는데 이용

Puffing(부풀음) 유전자 발현이 일어나 염색체 상에 부풀어진 영역

Rapid cold hardening(급속 내한성유기) 순간 저온처리로 치사저온에 견디게 하는 생리적 적응현상

Rebers-Riddiford Consensus(RR 보존서

열) 큐티클 단백질의 일종으로 40개 아미노산 서열의 보존영역

Receptor potential(수용전위) 자극 후 감각기의 막전위 변화로 자극의 세기에 비례한다.

Receptor protein(수용체 단백질) 신호물질에 결합하는 단백질

Rectal pad(직장육질부) 직장의 분화 세포로 지장 내강에서 혈림프로 물질의 흡수에 관여한다.

Rectum(직장) 후장의 뒷부분으로 내강에서 액체를 재흡수하며 필요한 성분들을 혈림프로 재순환시킨다.

Reduction(환원) 전자를 받아들여 에너지를 축적하는 과정

Reflexive bleeding(반사적 출혈) 포식자로부터 회피하기 위해 역겨운 물질을 체간막을 통해 방출하는 방어용 혈림프 방출

Releaser pheromone(행동유기페로몬) 한 종의 개체로부터 방출되어 같은 종의 다른 개체에 즉각적 영향을 주는 화합물

Resilin(레질린) 무색의 고무와 같은 표피 단백질로 이를 포함한 표피층에 탄력성을 준다. 레질린은 기계적 에너지를 저장하여 방출할 수 있다.

Resting potential(휴지전위) 자극이 없는 평상시의 기본 막전위

Retinula cell(망막세포) 겹눈의 낱눈을 포함하는 세포로 광학적으로 활성화된 색소를 지니며 빛 수용에 따라 자극이 일어난다.

Reynolds number(레이놀즈 수) 개체의 크기와 개체에 작용하는 물리적 힘 사이의 관계를 표현하는 수로서 관성력과 마찰력의 비로서 나타내 진다.

Rhabdom(감간체) 광수용 감각기의 광학적으로 활성화된 구조로서 인근의 망막세포들의 개별 감간소체들로 구성된다.

Rhodopsin(로돕신) 빛의 입자를 흡수하여 이 에너지를 다른 생체분자로 이전시키는 단백질 색소

Ring canal(고리관) 난모세포와 영양세포 사이의 세포질 연결통로

Ring gland(고리샘) 파리목 유충의 복합 내분비샘으로 전흉샘, 알라타체 및 카디아체를 포함한다.

Salivarium(침샘강) 침샘도관이 열리는 전구강의 뒷부분

Sarcolemma(근막) 근육의 세포막

Sarcomere(근절) Z 띠 사이의 마디로 근섬유를 포함하는 근육 수축의 기본 단위

Sarcoplasm(근형질) 근육 세포의 세포질

Scolopale(막대구조) 현음기관의 수상돌기 말단부위를 덮는 막대모양의 캡슐

Second messenger(이차전달자) 일단 세포 밖에서 작용하는 호르몬에 의해 활성화될 때 세포 안에서 생물적 과정 속도를 변경하는 물질

Secondary urine(이차배설물) 직장에서 처리된 배설물로 몸 밖으로 배출된다.

Segment polarity gene(체절방향성유전자) 각 몸마디 내에서 일련의 발육 위치를 결정하는 발육 유전자

Seminal fluid(정액) 정자 수송 매체로서 작용하는 수컷 부속샘의 물질로서 암컷의 생리를 변경하는 생리적 활성물질도 포함한다.

Seminal vesicle(수컷저정낭) 수컷 생식기관의 수정관이 비대한 부위로 정자 저장고로 작용한다.

Semiochemical(신호물질) 두 개체 사이의 교신에 관여하는 물질

Semper cell(셈퍼세포) 수정체를 형성하는

낱눈세포

Sensillum(감각기) 한 개 감각 기관

Sensillum lymph(감각액) 감각기의 수상돌기가 담겨있는 혈림프

Sensory neuron(감각신경) 감각기관에 신경이 분포된 신경세포

Sensory transduction(감각변환) 환경에너지를 생물에너지로 전환하는 과정

Sex pheromone(성페로몬) 특정 종의 개체 분비샘에서 방출되어 같은 종의 다른 성 개체가 교미로 행동 유인하게 하는 화학물질

Signal transduction(신호변환) 외부신호에서 비롯하여 세포내부로 신호가 전달되어지는 과정

Soma(세포몸) 신경세포의 세포몸

Somatic mesoderm(체성 중배엽) 배자발생 과정 동안 발달되는 중배엽성 조직으로 골격근, 방체 및 생식기관 일부가 여기서 파생된다.

Spectrosome(스펙트로좀) 배아줄기세포에서 발견되는 구조로서 포낭아세포분열동안 방추사를 붙잡는다.

Spermatheca(암컷저정낭) 생식기관 가운데 주머니 모양의 부분으로 정자를 받고, 저장하여 방충하여 알이 수란관을 통과할 때 수정하게 한다.

Spermatid(정자세포) 정모세포 분열에 의해 기인되는 수컷 생식세포로 반수체 염색체를 지닌다. 정자세포는 궁극적으로 장자로 분화된다.

Spermatocytes(정모세포) 수컷 배아세포인 정원세포의 분열로부터 기인된 수컷 생식세포

Spermatogonia(정원세포) 수컷 배아세포 원형

Spermatophore(정자주머니) 수컷 부속샘에서 분비되어 정자를 감싸고 교미동안 암컷으로 빠져나가지 못하게 한다.

Spiracle(기문) 체벽에 쌍으로 된 통로로 가스교환을 허용하는 기관계 출입구

Spiracular gill(기문아가미) 표피층이 신장되어 기문을 둘러싸 아가미를 형성한 것으로 수중과 육상에서 공기교환을 가능하게 한다.

Splanchic mesoderm(내장 중배엽) 배자발생 기간 동안 두 개의 중배엽성 조직 가운데 하나로 여기서 내장근을 발생시킨다.

Stadium(발육태) 두 발육시기 허물벗기 사이 기간

Stellate cell(성상세포) 말피기관 주세포 사이에서 발견되는 세포

Stem cell niche(줄기세포 니이체) 줄기세포의 운명을 조절하는 난소소관의 특정부위

Stemmata(옆홑눈) 완전변태류 유충 눈

Stomodaeum(전장원기) 배자발생 기간 동안 머리쪽의 표피세포 함입성장으로 소화관의 전장을 형성하게 된다.

Storage excretion(저장 배설) 몸 내부의 대사노폐물을 고립시키는 기능

Storage hexamerin(저장형 핵사머린) 주로 저장단백질로 기능하는 단백질군의 하나로 비섭식 기간 동안 발육에 필요한 아미노산을 제공하게 된다.

Striated muscle(무늬근) 띠가 선명한 근육

Stylet sheath(빨대피막) 식식성 노린재류의 침샘 분비물로 식물체 표면 주위에 구기를 봉하게 한다.

Subesophageal ganglion(식도하신경절) 첫번째 복면 신경색으로 큰턱, 작은턱 및 아랫입술 마디의 신경절들이 융합된 것

Subgenual organ(무릎아래기관) 부절에 주로 존재하는 현음기관으로 한쪽 끝은 표피층에 다른 쪽 끝은 기관지에 연결되어 있다.

Superposition eye(연립상눈) 어두운 빛에 적응하여 발달된 곤충의 겹눈 형태로 시각색소의 이동으로 이웃하는 낱눈을 통해 들어오는 빛이 다른 쪽 낱눈을 자극할 수 있다.

Symbiont(공생자) 다른 종의 개체과 함께 생활하는 생명체

Synapse(신경연접) 두 신경세포들이 떨어져 위치한 틈으로 신경전달의 신경자극이 화학에너지로 변형되어 후신경연접을 자극하게 된다.

Synchronous muscle(동시성근육) 날개의 수축마다 산경자극을 요구하는 원시적 날개 근육형태

Syngamy(배우자합체) 수정체를 이루기 위한 수컷 및 암컷 배우자의 융합

Synomone(시노몬) 상호에게 적응 효과를 주기 위해 한 종의 개체로부터 생산되어 다른 개체에게 전달되는 화합물

Systematics(계통분류학) 분류군들의 분류 및 진화적 관계를 연구

Tachykinin(타치키닌) 척추동물의 펩타이드와 유사하게 내장근의 수축을 자극하는 펩타이드

Taenidia(나선사) 기관지 외표피층의 나선형 융기구조로 공기압력으로 기관지의 찌그러짐을 방지한다.

Tapetum(반사층) 홑눈 기부의 기관소지 층으로 빛을 반사하는 기능

Taxis(주성) 자극원에 몸의 방향을 바꾸는 반응

Temporal polyethism(발육형 다행현상) 발육변화에 따른 행동의 변화

Testis(정소) 정자를 생산하는 수컷 생식기관으로 대부분 한 쌍의 정소를 지니게 된다.

Thecogen cell(내부피막세포) 감각기를 감싸는 수초를 형성하는 부속세포로 서로 다른 감각기의 축삭돌기를 분리시키며 이들에게 영양분을 공하게 된다.

Thelytoky(암컷생산단위생식) 암컷만 생산하는 단위생식의 형태

Titin(티틴) 비동시성 비행근육의 부속 단백질

Tokus(토커스) 복부 끝에 분지된 기관지를 포함하는 혈림프 영역으로 혈강을 순화하는 혈구세포에게 산소를 공급한다.

Tonic response(긴장성 반응) 형태 변형으로 일어나는 자극 초기에 일어나는 감각기 반응으로 감각기 형태 변형이 일어난 후에는 자극의 세기가 줄어든다.

Tono fibrillae(긴장섬유) 근육의 표피층에 부착지점

Tormogen cell(외부피막세포) 감각모 소켓이나 감각기를 생산하는 표피세포의 변형체

Tracheal gill(기관아가미) 얇은 표피층을 갖는 체벽의 돌출 성장으로 내부 기관지가 잘 발달되어 수서호흡에 적합한 형태

Tracheoblast(기관지원세포) 기관소지를 만들어내는 외배엽성 세포

Tracheole(기관소지) 기관계로부터 몸 조직으로 산소를 전달하는 기관지 말단 세포

Trail pheromone(자취페로몬) 먹이 탐색하는 개체들이 만들어 놓는 휘발성 화학물질로 같은 종의 다른 개체가 물질의 근원지로 찾아가게 한다.

Transcription(전사) DNA로부터 mRNA로 유전자를 복사하는 과정

Transfer RNA(전령 RNA) 특정 아미노산을 규정하는 일군의 RNA 분자류로 단백질 합성을 위해 리보솜으로 이동된다.

Transient receptor potential(순간수용전위) 감각기에서 발생하는 발생전기 에너지

Translation(번역) mRNA의 뉴클레오타이드 서열로부터 펩타이드의 아미노산 서열을 결정하는 과정

Transverse tubule(가로관) 근막의 함입 성장으로 세포막 내부계를 형성하여 근세포내 근체까지 깊숙이 탈분극 신호를 전달하게 한다.

Trehalose(트레할로오즈) 곤충의 주요 혈당으로 나타나는 이당류

Triacylglycerol(트리글리세라이드) 지방산의 저장형태로 비극성 글리세롤 중성지질

Tricarboxylic acid cycle(TCA 회로) 미토콘드리아 내강에서 일어나는 생화학 반응

Trichogen cell(중간피막세포) 강모를 생산하는 표피세포 변형체

Tritocerebrum(후대뇌) 뇌의 3번째 부위로 중추신경계와 내장신경계를 연결하는 기능

Trophocyte(영양세포) 성장하는 난모세포에 영양분을 공급하는 주변세포

Tropomyosin(트로포마이오신) 액틴 근육필라멘트와 복합체를 형성하는 조절 펩타이드

Troponin(트로포닌) 액틴 근육필라멘트와 복합체를 형성하는 조절 펩타이드

Tunica propria(피낭체) 난소소관을 둘러싸는 비세포성막

Tymbal(진동막) 소리 발생 기관

Tympanum(고막) 얇게 신장된 체벽 막으로 체벽아래에는 일군의 현음 감각기로 구성된 청각기관

Urea(요소) 포유류, 파충류 및 조류의 제일질소 노폐물

Uric acid(요산) 곤충과 일부 척추동물의 제일질소 노폐물

Vas deferens(수정관) 수정소관과 사정관을 이어주는 수컷 생식기관 통로. 이 부분이 부풀어져서 저정낭을 형성하기도 한다.

Vas efferens(수정소관) 정소소관과 수정관을 이어주는 통로

Ventral diaphragm(복면격막) 체강을 구획화하는 내부격막으로 복면신경색과 소화관 사이에 위치한다.

Ventral nerve cord(복면신경삭) 몸 아랫면에 위치하면서 전방으로는 식도주변 세로신경을 통해 후대뇌로 연결되고 후방으로는 복부말단까지 미치는 일련의 신경절들

Visceral nervous system(내장신경계) 소화관과 내분비기관에 신경이 분포하고 이를 조절하는 신경계 부분

Vitellarium(난황실) 난황축적과정 동안 난모세포가 난황을 축적하는 난소소관 영역

Vitellin(난황소) 난포세포에 의한 변형작업이 이뤄지고 세포질에 축적된 난황소전구체

Vitelline envelope(난황막) 알의 난황을 둘러싸는 막으로 난각의 가장 안쪽 층을 이루게 된다.

Vitellogenesis(난황형성) 지방체에 의해 합성된 난황이 난모세포로 흡수되어 세포질에 축적되는 과정

Vitellogenin(난황소전구체) 암컷 특이적 난황단백질로 지방체에서 합성되고 수용체 매개 엔도사이토시스를 통해 난모세포로 흡수된다.

Vitellophage(난황핵) 알에서 배자발생에 사용되는 난황을 소화시키는 배자외세포

Viviparity(태생) 암컷이 자신의 몸에서 부화한 자손을 낳는 생식 형태

Wandering behavior(배회행동) 용화 전에 일어나는 정형화된 행동으로 최종 유충을 용화하기 위해 적절한 장소로 놓이게 한다.

Wax layer(왁스층) 외표피층 가운데 지질층

으로 수분 손실의 주요 보호벽으로 작용한다.

Wild type(야생형) 생명체에서 일반적이고 가장 빈번한 형태

Z line(Z 선) 근육세포에서 근절을 나누는 단백질 판

Zinc finger protein(Zinc finger 단백질) 손가락과 같은 돌출부로 아연 이온에 의해 서로 연결되면서 형성되는 30개의 매우 보존적 아미노산 서열로 특징 지워지는 단백질 계통의 일종. 이 단백질의 분자구조는 특정부위의 DNA에 결합할 수 있고 이때 전사를 조절하게 된다.

Zonular adherens(밀착연접) 표피세포 사이를 연결하는 세포연결구조

Zygote(수정체) 수컷과 암컷 배우자의 융합에 의해 형성된 수정알

삽화 출처

Altner H, Prillinger L. 1980. Ultrastructure of invertebrate chemo- thermo- and hygroreceptors and its functional significance. Int Rev Cytol 67, 69-139.

Arikawa K. 2001. Hindsight of butterflies, BioScience 51, 219-225.

Baccetti B. 1998. Spermatozoa. In: Harrison FW, Locke M (Eds.), Microscopic Anatomy of Invertebrates. Wiley-Liss, New York, pp. 843-894.

Beaulaton J. 1990. Anatomy, histology, ultrastructure, and functions of the prothoracic (or ecdysial) glands in insects. In: Gupta AP (Ed.), Morphogenetic Hormones of Arthropods. Vol. 2. Embryonic and Postembryonic Sources. Rutgers University Press.

Bradshaw JW, Baker R, Howse PE. 1975. Multicomponent alarm pheromones of the weaver ant. Nature 258, 230-231.

Brakenbury J. 1997. Caterpillar kinematics. Nature 390, 453.

Buck J.1966. Unit activity in the firefly lantern. In: Johnson FJ, Haneda Y (Eds.), Bioluminescence in Progress. Princeton University Press, pp 459-474.

Chan WP, Prete F, Dickinson MH. 1998. Visual input to the efferent control system of a fly's 'gyroscope.', Science 280, 289-292.

Chapman RF. 1985. Structure of the digestive system. In: Kerkut GA, Gilbert LI (Eds.), Comprehensive Insect Physiology, Biochemistry, and Pharmacology, Vol 4, Pergamon, Oxford, pp. 165-211.

Cohen AC. 1998. Solid-to-liquid feeding: the inside(s) story of extra-oral digestion in predaceous arthropoda. Am Entomol 44, 103-117.

Contreras HL, Bradley TJ. 2009. Metabolic rate controls respiratory pattern in insects. J Exp Biol 212, 424-428.

De Loof A. 1983. The meroistic insect ovary as a miniature electrophoresis chamber. Comp Biochem Physiol A 74, 3-9.

Dow JAT. 1986. Insect midgut function. Adv Insect Physiol 19, 187-328.

Erezyilmaz DF. 2006. Imperfect eggs and oviform nymphs: a history of ideas about the origins of insect metamorphosis, Integr Comp Biol 46, 795-807.

Ewer J. 2005. Behavioral actions of neuropeptides in invertebrates: insights from *Drosophila*. Horm Behav 48, 418-429.

Ewing AW. 1989. Arthropod bioacoustics. Comstock Publishing Associates, Ithaca. 260 p.

Field LH, Matheson T. 1998. Chordotonal organs of insects. Adv Insect Physiol 27, 1-228.

Frazier MR, Woods HA, Harrison JF. 2001. Interactive effects of rearing temperature and oxygen on the development of *Drosophila melanogaster*. Physiol Biochem Zool 74, 641-650.

Giebultowicz JM, Weyda F, Erbe EF, Wergin WP. 1997. Circadian rhythm of sperm release in the gypsy moth, *Lymantria dispar*: ultrastructural study of transepithelial penetration of sperm bundles. J Insect Physiol 43, 1133-1147.

Gorb SN, Beutel RG. 2001. Evolution of locomotory attachment pads of hexapods, Naturwissenschaften 88, 530-534.

Gray EG. 1960. The fine structure of the insect ear, Phil Trans R Soc Lond B 243, 75-94.

Gronenberg W, Paul J, Just S, Holldobler B. 1997. Mandible muscle fibers in ants: fast or powerful? Cell Tissue Res 289, 347-361.

Hackman RH. 1971. The integument of Arthropoda. In: Florkin M. Sheer BT (Eds.), Chemical Zoology, Vol 6, pp. 1-62.

Hartenstein V. 1997. Development of the insect stomatogastric nervous system. Trends Neurosci 20, 421-427.

Heinrich B. 1976. Heat exchange in relation to blood flow between thorax and abdomen in bumblebees. J Exp Biol 64, 561-585.

Hevert F. 1984. Water and salt relations. In: Hoffmann KH (Ed.), Environmental Physiology and Biochemistry of Insects. Springer-Verlag, NY, pp. 184-205.

Hinton HE. 1968. Spiracular gills. Adv Insect Physiol 5, 65-162.

Horridge A. 2005. The spatial resolutions of the apposition compound eye and its neuro-sensory feature detectors: observation versus theory. J Insect Physiol 51, 243-266.

Houlihan DF. 1969. Respiratory physiology of the larva of *Donacia simplex*, a root piercing beetle. J Insect Physiol 15, 1517-1536.

Hughes GM. 1966. Species variation in gas exchange. Proc R Soc Med 59, 494-500.

Hughes GM, Mill PJ. 1966. Patterns of ventilation in dragonfly larvae. J Exp Biol 44, 317-333.

Johannsen OA, Butt FH. 1941. Embryology of Insects and Myriapods. McGraw-Hill, New York. 462 pp.

Josephson RK, Malamud JG, Stokes DR. 2000. Asynchronous muscle: a primer, J Exp Biol 203, 2713-2722.

Klowden MJ. 2013. Physiological Systems in Insects. 3rd Edn. Academic Press,

NY.

Koch EA, Smith PA, King RC. 1967. The division and differentiation of Drosophila cystocytes. J Morphol 121, 55-70.

Kreher SA, Kwon JY, Carlson JR. 2005. The molecular basis of odor coding in the *Drosophila* larva, Neuron 46, 445-456.

Kukalova-Peck J. 1991. Fossil history and the evolution of hexapod structures. In: Insects of Australia, Vol. 1, pp. 141-179.

Kurylas AE, Rohlfing T, Krofczik S, Jenett A, Homberg U. 2008. Standardized atlas of the brain of the desert locust, *Schistocerca gregaria*. Cell Tissue Res 333, 125-145.

Lemaitre B, Hoffmann J. 2007. The host defense of *Drosophila melanogaster*. Annu Rev Immunol 25, 697-743.

Levine RB, Truman JW. 1983. Peptide activation of a simple neural circuit. Brain Res 279, 335-338.

Locke M. 1998. Caterpillars have evolved lungs for hemocyte gas exchange. J Insect Physiol 44, 1-20.

Margaritis LH, Mazzini M. 1998. Structure of the egg. In: Harrison FW, Locke M (Eds.), Microscopic Anatomy of Invertebrates, 11C. Wiley-Liss, New York, pp. 995-1037.

Menzel R, Giurfa M. 2001. Cognitive architecture of a mini-brain: the honeybee, Trends Cogn Sci 5, 62-71.

Mesnier M. 1984. Patterns of laying behaviour and control of oviposition in insects: further experiments on *Sphodromantis lineola* (Dictyoptera), Int J Invert Reprod Dev 7, 23-32.

Miller PL. 1974. Respiration-aerial gas transport. In: Rockstein M (Ed.), The Physiology of Insecta, Vol 6. Academic Press, pp. 345-402.

Mitchell BK, Itagaki H, Rivet MP. 1999. Peripheral and central structures involved in insect gustation, Microsc Res Tech 47, 401-415.

Nachtigall W. 1989. Mechanics and aerodynamics of flight. In: Goldsworthy GJ, Wheeler CH (Eds.), Insect Flight. CRC Press, pp. 1-9.

Nikam TB, Khole VV. 1988. Insect Spiracular Systems. Halsted Press.

Nothiger R. 1972. The larval development of imaginal disks. In: Ursprung H, Nothiger. R (Eds.), The Biology of Imaginal Disks. Springer-Verlag, pp. 1-34.

Raikhel AS, Kokoza VA, Zhu J, et al. 2002. Molecular biology of mosquito vitellogenesis: from basic studies to genetic engineering of antipathogen immunity. Insect Biochem Mol Biol 32, 1275-1286.

Ramsay JA. 1954. Active transport of water by the Malpighian tubules of the stick insect *Dixippus morosus*(Orthoptera, Phasmidae). J Exp Biol 31, 104-113.

Riddiford LM. 1993. Hormones and *Drosophila* development. In: Bate M, Martinez-Arias A (Eds.), The Development of *Drosophila melanogaster*, Vol. 2. Cold Spring Harbor Laboratory Press, pp. 899-939.

Romoser WS, Stoffolono JG. 1998. The Science of Entomology, 4th Edn., McGraw-Hill, Boston, MA.

Rose U, Seebohm G, Hustert R. 2000. The role of internal pressure and muscle activation during locust oviposition. J Insect Physiol 46, 69-80.

Schwalm FE. 1988. Insect Morphogenesis. Karger, Basel.

Simmons P, Young D: The tymbal mechanism and song patterns of the bladder cicada, *Cystosoma saundersii*. J Exp Biol 76, 27-45.

Snigirevskaya ES, Sappington TW, Raikhel AS. 1997. Internalization and recycling of vitellogenin receptor in the mosquito oocyte. Cell Tiss Res 290, 175-183.

Snodgrass RE. 1935. Principles of Insect Morphology. Cornell University Press. Ithaca, NY.

Steinbrecht RA. 1997. Pore structures in insect olfactory sensilla: a review of data and concepts. Int J Insect Morphol Embryol 26, 229-245.

Suarez RK. 2000. Energy metabolism during insect flight: biochemical design and physiological performance, Physiol Biochem Zool 73, 765-771.

Sutton GP. 2010. Biomechanics: an army marching with its stomach, Curr Biol 20, R668-R669.

Toh Y, Tateda H. 1991. Structure and function of the insect ocellus, Zool Sci 8, 395-413.

Truman JW. 1973. How moths turn on: a study of the action of hormones on the nervous system. Am Sci 61, 700-706.

Truman JW. 2005. Hormonal control of insect ecdysis: endocrine cascades for coordinating behavior with physiology. Vitam Horm 73, 1-30.

Truman JW. 2006. Steroid hormone secretion in insects comes of age. Proc Natl Acad Sci 103, 8909-8910.

Tzou P, De Gregorio E, Lemaitre B. 2002, How *Drosophila* combats microbial infection: a model to study innate immunity and host-pathogen interactions. Curr Opin Microbiol 5, 102-110.

Vondran T, Apel K-H, Schmitz H. 1995. The infrared receptor of *Melanophila acuminata* De Geer (Coleoptera: Buprestidae): ultrastructural study of a unique insect thermoreceptor and its possible descent from a hair mechanoreceptor. Tiss Cell 27, 645-658.

Walz B, Baumann O, Krach C, Baumann A, Blenau W. 2006. The aminergic control of cockroach salivary glands. Arch Insect Biochem Physiol 62, 141-152.

Wang J, Kean L, Yang J, et al. 2004. Function-informed transcriptome analysis of *Drosophila* renal tubule. Genome Biol 5, R69.

Wang T, Montell C. 2007. Phototransduction and retinal degeneration in *Drosophila*.

Pflugers Arch 454, 821-847.

Warrant EJ, Kelber A, Gislen A, et al. 2004. Nocturnal vision and landmark orientation in a tropical halictid bee, Curr Biol 14, 1309-1318.

Wasserthal LT. 1996. Interaction of circulation and tracheal ventilation in holometabolous insects. Adv Insect Physiol 26, 297-351.

Wehner R. 1976. Polarized-light navigation by insects. Sci Am 235, 106-114.

Wessing A, Zierold K, Polenz A. 1999. Stellate cells in the Malpighian tubules of *Drosophila hydei* and *D. melanogaster* larvae (Insecta, Diptera), Zoomorphology 119, 63-71.

Wigglesworth VB. 1984. Insect Physiology. Chapman and Hall.

Wood KV. 1995. The chemical mechanism and evolutionary development of beetle bioluminescence. Photochem Photobiol 62, 662-673.

Wood W, Jacinto A. 2007. *Drosophila melanogaster* embryonic haemocytes: masters of multitasking. Nat Rev Mol Cell Biol 8, 542-551.

Yack JE. 2004. The structure and function of auditory chordotonal organs in insects. Microsc Res Tech 63, 315-337.

Yager DD. 1999. Structure, development, and evolution of insect auditory systems, Microsc Res Tech 47, 380-400.

Zacharuk RY. 1980. Ultrastructure and function of insect chemosensilla. Annu Rev Entomol 25, 27-47.

색인

국문

[ㄱ]

[ㄷ]

[ㅂ]

[ㅇ]

[ㅈ]

[ㅊ]

영문

[A]

[B]

[C]

[D]

[E]

[F]

[I]

[M]

[N]

[O]

[Q]

[R]

[S]

[T]

[U]

[V]

학명

저자 소개

김용균 교수

김용균 교수는 서울대학교 농과대학 농생물학과에서 학부(1980 ~ 1984)와 석사(1984 ~ 1986) 과정을 마쳤으며 미국 아이오와주립대학교에서 "곤충의 휴면 생리 및 유전"에 대해서 박사학위(1988 ~ 1993)를 받았다. 이후 미국 캘리포니아주립대학교(Riverside)에서 박사후연구과정(1993 ~ 1994)을 통해 "형질전환곤충 제조기술"을 목표로 연구를 진행하였다. 이후 안동대학교 자연과학대학 식물의학과로 부임하여 1994년부터 현재까지 곤충생리학을 학부와 대학원에서 매년 강의하였다. 연구 분야로서는 기주-기생체 상호분자작용에 기반을 두었다. 특별히 "폴리드나바이러스 기능유전체 및 아이코사노이드 곤충 면역생리" 분야에 역점을 두고 이와 관련 370여 편의 연구 논문을 발표하였다. 더불어 10 여권의 단행본 책자를 저술하였다. 이를 바탕으로 2015년부터 한국과학기술한림원의 농수산학부 정회원으로 봉사하고 있다. 2016년부터는 미국 곤충생리학회지인 Archives of Insect Biochemistry and Physiology의 편집위원장을 역임하고 있다.

정가 32,000원

곤충생리학 개론

2018년 2월 13일 초판 인쇄
2018년 2월 20일 초판 발행
저　자 : 김용균
발행자 : 우명찬 · 송　준
발행처 : 홍릉과학출판사
주　소 : 서울시 강북구 인수봉로 50길 10
01093
등　록 : 1976년 10월 21일 제5-66호
전　화 : (02) 999-2274~5, 903-7037
팩　스 : (02) 905-6729
e-mail: hongpub@hongpub.co.kr
http://www.hongpub.co.kr
ISBN: 979-11-5600-565-0

저자와의 협의하에 인지생략